"十二五"普通高等教育本科国家级规划教材

教育部高等学校管理科学
与工程类学科专业教学指导委员会推荐教材

预测与决策教程

主　编　李　华　胡奇英

参　编　刘　云　王　剑　贾俊秀　惠调艳　李　山

机械工业出版社

本书采取工科学生和管理人员易于接受的叙述方式，较全面地介绍了预测与决策的主要内容与方法。预测部分的内容包括预测概述、非模型预测方法、回归预测方法、确定型时间序列预测方法、随机型时间序列预测方法、马尔可夫预测方法以及预测精确性与预测评价。决策部分的内容包括决策概述、期望效用理论与前景理论、单目标决策分析、多目标决策分析、动态决策分析以及决策方法拓展、选择与评价。为方便学生学习，书中附有大量案例及习题。阅读本书仅需具备高等数学、线性代数与概率统计等基础知识。

本书可作为管理、经济类各专业本科生教材，也可用于研究生教学；同时，还可作为其他相关专业本科生、研究生的教材和教学参考书，也可供具有大学数学基础，从事管理工作的相关人员参考。

图书在版编目（CIP）数据

预测与决策教程/李华，胡奇英主编. —北京：机械工业出版社，2012.6（2018.5 重印）

教育部高等学校管理科学与工程类学科专业教学指导委员会推荐教材

ISBN 978-7-111-38101-3

Ⅰ.①预… Ⅱ.①李…②胡… Ⅲ.①决策预测－高等学校－教材 Ⅳ.①C934

中国版本图书馆 CIP 数据核字（2012）第 072626 号

机械工业出版社（北京市百万庄大街 22 号 邮政编码 100037）
总 策 划：邓海平 张敬柱
策划编辑：曹俊玲 责任编辑：曹俊玲 裴 泱
版式设计：霍永明 责任校对：赵 蕊
封面设计：张 静 责任印制：乔 宇
三河市国英印务有限公司印刷
2018 年 5 月第 1 版第 4 次印刷
184mm × 260mm · 23 印张 · 569 千字
标准书号：ISBN 978-7-111-38101-3
定价：48.00 元

凡购本书，如有缺页、倒页、脱页，由本社发行部调换

电话服务	网络服务
服务咨询热线：010-88379833	机 工 官 网：www.cmpbook.com
读者购书热线：010-88379649	机 工 官 博：weibo.com/cmp1952
	教育服务网：www.cmpedu.com
封面无防伪标均为盗版	金 书 网：www.golden-book.com

教育部高等学校管理科学与工程类学科专业教学指导委员会推荐教材

编 审 委 员 会

序　一

人生，其实就是不断地对即将发生的事、甚至未来的事进行判断（也即预测），并据此进行选择与决策。预测与决策是管理活动的两个重要组成部分。诺贝尔奖获得者西蒙说，管理就是决策。预测是决策的基础，是进行科学决策的前提条件。掌握预测与决策的基本理论和方法，对每个人都是十分有益的。

李华和胡奇英二位教授，自1991年就开始从事“预测与决策”课程的教学工作以及相关领域的研究工作。他们和他们的团队，先后给本科生、研究生、MBA、网络远程教育等不同类型的学生讲授“预测与决策”课程。2005年正式出版《预测与决策》教材。从中他们积累了预测与决策方面丰富的经验、知识和案例。2009年，李华教授领衔的“预测与决策”课程获得陕西省的省级精品课程，2010年更获得国家级精品课程。结合建设精品课程的体会以及近几年中的教学与研究心得，他们进一步完善了该课程体系与素材，重新编著了这本《预测与决策教程》。

二位教授二十余年来持续地讲授该门课程，并不断地将学习与研究心得融入到该课程之中，十分难得。教材注重于预测与决策领域的主要内容，并融入了如前景理论这样的新知识点；叙述深入浅出，并配以案例，以利于读者理解；阐述上遵循从简单到复杂的动态分析思想，授人以分析实际复杂问题的知识和能力。我愿向读者推荐这本教材，并为之作序。

中国工程院院士

西安交通大学教授

汪应洛

序　二

当前，我国已成为全球第二大经济体，且经济仍维持着较高的增速。如何在发展经济的同时，建设资源节约型、环境友好型的和谐社会；如何走从资源消耗型、劳动密集型的粗放型发展模式，转变为“科技进步，劳动者素质提高，管理创新”型的低成本、高效率、高质量、注重环保的精益发展模式，就成为摆在我们面前的一个亟待解决的课题。应用现代科学方法与科技成就来阐明和揭示管理活动的规律，以提高管理的效率为特征的管理科学与工程类学科，无疑是破解这个难题的一个重要手段和工具。因此，尽快培养一大批精于管理科学与工程理论和方法，并能将其灵活运用于实践的高层次人才，就显得尤为迫切。

为了提升人才育成质量，近年来教育部等相关部委出台了一系列指导意见，如《高等学校本科教学质量与教学改革工程的意见》等，以此来进一步深化高等学校的教学改革，提高人才培养的能力和水平，更好地满足经济社会发展对高素质创新型人才的需要。教育部高等学校管理科学与工程类学科专业教学指导委员会（以下简称教指委）也积极采取措施，组织专家编写出版了“工业工程”、“工程管理”、“信息管理与信息系统”、“管理科学与工程”等专业的系列教材，如由机械工业出版社出版的“21世纪工业工程专业规划教材”就是其中的成功典范。这些教材的出版，初步满足了高等学校管理科学与工程学科教学的需要。

但是，随着我国国民经济的高速发展和国际地位的不断提高，国家和社会对管理学科的发展提出了更高的要求，对相关人才的需求也越来越广泛。在此背景下，教指委在深入调研的基础上，决定全面、系统、高质量地建设一批适合高等学校本科教学要求和教学改革方向的管理科学与工程类学科系列教材，以推动管理科学与工程类学科教学和教材建设工作的健康、有序发展。为此，在“十一五”后期，教指委联合机械工业出版社采用招标的方式开展了面向全国的优秀教材遴选工作，先后共收到投标立项申请书300多份，经教指委组织专家严格评审、筛选，有60多种教材纳入了规划（其中，有20多种教材是国家级或省级精品课配套教材）。2010年1月9日，“全国高等学校管理科学与工程类学科系列规划教材启动会”在北京召开，来自全国50多所著名大学和普通院校的80多名专家学者参加了会议，并对该套教材的定位、特色、出版进度等进行了深入、细致的分析、研讨和规划。

本套教材在充分吸收先前教材成果的基础上，坚持全面、系统、高质量的建设原则，从完善学科体系的高度出发，进行了全方位的规划，既包括学科核心课、专业主干课教材，也涵盖了特色专业课教材，以及主干课程案例教材等。同时，为了保证整套教材的规范性、系统性、原创性和实用性，还从结构、内容等方面详细制定了本套教材的“编写指引”，如在内容组织上，要求工具、手段、方法明确，定量分析清楚，适当增加文献综述、趋势展望，以及实用性、可操作性强的案例等内容。此外，为了方便教学，每本教材都配有CAI课件，并采用双色印刷。

本套教材的编写单位既包括了北京大学、清华大学、西安交通大学、天津大学、南开大学、北京航空航天大学、南京大学、上海交通大学、复旦大学、西安电子科技大学等国内的重点大学，也吸纳了安徽工业大学、内蒙古科技大学、中国计量学院、石家庄铁道大学等普通高校；既保证了本套教材的较高的学术水平，也兼顾了普适性和代表性。这套教材以管理科学与工程类各专业本科生及研究生为主要读者对象，也可供相关企业从业人员学习参考。

尽管我们不遗余力，以满足时代和读者的需要为最高出发点和最终落脚点，但可以肯定的是，本套教材仍会存在这样或那样不尽如人意之处，诚恳地希望读者和同行专家提出宝贵的意见，给予批评指正。在此，我谨代表教指委、出版者和各位作者表示衷心的感谢！

教育部高等学校管理科学与工程类学科专业教学指导委员会主任

前　言

预测是凭借过去与现在而对未来的预计，决策则是根据对未来的预测而在若干种未来中选择一种。在我们的生活与工作中，随处可见预测与决策。比如，我们需要预计我们在大学期间努力学习与不努力学习对我们自己未来的影响会是怎样的，依此，我们需要选择在大学期间是努力学习，还是不努力学习。

现代社会已经到了一个比较复杂的时期，而且还将更加复杂下去。经济的全球化，科学技术水平的不断提高，人们交流的便利性使得人际网络越来越复杂，如此等等；同时，社会、经济、科技的发展与变化更加快速。这一切都使得人们对于未来的关注程度越来越高，预测在人们的生活与工作中的地位也越来越重要。同时，决策的正确性也变得越来越重要，一个错误的决策可能让我们多走很多弯路，浪费很多宝贵的大好时光，甚至会造成不可挽回的巨大损失。随着信息技术与互联网的发展，有越来越多的数据可供我们使用；我们也将越来越离不开这些数据，甚至将成为数据的一部分。因此，运用预测与决策的方法，特别是基于数据与模型的方法，将变得越来越方便与重要。

本书将给出预测与决策的一个概貌。在预测部分，首先对预测的基本概念、原理和方法予以概述（第1章）。其次，介绍一些非模型预测方法（第2章），如专家预测法、指标预测法、概率预测法等。在定量的预测方法中，着重介绍时间序列法与趋势外推法。本书介绍的时间序列法，是从单个变量的过去来推测其未来，所以是纵向的，其中包括回归预测方法（第3章）、确定型时间序列预测方法（第4章）、随机型时间序列预测方法（第5章）及其特例马尔可夫预测方法（第6章）。最后，讨论各种预测方法的适用范围与其精确性，在此基础上讨论预测精确性与预测评价（第7章）。在运用预测方法时，这是最后的把关：只有通过了预测的评价，才能较为放心地去使用预测所得到的结论。

在决策部分，首先给出关于决策的一个概述（第8章），讨论决策理论的基础：期望效用理论与前景理论（第9章）。然后讨论最为简单的一类决策，即单目标决策分析（第10章）。对于多目标决策分析，介绍一般的决策方法，特别对层次分析法和网络分析法作了介绍（第11章）。其中，我们遵循从简单到复杂这样一种可运用于日常生活之中的动态分析思想。而在第12章，专门对动态决策分析进行讨论。在第13章，介绍决策方法的拓展、决策方法的选择以及决策方案的评价与实施。各章均配有案例及大量例题，并附有适量的思考与练习题。其中，带有“*”号的题目难度较大，可供灵活选用。

本书是我们根据多年的教学体会，经过多次修订而成的。1991年，胡奇英教授率先在西安电子科技大学经济管理学院为本科生开设了“预测与决策”课程，设计了课程的内容体系，并于1993年编写了《预测与决策》讲义，由校教材科内部印刷供学生使用。所编讲义是国内最早的教材（讲义）之一。随着课程内容的更新，从1998年开始，我们共同在原讲义的基础上编写了《预测与决策》教材，于2005年正式出版。该教材获得西安电子科技大学第十届优秀教材二等奖。作者先后承担了本科生、研究生以及MBA、网络远程教育的“预测与决策”课程教学工作。“预测与决策”课程2009年被评为陕西省的省级精品课程，2010年被评为国家级精品课程。结合建设省级精品课程和国家级精品课程“预测与决策”过程中的体会，我们进一步完善了课程体系，重新编著了这本《预测与决策教程》。全书分13章，第1、3、10章由刘云副教授撰写；第2、13章由惠调艳副教授撰写；第4、7、11章由王剑、李山副教授撰写；第5章由李华教授撰写；第6、8、9章由贾俊秀副教授撰写；第12章由胡奇英教授撰写。王方、荣翰君参加了部分章节的写作工作。全书由李华、胡奇英教授统筹。

在本书的编写过程中，大量的国内外参考文献都为我们提供了很大的帮助，在此，我们对参考和引用之文献的作者、一些无法在文献中列出的作者以及所有的读者表示衷心的感谢。

如果读者能够将本书所介绍的方法与思想运用到他们的生活之中，我们就十分欣慰了。如果读者能更进一步地将其运用到他们的研究与实践工作之中，乃是预测与决策这门学科的幸事了。

限于水平，书中不当之处在所难免，恳请读者批评指正。

李华（西安电子科技大学）　**胡奇英**（复旦大学）

教学建议

教学目的

本课程教学的目的在于通过讲授管理科学中常用的预测、决策方法及模型，阐述其在经济和管理等领域的综合应用，培养学生熟练运用各类预测方法进行预测分析，熟练掌握决策的过程、类型及相应的决策方法和决策数学模型，提高学生综合运用预测和决策方法解决实际问题的能力。

教学内容和课时计划建议

教学内容	学习要点	课时
第1章 预测概述	（1）了解预测的基本概念 （2）理解预测的基本原理与步骤 （3）熟悉预测资料的收集与预处理方法 （4）明确预测方法的分类	2
第2章 非模型预测方法	（1）掌握几种类型的专家预测方法	2
	（2）熟悉指标预测法与类比法 （3）理解概率预测方法	2
第3章 回归预测方法	（1）掌握一元线性回归预测方法	2
	（2）熟悉多元线性回归预测方法 （3）了解非线性回归预测方法	2
第4章 确定型时间序列预测方法	（1）理解时间序列与时间序列分析的一般概念 （2）熟练掌握移动平均方法	2
	（3）掌握指数平滑法、季节指数法以及时间序列分解法	2
	习题与计算实验	2
第5章 随机型时间序列预测方法	（1）掌握随机型时间序列的基本模型	2
	（2）熟练进行 ARMA 模型的相关分析	2
	（3）熟悉 ARMA 模型的识别方法 （4）能够用矩估计方法对 ARMA 模型的参数进行估计	2
第6章 马尔可夫预测方法	（1）掌握马尔可夫预测方法的基本原理	2
	（2）能够利用马尔可夫预测方法的基本原理解决实际问题	2
第7章 预测精确性与预测评价	了解预测精确性的含义，并能够对预测的结果进行分析评价	2
第8章 决策概述	（1）理解决策、决策过程与决策分析的概念 （2）了解决策的基本类型和决策分析的内容、特点及历史	2

（续）

教学内容	学习要点	课　时
第 9 章 期望效用理论与前景理论	（1）了解期望收益值准则以及应用期望收益值作为决策准则存在的一些问题 （2）理解行为假设与偏好关系	2
	（3）理解效用函数的概念并能确定效用函数 （4）掌握主观期望效用值理论	2
	（5）了解前景理论的基本框架	2
第 10 章 单目标决策分析	（1）掌握风险型决策分析的思想与方法 （2）熟悉五种非确定型决策方法	2
	（3）掌握概率排序型决策	2
第 11 章 多目标决策分析	（1）掌握多目标决策的基本概念 （2）熟悉多目标决策的一般方法 （3）掌握多目标风险决策分析模型	2
	（4）熟悉有限个方案多目标决策问题的分析方法 （5）掌握层次分析方法的基本原理，熟悉其应用方法 （6）网络分析法*	2
	习题与案例讨论	2
第 12 章 动态决策分析*	本章为扩展学习内容，可供课外学习讨论	
第 13 章 决策方法拓展、选择与评价*	本章为扩展学习内容，供课外学习讨论，也可以作为课程学习总结的参考	
课时总计		46

说明：1. 在课时安排上，经济管理类专业的本科为 46 个学时。

2. 带“＊”的教学内容不安排在课堂中讲授，可作为扩展内容供学有余力的学生学习。

目 录

第1章 预测概述

【案例1-1】

2008年1月3日上午，重庆市涪陵区一处520m长的山体突然发生滑坡险情，当地党委、政府事先采取有效措施，成功预测到这一起地质灾害，并在险情发生前9小时紧急疏散核心区域内的群众，避免了人员伤亡。

发生滑坡的山体位于涪陵区桥南管委会天子殿居委三四组、涪陵第五中学和涪陵迎宾大道南侧。早在20多天前，当地村民发现该处山体出现了多条巴掌宽、数十米长的裂缝，涪陵区政府获悉情况后，立即派专人对山体进行24小时轮流监测。

2007年12月28日，裂缝逐渐扩大。次日，当地有关部门紧急封闭了位于山体下方的迎宾大道，车辆一律改道经李渡镇、涪陵长江二桥进入涪陵城区。涪陵区政府要求附近学校师生和村民作好紧急撤离的准备。

2008年1月3日早上8点多钟，滑坡险情加剧，不时有零星石块从山坡上滚落下来。上午11点左右，伴随着“轰隆隆”的巨响，大片山体突然发生滑坡，约16万m^3的土石顺着山坡倾泻而下，将迎宾大道30m宽的公路阻断了一大半。

庆幸的是，就在滑坡发生前9个小时，涪陵区委、区政府接到滑坡监测险情报告后果断决策，启动应急预案，受到滑坡直接威胁的涪陵第五中学562名师生和天子殿居委三四组109名居民全部疏散转移到安全地带，无一人在滑坡中伤亡。

由于滑坡仍在继续，当地地质条件不稳定，可能会再次发生大面积山体滑坡，1月4日，涪陵区委、区政府重新划定了滑坡危险区域，扩大了疏散转移范围，又紧急疏散了5300多名学校师生和村民。

其中，涪陵五中初中部和高一、高二年级的学生已暂定停课一周，只有面临高考的高三年级约2000名学生仍留校住读。考虑到住读学生们的安全，住读生已从距滑坡地带较近的宿舍搬到了距滑坡地带约200m远的学校行政楼居住。

目前，地质监测专家仍在24小时监测滑坡动向，排险施工已准备就绪。当地有关部门正在加紧抢修和铺设临时管网，以尽快恢复天子殿地区的水、电、气供应，保证通信畅通。交通方面，渝涪高速公路李渡出口将增设收费窗口，聚云山隧道已启用照明系统和通风排放系统，保障改道车辆的通行安全。

接到涪陵区险情报告后，市政府高度重视，1月3日，市国土房管局、市交通委等部门派有关专家赶赴现场，对滑坡险情进行分析论证，会同施工单位研究制定抢险排危方案。

（资料来源：《重庆日报》2008年1月5日第1版）

在当今科学、技术和经济迅猛发展的时代，人类社会正朝着更为错综复杂的方向不断演进发展，作为探讨事物未来发展状况的预测工作已越来越引起人们的重视。随着社会运转速度的不断加快和信息量的不断膨胀，管理中需要决策的事项不但在数量上越来越多，而且事项之间的相互联系也愈加复杂，同时人们对决策在时间和质量方面也提出了更高的要求。决策是人们站在当前，对未来行动所进行的设计，因此如果能对事物的未来发展情况作出有效的预测，无疑就能为人们作出合理的决策提供依据，从而使决策不犯错误或少犯错误，取得更好的效果。

1.1 预测的基本概念

1.1.1 预测科学的产生

预测是一个古老的话题。自从人类诞生以来，预测活动就已经存在了。人类的祖先由于不能理解风雨雷电、陨石流星、潮汐海啸等自然现象，而赋予它们以神秘的气息，并逐渐把这些自然现象超自然化，将自己的命运寄托于主宰这些自然现象的所谓的神的身上。远古的人们利用龟甲或兽骨去占卜（预测）战争的胜负、年成的好坏，并据此决定本部落的行动。历代的占卜士、星相家、预言家、能人、智士们都力图对未来作出预测。他们的行为常常被笼罩上神秘甚至是迷信的色彩，他们的某些成功预言使人们叹为观止并将其广为流传。例如诸葛亮在“隆中对”中对东汉末年政治形势所作的三分天下的预测就是如此。人们也常把“先知”的桂冠赋予心目中的圣人。如关于耶稣和穆罕默德的传说中，有很多就是讲他们的预言是如何如何的准确。

随着人类社会和科学技术的发展，预测的技术也得到不断发展，预测工作逐渐褪去了神秘的色彩，并从迷信和唯心主义走上了科学化的道路。科学的预测能够正确地向人们展现未来，使人们不再盲目地行动，使人类可以有计划地发展自己。

瑞士科学家雅各布·伯努利（Jakob Bernoulli，1654—1705）在其所著的《猜度术》（Arc Conjectandi）中最早创立了预测学，其目的在于减少人类生活各个方面由于不确定导致错误决策所产生的风险。但预测科学在20世纪40年代才真正进入萌芽时期，至20世纪60年代，预测研究开始从初期的纯理论研究发展到应用研究。科学技术作用于社会的效果，不仅体现在它可能给社会带来巨大利益，而且又可能会给社会带来一些令人担忧的不良后果。从这个意义上来讲，预测研究更引起了人们的关注。预测研究的领域在不断扩大，研究方法也在逐渐完善。近些年来，预测决策理论和方法渐渐被引入到了工业安全领域，用以科学指导安全生产，并取得了一定成效。特别是目前随着现代数学方法和计算机技术的发展，国际上安全评价分析以及预测决策实施得到了广泛应用，如模糊故障树分析预测、模糊概率分析、模糊灰色预测决策等。计算机专家系统、决策支持系统、人工神经网络等技术方法在英国、美国、德国、意大利等国的核工业、化工、环境等领域得到了广泛应用。以安全分析、隐患评价、事故预测决策为主体的安全评价工作作为一种产业在国际上已经出现。预测科学已经成为一门发展迅速、应用广泛的新学科。

1.1.2 预测的定义

预测是指根据客观事物的发展趋势和变化规律，对特定的对象未来发展的趋势或状态作出科学的推测与判断。换言之，预测是根据对事物的已有认识，作出对未知事物的预估。预测是一种行为，表现为一个过程；同时，它也表现为行为的某种结果。

作为探索客观事物未来发展的趋势或状态的预测活动，绝不是一种“未卜先知”的唯心主义，也不是随心所欲的臆断，而是人类“鉴往知来”智慧的表现，是科学实践活动的构成部分。预测之所以是一种科学活动，是由预测前提的科学性、预测方法的科学性和预测结果的科学性决定的。预测前提的科学性包括三层含义：一是预测必须以客观事实为依据，即以反映这些事实的历史与现实的资料和数据为依据进行推断；二是作为预测依据的事实资料与数据，还必须通过抽象上升到规律性的认识，并以这种规律性的认识作为预测的指导；三是预测必须以正确反映客观规律的某些成熟的科学理论作指导。预测方法的科学性包含两层含义：一是各种预测方法是在预测实践经验基础上总结出来，并获得理论证明与实践检验的科学方法，包括预测对象所处学科领域的方法以及数学的、统计学的方法；二是预测方法的应用不是随意的，它必须依据预测对象的特点合理选择和正确运用。预测结果的科学性包含两层含义：一是预测结果是由已认识的客观对象发展的规律性和事实资料为依据，采用定性与定量相结合的科学方法作出的科学推断，并用科学的方式加以表述；二是预测结果在允许的误差范围内可以验证预测对象已经发生的事实，同时在条件不变的情况下，预测结果能够经受实践的检验。

1.1.3 预测的可能性

未来能否预测？对这个问题的回答取决于回答者的未来观。辩证唯物主义者认为未来是可以预测的。尽管未来不是一种客观存在，调查、考证等研究历史与现实的手段无法直接应用，但未来也不是凭空而生的。未来变为现实的过程是必然性和偶然性的统一。可通过对必然性的认识来把握未来的变化规律，预测未来。

“察古知今，察往知来”是古人经验的总结。它反映了未来与现实及历史之间存在连续性。这种连续性便是我们预测未来的依据之一。对一个具有稳定性的系统来说，系统运行的轨迹必然具有连续性，系统过去和现在的行为必然影响到未来。例如一个长期以农业为主的地区，不可能在一两年内迅速转变成以高科技为主的地区。系统结构越稳定，规模越大，历史越悠久，这种连续性表现得越明显。

“城门失火，殃及池鱼”，这则古训就告诉我们，事物彼此之间互相关联，互相影响，具有相关性。对事物间相互影响、相互关联程度的分析，通常称为相关分析。例如供电量与工业总产值之间，投资规模与经济增长率、物价增长率之间便存在这种相关关系。通过分析相关事物的依存关系和相互影响程度，可揭示相关事物变化的规律。利用相关事物一方变化趋势预测另一方的未来状态，或者搞清楚相关事物之间的相互影响程度，可以预测它们未来变化的趋势。这些都是预测常用的基本原理。

“举一反三，触类旁通”，这句成语则表达了不同事物的发展过程具有相似性。利用相似性进行类推预测，常常会取得出人意料的好效果。它借助于某一类事物属性及相关知识，通过比较与分析，找出它与另一类事物的某种相似性，从而预测后者的发展趋势。例如通过观察生物生长过程，我们可以得到生长量与时间的关系曲线。通过比较，我们发现大型建设项目的资金投入量与时间的关系和生物生长量与时间的关系曲线相似。于是，便可按生长曲线所反映的规律来预测不同时间的资金投入量。类比方法实际上是从已知领域过渡到未知领域的探索，是一种重要的创造性方法。类比物之间的相似特征越多，类比越可靠。

我们可以从事物运动的连续性、相关性及相似性来把握其未来状态是否合乎理性。目前，人类对宇宙的探索已达银河系以外的星系，对微观世界的了解已深入原子核内部。自此，对自然界和宇宙的探索极大地开阔了人们的视野。以系统论为代表的现代科学方法论正广泛应用于社会经济领域；各种资料的积累受到相当大的重视；计算机技术发展迅速，运用日趋广泛。人们有效地从事预测活动的方法及手段已经具备，科学地预测未来是完全可能的。

1.1.4 预测的不准确性

预测未来是可能的。随之而来的问题是：我们能否准确地预测未来？如果人类能完全准确地预测未来，人们将少走多少弯路，少受多少损失！人们一直期望能找到准确预测未来的方法，一劳永逸地解决预测未来的课题。然而事与愿违：上千种预测方法中，没有一种方法能保证你获得绝对准确的预测结果。预测失误的记录数不胜数。造成预测不准确的原因有以下几个方面：

（1）预测的准确性与预测对象变化的速度及其复杂性成反向变化。只有在一个静止的系统中，一个规则不变的状态下，才能准确地预测未来。随着科学技术的发展，各种因素、现象之间的联系越来越复杂，变化的速度越来越快，准确地预测未来的难度也越来越大。

（2）人的认识能力是有限的，人的理性还不能看清楚其行为的所有结果，对很多事物还不能既知其然，又知其所以然。在这种情况下，人们想要把握其变化规律几乎是不可能的。预测要求人们能超越现实，理解未来，然而人们的理解力又局限于他们的经历，这是一个难以解决的矛盾。因此，人们很难得出准确的预测结论。

（3）虽然可以采用概率统计的方法来研究偶然事件，但是人们并不能消除这些事件的偶然性。预测不准确来源于未来所具有的偶然性。“有心栽花花不开，无心插柳柳成荫”正反映了这一点。

（4）预测活动本身也在“干扰”未来。当人们预感前景不妙时，便会设法阻止其出现；当前景不错时，人们会努力促使它尽快实现。对于前者，有学者称其为自失败预测，并将后者称为自成功预测。如科学家们指出物种的多样性是保证食物链稳定的基础，人类若乱捕滥杀，破坏生态环境，就会加速物种消亡，导致食物链崩溃。当我们听从科学家的劝告，大力保护环境，拯救濒危物种，食物链崩溃的灾难便不会出现。这并不是科学家的预测不对，而是人们用行动阻止了它的出现。又如流行服装流行色发布会提供的预测，受到时装爱好者的热烈响应，发布会的预测便会很快成为事实。

由此看来，由于以上多种原因的存在，从而会在一定程度上造成预测结果不准确。既然如此，如何评价预测的结果？

预测结果的评价主要看其是否可信、有效。是否可信，至少要考虑如下几个方面：

（1）预测结果应该是历史与现实的合理延伸。

(2) 预测结果应具有可检验性。它隐含着预测资料的来源及其真实性、预测模型的合理性、预测结果的逻辑性都可检验。

(3) 可信程度还与预测的时间跨度、预测对象的复杂程度、预测结果的详细程度等有关，同时还与预测机构或预测者的权威性有关。

预测的有效性是指预测结果能否为决策者提供可靠的未来信息，以使决策者作出正确决策。能被决策者采用的预测是有效的预测。现实中对预测结果的评价通常是以有效性为标准的。而有效性暗含着决策者认为预测结果是可信的，同时也暗含着决策者主观上认为预测是准确的。

【案例 1-2】

在汶川大地震发生后，能否准确预报地震的发生，成为许多人关注的话题。而在大洋彼岸，美国地质调查局网站在其刊发的一篇名为《人类能够预报地震吗?》的文章中，对这一问题作出了明确的回答："不能!"文章说，"无论是美国地质调查局还是加州理工学院或者任何其他科学家都没有预报过一次大地震。在可预见的未来他们不知道如何预报，并且也不打算知道。不过，借助科学数据，科学家可以计算出未来将发生地震的可能性。比如，科学家预测在未来30年内，旧金山湾区发生一次重大地震的概率为67%，而南加利福尼亚的概率是60%。美国地质调查局致力于通过提高基础设施的安全等级来长期减弱地震的危害性，而不是把精力放在研究短期预报。"

那么，对于地震预报科学，我们究竟该持怎样的一种态度呢?中国地震局地震台网中心任鲁川研究员在科学报道沙龙上指出："现在最难的是短临预报，短临预报就是几天、几小时的预报，这是世界上没有解决的问题。"尽管事后来看，汶川也像是有发生地震的蛛丝马迹或异常现象，但是如果回到震前复杂的实地判断中，很难根据那些现象和信息得出汶川一带会有大地震的结论，这是为什么呢?任鲁川说："关键的问题是，那些事后看有些异常的迹象，在没有发生任何地震的很多情况中同样也经常会出现。"任鲁川还指出：因为大量不确定性因素的存在，所以地震预报是一种具有风险的决策。与地震类似，气象也有同样的问题，中国科学院大气物理研究所博士生导师王东海教授指出，目前科学监测仍面临许多不确定性因素，导致天气预报或灾难报道在理论和实践上也有许多目前尚不可逾越的障碍，所以关键是让公众接受不确定性的存在，这一点非常重要。

(资料来源:《中国经济导报》，2008年6月12日第B03版)

1.1.5 预测的基本功能

预测的基本功能就是为决策系统提供制定决策所必需的未来信息。为提高未来信息的可靠性，必须深入研究为获取这些信息所使用的各种方法与手段。对于工业企业而言，预测则贯穿于企业的经营活动之中。在销售方面，需要适合市场规模和市场特点的可靠预测，如顾客类型、市场占有份额、物价变动趋势、新产品开发等方面的预测资料都对销售起促进作用；在生产方面，需要预测产品的销售规模、原材料需求量、材料成本及劳动力成本的变动趋势、材料与劳动力的可用量的变动趋势等，以便企业对生产和库存进行计划，并在合理的成本上满足销售需求；在会计方面，预测现金流出量和各种收支项目的比率，使企业资金周转灵活，经营卓有成效，还需要预测可收取的应收账款、实际业务状况等；在人事部门方面，也需要预测每一类岗位所需人数、员工流动趋势等。

预测、决策与计划都与未来有关，三者之间既有联系，又有区别。预测在决策之前，计划在决策之后。预测为决策提供依据，是决策科学化的前提，而决策是预测的服务对象并为预测提供了实现机会。计划是预测与决策之后的产物，是决策在时间上的安排（何时干）、空间上的部署（在哪里干）、行动上的调度（怎样干），因此计划是预测与决策得以实现的桥梁，而正确的预测与决策是科学计划的前提。

1.2 预测的基本原理与步骤

现实世界是复杂的，尤其是在经济方面。预测对象不但常常受到人类社会各种活动和各种错综复杂关系的影响，还会受到自然界许多偶然因素的影响。这些影响因素常常使预测对象的发展变化表现得杂乱无章、五彩缤纷。然而事物变化发展的规律是客观存在的，是不以人的主观意志为转移的，人们能够通过实践来认识它，利用它。利用事物发展的规律对事物的发展前景进行预测是可行的。认识事物的发展变化规律，利用规律的必然性，是进行科学预测所应遵循的总原则。预测的各种技术和方法实质上也就是寻求研究对象发展变化中所隐含着的规律。

1.2.1 预测的基本原理

1. 系统性原理

预测的系统性原理，是指预测必须坚持以系统的观点为指导，采用系统分析方法，实现预测的系统目标。系统是相互联系、相互依存、相互制约、相互作用的诸事物及其发展过程所形成的统一体。预测工作中体现系统本质特性的观点应包括以下三方面：一是全面地、整体地看问题，而不是片面地、局部地看问题。例如，在预测中，必须全面准确地分析各变量之间的相互影响，从系统整体出发建立变量之间的关系与模型。二是联系地、连贯地看问题，而不是孤立地、分割地看问题。在预测中，必须注意预测对象各层次之间的联系，预测对象与环境之间的联系，预测对象内部与外部各要素之间的彼此联系，预测对象各发展阶段之间的联系等。三是发展地、动态地看问题，而不是静止地、凝固地看问题。预测是对预测对象未来发展趋势的判断，没有发展变化，就不需要预测。预测必须根据预测对象系统的过去、现在推断未来，从而正确地反映发展观与动态观。

系统都有结构、有层次。预测对象系统的内部结构与层次及其相互关系，是系统按照一定规律运动的内在根据；外部环境因素与系统的相互关系，则是决定系统按照一定规律运动的外在条件。在预测工作中，通过对内在根据与外在条件的分析，便能较好地认识和把握预测对象的运动规律，进而依据这种规律性的认识对预测对象系统的未来状态和趋势作出科学的推测与判断。在预测工作中采用系统分析方法要求做到：一是通过对预测对象的系统分析，确定影响其变化的变量及其关系，建立符合实际的逻辑模型与数学模型；二是通过对预测对象的系统分析，系统地提出预测问题，确定预测的目标体系；三是通过对预测对象的系统分析，正确地选择预测方法，并通过各种预测方法的综合运用，使预测尽可能地符合实际；四是通过对预测对象的系统分析，按照预测对象的特点组织预测工作，并对预测方案进行验证和跟踪研究，为经营决策的实施提供及时的反馈。

2. 连贯性原理

事物的发展变化与其过去的行为总有或大或小的联系，过去的行为影响现在，也影响未来，这种现象称之为“连贯现象”。连贯性也叫连续性、惯性等。所谓连贯性原理，就是研究对象的过去和现在，依据其惯性，预测其未来状态。连贯性的强弱取决于事物本身的动力和外界因素的强度。连贯性越强，越不易受外界因素的干扰，其延续性越强。如属于生产资料的产品，一般对其品种、质量、产量的需求较稳定，表现出来的连贯性较强。而属于消费资料的产品，由于顾客的兴趣爱好容易变动，其连贯性就较小，尤其是流行服装，几乎没有连贯性。

在实际的运用过程中，应注意以下两方面的问题：一是连贯性的形成需要有足够长的历史，且历史发展数据所显示的变动趋势具有规律性；二是对预测对象演变规律起作用的客观条件必须保持在适度的变动范围之内，否则该规律的作用将随条件变化而中断，连贯性失效。

3. 类推原理

许多特性相近的客观事物，它们的变化亦有相似之处。通过寻找并分析类似事物相似的规律，根据已知的某事物的发展变化特征，推断具有近似特性的预测对象的未来状态，就是所谓的类推原理。

例如，根据军用飞机速度的变化情况，预测民用飞机速度的变化趋势，因为民用飞机的速度总低于军用飞机的速度。再如，根据某国达到一定国内生产总值时的能源消耗量，研究他国的经济结构与经济水平，建立数学模型，进而类推预测他国达到同一国内生产总值时的能源消耗量。又如，根据上海的流行服装类推西安的流行服装等。前面两例的类推被称为定量类推（在量的方面的推测），后一例的类推被称为定性类推。利用类推原则进行预测，首要的条件是两事物之间的发展变化具有类似性，否则，就不能进行类推。类似并不等于相同，再加上时间、地点、范围以及其他许多条件的不同，常常会使两事物的发展变化产生较大的差距。例如，人们在利用经济和技术比较先进的国家或地区的经济发展历史来类推本国或本地区的经济发展情况时，就必须考虑并研究社会制度、经济基础、消费习惯、文化风俗等一系列因素的不同所可能造成的影响，判断在这些因素的影响下，类推原则是否依然适用。如果适用的话，则应当注意如何估计并修正由于因素不同所带来的偏差，这样才能使预测的误差尽量减小。

在有可能利用事物之间的相似性进行类推预测时，两事物的发展过程之间必定有一个时间差距。时间会使许多条件发生变化，也给了人们总结经验和教训的机会，使人们有可能根据变化了的条件去探索后发展事物在哪些方面还保持着与先发展事物相似的特征，在哪些方面已不再相似，等等，作出较为准确的预测。当由局部去类推整体时，应注意局部的特征能否反映整体的特征，是否具有代表性。因为在任何整体中都可能存在与整体发展相异的局部或某些特征与整体特征差别较大的局部，用这些不具有代表性的局部去类推整体，就会出现大的错误。类推是从已知领域过渡到未知领域的探索，是一种重要的创造性方法。类推原理不仅适用于预测，同样也适用于决策。

4. 相关性原理

任何事物的发展变化都不是孤立的，都是在与其他事物的发展变化相互联系、相互影响的过程中确定其轨迹的。例如，国民经济是一个统一的整体，各个经济部门是在互相联系、互相协调、互相制约的状态下共同发展的。又如耐用消费品的销售量与人均收入密切相关。这种事物发展变化过程中的相互联系就是相关性。深入分析研究对象和相关事物的依存关系和影响程度（即它们间的相关性），是揭示其变化特征和规律的有效途径。所谓相关性原理，就是研究预测对象与其相关事物间的相关性，利用相关事物的特性来推断预测对象的未来状况。

从时间关系来看，相关事物的联系分同步相关和异步相关两类。先导事件与预测事件的关系表现为异步相关。例如，基本建设投资额与经济发展速度有关。又如，利息率的提高将会明显地导致房地产业的衰落。因而，根据先导事件的信息，可以有效地估计异步相关的预测事件的状态。同步相关的典型事例是，冷饮食品的销售量与气候变化有关；服装的销售与季节的变化有关。它们之间的相互影响即时可见。

相关性最主要的表现形式是因果关系。因果关系是存在于客观事物之间的一种普遍联系。因果关系具有时间上的相随性：作为原因的某一现象发生，作为结果的另一现象必然发生；原因在前，结果在后。因果关系往往呈现出多种多样的情况，有单因单果、单因多果、多因单果、多因多果，还有互为因果以及因果链等。在预测中运用因果性原理，必须科学分析，确定相关事物之间因果联系的具体形式，找出其关键因素，适当进行简化，据此建立合适的预测模型。

5. 概率推断原理

由于受到社会、经济、科技等因素的影响，预测对象的未来状态带有随机性。例如，某商品下个月的销售情况，可能畅销、可能销路一般，也可能滞销，事前难以确定。预测对象的未来状态如何，这实际上是一个随机事件，可以用概率来表示这一事件发生的可能性大小。在预测中，常采用概率统计方法求出随机事件出现各种状态的概率，然后根据概率推断原理去推测对象的未来状态。所谓的概率推断原理，就是当被推断的预测结果能以较大概率出现时则认为该结果成立。

掌握预测的基本原理，可以建立正确的思维程序。这对于预测人员开拓思路，合理选择和灵活运用预测方法都是十分必要的。然而，世界上没有一成不变的事物。预测对象的发展不可能是过去状态的简单延续，预测事件也不可能是已知的类似事件的机械再现。相似不等于相同。因此，在预测过程中，还应对客观情况进行具体细致的分析，以求提高预测结果的准确程度。

1.2.2 预测的一般步骤

预测作为一个过程，一般包括以下几个步骤：

1. 确定预测目标

预测是为决策服务的，所以要根据决策的需要来确定预测对象、预测结果达到的精确度，确定是定性预测还是定量预测以及完成预测的期限等。如当决策只需知道产品销售发展的趋势时，能够预测出销售量是增加、减少还是不变就可以了，而当决策需要了解产品销售量能达到什么样的水平时，则必须对销售量增加或减少的具体数值进行预测，预测也就从定性变为定量了。又如短期预测所要求的时间期限和预测精度与中、长期预测也不一样。总之，预测一个事物的发展变化时，首先要了解决策的要求并据此确定属于哪类预测，应满足哪些标准，等等。

2. 收集、整理有关资料

预测是根据有关历史资料去推测未来，资料是预测的依据。应根据预测目标的具体要求去收集资料。预测中所需的资料通常包括以下三项：

（1）预测对象本身发展的历史资料。

（2）对预测对象发展变化有影响作用的各相关因素的历史资料（包括因素现在的资料）。

（3）形成上述资料的历史背景、影响因素在预测期间内可能表现的状况。

对收集到的资料还要进行分析、加工和整理，判别资料的真实程度和可用度，去掉那些不够真实的、无用的资料。

3. 选择预测方法

预测方法种类很多，不同的方法有不同的适用范围、不同的前提条件和不同的要求。对于特定的预测对象很可能有多种方法可用，而有的预测对象因为受到人、财、物、时间等因素的限制只能用一种或少数几种方法。实际中应根据计划、决策的需要，结合预测工作的条件、环境，以经济、方便、精度足够好为原则去选择预测方法。

4. 建立预测模型

预测模型是对预测对象发展变化的客观规律的近似模拟，预测结果是否有效取决于模型对预测对象未来发展规律近似的真实程度。对数学模型，要求出其模型形式和参数值。如用趋势外推法，则要求出反映发展趋势的公式；如用类推法，则要寻求与预测对象发展类似的事物在历史上所呈现的发展规律，等等。

5. 评价预测模型

由于预测模型是用历史资料建立的，它们能否比较真实地反映预测对象未来发展的规律是需要讨论的。评价预测模型就是评价模型能否真实地反映预测对象的未来发展规律。如，预测对象是否仍按原趋势发展下去，即事物发展是否会产生突变？如无突变，所建立的模型能否反映它的趋势？如果评价结果是该模型不能真实地反映预测对象的未来发展状况，则重建模型；如能真实地反映，则可进入下一步。

6. 利用模型进行预测

根据收集到的有关资料，利用经过评价的模型，计算或推测出预测对象的未来结果。

7. 分析预测结果

利用模型得到的预测结果有时并不一定与事物发展的实际结果相符。这是由于所建立的模型是对实际情况的近似模拟，有的模型模拟效果可能好些，有的可能会差些；同时，在计算和推测过程中也难免会产生误差，再加上预测是在前述的假设条件下进行的，所以预测结果与实际结果难免会发生偏差。因此，每次得到预测结果之后，都应对其加以分析和评价。通常是根据常识和经验，检查、判断预测结果是否合理，与实际的结果之间是否存在较大的偏差，以及未来条件的变化会对实际结果产生多大的影响，等等，以确定预测结果是否可信，并想出一些办法对预测结果加以修正，使之更接近于实际。此外，在条件允许的情况下，可以采用多种方法进行预测，再经过比较或综合，确定出可信的预测结果。

从以上介绍可以看出，预测过程是一个资料、技术和分析的结合过程。资料是预测的基础和出发点，预测技术的应用是核心，分析则贯穿了预测的全过程。可以说，没有分析，就不能称其为预测。

在整个预测过程中，对预测成败影响最大的是两个“分析和处理”：一个是对收集到的资料进行分析和处理，资料是基础，如果基础质量不好，建立在这个基础之上的大厦（预测模型）质量也差，预测结果的质量也必定差；另一个是对预测结果的分析和处理，这是对预测效果的最后一次检查，它直接决定预测的质量。这两个分析和处理最能体现预测者的水平，预测的质量完全取决于预测者对预测对象及客观条件的熟悉程度、知识面的广度、对事物的观察能力以及逻辑推理与分析判断的能力等。就像使用相同原料、相同工具进行生产的工人生产出不同质量的产品一样，不同的预测者在运用相同的资料和相同的预测技术对同一预测对象进行预测时，也可能会得到质量相差很大的预测结果。这种差别常常产生在这两个分析和处理上。

从上述基本步骤也可以看出，预测是一项“技艺”性的工作，它既需要科学的方法，又需要进行艺术的处理。由于预测对象的发展变化规律要比自然科学所研究的对象的发展变化规律复杂得多，所处的环境也复杂得多，预测工作者的这种“技艺”也就显得愈加重要。实际上，预测的每一个基本步骤都要求预测工作者运用其知识、经验和能力进行艺术的处理。当然，对于步骤4、6来说，它们可能更侧重于定量的方法。

上述所介绍的步骤是预测的一般步骤，有些时候，可能需对某些步骤进行细化，有些时候也可能将其中几个步骤归并，这些都属于“艺术”的范畴。

1.3 预测资料的收集与预处理

预测是利用历史的和现在的资料对事物的未来发展前景进行探索的过程。在各种定量预测方法能被用来进行预测之前，都需要收集相当数量的数据。同时，由于实际收集到的数据可能不足以反映预测对象变化发展的规律，需要对收集到的数据进行分析和处理。

预测数据的收集是一项系统的工作，主要包括以下内容：确定数据收集的目的、设计数据收集方案、开展数据收集活动（即数据的收集与整理）、对数据进行分析和预处理。

1.3.1 确定数据收集的目的

数据收集的目的是指要利用所收集的数据作哪些预测，主要用于研究和解决什么问题。只有明确了数据收集的目的，才能确定需要哪些数据、从何处获取、采用什么方式收集等问题。

1.3.2 设计数据收集方案

在明确数据收集的目的之后，需要确定具体的数据收集方案，包括需要收集的数据的类型、数据的单位、数据收集方式、数据所属的时间与数据收集期限、数据收集的组织等问题。对于预测而言，首先要确定被预测的变量。其次，要确定对预测变量的发展有影响的其他变量（这在预测者打算用回归方法时尤其重要）。在确定有关变量时，应注意以下四点：

1. 每一数据值涉及的时期

在实际中，很多因素可视为连续发生的，如大型商场的商品销售量。但出于核算的目的，必须规定某个时期并按该时期将每个变量的值加起来，如商场每天、每周、每月的销售总量。

在确定变量的每个观察值所涉及的时期时，还必须考虑预测的具体应用。为长期决策服务的预测，一般以相当长时期（季、年）观察的数据为基础；而为日常管理服务的预测，则常以一天甚至一小时为单位的数据值为基础。

2. 要求的详细程度

要求的详细程度是指一个变量所要综合历史资料的总量。例如，是预测某给定时期整个公司的销售量，还是按产品类别甚至在每个地区按产品类别来预测销售量。如果最初的预测过于笼统，就必须回头收集更详细的数据。因此，在预测开始时，就按时间确定到底需要怎样的详细程度是能够节约大量费用的。正如下面将要说明的，按尽可能的详细程度来收集数据并加以汇总，比先收集综合数据而后才发现需要进一步细分时要有效得多。

3. 计量单位

通常的核算体系是按价值来编制报表的，大多数数据已将其单位换算为“元”，而这实际上是资料的损失。如洗衣机的销售量，如其单位已换算为“元”，当洗衣机的价格变化时就很难再进行估算了。因此，预测中的一个重要步骤是确定各变量的合适单位，而且应在原始数据已经存储的条件下来进行单位的换算。

4. 要求的准确度

预测的不同用途要求有不同的准确程度。如果某项预测对某些重要管理工作来说是辅助性的，这时所要求的准确程度就不会太高。另一方面，在中等重要程度的管理工作中，有可能利用个别变量的预测作为决策的基础，在这种情况下则希望有高度的准确性。由于提高预测准确性一般会带来费用的增加，因此，在确定合适的准确程度时需要恰当地权衡利弊。

在确定数据的最初阶段，还需要对预测的价值有一个粗略的估计，以便能把数据收集过程的费用控制在预测结果的价值规定的上限之内。

1.3.3 数据的收集与整理

确定了预测中的变量之后，就要考察和了解变量的特性及其有关情况，亦即收集和获取所需的数据（或称资料）。首先要注意数据的客观性和准确性，即要求数据如实地反映实际情况。其次要求数据具有及时性、完整性、经济性。这些要求有时会自相矛盾。例如，完整的数据资料受时间、经费等的限制而难以收集到。实际预测时，应根据具体情况兼顾各项要求。

按调查资料的来源不同，一般将资料分为原始资料和第二手资料。原始资料是指直接对调查对象进行观察、登记收集到的未经整理的第一手资料。例如，工业企业的原始记录，产品需求的调查问卷等。原始记录可如实地反映有关情况，但要反映预测对象的全面情况，还须对其进行整理和汇总。第二手资料是指已经加工整理过的资料。例如，统计年鉴、报刊和杂志上发表的调查统计资料等均属此类。由于第二手资料已经过整理，因而第二手资料也称为间接资料。一般来说，从第二手资料中便于了解研究对象的环境条件。在工商企业经营预测中，借助于国家及有关部门公布的第二手资料来研究经营环境，是简便有效的做法，往往可收到事半功倍的效果。搜集原始资料要耗费较多的人力、物力和时间，但第二手资料又未必能满足预测研究的要求，因此常要将两种资料结合起来运用。

原始资料可以通过多种统计调查方式获得，主要有普查、抽样调查、重点调查、典型调查、定期统计报表等。

普查是专门组织的一次性全面调查。所调查的内容，既可以是一定时点下的现象，也可以是一定时期的过程性现象。调查的目的主要是搞清重要的国情国力和某些重要经济现象的全面情况。如我国为了全面掌握全国人口的实际情况，于2010年11月1日零时这个时点上展开了第六次全国人口普查工作；又如，我国于2004年进行的由基本单位普查、工业普查、第三产业普查和建筑业普查合并而成的首次经济普查，等等。普查的规模大，任务重，质量要求高，需要由政府动员、组织各方面的力量配合进行。其优点是比任何其他调查方式所取得的资料都更全面、更系统、更详尽。但普查的工作量大，需花费大量的人力、物力、财力和时间，故不宜经常进行。

抽样调查是一种非全面调查。它是在全部被调查的总体中随机地抽选一部分单位组成样本进行观察，并根据从样本得到的数据来推算总体的数量特征。它的理论基础是概率论。抽样调查有以下三个主要特点：一是按随机原则选样；二是通过样本数据从数量上推算总体数量特征和数量表现；三是抽样调查的误差不可避免，但可以计算和控制。抽样调查组织实施起来比较容易，是资料收集中普遍使用的一种调查方式，它在居民消费调查、需求预测、民意测验、物价统计、市场预测、产品质量检验等方面都得到了广泛应用。

重点调查也是一种非全面调查，它是在被调查总体中选出一部分重点单位进行调查，这些重点单位虽然只是总体的一小部分，但它们在所调查的数量方面占有较大比重。例如要调查全国钢铁企业的生产情况，宝钢、鞍钢、太钢、包钢、首钢等大型钢铁企业虽然在企业数量上只占少数，但它们的产量在全国的钢铁总产量中所占比重却很大，因此主要对这些重点企业进行调查，就可以对全国的钢铁生产进行大致的预测。重点调查的关键是确定重点单位。较常用的有两种确定方法：一种是确定一个最低标志值，凡是标志值达到或超过最低标志值的个体就是重点单位；另外一种是确定一个最低的累计标志比重，如75%，将各个单位按照标志值由高到低排序并依次计算累计比重，当累计比重大于等于所要求的最低累计比重时，被累计的单位就是重点单位。

典型调查是在调查对象中有意识地选出个别或少数有代表性的单位进行调查。典型调查的首要问题是如何挑选典型单位。一般来讲，如果要了解总体的一般数量表现，可以选择中等水平（平均型或多数型）的单位作为调查单位；如果要较为准确地估计总体的一般水平，首先对总体中的个体划分为若干类型，然后再从各类中按其比例大小选择若干典型单位进行调查；如果要总结经验或失败的教训，则应选择先进或落后单位作为典型，作深入细致的调查。典型调查的效果，在很大程度上取决于调查者的主观判断。

定期统计报表制度是一种按国家有关法规的规定，自上而下地布置统一的报表，然后自下而上地逐级上报汇总报表资料的调查方式。定期统计报表制度要求按规定的报表形式、内容，规定的报送程序和报送时间报送数据资料，所以是一种严格的报告制度。

以上几种调查方式在具体应用时应根据预测对资料的要求而定。在多数情况下，收集到的资料还需经过整理才能用于预测。资料整理也就是对资料进行加工使之系统化的工作。资料整理包括以下三个环节：

1. 对资料的校核

为了保证资料的准确性，必须进行校核以去伪存真。对资料的校核包括逻辑性校核和计算性校核。逻辑性校核是指检查收集到的资料是否符合预测对象变动的逻辑发展，以排除明显的偶发性因素的影响；计算性校核是指检查收集到的各种指标数据是否有计算错误，或统计与计算口径是否一致等。

2. 对资料的分类

按收集资料所表征的经济社会现象的特征、结构、性质、规模等方面的差异对资料进行分类，是资料整理工作的主要环节。按特征分类通常是指按资料所显示的变动规律分类，例如，直线型变动形态、曲线型变动形态、季节型变动形态等；按结构分类一般是指按不同的市场结构层次、商品结构层次等分类，例如，国际市场容量、全国市场容量、各区域市场容量、各目标市场容量等；按性质分类多是指按不同的社会性质、经济性质进行分类，例如人口资料、购买力资料、商品销售资料、商品供应资料等；按规模分类是指按市场的容量规模、企业产品的生产规模、销售的赢利规模等进行分类。对资料分类取何种标准，决定于预测的任务与目标，也决定于预测方法的选择。

3. 对变量序列的编制

经过分类整理的资料用数值表示，按不同的变量排序，形成某变量的大小序列。但对于不同的事物，我们能够予以计量或测度的程度是不同的，有些事物只能对它的属性进行分类，比如人口的性别和文化程度、产品的型号及质量等级等；有些则可以用比较精确的数字加以计量，比如物体长度、产品的重量和价值等。根据我们对事物计量的精确程度和结果来看，可以将统计数据分为以下三种：一种是分类数据，这类数据是对事物进行分类的结果，数据表现为类别。例如，人口按性别分为男、女两类；企业按照经济性质分为国有、民营、合资和独资企业等。虽然这些数据只是表现为某种类别，但为了便于统计处理，特别是为了便于计算机识别，我们可以对不同类别用不同的数字或编码来表示，比如用“1”表示男性，“0”表示女性；又如用“1”表示国有企业，“2”表示民营企业，“3”表示合资企业，等等。这些数字只是给不同类别的一个代码，并不意味着这些数字可以区分大小或进行任何数学运算。对于类别数据，我们通常是通过计算出每一类别中各元素或个体出现的频数或频率来进行分析的。第二种是顺序数据，对有些现象的计量不仅可将事物分成不同的类别，而且还可以确定这些类别的优劣或顺序。对于顺序数据，其结果虽然也表现为类别，但这些类别之间是有顺序的。例如，我们可以将产品分为一等品、二等品、三等品、次品等；考试成绩可以分为优、良、中、及格、不及格等；一个人的受教育程度可以分为小学、初中、高中、大学及以上；一个人对某一事物的态度可以分为满意、同意、中立、不同意、厌恶等。第三种是数值型数据，对有些事物通常使用自然或度量衡单位进行计量，其结果表现为具体的数值。如用人民币来度量的收入、用百分制度量的考试成绩、用摄氏度或华氏度来度量的温度、用克度量的物体质量、用米度量的物体长度等。这些数据都是数值型数据。

区分数据的类型是很重要的，因为对不同类型的数据，将采用不同的统计方法来处理和分析。比如，对分类数据通常计算出各组的频数或频率，计算其众数；对顺序型数据，可以计算其中位数；对数值型数据还可以用更多的统计方法进行处理，如计算各种平均数、进行参数估计和检验等。

1.3.4 对数据进行分析与预处理

在定量预测中，数据是建立预测模型的基础，缺少数据或数据异常都会导致所建立模型的不准确。所以需要对数据的异常情况进行鉴别与分析。

1. 数据的分析与鉴别

首先，对收集到的数据作大体的估计，去掉与问题无关和不能说明问题的数据。

其次，对值得怀疑和探讨的数据（如有大起大落的情况）进行研究，调查其产生的背景，鉴别其真实程度，分析原因，以判断这些受怀疑的数据是否异常或能否反映预测对象的正常情况。

异常数据的鉴别可采用图形观察法和统计滤波法等方法。

例 1-1 某企业 2010 年的产品销售量如表 1-1 所示，其图形如图 1-1 所示。

表 1-1 某企业 2010 年的产品销售量

月份	1	2	3	4	5	6	7	8	9	10	11	12
销售量/t	320	330	180	350	340	340	360	350	380	470	350	370

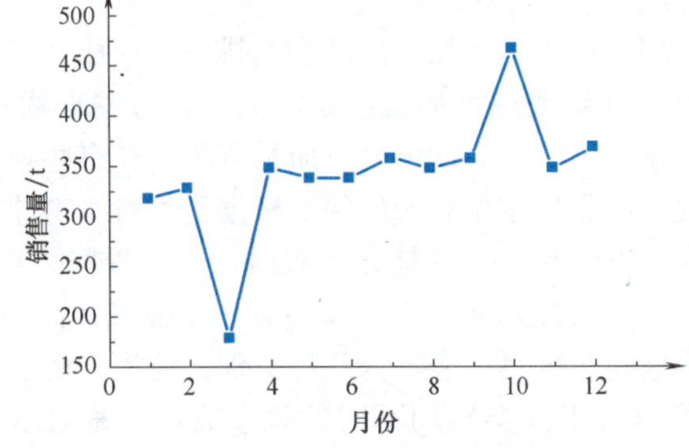

图 1-1 某企业的产品月销售量

观察图 1-1，可见该企业 3 月份的产品销售量严重下降，而 10 月份的销售量明显增加。通过对这两个数据的背景资料调查发现，3 月份销售量下降的原因是主要设备出了故障，使产量下降而影响了销售量，10 月份销售量增加的原因是外贸部门根据国际市场行情变化订购了 100t 外销，进一步与其他数据对比，显然这两个数据不能反映该企业产品销售量的正常情况，应视为异常数据。

例 1-2 某地区农业总产值的时间序列数据如表 1-2 所示，其图形如图 1-2 所示。从图中可见 1975 年的数据明显下降，而 1978 年后的数据增长速度明显加快。通过进一步调查分析，1975 年该地区遭受水灾，导致谷物产量大减，因此 1975 年的数据不能反映正常情况，应视为异常数据。1978 年开始该地区实行承包责任制，农民生产积极性空前高涨，农作物产量迅速上升。此后，该地区扩大经济作物种植面积，推广农业科技成果，产值持续上升。分析该地区的时间序列数据，1978 年出现了转折性的变化，所以可判断 1978 年的数据为转折点。这说明 1978 年以后该地区的农业总产值将以新的趋势发展。

表 1-2 某地区农业总产值的时间序列数据

年份	1973	1974	1975	1976	1977	1978	1979	1980	1981	1982	1983
总产值/百万元	24	26	16	25	29	32	39	45	52	58	63

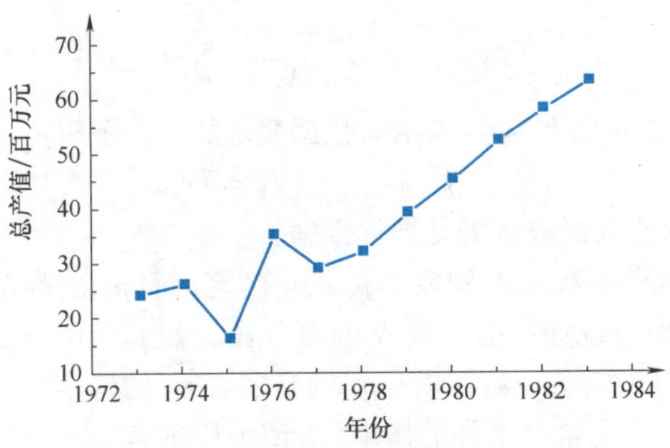

图 1-2 某地区农业总产值的时间序列数据图

例 1-3 某大学连续 18 年的研究生招生规模如表 1-3 所示，其图形如图 1-3 所示。

表 1-3 某大学连续 18 年的研究生招生规模

年 份	1986	1987	1988	1989	1990	1991	1992	1993	1994	1995	1996	1997	1998	1999	2000	2001	2002	2003
招生人数/人	60	80	125	140	150	170	190	200	240	250	270	300	350	370	400	420	960	1200

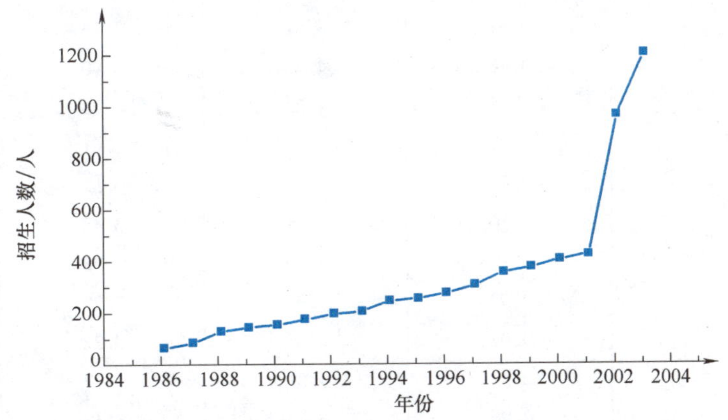

图 1-3 某大学连续 18 年的研究生招生规模

从图 1-3 看出，1986 ~ 2001 年期间，该校研究生的招生规模呈稳步增长趋势，但 2002 年该校研究生的招生规模有大幅度的增加，2003 年持续增加。是否这两年的数据为异常数据？事实上，该校 2001 年试办研究生院，加之国家那几年研究生招生规模持续增加，该数据恰恰能够反映此后几年该校研究生招生规模的变化趋势。

对不正常的数据也可以用统计的方法进行鉴别。通常使用的方法是统计滤波法，其做法是“先利用已有的数据确定数据允许变动的范围（上、下限），凡是在这个范围以外的数据被认为是异常数据”。

一般是利用正态分布来确定数据的变动范围。设已有数据 y_1，y_2，…，y_N，确定数据变动范围的具体步骤如下：

（1）利用 N 个数据计算样本均值 $\bar{y}$ 和样本标准差 s：

$$\bar{y} = \frac{1}{N}\sum_{i=1}^{N} y_i \qquad s = \sqrt{\frac{1}{N-1}\sum_{i=1}^{N}(y_i - \bar{y})^2} \tag{1-1}$$

（2）确定一个 k 值，并由 k 与 $\bar{y}$，s 组成数据变动的上、下限：

$$y_{下} = \bar{y} - ks, \qquad y_{上} = \bar{y} + ks \tag{1-2}$$

不在 $[y_{下}, y_{上}]$ 范围内的数据被认为是异常数据。

式（1-2）中 k 值由样本数量 N 和概率 p_1，p_2 确定，而 p_2 是落在 $[\bar{y}-ks, \bar{y}+ks]$ 范围内的统计数据的个数与所有统计数据个数 N 的百分比，如 $p_2=0.99$，就是要求有 99% 以上的统计数据落在区间 $[\bar{y}-ks, \bar{y}+ks]$ 内；p_1 则是实现 p_2 的置信度，亦即实现有 99% 的数据在 $[\bar{y}-ks, \bar{y}+ks]$ 区间内这一事件的概率。k 值由样本容量 N 及 p_1，p_2 确定。表 1-4 列出了 p_1 分别为 0.95 和 0.99，而 p_2 分别为 0.99 和 0.999 时，不同 N 值所对应的 k 值。

表 1-4　k 值表

k 值 / p_1 / p_2 / 样本数量 N	0.95		0.99	
	0.99	0.999	0.99	0.999
10	4.43	5.58	8.59	7.13
15	3.88	4.95	3.80	5.88
20	3.61	4.61	3.16	5.31
25	3.46	4.41	3.90	4.99
30	3.35	4.28	3.73	4.77
35	3.27	4.18	3.61	4.61
40	3.21	4.10	3.52	4.49
45	3.16	4.04	3.44	4.40
50	3.13	3.99	3.38	4.32
60	3.07	3.92	3.29	4.21
70	3.02	3.86	3.22	4.12
80	2.99	3.81	3.17	4.05
90	2.96	3.78	3.13	4.00
100	2.93	3.74	3.10	3.95
∞	2.58	3.29	2.58	3.29

例 1-4　某商店连续 30 个月的零售额（单位：万元）如下：

12.43，12.36，12.30，12.40，12.51，12.66，12.73，12.52，13.01，12.74，12.45，12.75，12.64，12.82，13.10，13.04，13.23，13.52，18.45，16.28，13.50，13.47，13.28，13.62，13.33，13.71，13.44，13.20，13.83，13.60

可求得 $\bar{y}=13.30$，$s=1.23$，若取 $p_1=0.95$，$p_2=0.99$，则由 $N=30$ 查表可得 $k=3.35$，从而上、下限分别为

$$y_{上}=17.42\text{ 万元}，\quad y_{下}=9.18\text{ 万元}$$

逐项检查原始数据可以看出

$$y_{19}=18.45\text{ 万元} > y_{上}$$

因此，可以认为 y_{19} 为一异常数据。

应引起读者注意的是，统计滤波法只适用于 y_1，y_2，…，y_N 是从同一正态分布总体中抽取出来的，即 N 个样本数据在均值上、下波动这一情况。如例1-2这种数据就不能由统计滤波法处理。而经过统计滤波法鉴定后的数据，也不能拿来就用，还应结合具体情况进行分析（如例1-3），看看这些数据是否能如实地反映出预测对象的发展趋势。如果不能，则应对数据进行适当的处理。

2. 数据的预处理

对判定为异常或不能真实地反映预测对象发展趋势的数据进行适当的处理，称为数据的预处理。常用的预处理方法有：

（1）剔除法。剔除法就是去掉那些不能如实反映预测对象正常发展趋势的数据。这是最简单的一种方法。如去掉例1-1中某企业2010年产品销售量中3月份和10月份的数据。

对于时间序列数据，剔除其中某些异常数据建立的预测模型将能较好地描述研究对象的发展规律，减小误差。剔除法的缺点是破坏了时间序列数据的连续性，但对因果关系型的横断面数据则没有这种影响。

（2）还原法。当数据比较少时，采用剔除法会使数据变得更少，而给建立预测模型造成不便。这时，可采用还原法。还原是指把数据处理成没有突变因素影响时本应表现出的数值，当然这只是估计值。

在利用时间序列外推法求趋势方程时，可用异常数据 y_t 前后两期数据 y_{t-1} 和 y_{t+1} 的算术平均值或几何平均值作为还原值。即

$$y'_t=\frac{y_{t-1}+y_{t+1}}{2} \tag{1-3}$$

或

$$y'_t=\sqrt{y_{t-1}y_{t+1}} \tag{1-4}$$

例如，利用算术平均还原例1-1中3月份的数据 y_3 为

$$y'_3=\frac{y_{3-1}+y_{3+1}}{2}=\frac{330\text{t}+350\text{t}}{2}=340\text{t}$$

通常，当历史数据的发展趋势呈线性时，取算术平均值较好；当发展趋势呈非线性时，取几何平均值较好。

在利用因果关系建立数学模型时，设有自变量 x 和因变量 y。为去掉偶然因素对建立模型的影响，可采用下面的计算方法对数据中的异常数据 y_k 加以还原。

当 x 与 y 之间为线性关系时，取

$$y'_k=\frac{y_nx_n+y_m x_m}{2x_k} \tag{1-5}$$

当 x 与 y 之间为非线性关系时，取

$$y'_k=\frac{\sqrt{y_nx_ny_mx_m}}{x_k} \tag{1-6}$$

式中，y'_k 为有偶然因素影响时因变量的估计值，x_k 是与异常数据 y_k 同一时期对应的自变量；x_n，x_m 是与 x_k 在数值上相差最小的两个自变量，并且有

$$x_n\leqslant x_k\leqslant x_m$$

式中，y_n，y_m 分别是与 x_n，x_m 相对应的因变量值。

例 1-5 某日用化工企业生产的洗涤用品，其主要销售市场是该企业所在城市。该企业的洗涤用品在所在市的销售量 y 主要受所在市常住人口数量 x 的影响。表 1-5 所列的是所在市历年人口数 x 与洗涤用品在所在市历年销售量 y 的统计数据。

表 1-5 某企业所在市的历年人口数与洗涤用品在所在市的历年销售量的统计数据

年 份	1990	1991	1992	1993	1994	1995	1996	1997	1998	1999	2000
人口/万人	71.5	76.8	80.3	82.6	83.1	83.7	84.5	87.2	88.4	90.5	92.0
销售量/10^4kg	42.7	44.9	45.85	45.95	45.15	48.75	32.6	51.65	54.75	55.2	57.3

从表 1-5 中可以看出，洗涤用品的销售量基本上是随着人口数量的增加而增加的，但在 1996 年出现了异常情况。这是因为 1996 年该企业主要设备出了事故而停产大修以及其他一些原因影响了产量，投放到市场上的洗涤用品数量随之减少造成的。分别利用式（1-5）和式（1-6）对 1996 年的销售量进行还原处理，有

$$y'_{96}=\frac{y_{95}x_{95}+y_{97}x_{97}}{2x_{96}}=50.79\times10^4\text{kg}$$

$$y''_{96}=\frac{\sqrt{y_{95}x_{95}+y_{97}x_{97}}}{x_{96}}=50.73\times10^4\text{kg}$$

二者相差很小，这是因为 x 与 y 呈线性关系。

在未对 1996 年的销售量进行还原处理时，x 与 y 的相关系数是 $r=0.6097$；利用处理后的 y'_{96} 代替 y_{96}，得到的相关系数是 $r=0.9205$。显然，经过还原处理后再建立模型，效果会更好些。

（3）拉平法。由于环境条件的变化，常使一些历史数据不能反映现时的情况。如果数据较多，去掉它们即可；如果数据较少，去掉它们则会给建立模型增加困难。这时可应用合适的方法来处理这些历史数据，使之成为对预测有用的数据。拉平法是一个较好的方法。其原理是：通过分析造成数据过时的原因，对数据加以适当的处理，使其符合现时的实际发展情况。

例 1-6 某厂历年的电视机产量如表 1-6 中第 2 行所示。其中 1996 ~ 2002 年的产量呈台阶形增长。这是因为该厂有一条年生产能力为 8 万台的流水线正式投产，当年这条新生产线生产了 6 万多台电视机。

表 1-6 某厂历年的电视机产量

年 份	1993	1994	1995	1996	1997	1998	1999	2000	2001	2002
产量/万台	5.1	5.6	5.7	5.5	11.8	12.3	12.8	13.2	13.8	14.3
数据处理后产量/万台	11.1	11.6	11.7	11.5	11.8	12.3	12.8	13.2	13.8	14.3

如果去掉 1996 年以前的数据，剩下数据太少，不符合建立预测模型的要求。将 1996 年以前的数据都分别加上 1997 年的新增产量 6 万台，就将 1996 年前后的生产能力拉平了。这些数据就可以共同表现出工人技术水平提高和熟练程度增加等因素造成的生产能力变化趋势。拉平处理后的数据见表 1-6 中的第 3 行。利用处理后的数据建立预测模型，用以研究该厂生产能力的变化趋势，效果无疑会比未经处理过的数据要好。

(4) 比例法。销售条件与环境条件的变化会引起企业产品市场占有率（企业在该地区的产品销售量/该地区的总销售量）的变化。当变化很大时，说明环境条件与销售条件的变化已超过其他因素对销售量的影响，也说明以前销售量统计数据所表现的发展规律不再适用于现在和将来。因此，如果不能去掉以前的数据，就需要进行修改。比例法是一种比较有效的修改方法。

例 1-7 某厂牙膏在本地区市场的销售量和市场占有率如表 1-7 中的第 2、3 行所示。

表 1-7 某厂牙膏在本地区的销量情况

年 份	1973	1974	1975	1976	1977	1978	1979	1980
销售量/万支	653.6	643.8	802.2	629.6	703.2	863.4	895.4	700.8
市场占有率	0.65	0.58	0.63	0.57	0.63	0.57	0.59	0.43
数据处理后销售量/万支	460.7	477.3	547.5	475.0	480.1	651.3	652.6	700.8

从市场占有率来看，1979 年以前保持在 60% 左右，1980 年下降为 43%，原因是 1979 年以前该地区商业部门控制外地牙膏的输入量。从 1980 年开始，国家保护竞争，外地牙膏输入不再受控制，由于上海牙膏的进入，故而本厂牙膏销售量下降。为了预测 1981 年以后的牙膏销售量，就需要修改 1979 年以前的数据，修改方法如下：

$$\text{某年处理后的数据} = \frac{\text{该年实际数据} \times 1980\text{ 年市场占有率}}{\text{该年市场占有率}} \tag{1-7}$$

如：

$$\text{处理后 1975 年的销售量} = \frac{802.2\text{ 万支} \times 0.43}{0.63} = 547.5\text{ 万支}$$

1.4 预测方法的分类

1.4.1 预测方法的分类体系与常用方法

由于预测的对象、目标、内容和期限不同，形成了多种多样的预测方法。据不完全统计，目前世界上共有近千种预测方法，其中较为成熟的有 150 多种，常用的有 30 多种，用得最为普遍的有 10 多种。

1. 预测方法的分类体系

预测方法可按不同标准进行分类，从而形成了预测方法的分类体系。

(1) 按预测的范围或层次不同分类　可分为宏观预测和微观预测。宏观预测是指针对国家或部门、地区的活动进行的各种预测。它以整个社会经济发展的总图景作为考察对象，如对全国和地区社会再生产各环节的发展速度、规模和结构的预测。又如预测社会物价总水平的变动，研究物价总水平的变动对市场商品供应和需求的影响等。微观预测是针对基层单位的各项活动进行预测。它以企业或农户生产经营发展的前景作为考察对象。如对商业企业的商品购、销、调、存的规模、构成变动的预测，对工业企业所生产的具体商品的生产量、需求量和市场占有率的预测等。

宏观预测与微观预测之间有着密切的关系，宏观预测应以微观预测为参考，微观预测应以宏观预测为指导，二者相辅相成。

（2）按预测的时间长短分类　可分为长期预测、中期预测、短期预测和近期预测。

长期预测是指对5年以上发展前景的预测。长期预测是制定国民经济和企业生产经营发展的远景计划、经济长期发展目标和任务的依据。

中期预测是指对1年以上5年以下发展前景的预测。中期预测是制定国民经济和企业生产经营发展的5年计划、经济5年发展目标和任务的依据。

短期预测是指对3个月以上1年以下发展前景的预测。短期预测是制定企业生产经营发展年度计划、季度计划，明确规定经济短期发展具体任务的依据。

近期预测是指对3个月以下企业生产经营状况的预测。近期预测是制定企业生产发展月、旬计划，明确规定近期经济活动具体任务的依据。

也有人将短期预测和近期预测统一归为短期预测。事实上，不同领域的划分标准也会有所不同，如气象部门，不超过3天为近期预测，一周以上为中期预测，超过一个月就是长期预测了。

（3）按预测方法的客观性分类　可分为主观预测方法和客观预测方法两类。前者主要依靠经验判断，后者主要借助数学模型。

（4）按预测技术的差异性分类　可分为定性预测技术、定量预测技术、定时预测技术、定比预测技术和评价预测技术五类。

以上为主要的四种分类，其他的分类还包括：

（1）按预测分析的途径分类　可分为直观型预测方法、时间序列预测方法、计量经济模型预测方法、因果分析预测方法等。

（2）按采用模型的特点分类　可分为经验预测模型和规范预测模型。后者包括时间关系模型、因果关系模型、结构关系模型等。

2. 预测的常用方法

预测常用方法通常分为定性分析与定量分析预测法两大类。

（1）定性分析预测法。定性分析预测法亦称为经验判断预测法。它是指预测者根据历史与现实的观察资料，依赖个人或集体的经验与智慧，对未来的发展状态和变化趋势作出判断的预测方法。常用的有专家意见法、个人判断法、专家会议法、头脑风暴法、德尔菲（Delphi）法、相关类推法、对比类推法、比例类推法等。

（2）定量分析预测法。定量分析预测法是依据调查研究所得的数据资料，运用统计方法和数学模型，近似地揭示预测对象及其影响因素的数量变动关系，建立对应的预测模型，据此对预测目标作出定量测算的预测方法。通常有时间序列分析预测法和因果分析预测法。

1）时间序列分析预测法。这是以连续性预测原理作指导，利用历史观察值形成的时间数列，对预测目标未来状态和发展趋势作出定量判断的预测方法。主要有移动平均法、指数平滑法、趋势外推法、季节指数预测法、ARMA模型预测法、马尔可夫预测法等。

2）因果分析预测法。这是以因果性预测原理作指导，以分析预测目标同其他相关事件及现象之间的因果联系，对市场未来状态与发展趋势作出预测的定量分析方法。主要有回归分析预测法、经济计量模型预测法、投入产出分析预测法、灰色系统模型预测法等。

【相关链接】

目前，从事世界经济形势分析与预测的机构可分为两类：

第一类是带有官方性质的机构，例如国际货币基金组织（IMF）、世界银行（W. B.）、经济发展与合作组织（OECD）与亚洲开发银行（ADB）等。它们预测的任务主要是为其成员方政府部门经济决策作参考。这些机构对世界经济形势分析与预测的出版物有：IMF的《世界经济展望》（每上、下半年各出一本），W. B. 的《全球经济展望与发展中国家》的年度报告，OECD的《经合组织经济展望》（每年上、下半年各出一本）报告和ADB的《亚洲经济展望》等。联合国有关部门也出版年度的《世界经济与社会概览》与《亚太地区经济与社会概览》等报告。

第二类是带有非官方性质的机构，例如投资银行、摩根·斯坦利、American Express等与一些全球行销的经济周刊如《经济学家》与《商业周刊》等。它们的服务对象是商业界，其预测的重点是金融市场的债券、证券及货币汇率等的变化趋势，同时也作一些宏观经济预测，以研究宏观微观间相互的作用。

上述这两类预测各有其特点。官方机构的预测一般取更谨慎态度，可靠性相对要高一些。民间机构的预测，由于它们要按月度（或周刊的周）发布分析及预测，数据要及时一些，同时民间机构的约束较少，有时预警程度较高。这两类预测可以互补。

世界经济预测的方法有以下三种：

（1）数学模型。第二次世界大战后，世界上若干发达国家都建立了国家模型，并积累了将近50年的编制、运行与改进模型的经验。1968年，以美国宾州克莱茵教授为协调人，由许多发达国家参与，共同编制完成了预测世界经济的Link模型。该模型后来陆续加入了俄罗斯、东欧一些国家及中国等部分发展中国家的国家模型。联合国有关部门主要应用该模型作为有关全球社会经济概览年度报告的基础。

（2）专家预测为主，辅以数学模型与政策模拟。由于全球经济的复杂性，而庞大国际经济机构又拥有大量专家条件，因此它们以专家提出的预测为主，辅之以模型。以IMF的年度《世界经济展望》报告的编制为例，它们主要依靠区域及国别专家们的调查判断提出预测数据，交由研究部门建立起基准情景，再以货币基金组织自己于1988年建立起来的多国宏观计量经济模型（Multimode）作数据一致性（Consistency Check）检验，并分析货币政策与财政政策变化对跨国间所发生的经济影响。如果察觉到提供的数据不理想，再退交区域与国别专家重新估计预测。这样经过几次往复，才最后完成其年度报告。区域或国别专家基本根据其经验提出数据。IMF的Multimode模型自1988年建立后，通过实践又反复加以完善，于1998年修订成为第三代模型（Multimode Mark Ⅲ）。其他大型国际组织进行预测情况也大致相似，都采取定性定量相结合的方法。

（3）基于专家意见的共识性预测。多数民间机构通常依靠一群专家，各自提出对宏观经济的看法（如增长率、通货膨胀、外资、进出口、汇率等），在此基础上进行综合，提出预测结果。

（资料来源：《北京科技报》，2002年4月22日第6版）

1.4.2 预测方法选择的影响因素

选择合适的预测方法，对于提高预测精度、保证预测质量有十分重要的意义。影响预测方法选择的因素很多，在选择预测方法时应综合考虑。下面给出六种主要影响因素：

（1）预测的目标特性。预测目标用于战略性决策，要求采用适于中长期预测的方法，但对其精度要求较低。用于战术性决策，要求适于中期和近期预测的方法，对其精度要求较高。用于业务性决策，要求采用适于近期和短期预测的方法，且要求预测精度高。

（2）预测的时间期限。适用于近期与短期的预测方法有：移动平均法、指数平滑法、季节指数预测法、直观判断法等。适用于1年以上的短期与中期的预测方法有：趋势外推法、回归分析法、经济计量模型预测法。适用于5年以上长期预测的方法有：经验判断预测法、趋势分析预测法。

（3）预测的精度要求。满足较高精度要求的预测方法有：回归分析预测法、经济计量模型预测法等。精度要求较低的预测方法有：经验判断预测法、移动平均预测法、趋势外推预测法等。

（4）预测的费用预算。预测方法的选择，既要达到精度的要求，满足预测的目标需要，还要尽可能节省费用。即既要有高的效率，也要实现高的经济效益。用于预测的费用包括调研费用、数据处理费用、程序编制费用、专家咨询费用等。

费用预算较低的方法有：经验判断预测法、时间序列分析预测法以及其他较简单的预测模型法。费用预算较高的方法有：经济计量模型预测法以及大型的复杂的预测模型方法。

（5）资料的完备程度与模型的难易程度

1）资料的完备程度。在诸多预测方法中，凡是需要建立数学模型的方法，对资料的完备程度要求较高，当资料不够完备时，可采用专家调查法等经验判断类预测方法。

2）模型的难易程度。在预测方法中，因果分析方法都需建立模型，其中有些方法的建模要求预测者有较坚实的预测基础理论和娴熟的数学应用技巧。因此，预测人员的水平难以胜任复杂模型的预测方法时，则应选择较为简易的方法。

（6）历史数据的变动趋势。在定量预测方法的选择中，必须以历史数据的变动趋势为依据。在实际应用中，通常使用的曲线预测模型有指数曲线（修正指数曲线）、线性模型、抛物线曲线、龚珀兹曲线等。

【案例1-3】

在流行滑雪服经营中，需求高度依赖于种种难以预测的因素，如气候、流行趋势、经济发展等，而且零售高峰期只有两个月。但是，美国的奥伯梅尔公司却通过改进预测和计划方法，几乎完全消除了滑雪服生产与顾客需求不平衡所造成的损失。

奥伯梅尔公司是美国流行滑雪服市场上的主要供应商。它在儿童滑雪服市场上占有45%的支配性份额，在成人滑雪服市场上占有11%的份额。它的产品是由远东、欧洲、加勒比海地区以及美国的一些企业加工的。

该公司几乎所有产品，每年都要重新设计，以适应款式、面料和颜色的变化。直到20世纪80年代中期，公司的设计和销售周期都是相对简单的。包括设计产品，生产样品，每年3月份向零售商展示样品；接受零售商订货后，在3、4月份接受供应商订货；10月份在奥伯梅尔公司的配送中心收货；然后立即向零售商店送货。这种方法有效地运用了30多年。加工合同是以确认的订单为依据签订的，而秋季交货又为有效的生产提供了充分的时间。

然而，20世纪80年代中期，这种方法不再有效。首先，随着公司的销售量增加，它在生产高峰期受到生产能力的制约。在夏季关键的几个月中，它无法从高质量的滑雪服加工厂预订到足够的生产能力，以保证加工出满足全部订货要求的产品。结果，它只得根据对零售商订货的预测，在前一年的11月份，或者在商品销售之前大约一年，就开始预订加工能力。

其次，降低生产成本和增加产品品种的压力，迫切要求公司建立更加复杂的供应链。如今，在美国销售的一件风雪大衣，从面料到辅助材料，如拉链、按扣、扣形饰物以及缝线，可能是在中国缝制的，而这些原材料又来源于日本、韩国和德国。这样一种供应链，有效地保证了花色品种的增加和产品的改进，但也大大延长了交货时间。最后，也是最重要的，对于流行儿童滑雪服产品，经销商们开始要求提早交货，因为十分景气的儿童滑雪服的一大部分销售额，在8月份的返校期就已开始实现。

为了克服供应链变长、供应商能力限制以及零售商要求尽早交货的困难，奥伯梅尔公司采用各种方法来缩短交货期。首先，它引进计算机系统来缩短处理订单和计算原材料需求的时间。其次，由于所需原材料的交货时间难以缩短，公司就预先购进原材料存放在远东的仓库中。这样，公司一接到订单就能开始生产。最后，当交货日期迫近时，公司就把远东的货物快速运送到丹佛的配送中心。截至1990年，上述改革已经把交货时间缩短了一个多月。

另外，公司说服一些最重要的零售商客户尽可能早地订货，从而能够较早地了解当年可能流行哪些款式。从1990年起，每年2月份，公司邀请25家最大的零售商客户，提前向它们展示当年的新产品并征求早期订货。每年来自于这一程序的早期订单，合计占到该公司总销售额的20%。

然而，这些努力并未解决缺货和不断降价的问题。公司生产仍有约一半是根据需求预测安排的。在生产高度复杂多变的时髦产品的行业，这是很大的冒险。奥伯梅尔公司依靠一个由其各个职能部门经理组成的专家小组，对公司每一种产品的需求进行一致性预测。但是，这项活动并不特别有效。例如，在1991—1992年度销售期，有几款女式风雪大衣比原先的预测多销了200%，同时，其他款式的销售量比预计销售量低了15%。

那么，能够改进预测吗？能够进一步缩短交货时间吗？能够更好地利用“早期订货程序”所获得的信息吗？能够劝说更多的零售商提早订货吗？

奥伯梅尔公司组成专人来考察这些问题，由此提出了“正确响应”（Accurate Response）的方法。他们认识到，问题在于公司不能预测人们将买什么。生产风雪大衣的决策，实质上是就“风雪大衣会有销路”这一判断在打赌。为了规避这种风险，必须寻求一种方法，来确定在“早期订货”之前生产哪些产品是最安全的，哪些产品应该延期到从“早期订货”搜集到可利用的信息后再生产。

同时，他们发现，专家小组的初步预测尽管有些是不符合实际的，但约有一半是相当准确的，与实际销售量的误差不到10%。为了在获得实际订货之前确定哪些预测可能是准确的，他们考察了专家小组的工作方式。专家小组传统上是对每一种款式和颜色都通过广泛的讨论达成一致性预测。于是，公司决定请专家小组的每一位成员对每一种款式和颜色作出独立预测。采用这种方法，个人要对自己的预测负责。

这种改革非常有价值。首先，一致性预测往往并非真正意义上的一致。小组中的主要成员，如资深经理，常常过度地影响集体预测的结果；而如果每个人都必须提出自己的预测，就可消除这种过度的影响。其次，而且更重要的是，新方法有利于对预测结果进行统计处理，以得出更精确的预测结果。

通过独立预测过程确实获得了重要发现。例如，虽然对两种款式大衣预测的平均趋势可能是一样的，但个人预测值的离中趋势却截然不同。例如，每个人对 Pandro 大衣的预测值都接近平均值，面对 Entice 宽松大衣的预测值却是分散的。因此，对 Pandro 大衣的预测可能比对 Entice 宽松大衣的预测更可靠。1992—1993 年度销售期末，公司验证了上述假设——当专家小组每个人所作的预测相类似时，所获得的一致性预测将趋于更加精确。因此，利用个人预测之间的差异，可以有效地估计预测精度。

对于如何处理需求不可预测的品种，公司也获得了重要发现，即尽管零售商需求是不可预测的，从而使精确预测成为不可能，但是，奥伯梅尔公司零售商的总体购买模式却惊人地相似。例如，只要根据最初的20%的订货来修正专家小组的预测，预测精度就能显著提高。随着订货的增加，预测精度会不断改善。

接着，他们开始着手设计一种能够识别和利用上述信息的生产计划方法。设计这种方法关键是要认识到，在销售初期，当公司还未接到订货时，所预订的加工能力是“非反应性”的，即生产决策完全是根据预测而不是根据实际市场需求作出的。以“早期订货程序”为起点，随着订货信息的渗入，所确定的加工能力变得具有“反应性”了。这时，公司可以根据市场信息提高预测精度，从而作出生产决策。

公司采用了所谓“风险型生产顺序”的策略，充分利用非反应性生产能力来生产最有可能精确预测需求的产品，这样，就可以把反应性生产能力用于生产尽可能多的不可预测产品。这使公司能够尽可能对最有利可图的市场领域作出响应。

公司开发了一种在计算机上实现的数学模型，来生成最优生产计划。该模型能够确定应该在非反应期生产的产品及其最优产量。然后，在根据早期需求信息修正了初步预测值之后，它能合理地确定反应性生产计划。公司实施了模型的建议方案，并将其与以往的实际加以比较，发现执行模型建议方案的成本降低额约为销售额的2%。由于该行业平均销售利润率为3%，所以这种改进使利润增加了2/3。

该公司利用实际的早期需求信息，提高了反应性生产能力的可利用量，并把1992—1993年度销售期的数据代入模型，估计了缺货损失和降价损失的降低额。以风雪大衣为例，如果所有生产决策都在没有任何订货信息之前就作出，则缺货和降价损失将占销售额的10.2%；相反，如果所有生产决策都在有了某些订货信息之后再作出，则上述损失将下降到1.8%。

把所有的产品都推迟到获得早期需求信息之后再生产是不可能的。由此得到的重要推论是：即使少量的反应性生产能力，也会对成本产生显著的影响。在奥伯梅尔公司的案例中，利用反应性能力生产的产量仅占销售期总销售量的30%，所减少的成本几乎占了有可能降低的成本总额的一半。

在模型的指导下，该公司还不断地对它的供应链和产品设计作了大量的精心改进，这些改进聚合在一起产生了显著的影响。供应链的改进重点在于，尽可能地保持原材料和加工能力相一致。例如，除了储备原材料，该公司还为生产高峰期顺利生产提前预订加工能力，但在未获得进一步信息之前，并不确定把这些生产能力用来生产哪些品种。

该公司还改进了它的设计策略。例如，公司原先总是要求拉链及其带基的颜色要与衣服的颜色相称；现在，它则在好几个品种上使用黑色拉链，把引进能够反衬衣服款式的颜色作为一种时尚。这样，就把所需要的拉链种数减少了4/5。由于高质量拉链供货的限制会导致产品交货时间过长，一种特定长度和颜色的拉链缺货，可能会使整个一款产品停产几个月，所以这种改进很有意义。

公司发现，顾客一般并不注意颜色的微小差别，但对服装的总体外观、质量和特色却要注意得多。因此，公司鼓励设计师使用同类原材料。以往，设计师在设计一种服装时，可能选择各种深浅不同的红色，因此公司不得不用五六种深浅不同的红色来加工产品。现在，在一定的设计周期中，设计师们固定使用两三种深浅不同的颜色。

在上述市场预测中，公司始终将预测贯穿于整个计划和生产的全过程，最大限度地减少了预测失误的影响。通过此案例，可以得到以下启示：

(1) 区别相对可预测的产品与需求相对不可预测的产品，弄清产品是否可以预测，企业就可以分别采用不同的方法来生产不同的产品。对于相对可预测的产品，应该尽可能提前生产，从而为在接近销售期时生产不可预测的产品，积蓄较大的生产能力。对那些最难以预测的产品，则可推迟决策，直到获得某些市场信息。这样有助于使供求相适应。当然，企业可以提前生产少量需求不可预测的产品，以便在销售季节的初期就能了解各种商品的销售前景，然后根据这些信息来确定哪些产品更重要。

(2) 重视由于预测失误所造成的机会损失。预测失误将导致库存过少或过多。库存过少导致缺货可能失去潜在的顾客，造成销售额损失。库存过多可能导致不得不降价促销，减少企业的利润。因此，必须估计缺货和降价所造成的损失。但是，我国企业通常缺乏这方面的信息，特别是由于缺货所造成的销售额损失的信息。然而，估计销售额损失是非常重要的。即使粗略的估计也十分有用。例如，奥伯梅尔公司发现，在零售季节，有些由于产品缺货不能供货的订单并没有输入计算机，而这些信息对于改进预测和测算缺货损失都十分有价值。于是，它就改进了订货登记系统，以便抓住那些由于库存不足而难以满足的订货要求。又如，美国的狄拉德百货公司提供了一个很好的范例。当顾客在该公司的一家商店没有买到所需的商品时，公司就从它的另一家商店把那种商品邮寄给顾客，而且不增加额外的费用。公司起初的目的只在于改进顾客服务，从而增加销售额。然而，它却附带得到一个重要的收获——更好地了解到每一家商店的真实需求，从而能更好地估计销售额损失和预测需求。

(3) 缩短生产和销售的交货时间。缩短交货时间，使人们可以把生产决策推迟到获得更多的信息和更好的预测时进行，从而有可能降低缺货和降低损失。然而，实现这种可能，要求企业对产品设计、生产计划、供应网络的配置等每一个重要方面，都要进行仔细的分析和检查，作出大量精心细致的改进。例如，使企业能够灵活地在各种产品之间转换生产，能够及时地获取所需的原材料和零部件。为了达到最大灵活性，可能需要更换生产设备，或者要求把风险型生产顺序限制于那些在相同设备上加工的产品类别。为了保证原材料和零部件的适时供应，可能需要与供应商进行协商，以寻求一种符合双方利益的方法。当然，所有的供应链和生产计划改革，必须基于一种可能的需求模型所建立的基本框架。

(4) 更多地利用需求指示器来改进预测。销售初期的数据是可以用来修正和改进预测的一个信息源。但是，它们只是需求指示器的一种。企业应该努力寻求甚至创造更好的需求指示器。例如，几年前，美国的National Bicycle公司发现，比赛用的自行车和山地车成了时髦商品。其部分原因在于，这类自行车鲜艳、多样的色彩设计每年都有变化。由于无法预测每一年会流行哪些颜色，结果，某些颜色的产品生产过剩，而另一些则生产不足，从而造成巨大损失。为了解决这个预测难题，该公司建立了一个顾客订货系统，用来测定令顾客满意的设计标准，并邀请顾客在众多的方案中选择他们所青睐的颜色。两周以后，顾客理想的自行车就可生产出来，并送货上门。这种方法非常受欢迎，以至于现在该公司的比赛用车，几乎有一半都是顾客订购的。而且，该公司还发现，最受订购自行车顾客欢迎的颜色，对于确定当期整个市场的流行色，也是一种出色的指示器。现在，它利用这种信息来指导制订大量生产的计划，从而减少了生产不足和生产过剩所造成的损失。

(5) 建立追踪预测失误的方法。企业在着手改进预测的同时，还必须检查预测的失误。应该注意，预测是何时作出的，是根据哪些信息作出的，其细致程度如何？而且，事后应把预测值与实际需求进行比较。如果现行产品至少有一期的销售历史，那么就能根据过去的预测失误来估计预测精度；否则，可采用奥伯梅尔公司的方法，组织专家小组进行独立预测，根据他们预测的差异来测定预测精度。

只要遵循上述思路和方法来改进市场预测，尽管市场需求的不确定性仍是难以完全预测的，但它将成为一种可以驾驭的风险。

(资料来源：http：//www. 1000tj. com/OTDetail. aspx？id＝39704，中华统计学习网)

本章小结

预测是指根据客观事物的发展趋势和变化规律对特定的对象未来发展的趋势或状态作出科学的推测与判断。预测为决策提供了所必需的未来信息及理论依据。

认识事物的发展变化规律，利用规律的必然性，是进行科学预测遵循的总的原则。预测的基本原理包括：系统性原理、连贯性原理、类推原理、相关性原理、概率推断原理。

预测的一般步骤为：①确定预测目标；②收集、整理有关资料；③选择预测方法；④建立预测模型；⑤评价预测模型；⑥利用模型进行预测；⑦分析预测结果。

预测资料的收集方法包括：普查、抽样调查、重点调查、典型调查等统计调查方法。

数据的分析与预处理，包括用于异常数据鉴别的图形观察法和统计滤波法，用于数据预处理的剔除法、还原法、拉平法、比例法等。

预测方法通常可分为定性分析与定量分析预测法两大类。定性分析预测法是指预测者根据历史与现实的观察资料，依赖个人或集体的经验与智慧，对未来的发展状态和变化趋势作出判断的预测方法。常用的有专家意见法、个人判断法、专家会议法、头脑风暴法、德尔菲(Delphi) 法、相关类推法、对比类推法、比例类推法等。定量分析预测法是依据调查研究所得的数据资料，运用统计方法和数学模型，近似地揭示预测对象及其影响因素的数量变动关系，建立对应的预测模型，据此对预测目标作出定量测算的预测方法。主要有移动平均法、指数平滑法、趋势外推法、季节指数预测法、ARMA 模型预测法、马尔可夫预测法、回归分析预测法、经济计量模型预测法、投入产出分析预测法、灰色系统模型预测法等。

由于预测的不确定性，并且不同的预测方法各有其优缺点及适用范围与使用条件，因此近些年有学者提出了一个合理的做法，即综合考虑各单项预测方法的特点，将不同的单项预测方法进行组合，提出组合预测方法的概念（Combination Forecasting 或 Combined

Forecasting)。所谓组合预测就是设法将不同的预测模型组合起来，综合利用各种预测方法所提供的信息，以适当的加权平均形式得出组合预测模型。组合预测的主要问题是加权平均系数的确定，适当的加权平均系数会使得组合预测模型更加有效地提高预测精度。有关组合预测的内容可参见相关文献。

思考与练习

1. 预测是指什么？举例说明预测的作用。
2. 预测有哪些基本原理？预测有什么特点？影响预测精确度的最主要的因素是什么？如何提高预测的精确度？
3. 叙述预测的基本步骤。
4. 为什么要对收集的资料进行分析和预处理？如何鉴别异常数据？对异常数据应如何处理？
5. 预测有几种常用分类方法？并指出这些分类方法的不同之处。
6. 什么是定性分析预测？什么是定量分析预测？两者有何不同？

第 2 章 非模型预测方法

【案例 2-1】

2007 年 4 月，美国第二大次级房贷公司新世纪金融公司的破产引发了本世纪最大一次金融危机。此后，金融危机逐渐蔓延，引起了诸多机构和研究学者的广泛关注，提出了不同论断。经济顾问公司 Trend Macrolytics 的首席投资人唐纳德·卢斯基（Donald Luskin）在 2008 年 9 月 14 日的《华盛顿邮报》上发表观点："如果有任何人说我们处于衰退，或将陷入衰退，特别是自 1929 年大萧条以来最严重的衰退，都是自己在替衰退下定义。"石油分析师阿尔琼·穆提（Arjun N. Murti）于 2008 年 5 月 5 日在《纽约时报》声称，"未来两年内，国际石油价格将达到每桶 150 ~ 200 美元的几率不断增加"。而后，随着美国金融危机越演越烈，事实无情击毁了这些专家的预测，并被美国著名《外交事务》杂志评为在 2008 年度破灭的十大离谱预言。专家的错误预测，误导了诸多企业未能对本次金融危机的影响引起高度重视，未能及时对生产计划进行调整，致使部分企业受到了致命性打击。

然而部分学者和实业界管理者却成功地预测了危机，审时度势，正确决策，并取得了骄人的业绩。2007 年，阿里巴巴集团主席和首席执行官马云根据对公司数据的分析，认为经济形势相当严峻，便给内部员工写信，提醒大家准备过冬，而且这个冬天会比大家想象的寒冷。2008 年年初，马云将公司年度策略定位为"深挖洞，广积粮，不称霸"，将做强、做深、不做大，砍掉所有新投资项目，积极储备资金，准备"过冬"。同时，秘密启动"援冬行动"，年初重组了销售团队，改善服务质量和效率，下半年又及时启动了 3000 万美元海外推广计划和推出"援冬"实质性产品"出口通"。同时，收缩战线，将中国雅虎和口碑网合并、阿里妈妈并入淘宝网。在金融危机泛滥的 2008 年，阿里巴巴付费会员数目增长了 41%，营业收入增长了 39%，每股基本盈利增加 31%，净利润达到人民币 12.05 亿元。

对于类似于美国金融危机这样一些缺乏历史数据、信息难以量化、难以用数学模型进行预测的事件，往往只能采用非模型预测法来辅助决策。因此，如何有效组织非模型预测，进行科学、合理的预测，将具有重要的现实意义。本章将对我们常用的非模型预测方法进行详细阐述，包括它们的特点、适用条件、实施步骤等。

预测方法按照预测的属性可分为：模型预测法和非模型预测法两大类。相对于定量的模型预测法而言，非模型预测法是指预测者凭借自己的业务知识、经验和综合分析能力，运用已掌握的历史资料和直观材料，对事物发展的趋势、方向和重大转折点作出估计与推测。这种方法在社会经济生活中广泛应用，特别是在预测对象的历史数据缺乏，信息难以量化，影响因素难以分清主次，或其主要因素难以用数学表达式模拟情况下的预测。本章主要介绍几种常用的非模型预测方法，包括专家预测法、指标预测法、类比法、主观概率法和交叉影响分析法等。

2.1 专家预测法概述

专家预测法是以专家为索取信息的对象，依靠专家的经验、智慧来进行评估预测的一种方法。专家预测法属于直观预测范畴，其核心就是专家。这里所谓的专家，不仅在预测对象方面，而且在相关学科方面都应具备相当的学术水平，并应具备一种在大量感性的经验资料中看到事物“本质”的能力，亦能从大量随机现象中抓住不变的规律，对未来作出判断。一般而言，衡量一个人是否是专家，有形式标准和实质标准两种。

（1）从形式上说，在某一专门领域有10年以上专业工作经历，有较高学历、学位或专业职称的人可称为专家。

（2）从实质上说，在学术上有建树、有独到见解、有真才实学的人可称为专家。

在组织预测时，应根据这两条标准，尤其是第二条标准来选择专家。既应注意选择这些领域中的权威人士，又要排除陋习，选择声望不高但确有真才实学的人，从而保证得到有价值的专家意见。专家的选择是由预测的任务决定的。应由本领域和相关领域的权威和熟悉业务的最高层领导推荐，或从学术刊物上发表论著的作者中物色，也可在学术团体、机构等方面选择。在选择专家的过程当中，不仅要注意选择精通专业，有一定名望和学术代表性的专家，同时还应注意选择边缘学科、社会学和经济学等方面的专家。另外，乐于承担任务，能坚持始终，也是选择专家的一项条件。当然，这里所说的专家具有相对的含义，即相对于所要预测的对象而言。对于要预测重要技术的实现时间、涉及整个国家的某项政策实施后的后果等的专家，就应具有上面所述的这样一些特点。而如果企业的开发部经理在决定是否开发某项新技术而对开发成功的概率以及市场前景做出预测时，要邀请的专家就与前述的有所不同，此时通晓市场行情的人亦是专家。

近二三十年来，专家预测法已成为一种广泛使用的预测方法。不仅在军事预测、科技发展预测和市场需求预测领域中得以普遍应用，在人口预测、医疗和卫生保健预测、教育预测、研究方案评价、信息处理，以及社会、经济、科技协调发展的中长期规划等领域也得到了日益广泛的应用。专家预测方法主要包括个人判断法、专家会议法、专家意见汇总预测法、头脑风暴法、德尔菲预测法等。

2.1.1 个人判断法

个人判断法（Individual Judgement）又称专家个人判断法，是以专家个人知识和经验为基础，对预测对象未来的发展趋势及状态作出个人判断。这种方法一般先征求专家个人的意见、看法和建议，然后对这些意见、看法和建议加以归纳、整理而得出一般结论。

个人判断法的最大优点是能够最大限度地发挥出专家微观智能结构效应，能够保证专家在不受外界影响、没有心理压力的条件下，充分发挥个人的判断和创造力。但是，个人判断法是针对确定的预测对象征求某个专家、顾问的意见，在进行评估判断时，容易受到专家本人的知识面、研究领域、知识深度、资料占有量以及对预测问题是否有兴趣等因素所左右，并且缺乏讨论交流的氛围，难免带有片面性和主观性，容易导致预测结果偏离客观实际，造成决策失误。

2.1.2 专家会议法

为了弥补专家个人判断法的不足，使专家相互之间能够交换意见，互相启发，通过动态反馈为决策，尤其为重大决策作出更符合客观实际的预测结果，人们创立了专家会议法。专家会议法是指根据规定的原则选定一定数量的专家，按照一定的方式组织专家会议，发挥专家集体的智能结构效应，对预测对象未来的发展趋势及状况作出判断的方法。

专家会议法进行预测应特别注意以下两个问题：

（1）选择的专家要合适

1）专家要具有代表性，尽可能保证代表选取的结构合理。

2）专家要具有丰富的理论知识和实战经验。

3）专家的人数要适当，小组规模一般以 10～15 人为宜。

（2）预测的组织工作要合理

1）专家会议组织者最好是预测方面的专家，有较丰富的组织会议的能力。

2）会议组织者要提前向与会专家提供有关的背景资料和提纲，讲清楚所要研究的问题和具体要求，以便使与会者有备而来。

3）精心选择会议主持人，使与会专家能够充分发表意见。

4）要有专人对各位专家的意见进行记录和整理，要注意对专家的意见进行科学的归纳和总结，以便得出科学的结论。

专家会议法的主要优点是能发挥专家集体的智能结构效应。相对个人判断法而言，专家会议法集思广益，信息量大，考虑因素多，解决方案全；能够互相启发，通过内外信息的交流与反馈，产生“思维共振”，进而将产生的创造性思维活动集中于预测对象，在较短时间内得到富有成效的创造性成果，为决策提供预测依据。

然而，专家会议法也存在一些不足。如，能前来参加会议的专家人数和专家的代表性有限；权威的影响较大，权威的意见一经发表，有些人可能因某种原因而附和，不发表其他不同意见；易受表达能力的影响，能说会道者的意见容易获得众人附和，尽管其意见的价值可能没那么大，而表达能力差的专家的意见则易受冷落；易受自尊心等心理因素的影响，专家们往往意见发表后不愿冷静考虑其他意见，即使错了也不愿修正；会议时间有限，专家考虑问题不一定全面。因此，实际运用中应根据具体情况尽量减少专家会议法存在的负面效应。

2.1.3 专家意见汇总预测法

专家意见汇总预测法是指依靠专家群体经验、智慧，通过思考分析、综合判断，把各位专家对预测对象的未来发展变化趋势的预测意见进行汇总，然后进行数学平均处理并根据实际工作情况进行修正，最终取得预测结果的方法。具体做法是：

（1）组成专家预测小组对预测对象进行定性分析。预测组织者根据预测目的的要求拟定若干名熟悉预测对象的相关领域专家组成专家预测小组，向他们提出预测项目和预测期限的要求，并尽可能提供有关资料。专家们根据预测要求及掌握的资料，凭个人经验和判断能力，提出各自的预测方案。在此过程中，组织者应事先做好对预测项目的分解，预测任务的下达要全面及时。同时，要求每个预测专家在作出预测结果时说明其分析的理由并允许预测专家小组成员之间相互切磋，充分讨论，在分析讨论的基础上，允许预测专家重新调整其预测结果。

（2）定性分析定量化，形成预测结果。首先，预测组织者将各位专家的预测结果进行定量化描述后形成的各自预测方案进行方案期望值计算。方案期望值等于各种可能自然状态的主观概率与状态值乘积之和。然后将参与预测的有关人员进行分类并计算出各类综合期望值。综合方法一般应用加权平均统计法或算术平均法。最后预测组织者参照当时预测项目的发展趋势考虑对综合期望值是否需要调整，或进一步向有关人员反馈信息，经酝酿讨论，确定更趋合理的预测结果。

例 2-1 某企业为确定明年洗衣粉的销售预测值，要求经理和管理部门（计划科、生产科、销售科）以及销售员作出年度销售预测。运用专家意见汇总法进行预测值定量综合分析如下：

1）三位经理、不同管理部门和五位销售员经各自的分析判断，作出预测。假设各自预测值分别如表 2-1、表 2-2、表 2-3 所示。

表 2-1 三位经理的预测值

经　理	销售额状态	估计值/万元	概　率	期望值/万元	权　数
甲	最高销售额 最可能销售额 最低销售额	160 140 100	0.3 0.5 0.2	138	0.5
乙	最高销售额 最可能销售额 最低销售额	170 150 120	0.3 0.5 0.2	150	0.33
丙	最高销售额 最可能销售额 最低销售额	150 130 100	0.3 0.5 0.2	130	0.17

表 2-2 管理部门的预测值

科　室	销售额状态	估计值/万无	概　率	期望值/万无	权　数
计划	最高销售额 最可能销售额 最低销售额	160 150 120	0.3 0.5 0.2	147	0.5
生产	最高销售额 最可能销售额 最低销售额	150 120 100	0.3 0.5 0.2	125	0.25
销售	最高销售额 最可能销售额 最低销售额	140 120 100	0.3 0.5 0.2	122	0.25

表 2-3　五位销售员的预测值

销售员	销售额状态	估计值/万元	概　率	期望值/万元	权　数
甲	最高销售额 最可能销售额 最低销售额	100 80 60	0.3 0.5 0.2	82	0.2
乙	最高销售额 最可能销售额 最低销售额	100 80 70	0.3 0.5 0.2	84	0.2
丙	最高销售额 最可能销售额 最低销售额	110 90 70	0.3 0.5 0.2	92	0.2
丁	最高销售额 最可能销售额 最低销售额	120 100 70	0.3 0.5 0.2	100	0.2
戊	最高销售额 最可能销售额 最低销售额	100 90 70	0.3 0.5 0.2	89	0.2

2）对上面各类人员预测方案进行综合。这种综合可以考虑同类人员中各人的经验丰富程度和预测准确性与重要程度，对其预测方案期望值给予不同权数，这样就可以采用加权平均数进行综合。综合预测值的计算式为

$$\hat{y}_j = \sum_{i=1}^{n_j} y_{ij} w_{ij}$$

$$\left(0 \leqslant w_{ij} \leqslant 1 \qquad \sum_{i=1}^{n_j} w_{ij} = 1\right)$$

式中，$\hat{y}_j$ 为第 j 类人员的综合预测值，在本例中 $j=1$，2，3 分别代表经理类、管理类和销售员类；y_{ij}表示第 j 类人员中第 i 位的方案期望值；w_{ij}表示 j 类人员中第 i 位的方案期望值的比重或权数；n_j 表示第 j 类人员的人数总量。

假设经理、管理部门和销售员的各类预测方案期望值的权数如表 2-1 ~ 表 2-3 中所示，则各类的综合预测值分别为

$$\hat{y}_1 = 138 \text{ 万元} \times 0.5 + 150 \text{ 万元} \times 0.33 + 130 \text{ 万元} \times 0.17 = 140.6 \text{ 万元}$$

$$\hat{y}_2 = 147 \text{ 万元} \times 0.5 + 125 \text{ 万元} \times 0.25 + 122 \text{ 万元} \times 0.25 = 135.25 \text{ 万元}$$

$$\hat{y}_3 = 82 \text{ 万元} \times 0.2 + 84 \text{ 万元} \times 0.2 + 92 \times 0.2 + 100 \text{ 万元} \times 0.2 + 89 \text{ 万元} \times 0.2 = 89.4 \text{ 万元}$$

3）对三类综合预测值加以综合。在综合三方面的预测值时，主要应根据其重要程度的不同，给予不同权数。一般来说，经理的预测方案统观全局，既能体现领导部门的要求，又能反映经营管理的现状，因而应给予较大的权数；而业务人员的预测方案，由于与他们承担的责任有关，一般偏低，所以就给予较小的权数；至于管理部门的预测方案，因他们直接从事经营管理活动，其预测值也较能反映客观实际，因此其权数应高于业务人员的权数。假设经理方案的权数为 3，管理部门方案的权数为 2，业务人员方案的权数为 1，则企业的预测值为

$$\frac{140.6\text{ 万元}\times 3+135.25\text{ 万元}\times 2+89.4\text{ 万元}\times 1}{3+2+1}=130.28\text{ 万元}$$

4）对企业综合预测值作适当调整。这个综合预测值是经过对三类人员所作预测值进行加权平均后得到的，既低于经理层的综合预测值，也低于管理层的综合预测值，这显然是受业务人员综合预测值偏低的影响而太保守了。为此，要对其进行调整。国外用得比较多的一个办法是用一个经验系数去修正原预测结果，具体做法是统计历年的预测值与实际销售额的差距，并计算这一差距的百分比作为调整系数，用调整系数来修订预测值。也可以召开会议，互相交换意见，经过互相启发，互相补充，在充分发表意见的基础上，由预测组织者确定最终的预测值。

常言道：三个臭皮匠，赛过一个诸葛亮。古希腊的先哲亚里士多德曾断言：整体大于部分之和，即集体的智慧、才能，往往大于这个集体中每个成员各自智慧、才能的总和。专家意见汇总预测法正是依据此观点，让专家们在一起通过智力碰撞、思想共振产生出新的智慧火花和集体效应，有效避免专家个人掌握信息量有限，考虑因素不多，看问题片面等不可避免的弱点所引起的预测误差，从而使得预测结果更接近客观实际。正是因为专家意见汇总预测法的这些优点，故此方法至今仍是一种广泛使用的预测方法。特别是在历史统计资料不完备时，如消费者心理对市场的影响、宏观政策影响预测等，专家意见汇总预测法常常是一种最为主要的预测方法。

2.1.4 头脑风暴法

专家意见汇总预测法是在专家们直观分析判断的基础上，综合专家们的意见，对预测对象未来发展趋势作出的量的预测。但是，要想提高专家意见汇总法所作出预测的质量，就必须最大限度地调动专家们的积极性，即在不受外界任何影响，也不产生任何心理压力的情况下，以强烈的责任感和荣誉感，充分发挥专家个人的聪明才智和创造性思维能力。头脑风暴法则是满足这些条件的一种预测方法，它是与现代创造性思维及活动相适应的一种成效显著的综合创造技术。

头脑风暴法（Brainstorming）也称智力激励法，是美国 BBDD 广告公司的 A. F. 奥斯本于 1938 年首创的一种创造性技术。头脑风暴原是精神病理学上的术语，是指精神病患者精神错乱时的胡思乱想。A. F. 奥斯本借用来转其意为思维无拘无束、打破常规、自由奔放地联想，创造性地思考问题。具体地说，头脑风暴法就是针对某一问题，召集由有关人员参加的小型会议，在融洽轻松的会议气氛中，与会者敞开思想、各抒己见、自由联想、畅所欲言、互相启发、互相激励，使创造性设想起连锁反应，从而获得众多解决问题的方法。A. F. 奥斯本创建此法最初用于广告的创造性设计活动中，取得了显著的成效，被称为创造力开发史上的重大里程碑。此后，他致力于这方面的研究。20 世纪 50 年代，他总结了多年来的研究成果和实践经验，著书公布了“头脑风暴法”这一发明，引起全世界的有关学者的兴趣，并激起了开发创造力的热潮。头脑风暴法又可分为直接头脑风暴法（简称为头脑风暴法）和质疑头脑风暴法（也称反头脑风暴法）。前者是在专家群体决策尽可能激发创造性，产生尽可能多的设想的方法。后者则是对前者提出的设想、方案逐一质疑，分析其现实可行性的方法。

目前，头脑风暴法作为一种创造性的思维方法，在预测、规划、社会问题处理、技术革新以及决策等许多领域得到了广泛应用。这正如 A. F. 奥斯本所说："只要遵循头脑风暴会议的规则，头脑风暴会议几乎可以解决各方面的问题。"

1. 注意事项

（1）注意选好专家

1）如果应邀专家彼此相互认识，就要从同一职位的人员中挑选，领导者不应参加。如果应邀专家彼此互不认识，可以从不同职位的人员中挑选，但禁止宣布参加者的职位，主持会议者应一视同仁。

2）绝大多数应邀专家的研究领域应力求与论及的预测对象的问题相一致，但同时应邀请一些学识渊博，经验丰富，对所论及的问题有较深理解的其他领域的专家参加会议。

3）选择专家不仅看他的经验、知识能力，还要看他是否善于表达自己的意见。知识面广、思想活跃的专家，可以防止会议气氛沉闷，同时可以作为易激发的元素因子，使整个创造设想起强烈的连锁反应。

4）参加会议的专家数目不宜太多，也不宜太少，这样可以在思维持续激发时间内把问题讨论得更深入一些，意见反映也更全面一些。一般 10 ~ 15 个专家组成专家预测小组。理想的专家预测小组应由如下人员组成：方法论学家——预测学家；设想产生者——专业领域专家；分析者——专业领域的高级专家，他们应当追溯过去，并及时评价对象的现状和发展趋势；演绎者——对所讨论问题具有充分的推断能力的专家。

头脑风暴法的领导和主持工作最好能委托给预测学家或者对头脑风暴法比较熟悉的专家担任。如果所论及的问题专业面很窄，则应邀请论及问题的专家和熟悉此法的专家共同担任领导工作。因为该问题领域的专家对要解决的问题十分了解，知道如何提问题，而熟悉此法的专家对引导科学论辩有足够的经验，也熟悉头脑风暴法的处理程序和方法，有利于过程组织。同时，作为主持人在主持会议时，应头脑清晰、思路敏捷、作风民主，既善于营造活跃的气氛，又善于启发诱导。

头脑风暴会议时间一般以 20 ~ 60 分钟为宜。通常在头脑风暴会议开始时，主持人必须采取强制询问的方法，因为主持人能在 5 ~ 10 分钟之内创造一个自由交换意见的气氛并激起参加者发言的可能性很小。同时，头脑风暴会议会场布置要考虑到光线、噪声、室温等因素，做到环境宜人，给人以轻松舒适的感觉。

（2）与会者要严格遵守的原则

1）讨论的问题不宜太小，不得附加各种约束条件。

2）倡导提新奇设想，越新奇越好。

3）提出的设想越多越好。

4）鼓励结合他人的设想提出新的设想。

5）不允许私下交谈，不得宣读事先准备的发言稿。

6）与会者不论职务高低，一律平等相待。

7）不允许批评或指责别人的设想。

8）不允许对提出的创造性设想作判断性结论。

9）不得以集体或权威意见的方式妨碍他人提出设想。

10）提出的设想不分好坏，一律记录下来。

会议提出的设想应录音留存，或设一名记录员记录，以便不放过任何一个设想。会议结束后，由分析组对会议产生的设想按如下程序整理、汇总：①就所有提出的设想编制名称一览表。②用专业术语说明每一设想。③找出重复和互为补充的设想，并在此基础上形成综合设想。④分组编制设想一览表。将提出的设想分析整理，进行严格的审查和评议，从中筛选出有价值的提案。

（3）组织者应遵守的两条基本原则

1）推迟判断原则。即不要过早地下断言、做结论，避免束缚他人的想象力，熄灭创造性思想的火花。这一原则要求对与会者发言畅谈期间所提出的任何一种设想和看法，不管这些设想和看法正确与否，也不管这些设想和看法是否符合自己的想法，严格规定不准对别人提的设想和意见提出怀疑和批评，更不允许抓别人发言中的“辫子”。不仅不准对别人的意见评头论足，而且也不允许对自己的发言作自我评判。即便是自己已确知自己原来的发言是错误的，也不允许在此会议上作自我批评。总之，应自觉禁止一切形式的评判，不仅禁止否定性的评判，而且也禁止肯定性的颂扬，特别是夸大其词的溢美之言。例如，“这个方案太好了”、“您真是这方面的权威”等，类似这样恭维的话同样会妨碍创造性的发挥，并且也会妨碍人们继续独立思考，寻求最佳设想的热情。

2）数量保证质量的原则。这一原则是指在有限的时间里所提出的设想的数量越多越好，鼓励与会者要抓紧时间提出尽可能多的设想，以数量保证质量。据国外一项调查统计，一个在同一时间内能比别人多提出两倍设想的人，最后产生的有实用价值的设想可以比别人高出10倍。因此，要激发与会专家尽可能多地提出自己的设想。同时，应注意并不是与会者人数越多，提出的建议或设想就越多，往往参与者太多，反倒使更多人失去了参与的激情，而且，太多的想法也会分散大家的注意力，达不到预期的效果。

2. 实施的步骤

（1）准备。会前的各项准备工作大体包括：

1）确定欲解决的问题。若解决的问题涉及的面很广或包含的因素太多，就应该把问题分解为若干单一明确的子问题，一次会议最好只解决一个问题。

2）根据要解决的问题的性质挑选参加会议的人选。

3）拟定开会的邀请通知，并附上一张备忘录。备忘录上面应注明会议的主题及涉及的具体内容。

（2）“热身”。人的大脑不是一下子就可以发动起来并立即投入高度紧张的工作的，它需要一个逐步“升温”的过程。此步骤的目的是促使与会者的大脑尽快开动起来并处于“受激”状态，从而形成一种热烈、欢愉和宽松的气氛。该过程一般只需几分钟就可以了。通常是通过讲幽默故事或者提出一两个与会议主题关系不大的小问题的形式，促使与会者积极思考并畅所欲言地说出自己的意见。

（3）介绍问题。主持人首先向大家介绍所要解决的问题。介绍问题时，只能向与会者提出有关问题的最低数量的信息，切忌把自己的初步设想全盘端出来。同时，主持人要注意表达问题的技巧，其发言尽量做到富有启发性。

（4）重新叙述问题。这里是指改变问题的表达方式。此步骤要在仔细地分析所要解决问题的基础上，尽量找出它的不同方面，然后在每一方面都用“怎样……”的句型来表达。例如，假定要解决的问题是如何提高某企业的经济效益。那么，对此问题就可重新叙述如下：①怎样降低成本？②怎样扩大市场份额？③怎样减少库存，加快资金的周转速度？④怎样提高管理水平？⑤怎样搞好技术革新、技术改造？⑥怎样强化职工技术培训，提高职工的科学技术水平和工艺水平？⑦怎样引进人才，引进技术？⑧怎样减少浪费？⑨怎样加强员工的思想政治工作，调动积极因素，增强企业的凝聚力？⑩怎样提高企业的决策水平，切实做到决策的民主化和科学化等。

（5）畅谈。按会议所规定的原则，针对上面重新叙述的问题进行畅谈。这一阶段是与会者充分发挥自己的创造能力，让思维自由驰骋，并借助与会者之间的智力碰撞、思维共振、信息激发提出大量创造性设想的阶段。这是头脑风暴法的关键阶段。

根据国内的实践经验，一次成功的头脑风暴法会议，一般都能产生出几十条设想。虽然其中绝大部分没有实用价值，但确实往往有几个设想既新颖又具有很强的实用性。

（6）对有价值的设想加工整理。会议主持者汇集有关人员，对会上提出的所有设想都要认真筛选，特别是那些有一定价值的设想要进行仔细研究和正确评价，并进行加工整理，去掉不合理、不科学或不切合实际的部分，补充、增加一些内容，使某些新颖、有价值的设想更完善。

例2-2 头脑风暴法示例

有一年，美国北方格外严寒，大雪纷飞，电线上积满冰雪，大跨度的电线常被积雪压断，严重影响了通信。过去，许多人试图解决这一问题，但都未能如愿以偿。后来，电信公司经理尝试用头脑风暴法解决这一难题。他召开了头脑风暴座谈会，参加会议的是不同专业的技术人员。会上大家七嘴八舌地进行议论，不到一小时，与会的10名技术人员共提出了90多条新设想：

- 设计一种专用的电线清雪机
- 用电热来化解冰雪
- 用振荡技术来清除积雪
- 能否带上几把大扫帚，乘坐直升机去扫电线上的积雪

最后，一种简单可行且高效率的清雪方法想了出来：依靠高速旋转的螺旋桨即可将电线上的积雪迅速搧落。

随着发明创造活动的复杂化和课题涉及技术的多元化，单枪匹马式的冥思苦想将变得软弱无力，而“群起而攻之”的发明创造战术则显示出攻无不克的威力。

实践表明，头脑风暴法通过对所论问题公正、连续的分析，可以排除折中方案，发现、产生一组切实可行的方案。因而，头脑风暴法近些年来在军事和民用预测中得到广泛应用。例如，在美国国防部制定长远科技规划时，曾邀请50名专家采用头脑风暴法开了两周会议。参加者的任务是对事先提出的工作文件提出非议，并通过讨论把文件变成协调一致的报告，结果原工作文件中仅有25%～30%的意见得到保留。

2.1.5 德尔菲法

德尔菲是Delphi的中文译名。Delphi是一处古希腊遗址，是传说中神谕灵验、可预卜未来的阿波罗神殿的所在地。美国兰德公司在20世纪50年代与道格拉斯公司协作，研究如何通过有控制的反馈以更好地收集和改进专家意见的方法时，以Delphi作为代号。

德尔菲法是在专家个人判断法和头脑风暴法的基础上发展起来的一种直观的预测方法。目前，在长远规划者和决策者的心目中，德尔菲法具有较高的声望，并逐渐成为一种重要的

规划决策工具。概括地说，德尔菲法是采用函询调查，向与所预测问题有关领域的专家分别提出问题，而后将他们回答的意见予以综合、整理、反馈，经过这样多次反复循环，最终得到一个比较一致的且可靠性也较高的意见。

1. 德尔菲法的特点

德尔菲法就是为了克服个人判断法和专家会议法的局限性，尽可能消除人的主观因素的影响而创立。具有如下三个特点：

(1) 匿名性。德尔菲法采用匿名函询的方式征求意见。即每位专家的分析判断是在背靠背的情况下进行的。在实施德尔菲法的过程中，应邀参加预测的专家互不相见，只与预测小组成员单线联系，消除了不良心理因素对专家判断客观性的影响。由于德尔菲法的匿名性，使得专家们无须担心充分地表达自己的想法会有损于自己的威望，而且也使得专家的想法不会受口头表达能力的影响和时间的限制。因此，德尔菲法的匿名性有利于各种不同的观点得到充分的发表。

(2) 反馈性。德尔菲法在预测过程中要进行几轮（三至五轮）征询专家意见。预测机构对每一轮的预测结果作出统计、汇总，并提供有关专家的论证依据和资料，作为反馈材料发给每一位专家，供下一轮预测时参考。专家们从多次的反馈资料中进行分析选择，参考有价值的意见，深入思考，反复比较，更好地提出预测意见。

(3) 预测结果的统计特性，也称收敛性。为了科学地综合专家们的预测意见和定量表示预测的结果，德尔菲法采用统计方法对专家意见进行处理，专家意见逐渐趋于一致，预测值趋于收敛。

德尔菲法具有如下几方面的优势：

(1) 由于采用通信调查的方式，因此参加预测的专家数量可以多一些，这样可以提高预测结果的准确性。

(2) 由于预测过程要经历多次反复，并且从第二轮预测开始，每次预测时专家们都从背景资料上了解到别人的观点，所以专家们在决定是否坚持自己的观点，还是修正自己的预测意见，需要经过周密的思考。在多次的思考过程后，专家们已经不断地提高了自己观点的科学性，在此基础上得出的预测结果，其科学成分、正确程度必然较高。

(3) 由于这种方法具有匿名性质，参加预测的专家完全可以根据自己的知识或经验提出意见，预测结果受权威的影响较小。

(4) 由于最终的预测结果综合了全体专家的意见，集中了全体预测者的智慧，因此具有较高的可靠性和权威性。

2. 德尔菲法预测步骤

(1) 确定预测主题，归纳预测事件。预测主题就是所要研究和解决的问题，是对本单位、部门、地区或国家今后的发展有重要影响而又有意见分歧的问题。一个主题可以包括若干个事件，事件是用来说明主题的重要指标。经典的德尔菲法要求应邀参加预测的专家围绕预测主题，提出应预测的事件，预测领导小组对专家提出的预测事件经筛选整理，排除重复和次要的，形成一组预测事件，根据预测要求编制预测事件调查表。确定预测主题和归纳、提出预测事件是德尔菲法的关键一步。

(2) 选择专家。德尔菲法所要求的专家，应当是对预测主题和预测问题有比较深入的研究、知识渊博、经验丰富、思路开阔、富于创造性和判断力的人。因此专家选择事关预测的成败，在选择时应注意以下两方面的问题：

1）来源广泛。德尔菲法要求专家有广泛的来源，这也是定性预测本身需要的。一般应实行“三三制”。即首先选择本企业、本部门对预测问题有研究、了解市场的专家，占预测专家的1/3左右；其次是选择与本企业、本部门有业务联系，关系密切的行业专家，约占1/3；最后是从社会上有影响的知名人士中间选择对市场和行业有研究的专家，约占1/3。这样才能从各方面对预测问题提出有根据的、有洞察力的见解。

2）专家人数视预测主题规模而定。人数太少，代表性差，而太多则难于组织。一般情况下，人数越多精度越高，但超过50人时，进一步增加人数对提高预测精度的作用不大。因而专家小组人数一般以10~50人为宜。但对重大问题的预测，专家小组的人数可扩大到100名左右。另外，由于种种原因，有些专家不是每轮都给以回答，甚至有可能中途退出，所以预选人数应适当多些。

（3）预测过程。当针对某一预测的专家小组成立之后，在预测领导小组的组织领导下，即可开始预测工作。经典德尔菲法的预测过程一般分为四轮，各轮内容大致如下：

第一轮，确定预测事件。询问调查表要求各成员根据所要预测的主题以各种形式提出有关的预测事件。也可由领导小组先征求少量专家意见集中后产生预测事件以做草案供进一步讨论，完毕后寄给预测领导小组，由领导小组将所提出的事件进行综合整理，统一相同事件，排除次要事件，用准确术语提出“预测事件一览表”。

第二轮，初次预测。将“预测事件一览表”发给专家小组各成员，要求他们对表中所列各事件作出评价，并相应地提出其评价及预测的理由，为改进预测而再次征询还需补充哪些资料。调查表收回后，领导小组要对专家意见进行统计处理（一般采用四分位法，即根据返回来的调查表，统计出每一事件发生的预测日期、数字或等级的中位数和上、下四分位点，将此结果再返回给专家小组各成员）。

第三轮，修改预测。预测领导小组将第二轮预测的统计资料寄给每位专家，请专家据此补充材料，再一次进行预测且充分陈述理由。特别注意让持极端意见的专家充分陈述理由。这是因为他们的依据可能是其他专家忽略的外部因素或未曾研究过的问题，这些依据往往对其他专家重新判断产生影响。

第四轮，最后预测。专家小组各成员再次进行预测，并根据领导小组的要求，作出或不作出新的论证。领导小组根据回答，再次计算出每一事件的平均值、加权平均，或者中位数、四分位点，得出最终带有相应平均值，加权平均，或者中位数和四分位点，日期、数字或等级等结果的事件一览表。

需要注意的是，最后一轮专家们的意见必须趋于一致或基本稳定，即大多数专家不再修改自己的意见。因此，征询次数应根据专家意见的收敛性而灵活掌握。

（4）确定预测值，作出预测结论。对专家应答结果进行量化分析和处理，是德尔菲法预测的最后阶段，也是最重要的阶段。处理方法和表达方式，取决于预测问题的类型和对预测的要求，但在实际中，通常采用以下方法：

1）平均值法。平均值法是指将各专家对预测目标的预测数值进行简单平均或者根据各专家的重要性进行加权平均，得出最终的预测结果。

例2-3 某书刊经销商采用德尔菲法对某一专著销售量进行预测。该经销商首先选择若干书店经理、书评家、读者、编审、销售代表和海外公司经理组成专家小组。将该专著和一些相应的背景材料发给各位专家，要求大家给出该专著最低销售量、最可能销售量和最高销售量三个数字，同时说明自己作出判断的主要理由。然后将专家们的意见收集起来，归纳整理后返回给各位专家，要求专家们参考他人的意见对自己的预测重新考虑。专家们完成第一次预测并得到第一次预测的汇总结果以后，除书店经理 B 外，其他专家在第二次预测中都作了不同程度的修正。重复进行，在第三次预测中，大多数专家又一次修改了自己的看法。第四次预测时，所有专家都不再修改自己的意见。因此，专家意见收集过程在第四次以后停止。根据各专家的意见，进行简单算术平均，最终预测结果为最低销售量 26 万册，最高销售量 60 万册，最可能销售量 46 万册。

2）中位数法。中位数是指将各专家对预测目标的预测数值按大小顺序进行排列，选择属于中间位置的那个数表示数据集中的一种特征数。当整个数列的数目为奇数时，中位数为居中位置的那个数；当整个数列的数目为偶数时，中位数则应为数列中居于中间位置的两个数的算术平均值。中位数代表专家预测意见的平均值，一般以它作为预测结果。把各位专家的预测结果，按其数值的大小（如按预测所得事件发生时间的先后次序）排列，并将专家人数分成四等份，则位居 2/4 分点的预测结果可作为中位数。位居 1/4 分点的预测结果称为下四分位点数值（简称下四分位点），位居 3/4 四分点的预测结果称为上四分位点数值（简称上四分位点）。或者说，上下四分位点是从数字序列的第一个数字开始数，数到全体数据序列 1/4、3/4 处便是。数列上下四分位点之间的数值，表明预测值的置信区间。置信区间越窄，即上下四分位点间距越小，说明专家们的意见越集中，用中位数代表预测结果的可信程度就越高。

当预测结果需要用数量或时间表示时，专家们的回答将是一系列可比较大小的数据或有前后顺序排列的时间。常用中位数和上、下四分位点的方法处理专家们的答案，求出预测的期望值和区间。

首先，把专家们的回答按从小到大的顺序排列。例如，当有 n 个专家时，共有 n 个（包括重复的）答数排列如下：$x_1 \leqslant x_2 \leqslant \cdots \leqslant x_n$，设中位数及上、下四分位点分别用 $x_{中}$，$x_{上}$，$x_{下}$表示，则

$$x_{中} = \begin{cases} x_{k+1} & n = 2k+1 \\ (x_k + x_{k+1})/2 & n = 2k \end{cases}$$

$$x_{上} = \begin{cases} x_{(3k+3)/2} & n = 2k+1,\ k\text{ 为奇数} \\ (x_{1+3k/2} + x_{2+3k/2})/2 & n = 2k+1,\ k\text{ 为偶数} \\ x_{(3k+1)/2} & n = 2k,\ k\text{ 为奇数} \\ (x_{3k/2} + x_{1+3k/2})/2 & n = 2k,\ k\text{ 为偶数} \end{cases}$$

$$x_{下} = \begin{cases} x_{(k+1)/2} & n = 2k+1\text{ 或 }n = 2k,\ k\text{ 为奇数} \\ (x_{k/2} + x_{1+k/2})/2 & n = 2k+1\text{ 或 }n = 2k,\ k\text{ 为偶数} \end{cases}$$

例 2-4　某部门采用专家预测法预测中国 2011 年的石油产量。16 位专家在最后一轮的预测值分别是（按从小到大的顺序排列）（单位：亿 t）：

2.02，2.03，2.05，2.06，2.07，2.07，2.09，2.10，2.10，2.14，2.15，2.16，2.16，2.18，2.19，2.23

这里，$n = 16$ 是偶数，则 $k = n/2 = 8$，中位数 $x_{中}$是第 8 个数与第 9 个数的平均值，它们

是2.10亿t，2.10亿t，则预测期望值是

$$x_{中} = (x_8 + x_9)/2 = 2.10 亿 t$$

由于$k=8$是偶数，由上面公式得$3k/2=12$，$1+3k/2=13$，则上四分位点$x_{上}$是第12个数与第13个数的平均值，即

$$x_{上} = (x_{12} + x_{13})/2 = 2.16 亿 t$$

同理可得

$$x_{下} = (x_4 + x_5)/2 = 2.065 亿 t$$

运用四分位点法描述专家们的预测结果，则中位数表示专家们预测的协调结果（期望值），上、下四分位点表示专家们意见的分散程度，上、下四分位点的范围表示预测区间。但是，预测结果是以中位数为标志，完全不考虑偏离中位数较远（上下四分位点以外）预测的预测意见，有时可能漏掉了具有独特见解的有价值的预见。

3）多种状态下的数据处理（对多种可能性水平下数据的处理）。实际中，为了提高预测的可靠性，人们往往针对某一事件的不同状态，或不同水平、不同情况进行预测，之后根据不同状态采用算术平均法、加权平均法、中位数加权法等进行计算，得出最终的预测数据。

例2-5 某公司开发了一种新产品，聘请了业务经理、市场专家和销售人员8位专家，对新产品投放市场1年的销售额进行预测，以决定产量。在专家作出预测前，公司将产品的样品、特点、用途、用法进行了相应的介绍，并将同类产品的价格、销售情况作为背景资料，书面发给专家参考。而后采用德尔菲法，请专家们各自作出判断。经过3次反馈之后，得到结果如表2-4所示。

表2-4 新产品销售量预测值 （单位：万件）

专家编号	第一次			第二次			第三次		
	最低销售量	最可能销售量	最高销售量	最低销售量	最可能销售量	最高销售量	最低销售量	最可能销售量	最高销售量
1	500	750	900	600	750	900	550	750	900
2	200	450	600	300	500	650	400	500	650
3	400	600	800	500	700	800	500	700	800
4	750	900	1500	600	750	1500	500	600	1250
5	100	200	350	220	400	500	300	500	600
6	300	500	750	300	500	750	300	600	750
7	250	300	400	250	400	500	400	500	600
8	260	300	500	350	400	600	370	410	610
平均数	345	500	725	390	550	775	415	570	770

平均值预测：在预测时，最终一次判断是综合前几次的反馈作出的，因此在预测时一般以最后一次判断为主。如果按照8位专家第三次判断的平均值计算，则预测这个新产品的平均销售量为

$$\frac{415+570+770}{3}万件 = 585 万件$$

加权平均预测：将最可能销售量、最低销售量和最高销售量分别按0.50、0.20和0.30

的概率加权平均，则预测平均销售量为

$$(570\times0.5+415\times0.2+770\times0.3)\text{ 万件}=599\text{ 万件}$$

中位数预测：根据中位数计算公式，第 3 次判断的最可能销售量、最低销售量和最高销售量三种水平下的中位数分别为：400 万件、550 万件、700 万件。将可最能销售量、最低销售量和最高销售量分别按 0.50、0.20 和 0.30 的概率加权平均，则预测平均销售量为

$$(550\times0.5+400\times0.2+700\times0.3)\text{ 万件}=565\text{ 万件}$$

3. 对等级比较答案的处理

常常请专家对某些项目的重要性进行排序。总分法是比较各项目重要程序的一种方法，其步骤为：

1）列出各评价项目，规定排在第 k 位的得分为 B_k。

2）对项目 j 计算其总得分

$$S_j=\sum_{k=1}^{N}B_kN_{j,k}$$

式中 $N_{j,k}$ 为赞同项目 j 排在第 k 位的专家人数。

3）根据各项目的 S_j 值排序。

例 2-6　在对机械工业自动化发展趋势进行预测时，发给专家们的征询表中的第一题是：“您认为在 2011 年以前下列各项目中哪几项应作为实现机械工业自动化的主要目标？”（请选择其中 3 项，并按其重要性进行排序）

a. 保证产品质量

b. 改善劳动条件

c. 提高劳动生产率

d. 缩短生产周期

e. 节约能源

f. 确保良好的技术经济效果

当要求对 n 个项目排序时，评为第 1 位的给 n 分，第 2 位给 $n-1$ 分，…，第 n 位给 1 分。本例中要求选择 3 个项目排序，则评为第 1 位的给 3 分，第 2 位的给 2 分，第 3 位的给 1 分，没选上的给 0 分。

在本例中，$B_1=3$，$B_2=2$，$B_3=1$，假设对第三轮征询表作出回答的专家人数 $N=93$ 人：赞成 a 项排第 1 位的专家有 71 人（即 $N_{a,1}=71$ 人），赞成 a 项排第 2 位的专家有 15 人（$N_{a,2}=15$ 人），赞成 a 排第 3 位的有 2 人（$N_{a},_3=2$ 人）代入上式得 a 项目的总得分为：

$$S_a=(3\times71+2\times15+1\times2)\text{分}=245\text{ 分}$$

由专家对其余五个项目的评分结果，算得的项目总得分依次为 $S_b=36$ 分，$S_c=65$ 分，$S_d=5$ 分，$S_e=31$ 分，$S_f=168$ 分，比较总得分的大小，可以看出按重要性排在前三名的项目依次是 a，f，c，即在 2011 年以前，自动化的主要目标是提高产品质量，其次是提高技术经济效果，再次是提高劳动生产率。

4. 征询调查表设计

征询调查表是进行德尔菲法预测的一个主要工具，调查表设计得好坏直接影响着预测结果的优劣。制定调查表应注意以下几点：

（1）对德尔菲法作出简要说明。由于德尔菲法并非众人皆知，因此，调查表应有前言

用以简要说明预测的目的与任务，专家应答在预测中的作用，同时对德尔菲法作出扼要说明。

(2) 问题要集中而有限制。问题要集中并有针对性，以便使各个事件构成一个有机整体，引起专家回答问题的兴趣。问题的数量应适当，问题简单，数量可适当多些；问题复杂，应少几个。一般以不超过25个问题为宜。

(3) 调查表应简练明确。表中所列问题应该明确，不含糊，应使专家能把主要精力用于思考问题，而不是用在理解复杂、混乱、含糊的调查表上。调查表的应答栏以选择一个日期或填空的方式最好，还应留有空地以便专家阐明意见和论证。在调查表上花些力气，能得到事半功倍的效果。

(4) 给出预测事件实现的概率。如应答者可能判断某事件在2015年实现的可能性分别为60%，70%，90%，如果事先不给定事件实现的概率，那么某些应答者的结果是按90%的实现概率给出，而另一些是按70%给出，等等，这样得到的结论无疑是混乱的。因此应事先给出事件实现的概率，一般选取90%的概率比较适宜。

5. 德尔菲法的评价

德尔菲法是系统分析方法在预测和价值判断领域中的一种有益延伸。它突破了传统的数量分析限制，为更合理地制定决策开阔了思路。德尔菲法的实质是利用专家的主观判断，通过信息的流通和反馈，使预测意见趋向一致，逼近实际值。

自应用德尔菲法以来，在大多数情况下，专家的预测意见趋向一致，预测结果具有收敛性。在少数情况下，无法取得一致意见。这时常可以发现预测意见按不同的学术派别而相互对立。即使这样，也能使预测者的见解明朗化，有利于对问题的深入研究。

同时，德尔菲法不受地区和人员的限制，用途广泛，费用较低，且能引导思维，提供了一种预测的系统方法。实验表明，采用德尔菲法其结果是比较准确的。一般情况下，预测结果的准确性是随着预测区间的增长而减小的。

德尔菲法尽管有很多优点，但并非十全十美，也存在着如下一些缺点：

(1) 受主观因素的影响。预测精度取决于专家的学识、心理状态、智能结构、对预测对象的兴趣程度等主观因素的影响。

(2) 缺乏深刻的理论论证。专家的预测通常建立在直观的基础上的，缺乏理论上的严格论证与考证。因此预测结果往往是不稳定的。

(3) 技术上不够成熟。如专家的概念没有一个统一的标准，选择专家时就容易出差错。征询调查表的设计也没有一个固定的方法，致使有些调查表设计太过粗糙。

尽管德尔菲法存在着某些缺陷和不足，但仍不失为一种比较有效的方法。在各类预测方法的使用中，特别是在缺乏足够数据的情形下，德尔菲法已占相当大的比重。实践中很多预测学家（其中包括兰德公司的专家）对德尔菲法进行了广泛研究，对初始的经典德尔菲法进行了某些修正，并开发了一些派生德尔菲法。这类方法主要是对经典方法中的某些部分予以修正，借以排除经典德尔菲法的某些缺点。例如：反馈次数多，花费时间长；对应答专家的业务水平要求高；有时难以决定怎样的统计结果方为“意见趋于稳定”；往往缺乏对事件进行可行性分析与相关性分析，有时达不到预期要求等。派生德尔菲法分为保持原有特点的派生方法和改变原特点的派生方法。改变原特点的派生方法多在常规德尔菲法的“匿名性”与“反馈性”上有所改变，部分取消匿名性和反馈性，更好地提高了德尔菲法的实用性和有效性。

2.2　指标预测法与类比法

2.2.1　指标预测法

指标预测法是根据经济发展中各种经济指标的变化，来分析判断市场未来发展变化趋势的方法。市场是企业生存发展的根基，科学的市场预测，将有效指导企业生产实践中各种计划的合理确定。企业的市场预测，不仅要注意微观经济活动的变化，而且要注意宏观经济形势的变化对市场的影响，特别要注意经济周期变动对市场的影响。经济周期系指经济活动不断经历“低谷→扩张→高峰→收缩→低谷……”的循环周期性波动。1937 年美国在研究经济周期时，发现工作时间长短的变化可作为经济繁荣与萧条的转折警示器：经济由繁荣转为萧条，并不是一开始就大量解雇工人，而是首先减少工作时间，开工不足；而由萧条转为繁荣，也并非一开始就大量雇用工人，而是首先增加工作时间。进一步研究表明，当时美国的工作时间一般是每周 40 小时，若工作时间明显大于 40 小时，就可预测出现“繁荣”。反之，就可预测出现“萧条”。而这种宏观经济的变化，必将影响到企业的生产经营，有时甚至会表现得非常突出。当一个国家的经济发展迅猛，市场需求旺盛时，企业就景气；当国家经济发展缓慢，市场疲软时，企业就不景气。所以企业应注意宏观指标的变化，根据各指标之间所反映出的经济变化规律来进行预测，或修正、调整用其他方法得到的市场预测值。

指标预测法就是在研究分析历史经济形势波动的主要原因和特点的基础上，设计经济指标体系（或给出预警界限），监控了解市场行情变化，据此指导宏观管理与微观管理决策。如果体系内的市场、经济指标发生变化（或超过这一界限时），预示近期内的经济形势或市场行情运行可能发生重大变化，这时企业或其他机构应注意并考虑采取相应的对策。指标预测法的显著特点是简单、迅速、敏感，能够直观地反映市场、经济形势的波动。

指标预测法一般可分为领先落后指标法、扩散指数法和合成指数法。

1. 领先落后指标法

领先落后指标法是根据经济发展有关指标的变化同市场变化之间在时间上的先后顺序，来分析、判断、预测市场发展前景的一种预测方法。通常按照经济发展指标同市场变化的时间先后顺序，经济发展指标大致分为三类：先期指标、同步指标和落后指标。

（1）先期指标。先期指标也称先行指标，是指其循环转折变化出现的时间稳定地领先于经济景气循环相应转折变化的经济指标。这类指标是预警指标体系的主体，它的变动对市场行情变动始终起预报或示警作用，包括例如财政金融政策、价格政策、消费支出水平、人口变动趋势、基本建设财政拨款等指标。它们反映着对经济活动提前几个月作出的决策或承诺，而经济决策的效果需要一定时间才产生。可见，先期指标只是由于它对周期变动的反应更为敏感，先于反映周期变动的总体经济行为，所以具有预兆意义。

（2）同步指标。同步指标也称一致指标，是指其循环转折变化在出现时间上与经济景气循环转折变化几乎同时出现（误差不超过 2 个月）的经济指标。这类经济指标是总体经济行为的衡量标志，如国内生产总值、工业生产总值、工业销售收入、用电量、个人收入、批发价格指数等。这些指标的上升和下降，差不多与经济循环景气一致，它显示一般经济的进展情况。在预警分析中，可用它们描述当前经济过程所处的景气状态，同时通过这类指标和先期指标在转折点上的时差，由先期指标的转折点预示出同步指标何时出现相关的转折点。

（3）落后指标。落后指标也称迟行指标，是指其循环转折变动在出现的时间上稳定地落后于经济景气循环变动相应转折点（约3个月以上，半个周期以内）的经济指标。如投资完成额、学生就业率、员工失业率、财政收入、企业未清偿债务等。这些指标在经济意义上可作为衡量是否过剩和失衡的标志。在预警分析中，其作用在于检验宏观经济波动过程是否确已超过某个转折点，进入另一景气状态。

选择哪些指标作为预警分析的指标体系，预示市场行情波动，可由理论分析和经验观测两种方式确定：通常对历史资料的分析，可以寻找并发现各种指标对经济周期反映在时间上的先期、同步或落后于经济周期转折点而发生变动的重复性和规则性，然后根据这种相关关系来预测未来的经济变动。

2. 扩散指数法

扩散指数法（DI）是根据一批领先经济指标的升降变化，计算出上升指标的扩散指数，以扩散指数为依据来判断市场未来的景气情况。这里的“扩散”，是指不局限于运用某个或某几项经济指标，而是扩散到一批经济指标，即运用一批经济指标的变化来预测市场未来的发展趋势。所以，扩散指数法是经济变化和市场行情运行的晴雨表，它比任何单一指标都更具有可靠性和权威性。

市场并不总是沿着完全平衡的路径运行的，宏观经济的增长或下降引起的市场变化常常与波动相伴随，呈现出波动发展的趋势。市场波动是经济和市场发展中的不稳定因素，它严重阻碍着市场、经济的正常运行，影响着企业的发展。但从另一方面来说，市场的这种波动现象又是市场发展中必然存在的，它是宏观经济政策与市场需求、企业运作、科技发展等因素相互作用的结果，是对市场和经济的一种修正和调节。市场景气情况的预测就是对这种波动规律进行的预测。

用扩散指数法进行预测时，要预先选择能反映整个市场景气情况的领先发生变化的重要经济指标（设为 C 个），并在对各个经济指标的循环波动进行测定的基础上，确定在某一时点上呈现上升趋势的指标（“+”号指标）的个数（设为 A 个），然后由下列扩散指数的计算公式，算出该时点的扩散指数

$$\mathrm{DI}=\frac{A}{C}\times 100$$

根据国外的经验，当 DI > 50，达到 60 以上时，表示市场处于上升状态，即市场未来会出现景气情况。当 DI = 50 时，便认为市场已经到达转折点，即市场未来的发展由上升而下降，或由下降而转上升。当 DI < 50 时，达到 40 或以下时，表示市场处于下降状态，即市场未来会出现不景气情况。

例 2-7 某城市研制了一套经济监测系统，经济指标总数为 200 个，上个月应用此系统得出扩散指数为 55。本月监测发现，这些指标中有 120 个呈现上升趋势。根据扩散指数计算公式，即可得本月的扩散指数为：

$$\mathrm{DI}=\frac{A}{C}\times 100=\frac{120}{200}\times 100=60$$

由此说明，该市场经济上升指标数大于下降指标数，市场处于上升状态，处于景气空间

的前期，下期市场仍将上升。

3. 合成指数法

扩散指数法虽然能有效地预计经济形势和市场行情波动的转折点，但却不能明确地表示经济形势和市场行情波动的强弱，为了弥补这一不足，可编制合成指数。合成指数法（CI）是既能分析经济形势或市场行情变化的转折点，又能在某种意义上反映经济形势或市场行情波动振幅的一种关于市场景气情况的预测方法。例如，“中经”合成指数（CI），就是主要用来反映景气变动的方向和幅度，并对经济景气局面进行判断和测度的一类指标。

对企业进行市场预测来说，“中经”指数是一些非常有价值的宏观经济状况指标。通过观察研究这些指数，可以把握国家经济和全国市场的变化方向，这对企业具体项目的预测是非常有参考价值的，对企业的市场运营也有很重要的提示作用。当然，对一些对市场研究具有一定实力的企业来说，可建立一套企业所在地区或所属行业的经济指标监测体系，从而对企业运作的具体市场领域进行市场景气情况的分析和判断，这就更具针对性和准确性了。但对一般企业来说，借用“中经”指数判断市场景气情况，不失为一种节时省力的好方法。

2.2.2 类比法

世界上有许多事物的变化发展规律带有某种相似性，尤其是在同类事物之间。类比法是指利用两事物发生的时间差异和形式上的相同或相似，借用先行的、同类的、相似的事物的有关参数，来推断预测目标未来发展趋势与可能水平的一种对比推理预测方法。类比法一般适用于开拓新市场、预测顾客潜在购买力和需求量、预测新商品长期的销售变化规律等。类比法按应用形式可分为产品类比法、地区类比法、行业类比法、局部总体类比法。

（1）产品类比法。有许多产品在功能、构造、技术等方面具有相似性，这些产品的市场发展规律也往往会呈现某种相似性。因此，在新产品投放市场前，没有销售资料，不可能进行定量分析，人们就可以利用产品之间的这种相似性进行类推，通过对同类或相近产品的历史资料，如销售情况、市场需求等资料，来类比研究、分析、判断新产品投放市场后的销售预测值。例如基于物联网的智能家具逐步起步，由于历史销售资料不足，所以可以根据传统家具的销售资料进行类比分析，判定出其导入期、成长期、成熟期的变化规律。又如，根据 LCD 液晶电视机的发展规律，推断出 LED 液晶电视机市场的大致发展趋势；根据台式计算机的变化趋势，推测笔记本计算机的市场需求变化规律，等等。

（2）地区类比法。地区类比法是依据其他地区（或国家）曾经发生过的事件来进行类推的市场预测方法。同一产品在不同地区有领先滞后的时差，可以根据领先地区的市场情况类推滞后地区的市场。在我国，由于地区之间经济发展的不平衡，造成了落后地区市场的发展落后于发达地区。因此，落后地区的市场预测可以参照发达地区的经验。同样，相同发达程度的地区也可以相互参照，进行预测。例如，许多高档家电产品，总是在城市先开始进入家庭，然后再进入农村家庭，可以利用家电产品在城市市场的发展规律类推家电产品在农村的发展规律。

当然，在缺乏调查资料的情况下，也可以将其他国家产品或相似产品的市场发展趋势，作为本国同类产品或相似产品市场预测的基础。例如：有关专家对我国小轿车需求前景预测时，曾根据日本、印度、巴西等国情况，对小轿车的价格与人均国民收入之比与轿车消费特征之间的关系进行分析。日本轿车是在家用电器达到饱和状态后开始普及的。1966 年，日本的家用电器（电视机、电冰箱、洗衣机等）的普及率已达90%左右，此时日本政府及时提出了“国民车”的设想，鼓励汽车厂家开发家庭用小轿车。这使得日本的普及型小轿车得到快速发展。到1976年，日本小轿车的普及率已达15.4辆/百人，可见当家用电器已基本满足人们需要以后，轿车就成为需求的下一个热点。研究表明，轿车价格与年均家庭收入之比达到2～3时，小轿车开始进入私人家庭消费；当达到1.4左右时，轿车需求进入迅速发展阶段，开始出现普及性消费。据国家统计局的抽样调查，在1992年，一些大城市，像上海、北京、广州、天津等地的家用电器拥有量已达90%以上。1992年全国年收入在5万元以上的家庭有530万户，也就是说，这些家庭已经是10万元左右价格轿车的潜在市场了。同时，根据国民经济发展的状况，预测到2009年，轿车将开始在大中城市普及，这为我国汽车制造业及公共交通的发展提供了宝贵依据。

例2-8 假设某企业建立的连锁店A在过去6年中的市场销售额如表2-5所示，目前该公司将新建连锁店B，采用类比分析法，分析连锁店B的市场销售发展趋势和销售额。

表2-5 连锁店A过去6年的销售额资料

年 份	2005	2006	2007	2008	2009	2010
销售额/百万元	2.40	2.50	2.75	3.33	4.63	8.33
环比指数	1.00	1.04	1.10	1.21	1.39	1.80

根据销售量数据，可以求出环比指数，可见连锁店A在开业后其销售额呈逐年增长的趋势，其增长幅度分为三个阶段：第二年增长幅度4%，第三年增长幅度为10%，最后三年增长速度成倍变化。因此，连锁店A的销售额变化规律为：前两年为企业生命周期的诞生期的前段，2008—2009年属于诞生期后段，从2009年起，开始进入成长期。

根据企业和市场研究资料，连锁店B与连锁店A经营业务基本相同，其他配货送货方式也基本相同，只是连锁店B建立在较繁华的区域，估计连锁店B在2011年的销售量可能是连锁店A在2005年销售额的2.1倍。根据连锁店A的发展规律将可类比预测连锁店B的销售情况。

2011年连锁店B的销售额预测值为

$$2.4\text{ 百万元}\times 2.1=5.04\text{ 百万元}$$

2012年连锁店B的销售额预测值为

$$5.04\text{ 百万元}\times 1.04=5.24\text{ 百万元}$$

2013年连锁店B的销售额预测值为

$$5.24\text{ 百万元}\times 1.1=5.76\text{ 百万元}$$

（3）行业类比法。行业类比法是根据同一产品在不同行业使用时间的先后，利用该产品在先使用行业所呈现出的特性，类推该产品在后使用行业的规律。许多产品的发展是从某一行业市场开始的，逐步向其他行业推广，如计算机最初是在科研和教育领域使用，然后才转向民用和家用的。再如，预测者可以根据军工产品市场的发展预测民用产品市场的发展。因为军工行业往往都是在技术上领先的产品，军工行业就是民用行业产品的未来，密切注视军工产品的发展动向，可以预测民用产品的发展空间与动向。现在的民航、计算机等都是军用转向民用的典范。

(4) 局部总体类比法。局部总体类比法是通过典型调查或其他方式进行一些具有代表性的调查，分析市场变化动态及发展规律，预测和类推全局或大范围的市场变化。局部总体类比法广泛适用于许多一般消费品和耐用消费品的近期、短期的需求量预测。比如，通过典型调研或抽样调研测算出某市某区域的电冰箱年销售数与百户居民数之比为20%，就可以以此销售率来推算出该市的电冰箱年销售量。当然，也可以通过一些有代表性的城市和农村的调查分析，来对全国总需求情况进行推断。

2.3 概率预测法

2.3.1 主观概率法

主观概率是相对客观概率而言的。通常我们把基于柯尔莫哥洛夫公理系统上的概率称为客观概率。它是随机事件的一种客观属性，同人们在现实世界上能观察到的客观现象相符合。在一组相同条件下进行大量重复的独立试验时，一个随机事件出现的相对频率趋于它的概率。但是在决策问题中大量重复试验往往是不可能的。事实上，在决策问题中，事件往往只发生一次，对这种一次性事件的出现的可能性也应给出量度。为了决定今天下午去颐和园时是否带伞，首先必须对“今天下雨”的可能性作出判断；零售商为了决定某产品的进货量，必须首先对未来市场销售顺利的可能性作出判断；再如，学生成绩提高的概率，某项新产品开发成功的概率等，都是无法在相同条件的试验序列意义下解释的。它们是唯一的、一次性事件，但结果又是不确定的。为了也能考虑这种事件出现的可能性，以便能进行某种决策，应扩大概率的解释，使得对它们的不确定性也能给出数值量度。这种数值量度称为主观概率。频率意义下的概率的计算理论上是直接的，只要决定有关事件发生的相对频率即可。而主观概率的计算，仅能通过个人“内省”的办法来决定。即一个事件的主观概率是人们对这种事件出现可能性的一种信任程度，但绝不是主观臆断，是基于对事件已有信息的一种理智上的判断。事件的主观概率随我们对它的信息的增加而改变，不是随机事件的唯一属性。如抛掷一枚硬币，即使它在物理上是完全对称的，也并不能直接导致国徽面朝上的概率为0.5。这还与抛掷的条件（如抛掷高度、用力大小）有关。若抛掷得比较低，而且用力甚微，则国徽面是否朝上严重地依赖于抛掷前国徽面是否朝上。即掷出国徽面朝上的概率不完全是钱币的物理参数，还依赖于我们对其信息的掌握程度。如小明连续掷了10次硬币，正面出现了7次，则他下次掷硬币出现正面的可能性，人们往往认为不是0.5，而是大于0.5。

主观概率也应满足概率论中的一些条件，如有 n 个不同事件，它们互不相交且并集为整个样本空间，则它们的概率均非负且其和为1。

估计主观概率本质上隶属于德尔菲法，但通常也作为一种单独的预测方法使用，并命名为主观概率预测法。在估计主观概率时，各专家的估计值往往不同，一般采用主观概率加权平均法和累计概率中位数法进行计算处理。

1. 主观概率加权平均法

主观概率加权平均法是以主观概率为权数，对专家各种预测意见进行加权平均以作为专家集体预测结果的方法，上、下四分位数表示专家们预测结果的分散程度。

主观概率加权平均法的基本过程为：

（1）确定各种可能情况的主观概率。

（2）主观概率加权平均，计算综合预测值。

（3）根据以往预测误差或实际情景，修正预测结果。

例 2-9 某采用德尔菲法的征询表中，要求各专家预测某项新技术应用开发成功的可能性。参加预测的共有 10 位专家，对开发成功的主观概率估计如下：3 人的估计为 0.7，2 人估计为 0.8，4 人估计为 0.6，1 人估计为 0.2，则主观概率的加权平均值为

$$\frac{3\times0.7+2\times0.8+4\times0.6+1\times0.2}{10}=0.63$$

上、下四分位数可相应求得。

如果根据以往经验，人们在新技术、新产品开发中通常采取保守的态度，实际成功的概率约高于预测值 2%。因此，我们将预测值增加 2% 进行修正，则经修正的该新技术开发成功的可能性为 0.63 ×（1 +2%）=0.6426。

2. 累计概率中位数法

累计概率中位数法是根据累计概率，确定不同意见的预测中位数，对预测值进行点估计的区间估计方法。

累计概率中位数法的基本过程为：

（1）对未来各种结果的概率与累计概率进行主观估计，建立概率分布函数。

（2）根据概率分布函数进行预测。通常将累计概率分布的中位数确定为预测值的点估计值。

例 2-10 某企业过去 12 个月的产品销售量如表 2-6 所示，现采用主观概率法对下个月的产品销售量进行预测。

表 2-6 某企业过去 12 个月的产品销售量统计表 （单位：万件）

月 份	1	2	3	4	5	6	7	8	9	10	11	12
销售量	50	52	55	58	57	61	63	66	70	75	78	80

（1）提供背景资料给相关专家。

（2）编制主观概率调查表。调查表中列出不同状态（销售额）可能实现的多个层次的概率，如 0.010，0.125，…，0.99 等，由调查人员填写各种状态下的预测值。

表 2-7 主观概率调查表

被调查人姓名：　　　编号：

累计概率	0.010	0.125	0.250	0.375	0.500	0.625	0.750	0.875	0.990
销售量									

其中表 2-7 中第一列累计概率为 0.010 的商品销售量是可能的最小值，表示商品销售额小于该数值的可能性仅为 1%；而最后一列累计概率为 0.990 的商品销售量是可能的最大数值，表示商品销售量小于该数值的可能性为 99%，依此类推。

（3）汇总整理。本例共调查了 6 个人，对其填写的调查表进行整理汇总，并计算各栏的平均数，主观概率汇总表如表 2-8 所示。

表2-8 销售量主观概率汇总表

被调查人员编号	累计概率								
	0.010	0.125	0.250	0.375	0.500	0.625	0.750	0.875	0.990
1	83	85	86	88	90	93	95	96	97
2	81	84	86	89	91	93	95	97	99
3	80	81	83	85	87	90	91	94	96
4	82	85	87	90	92	94	95	97	98
5	85	88	91	95	97	98	100	102	104
6	80	84	88	91	93	95	96	98	99
平均值	81.83	84.50	86.83	89.67	91.67	93.83	95.33	97.33	98.83

（4）作出预测。从主观概率汇总表可见，该公司下个月销售量只有1%的可能性小于81.83万件，也只有1%的可能性大于98.83万件，而大于和小于91.67的可能性各为50%，可作为下个月销售量期望值的点估计值。

2.3.2 交叉影响分析法

交叉影响分析法又称交叉概率法，是美国学者戈登和海沃德（Gordon and Hayward）于1968年在专家评分法和主观概率法基础上创立的一种定性预测方法。这种方法通过主观估计每个事件在未来发生的概率，以及事件之间相互影响的概率，利用交叉影响矩阵考察预测事件之间的相互作用，进而预测目标事件未来发生的可能性。它的价值在于把大量可能结果进行系统的整理，以此提高决策者对复杂现象的认识程度，从而提升有效制订计划和政策的能力。

交叉影响分析法的步骤为：

（1）主观判断估计各种有关事件发生的概率，即初始概率。

（2）构造交叉影响矩阵，反映事件相互影响的程度。

设有一组预测事件 D_1，D_2，D_3，…，D_n，估计各自发生的初始概率分别为 P_1，P_2，P_3，…，P_n，事件 D_i 的发生对事件 D_j 的影响程度为 a_{ij}（i，$j=1$，2，…，n），称为交互影响系数，其中 $a_{ii}=0$，$|a_{ij}|\leqslant 1$。若 $a_{ij}>0$，则表示有正影响；若 $a_{ij}<0$，则有负影响；若 $a_{ij}=0$，则没有影响。$|a_{ij}|$ 越接近于1，表示影响程度越大，见表2-9。

表2-9 交叉影响系数表

交叉影响分类	无影响	弱负影响	弱正影响	强负影响	强正影响	很强负影响	很强正影响
a_{ij}	0	-0.5	+0.5	-0.8	+0.8	-1.0	+1.0

（3）根据事件间的相互影响，修正各事件发生的概率，根据修正后的结果作出预测。

通常利用随机数字表考察各事件是否发生。如发生，就根据戈登提出的经验公式计算已发生事件对其他诸事件的交叉影响而产生的过程概率 P'_j，全部事件均考察到时，则完成一次试验；通过多次试验，最后由试验中各事件发生的次数与试验总次数对比求得各事件在未来最终发生的概率 P^*，称为校正概率。试验次数越多，校正概率越稳定，预测效果就越理想。

1）在全部事件集合中随机抽取一个事件，如 D_i。

2）用随机数法确定事件 D_i 是否发生，即从 0～99 中随机抽取一数 k，与事件 D_i 的初始概率 P_i 相比较，如果 $k > 100 \times P_i$，则事件 D_i 不发生；如果 $k < 100 \times P_i$，则事件 D_i 将发生。

3）如果随机抽取的事件 D_i 不发生，将不影响其他事件，其他事件的初始概率均不改变。如果随机抽取的事件 D_i 发生，将影响其他事件，受其影响的各事件的概率将按照交叉影响矩阵，利用以下公式计算过程概率 P'_j。

$$P'_j = P_j + a_{ij}P_j\ (1 - P_j)$$

若 $a_{ij} > 0$，则 P'_j 大于 P_j，说明事件 D_i 推进事件 D_j 的发生；否则，$a_{ij} < 0$，事件 D_i 阻碍事件 D_j 的发生。过程概率 P'_j 将在该次试验中取代交叉影响矩阵中的初始概率。

4）再从剩下的未被抽取的诸事件中随机选择一个事件，重复上述三个步骤，若该事件发生了，则对其他事件的概率进行调整计算。其中，在用随机数法确定选取事件是否发生时，如果该事件的初始概率已经被调整，则将新获取的随机数与该事件调整后的概率来进行比较判断其是否发生。

继续进行上述模拟过程，直至 n 个事件都被随机抽取一次为止，方完成一次试验，称为一轮模拟。

5）将过程概率 P'_j 视为初始概率，再进行下一轮模拟。通过多轮模拟，如 1000 轮或更多次的模拟后，由各事件发生的次数与试验总次数相比得到该事件发生的概率值，称为在交叉影响作用下各事件的最终发生概率估计值，即事件的校正概率 P^*。

例 2-11 某企业在某工程项目建设过程中，通过调查分析，该项目存在的三大主要风险为工期延误、成本超支、质量缺陷。通过专家估计，上述三种事件发生的概率分别为 0.2，0.3，0.1。若不考虑它们之间的相互影响，可能认为该项目没有特别严重的风险而忽视风险防范和风险控制。如考虑它们之间的交互影响，设交互影响矩阵如表 2-10 所示，则可以利用交叉影响分析法，对该项目的风险水平作出新的估算。

表 2-10 交互影响矩阵

事件（D_i）	初始概率（P_i）	对其他事件的影响		
		D_1	D_2	D_3
D_1	0.2	0	0.8	0.3
D_2	0.3	−0.5	0	−0.4
D_3	0.1	0.7	0.6	0

（1）选取一个事件 D_i，由 P_i 模拟事件 D_i 是否发生。

例如，先选 D_2，从 0～99 中随机抽取一数为 21，21 < 30，故事件 D_2 发生，计算过程概率为

$$P'_2 = 0.3$$

$$P'_1 = P_1 + a_{21}P_1(1 - P_1) = 0.2 + (-0.5) \times 0.2 \times (1 - 0.2) = 0.12$$

$$P'_3 = P_3 + a_{23}P_3(1 - P_3) = 0.1 + (-0.4) \times 0.1 \times (1 - 0.1) = 0.064$$

（2）在剩下事件中再随机选取一事件如为 D_1，抽取随机数为 11，11 < 12，故事件 D_1 发生，各事件的过程概率为（在此次实验中，上次实验得到的过程概率将取代交叉影响矩阵中的初始概率）

$$P'_1 = 0.12$$

$$P'_2 = P_2 + a_{12}P_2(1 - P_2) = 0.3 + 0.8 \times 0.3 \times (1 - 0.3) = 0.468$$

$$P'_3 = P_3 + a_{13}P_3(1 - P_3) = 0.064 + 0.3 \times 0.064 \times (1 - 0.064) = 0.082$$

（3）最后选 D_3，抽取随机数为56，56>8，故事件 D_3 不发生，其他事件的概率不发生改变。

这三次的修正概率列表如表2-11所示。

表2-11 修正概率表

	D_2	D_1	D_3
D_i 是否发生	发生	发生	不发生
P'_1	0.12	0.12	0.12
P'_2	0.3	0.468	0.468
P'_3	0.064	0.082	0.082

重复上述步骤多次，假设本例重复了10次，合计各种事件发生的次数，D_1 发生了3次，D_2 发生了5次，D_3 发生了1次，各种事件发生的次数和试验次数相比，计算每一事件发生的概率

$$P_1^* = \frac{3}{10} = 0.3$$

$$P_2^* = \frac{5}{10} = 0.5$$

$$P_3^* = \frac{1}{10} = 0.1$$

与初始概率相比，事件 D_1 和 D_2 的概率分别提高了10%和20%，D_2 的概率高达0.5，应引起足够的重视，而事件 D_3 的概率未发生变化。上述过程基本能够说明该方法的使用，但为了确保预测结果的准确性，理论上模拟应在千次以上，目前一般运用计算机进行模拟运算。

【案例2-2】 用德尔菲法预测研究生报考人数

近年高校扩招，研究生录取人数逐年增加，但与此同时，全国本科毕业生人数逐年增加，就业压力加大，并且人才需求层次逐渐提高。一些高校校园的招聘活动，其中就不乏专门面对研究生的岗位。及早了解考研形势，对报名人数和录取比例有所判断，对大学生早下决定，考研与否、着手考研复习还是准备找工作，具有重要的现实意义。因此，每年都会有一些机构或专家对考研人数进行预测。以下是2007年研究生报考人数的一个预测案例。

聘请了教育管理界、教育工作界和预测学者共10位专家，对2007年我国研究生报考人数进行德尔菲法预测。在专家作出预测前，将1997～2006年考研报名人数、录取人数等作为背景资料，书面发给专家参考，如表2-12所示。

表 2-12　1997～2006 年报名人数与录取人数　（单位：万人）

年　份	1997	1998	1999	2000	2001	2002	2003	2004	2005	2006
报名人数	24.2	27.4	31.9	39.2	46	62.4	79.7	94.5	117.2	127.12
录取人数	5.1	5.8	6.5	8.5	11.05	19.5	27	33	32.494	40.28
录取比例	21.07%	21.17%	20.38%	21.68%	24.02%	31.25%	33.88%	34.92%	27.73%	31.69%

而后采用德尔菲法，请专家各自作出判断。经过 3 次反馈之后，具体数据见表 2-13。

表 2-13　专家预测结果统计表　（单位：万人）

专家编号	1	2	3	4	5	6	7	8	8	10
第一轮	130	120	128	137	124	156	134	121	110	123
第二轮	136	139	129	141	124	148	135	129	125	127
第三轮	136	143	130	142	138	141	135	134	131	136

从表 2-13 中不难看出，专家们在发表第二轮预测意见时，大部分的专家都修改了自己的第一轮预测意见，只有编号为 5 的专家坚持自己第一轮的意见。专家们发表第三轮预测意见时，只有编号为 1，7 的专家坚持自己第二轮的意见。经过三轮征询后，专家们预测值的差距在逐步缩小。将每轮专家预测结果由小到大排序，并分别计算其中位数，极差及上下四分位区间。

第一轮征询中，$x_{中} = (x_5 + x_6)/2 = 126$ 万人

$$x_{max} = 156 \text{ 万人}，x_{min} = 110 \text{ 万人}，R = x_{max} - x_{min} = 46 \text{ 万人}$$

上四分位点为：$x_{上} = x_8 = 134$ 万人，下四分位点为：$x_{下} = x_3 = 121$ 万人

上下四分位区间为：[121，134]

同理，

第二轮征询中，$x_{中} = 132$ 万人，$R = 24$ 万人，上下四分位区间为：[127，139]

第三轮征询中，$x_{中} = 136$ 万人，$R = 13$ 万人，上下四分位区间为：[134，141]

用平均值法确定最终预测值

$$\frac{136 + 143 + 130 + 142 + 138 + 141 + 135 + 134 + 131 + 136}{10} \text{万人} = 136.6 \text{ 万人}$$

根据教育部最终公布的数据显示，最终报名人数为 128.2 万人。可见，本次预测基本准确。

本章小结

1. 非模型预测法。按照预测的属性分为模型预测法和非模型预测法两大类。相对于定量的模型预测法而言，非模型预测法主要凭借预测者自身的业务知识、经验和综合分析能力，运用已掌握的历史资料和直观材料，对事物发展的趋势、方向和重大转折点作出估计与推测。在预测对象的历史数据缺乏，信息难以量化，影响因素难以分清主次，或其主要因素难以用数学表达式模拟的情况下，非模型预测得到广泛应用。同时，由于社会研究的复杂

性，往往需要对定量模型预测结果进行定性修正，因此实践中模型预测与非模型预测二者相辅相成、相互补足、相互融合。

2. 专家预测法。这是以专家为索取信息的对象，依靠专家的经验、智慧来进行评估预测的一种方法。专家预测方法由于操作简单，不需要建立复杂的数学模型，在各个领域得到广泛应用，包括个人判断法、专家会议法、专家意见汇总预测法、头脑风暴法、德尔菲预测法等多种形式。

3. 指标预测法与类比法。指标预测法是根据经济发展中各种经济指标的变化，来分析判断市场未来发展变化趋势的方法，包括领先落后指标法、扩散指数法和合成指数法。其中领先落后指标法又将指标划分为先期指标、同步指标和落后指标。类比法是利用事物的相似性和发生的时间差异，借用先行的、同类的、相似的事物的有关参数，来推断预测目标未来发展趋势与可能水平的一种对比推理预测方法，可分为产品类比法、地区类比法、行业类比法、局部总体类比法。

4. 概率预测法。概率预测法主要包括主观概率法和交叉影响分析法。相对于客观概率，主观概率是预测者根据自己的实践经验和判断分析能力，对某种事件未来发生的可能性进行评估。通常采用主观概率加权平均法和累计概率中位数法进行计算处理。交叉影响分析法是在专家评分法和主观概率法基础上创立的一种定性预测方法，即立足各事件的初始概率和交叉影响矩阵，对其发生的概率进行修正，得出新的预测结果。

非模型预测法包括多种具体的预测方法和预测技术，本章主要对常用的一些方法进行了介绍。此外，还包括联测法、转导法、弹性预测法等，具体内容可见《市场营销调查与预测》、《经济预测与决策及其 Matlab 实现》等书籍文献。

思考与练习

1. 头脑风暴法与德尔菲法的主要区别是什么？在专家选择上有何异同？

2. 若用德尔菲法预测 2020 年家用汽车的普及率，你准备：

（1）如何挑选专家？

（2）设计预测咨询表应包含哪些内容？

（3）怎样处理专家意见？

（4）为了提高专家意见的回收率，你准备采用什么办法？

3. 某服装研究设计中心设计了一种新式女时装，聘请了三位最有经验的时装推销员来参加试销和时装表演活动，最后请他们作出销路预测。预测结果如下：

甲：最乐观的销售量是 800 万件，最悲观的销售量是 600 万件，最可能的销售量是 700 万件；

乙：最乐观的销售量是 750 万件，最悲观的销售量是 550 万件，最可能的销售量是 640 万件；

丙：最乐观的销售量是 850 万件，最悲观的销售量是 600 万件，最可能的销售量是 700 万件。

甲、乙、丙这三位专家的经验彼此相当，试用专家意见汇总预测法预测新式时装的销售量。

4. 已知 15 位专家预测 2008 年电冰箱在某地区居民（以户为单位）中的普及率分别为：0.2，0.2，0.2，0.2，0.25，0.25，0.25，0.3，0.3，0.3，0.3，0.35，0.35，0.35，0.4，试求专家们的协调结果和预测的分散程度。

5. 某公司为实现某个目标，初步选定 a，b，c，d，e，f 六个工程，由于实际情况的限制，需要从六项中选择三项。为慎重起见，公司总共聘请了 100 位公司内外的专家，请他们来完成这一艰巨的任务。如果你是最后的决策者，根据 100 位专家最后给出的意见，如表 2-14 所示，如何作出最合理的决定。

表 2-14　专家意见表

排　　序	1	2	3
a	30	10	20
b	10	10	40
c	16	10	20
d	10	15	0
e	4	46	10
f	20	9	10

6. 试分析德尔菲法的优点与不足。
7. 简述领先指标、同步指标、落后指标的区别，并举例说明。
8. 举例说明类比法的具体应用。
9. 简述交叉影响分析法的预测步骤。

第3章 回归预测方法

【案例3-1】

某饮料公司经过长期的观察发现：饮料的销售量与气温之间存在着一定的关系，即气温越高，人们对饮料的需求量越大，从而使得饮料的销售量越大。为此该饮料公司记录了10次不同温度下的饮料销售量，如表3-1所示。

表3-1 不同温度下的饮料销售量

序　号	1	2	3	4	5	6	7	8	9	10
气温/℃	30	21	35	42	37	20	8	17	35	25
销售量/箱	430	335	520	490	470	210	195	270	400	480

根据这些数据能否得到结论：饮料的销售量与气温之间一定存在着某种关系？进一步，这种关系可否通过数学模型来描述？我们是否可以根据建立的数学模型来预测不同气温下的饮料销售量？

上述问题可以通过回归分析方法来完成。回归分析是一种多变量的分析方法，它在生产试验、科学实践与经济管理等领域有着重要的应用。回归分析通过研究各个变量之间的相互关系，建立适当的数学模型，进而进行预测与控制。本章主要介绍回归预测的主要原理和方法。

3.1 引言

"回归"一词是由英国生物学家、统计学家高尔登（F. Galton，1822—1911）首先提出来的。根据遗传学的观点，子辈的身高会受到父辈的影响。一般来说，父辈身高高者，其子辈身高也高。如果以此推论，祖祖辈辈遗传下来，身高必然向两极分化。但高尔登在研究身高时却发现，高个子人群子辈的平均身高低于其父辈的平均身高，而矮个子人群子辈的平均身高高于其父辈的平均身高。从整个发展趋势看，子辈的身高有向人口的平均身高回归的特点。"回归"一词由此产生。虽然"回归"产生于生物学领域，但是作为一种预测方法，在许多领域已得到了广泛应用。

3.1.1 相关分析

在客观世界和现实世界中，许多事物之间存在着一定的关系。如家庭收入与消费支出之间、人的身高与体重之间、商品价格与商品需求量之间等，都存在着一定的依存关系。又如圆的面积与其半径之间、物体的质量与重量之间等也存在着一定的关系。如果用变量代表不同的事物，则变量之间的关系可以分为两大类：函数关系和相关关系。

函数关系是指变量之间存在的确定性的数量依存关系。在这种关系中，当其中一个变量的值确定后，另一个变量的值就会完全确定，并且变量之间的这种函数关系可以用数学表达式反映出来，例如圆的半径 r 和面积 S 之间的关系就可以用公式 $S=\pi r^2$ 来表示。

相关关系是指变量之间存在的非确定性的数量依存关系，即当一个变量发生变化时，另一个变量也会随之发生变化，但这种数量变化关系并不是严格的一一对应，而是在一定的范围内变化。如家庭的消费支出与家庭收入之间存在一定的关系，一般来说，家庭收入越高，支出也就越多，但同样收入的家庭，其消费支出却可能有很大差异，这是因为家庭的消费支出除了受收入高低的影响外，还可能受到地区、物价水平、家庭结构以及消费观念等多种因素的影响，因此家庭的消费支出与家庭收入之间的关系就是一种相关关系。

相关关系可以从不同的角度进行分类：

（1）按变量之间相关的程度可分为完全相关、不完全相关和不相关。两个具有依存关系的变量，如果其中一个变量的数量变化完全由另一个变量的数量变化所确定，则称为完全相关。完全相关关系本质上就是函数关系。如果两个变量彼此互不影响，其数量变化各自独立，则称为不相关。如果两个变量之间的关系介乎完全相关与不相关之间，则称为不完全相关。

（2）按变量之间数量的变化方向可分为正相关和负相关。正相关是指两个变量的数量变动方向一致，而负相关是指两个变量的数量变动方向是相反的。

（3）按变量之间相关关系的表现形式可分为线性相关和非线性相关。

（4）按相关关系包括的影响因素的多少可分为单相关和复相关。如果研究的是一个变量对另一个变量的相关影响，就称为单相关。如果研究的是若干个变量对另一个变量的相关影响，则称为复相关或多元相关。

图 3-1 给出了不同相关关系的类型。

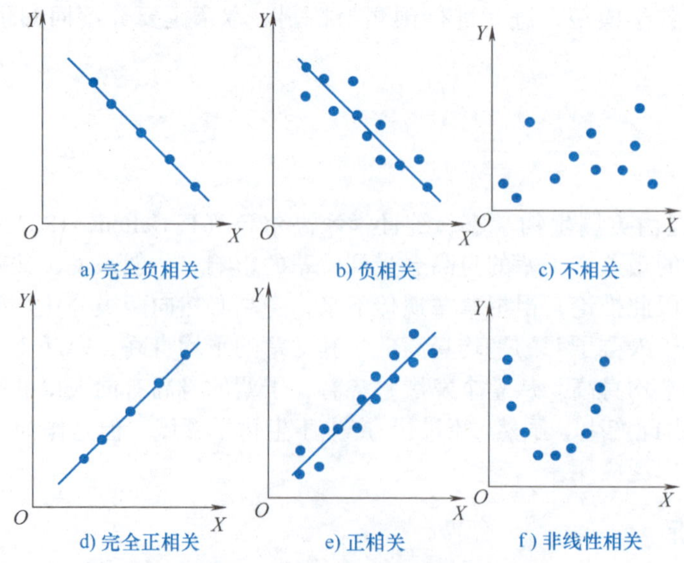

图 3-1　不同相关关系的类型

相关分析是研究两个或两个以上变量之间不确定性依存关系的方法，其目的在于探求变量之间是否存在相关关系，以及相关关系的密切程度。

在进行相关分析时，首先根据一定的经济理论和实践经验对现象进行定性分析，在此基础上再进一步绘制散点图来判断变量之间的关系形态。通过散点图可以判断两个变量之间有无相关关系，但不能准确反映变量之间的关系强度。因此，如果两个变量之间是线性关系，则可以用样本相关系数来测度两个变量之间的关系强度，然后对相关系数进行显著性检验，以判断样本所反映的关系能否用来代表两个变量总体上的关系。对于多个变量之间的相关性可通过复相关系数与偏相关系数来度量。

设已经观察记录得到了两个变量 X，Y 的一组观察值（x_i，y_i）（$i=1, 2, \cdots, n$），则变量 X，Y 之间的样本相关系数的计算公式为

$$r=\frac{S_{XY}}{\sqrt{S_{XX}}\sqrt{S_{YY}}} \tag{3-1}$$

式中　$S_{XY}=\frac{1}{n-1}\sum_{i=1}^{n}(x_i-\bar{x})(y_i-\bar{y})$ 为样本协方差，

$S_{XX}=\frac{1}{n-1}\sum_{i=1}^{n}(x_i-\bar{x})^2$，$S_{YY}=\frac{1}{n-1}\sum_{i=1}^{n}(y_i-\bar{y})^2$ 为样本方差。

对式（3-1）进行整理化简，可得到样本相关系数的另外一个计算公式

$$r=\frac{n\sum_{i=1}^{n}x_iy_i-\sum_{i=1}^{n}x_i\sum_{i=1}^{n}y_i}{\sqrt{n\sum_{i=1}^{n}x_i^2-\left(\sum_{i=1}^{n}x_i\right)^2}\sqrt{n\sum_{i=1}^{n}y_i^2-\left(\sum_{i=1}^{n}y_i\right)^2}} \tag{3-2}$$

可以证明，样本相关系数 $|r|\leqslant 1$。r 的绝对值越大，表示线性相关程度越高。

当相关系数 $r=1$ 时，说明变量 X 与 Y 是完全正相关；当 $r=-1$ 时，说明变量 X 与 Y 是完全负相关。在这两种情况下，变量 Y 与 X 本质上是一种函数关系。当 $r=0$ 时，说明变量 X 与 Y 之间不存在线性相关关系，但是注意：这时 X 与 Y 之间也有可能存在着非线性相关关系。当 $0<|r|<1$ 时，变量 Y 与 X 之间存在普通的线性相关关系，并且一般情况下，当 $|r|\geqslant 0.8$ 时，称为高度相关；当 $0.5\leqslant|r|<0.8$ 时，称为中度相关；当 $0.3\leqslant|r|<0.5$ 时，称为低度相关；当 $|r|<0.3$ 时，可近似认为不相关。

由于样本相关系数是根据样本得到的统计量，所以其数值的大小带有一定的随机性。样本容量越小，这种随机性越大。例如，当 X 与 Y 各只有两个样本数据时，样本相关系数恒为 1，但这时变量 X 与 Y 之间并不一定完全相关，所以样本相关系数比较大时，并不一定说明两个总体之间的相关程度就一定高，只有对样本相关系数进行检验后才能下结论。

有关统计理论已经证明，样本相关系数是总体相关系数的一个无偏估计量，并且有 $t=\frac{r\sqrt{n-2}}{\sqrt{1-r^2}}\sim t(n-2)$，由此可以对总体相关系数 ρ 提出假设：

$$H_0: \rho=0 \qquad H_1: \rho\neq 0$$

利用 t 作为检验统计量，对于给定的显著性水平 α，计算统计量 t 的估计值 $\hat{t}$，若 $|\hat{t}|\geqslant t_{\alpha/2}(n-2)$，则表明 ρ 在统计上是显著的，即总体相关系数显著不为 0，从而说明变量 X 与 Y

之间存在着线性相关关系；否则，若$|\hat{t}| \leq t_{\alpha/2}(n-2)$，则认为$X$与$Y$之间不存在线性相关关系。

如案例3-1，将表3-1的数据代入式（3-1），可计算出饮料销售量与气温的相关系数

$$r = \frac{\sum_{i=1}^{10}(x_i - \bar{x})(y_i - \bar{y})}{\sqrt{\sum_{i=1}^{10}(x_i - \bar{x})^2}\sqrt{\sum_{i=1}^{10}(y_i - \bar{y})^2}} = \frac{9855}{\sqrt{1012} \times \sqrt{129950}} = 0.86$$

，利用t检验统计量对相关系数作假设性检验通过，此时可以认为饮料销售量与气温之间存在着正的线性相关关系。

最后应指出，相关分析只表明两个变量之间的相关程度和方向，它并不能说明两个变量间是否有因果关系，有时候即使相关系数非常大，也并不意味着两变量之间具有显著的因果关系。例如，有人曾对教师薪金的提高和酒价的上涨作了相关分析，计算得到一个较大的相关系数。这是否表明教师薪金提高导致酒的消费量增加，从而导致酒价上涨呢？事实上经过分析发现，由于经济繁荣导致教师薪金和酒价上涨，而教师薪金增长和酒价之间并没有什么直接关系，所以这是一种虚假相关。因此在计算相关系数之前，一般先作定性分析，否则就有可能因为数据的偶然巧合得到较高的相关系数，从而把虚假相关视为可信的相关。另外，还应注意要在相关关系成立的数据范围之内应用这种相关关系，不能随意外推。如雨下得多，农作物长得好，在缺水地区、干旱季节，雨是一种福音，但如果雨量太大、过多，却会损坏庄稼。因此正相关达到某个极限，就有可能变为负相关。

3.1.2 回归分析

为了进一步探讨变量之间的因果关系和具体的数量变动关系，需要在相关分析的基础上进行回归分析。

回归分析是研究某一随机变量（因变量）与其他一个或几个普通变量（自变量）之间数量变动关系的一种方法。回归分析的主要内容包括：

（1）根据研究现象之间的内在联系，确定自变量和因变量。一般来讲，作为原因的变量为自变量，作为结果的变量为因变量；或者说影响因素为自变量，被影响因素为因变量。

（2）确定回归分析模型的类型及表达式。通过对具体变量数据的分析，找出合适的回归分析模型，进一步求出模型中的未知参数，得到回归方程。

（3）对回归模型进行检验。得到具体的回归方程后还需对其进行假设检验，包括拟合度检验、回归系数的显著性检验、回归方程的显著性检验等。同时还要判定回归模型的基本假设是否合理、是否满足假设条件。若假设条件不满足，还需作适当改进。

（4）利用回归模型，根据自变量的数值去估计、预测因变量的取值及置信区间，也可利用回归模型进行控制。

回归模型可以从不同的角度进行分类，常用的分类如下：

（1）根据包含自变量的多少，回归模型可以分为一元回归模型和多元回归模型。一元回归模型是根据某一因变量与一个自变量之间的关系建立的模型。多元回归模型是根据某一因变量与两个或两个以上自变量之间的关系建立的模型。

（2）根据回归模型的形式不同，回归模型可以分为线性回归模型和非线性回归模型。在线性回归模型中，因变量与自变量之间呈现线性关系。在非线性回归模型中，因变量与自

变量之间呈非线性关系。

（3）根据回归模型是否带有虚拟变量，回归模型可以分为普通回归模型和带虚拟变量的回归模型。普通回归模型的自变量都是数量变量。带虚拟变量的回归模型既有数量变量又有品质变量。

相关分析与回归分析都是研究两个或两个以上变量之间关系的方法，但两者有所不同，其主要区别为：

（1）相关分析的任务是确定两个变量之间相关的方向和密切程度。回归分析的任务是寻找因变量对自变量依赖关系的数学表达式。

（2）相关分析中，两个变量要求都是随机变量，并且不必区分自变量和因变量；而回归分析中自变量是普通变量，因变量是随机变量，并且必须明确哪个是因变量，哪些是自变量。

（3）相关分析中两变量是对等的，改变两者的地位，并不影响相关系数的数值，只有一个相关系数。而在回归分析中，改变两个变量的位置会得到两个不同的回归方程。

3.2　一元线性回归预测方法

一元线性回归预测法是指当两个变量的数据分布大体呈直线趋势时，通过建立一元线性回归模型，从而根据自变量的变化来预测因变量的平均变化。

3.2.1　一元线性回归模型

设变量 Y 与 x 之间存在着某种线性关系，则一元线性回归模型为

$$Y = a + bx + \varepsilon \tag{3-3}$$

式中，x 为自变量，一般认为它是可以控制或预先给定的；ε 表示众多微小的随机因素对变量 Y 的影响的总和，所以根据中心极限定理，可以认为它服从均值为0的正态分布，即 $\varepsilon \sim N(0,\ \sigma^2)$；$Y$ 为因变量，是将要预测的目标，因为 Y 的值既与自变量 x 有关，同时又受各种随机因素的影响，所以它是一个随机变量，并且应有 $E(Y) = a + bx$，故可用 $E(Y)$ 作为 Y 的近似代替，从而当给定某一 x_0 值，可通过 $\hat{Y}_0 = E(Y_0) = a + bx_0$ 来进行预测；a，b 为回归系数，其中 b 表示自变量增加（或减少）一个单位，因变量相应平均增加（或减少）b 个单位。

（1）参数 a，b 的估计。取 x 的 n 个不全相同的值 x_1，x_2，…，x_n 作独立试验，得到样本 $(x_i,\ Y_i)$ $(i = 1,\ 2,\ \cdots,\ n)$，则应有

$$Y_i = a + bx_i + \varepsilon_i \qquad i = 1,\ 2,\ \cdots,\ n$$

记 $\mu_i = a + bx_i$，则对于任意一组观察值 $(x_i,\ y_i)$ $(i = 1,\ 2,\ \cdots,\ n)$，序列的观测值与 μ_i 之间的离差平方和为

$$\sum_{i=1}^{n} e_i^2 = \sum_{i=1}^{n} (y_i - \mu_i)^2 = \sum_{i=1}^{n} (y_i - a - bx_i)^2 \tag{3-4}$$

为使离差平方和 $\sum\limits_{i=1}^{n} e_i^2$ 达到最小，式（3-4）两端分别对 a，b 求偏导数，并令其为零，则有

$$\begin{cases} \dfrac{\partial \sum_{i=1}^{n} e_i^2}{\partial a} = -2\sum_{i=1}^{n}(y_i - a - bx_i) = 0 \\ \dfrac{\partial \sum_{i=1}^{n} e_i^2}{\partial b} = -2\sum_{i=1}^{n}(y_i - a - bx_i)x_i = 0 \end{cases} \tag{3-5}$$

求解可得 b，a 的最小二乘估计值为

$$\begin{cases} \hat{b} = \dfrac{\sum_{i=1}^{n}(x_i - \bar{x})(y_i - \bar{y})}{\sum_{i=1}^{n}(x_i - \bar{x})^2} \\ \hat{a} = \bar{y} - \hat{b}\bar{x} \end{cases} \tag{3-6}$$

$\hat{Y} = \hat{a} + \hat{b}x$ 或 $\hat{Y}_i = \hat{a} + \hat{b}x_i$ （$i = 1, 2, \cdots, n$）称为回归方程。上述回归系数的估计方法称为普通最小二乘法（Ordinary Least Square Method）。

如对于本章案例3-1，通过相关分析可以认为饮料销售量与气温之间存在着正的线性相关关系，因此可假设饮料销售量（Y）与气温之间（x）的线性回归方程为

$$\hat{Y} = \hat{a} + \hat{b}x$$

表3-2给出了有关数据的计算结果。

表3-2　案例3-1中有关数据的计算结果

序号	销售量/箱	气温/℃	$(x_i - \bar{x})(y_i - \bar{y})$	$(x_i - \bar{x})^2$	$(y_i - \bar{y})^2$	$\hat{Y}_i$	$(y_i - \hat{Y}_i)^2$
1	430	30	150	9	2500	409	441
2	335	21	270	36	2025	322	169
3	520	35	1120	64	19600	458	3844
4	490	42	1650	225	12100	526	1296
5	470	37	900	100	8100	477	49
6	210	20	1190	49	28900	312	10404
7	195	8	3515	361	34225	195	0
8	270	17	1100	100	12100	283	169
9	400	35	160	64	400	458	3364
10	480	25	−200	4	10000	361	14161
合计	3800	270	9855	1012	129950		33897

根据表中数据，利用普通最小二乘法可得

$$\begin{cases} \hat{b} = \dfrac{\sum_{i=1}^{10}(x_i - \bar{x})(y_i - \bar{y})}{\sum_{i=1}^{10}(x_i - \bar{x})^2} = \dfrac{9855}{1012} = 9.74 \\ \hat{a} = \bar{y} - \hat{b}\bar{x} = 380 - 9.74 \times 27 = 117 \end{cases}$$

则回归方程为

$$\hat{Y}=\hat{a}+\hat{b}x=117+9.74x$$

（2）回归方程及有关估计量的性质

1）样本观测值 y_i 与回归方程估计值 $\hat{Y}_i$ 的离差和为0，即

$$\sum_{i=1}^{n}(y_i-\hat{Y}_i)=\sum_{i=1}^{n}e_i=0$$

证明：由公式 $\dfrac{\partial\sum\limits_{i=1}^{n}e_i^2}{\partial a}=-2\sum\limits_{i=1}^{n}(y_i-a-bx_i)=0$，可得 $\sum\limits_{i=1}^{n}e_i=0$，即 $\bar{e}=0$（e_i 又称为剩余项）。

2）回归方程通过均值点（$\bar{x}$，$\bar{y}$），即样本散点图的重心，因而预测值 $\hat{Y}_i$（$i=1$，2，…，n）的均值等于观察值 y_i（$i=1$，2，…，n）的均值。

证明：由 $\hat{a}=\bar{y}-\hat{b}\bar{x}$ 可得 $\bar{y}=\hat{a}+\hat{b}\bar{x}$，即点（$\bar{x}$，$\bar{y}$）满足回归方程，又因为

$$\hat{Y}_i=\hat{a}+\hat{b}x_i=(\bar{y}-\hat{b}\bar{x})+\hat{b}x_i=\bar{y}+\hat{b}(x_i-\bar{x})$$

所以

$$\bar{\hat{Y}}=\frac{1}{n}\sum_{i=1}^{n}\hat{Y}_i=\bar{y}+\frac{1}{n}\hat{b}\sum_{i=1}^{n}(x_i-\bar{x})$$

而

$$\sum_{i=1}^{n}(x_i-\bar{x})=0$$

故

$$\bar{\hat{Y}}=\bar{y}$$

3）剩余项 e_i 与 x_i 不相关。

证明：由于 e_i 与 x_i 的协方差为 $\sum\limits_{i=1}^{n}(e_i-\bar{e})(x_i-\bar{x})=\sum\limits_{i=1}^{n}e_ix_i$，而

$$\frac{\partial\sum\limits_{i=1}^{n}e_i^2}{\partial b}=-2\sum_{i=1}^{n}(y_i-a-bx_i)x_i=0$$

可得

$$\sum_{i=1}^{n}e_ix_i=0$$

4）$\hat{a}$，$\hat{b}$ 分别是总体回归系数 a，b 的无偏估计，且均为服从正态分布的随机变量，即

$$E(\hat{a})=a,E(\hat{b})=b$$

$$\hat{a}\sim N\left(a,\frac{\sigma^2\sum\limits_{i=1}^{n}x_i^2}{\sum\limits_{i=1}^{n}(x_i-\bar{x})^2}\right),\hat{b}\sim N\left(b,\frac{\sigma^2}{\sum\limits_{i=1}^{n}(x_i-\bar{x})^2}\right)$$

5）随机干扰项 ε_i 的方差 σ^2 的估计量为 $\hat{\sigma}^2=\dfrac{\sum\limits_{i=1}^{n}e_i^2}{n-2}$，且 $E(\hat{\sigma}^2)=\sigma^2$。

6）对于任意给定的 $x=x_0$，其对应的 $\hat{Y}_0=\hat{a}+\hat{b}x_0$ 服从如下正态分布

$$\hat{Y}_0 \sim N\left(\hat{a}+\hat{b}x_0, \left[\frac{1}{n}+\frac{(x_0-\bar{x})^2}{\sum_{i=1}^{n}(x_i-\bar{x})^2}\right]\sigma^2\right)$$

上述性质4）~6）的详细证明可参考应用统计学的相关书籍。

3.2.2 一元线性回归模型的显著性检验

对于3.2.1节所得到的一元线性回归模型，还需要进一步检验其合理性。检验的内容包括：模型整体的拟合效果是否理想，模型的参数 a，b 及回归方程在统计意义上是否显著，模型的假设条件是否满足，模型中参数的取值是否符合经济意义，等等。以下分别讨论之。

1. 模型拟合优度的检验

所谓拟合优度，是指由样本数据拟合回归直线的优劣程度。判定系数是衡量模型拟合优度的重要指标。

令

$SST=\sum_{i=1}^{n}(Y_i-\bar{Y})^2$，称为总离差平方和，

$SSR=\sum_{i=1}^{n}(\hat{Y}_i-\bar{Y})^2$，称为回归离差平方和，

$SSE=\sum_{i=1}^{n}(Y_i-\hat{Y}_i)^2$，称为剩余平方和，

则有 $SST=SSR+SSE$。

因此，如果SSR占SST的比例越大，那么回归直线对观察点就拟合得越好。判定系数定义为

$$R^2=\frac{SSR}{SST}=1-\frac{SSE}{SST} \tag{3-7}$$

显然，$0\leqslant R^2\leqslant 1$，$R^2$ 越接近于1，表明回归平方和占总离差平方和的比例越大，用 x 的变动来解释 Y 变动的部分就越多，这样回归直线的拟合优度就越高，因此通过判定系数可以判断回归方程的拟合优度。

实际上，判定系数的平方根就是相关系数，但是要注意它们在概念上是不同的。判定系数反映了回归直线的拟合优度，同时如果 Y 与 x 之间线性关系越密切，则判定系数越大，因此判定系数也能间接反映这两个变量之间的线性相关程度。而相关系数只反映变量之间线性关系的强弱和方向，不能说明观测值 Y 的变动中有多大比例可由 x 来解释。

如对于本章案例3-1，根据实际观察数据和预测数据，经计算可得

$$R^2=1-\frac{SSE}{SST}=1-\frac{33897}{129950}=0.74$$

而相关系数 $r=0.86$，这说明饮料销售量与气温这二者之间的相关程度较高，同时在饮料的销售量变化中，由于气温变化引起的占74%。

2. 回归方程的显著性检验

回归方程的显著性检验就是利用统计方法检验所建立的回归方程是否有意义，可利用 F 检验法按照以下步骤来完成：

（1）建立假设 H_0：$b=0$，H_1：$b\neq0$。

（2）构造 F 统计量

$$F=\frac{\sum_{i=1}^{n}(\hat{Y}_i-\overline{Y})^2}{\sum_{i=1}^{n}(Y_i-\hat{Y}_i)^2/(n-2)}$$

可以证明，F 服从 $F(1,\ n-2)$ 分布。对给定的显著性水平 α，查 F 分布表可得临界值 $F_\alpha(1,\ n-2)$。

（3）根据观察值 $(x_i,\ y_i)(i=1,\ 2,\ \cdots,\ n)$ 计算统计量 F 的估计值 $\hat{F}$，若 $\hat{F}\geqslant F_\alpha(1,\ n-2)$，则拒绝原假设，即认为两个变量 Y 与 x 之间线性关系显著；否则，若 $\hat{F}<F_\alpha(1,\ n-2)$，则认为 Y 与 x 之间线性关系不显著，这时回归模型不能用于预测与控制。

如根据表 3-2 的观察数据，可计算得到

$$\hat{F}=\frac{\sum_{i=1}^{n}(\hat{y}_i-\overline{y})^2}{\sum_{i=1}^{n}(y_i-\hat{y}_i)^2/(n-2)}=\frac{129950-33897}{33897/8}=22.67$$

对给定的显著性水平 $\alpha=0.05$，查表得 $F_{0.05}(1,\ 8)=5.32$，所以 $\hat{F}>F_{0.05}(1,\ 8)$，故拒绝原假设，即在显著性水平 0.05 下回归方程通过检验。

3. 回归系数的显著性检验

回归系数的显著性检验主要用于判断每一个自变量与因变量的线性关系是否显著，在一元线性回归模型中，主要是检验参数 a，b 是否显著异于0，可利用 t 检验法完成。以下以参数 b 为例来说明具体检验步骤。

（1）建立假设 H_0：$b=0$，H_1：$b\neq0$。

（2）构造 t 统计量

$$t=\frac{\hat{b}}{\sqrt{\hat{\sigma}^2\Big/\sum_{i=1}^{n}(x_i-\overline{x})^2}}$$

可以证明，t 服从自由度为 $n-2$ 的 t 分布。对给定的显著性水平 α，查 t 分布表得临界值 $t_{\alpha/2}(n-2)$。

（3）根据观察值 $(x_i,\ y_i)$ $(i=1,\ 2,\ \cdots,\ n)$ 计算统计量 t 的估计值 $\hat{t}$，若 $|\hat{t}|\geqslant t_{\alpha/2}(n-2)$，则拒绝原假设，认为 b 显著异于0。否则，若 $|\hat{t}|<t_{\alpha/2}(n-2)$，接受原假设，这时意味着方程中的自变量对于回归模型是不显著或不重要的。

如根据表 3-2 的数据，可计算得出

$$\hat{t}=\frac{\hat{b}}{\sqrt{\hat{\sigma}^2\Big/\sum_{i=1}^{n}(x_i-\overline{x})^2}}=\frac{9.74}{\sqrt{\dfrac{33897}{8\times1012}}}=4.75$$

取显著性水平 $\alpha=0.05$，查表得 $t_{0.025}(8)=2.306$，显然 $|\hat{t}|>t_{0.025}(8)$，所以在显著性水平 0.05 下，回归系数通过检验。

对于参数 a 的显著性检验方法与上述类似，所不同的是采用的统计量为

$$t=\frac{\hat{a}}{\sqrt{\hat{\sigma}^2\left(\frac{1}{n}+\frac{\bar{x}^2}{\sum_{i=1}^{n}(x_i-\bar{x})^2}\right)}}\sim t(n-2)$$

需要说明的是，一元线性回归模型由于自变量只有一个，因此回归方程的显著性检验与回归系数 b 的显著性检验是等价的。但是，在多元线性回归分析中，自变量不止一个，回归方程的显著性检验的结果就可能与回归系数的检验结果不同。因为回归方程的显著性检验结果说明的是全体自变量和因变量的结果是否显著，而回归系数的显著性检验是检验每一个自变量单独和因变量的关系是否显著。因此，有可能 F 检验的结果是显著的，而 t 检验的所有结果不一定都显著，这时应根据具体情况考虑更换或去除某些变量。

一元线性回归模型若统计检验不能通过，则说明回归效果不显著。造成这种结果的原因可能有如下几种：

（1）除 x 影响 Y 外，尚有不可忽略的其他因素对 Y 有重大影响。

（2）Y 与 x 的相关关系不是线性的，而是非线性的。

（3）Y 与 x 无关。

对于第一种情况，可考虑建立多元线性回归方程；对于第二种情况，可考虑建立 Y 与 x 之间的非线性方程；而对于第三种情况，则需进一步分析，确定影响 Y 的主要因素。

3.2.3 一元线性回归预测

所谓回归预测，就是利用回归方程 $\hat{Y}=\hat{a}+\hat{b}x$，对于自变量 x 的一个给定值 x_0，求出预测值 $\hat{Y}_0=\hat{a}+\hat{b}x_0$，$\hat{Y}_0$ 称为点估计值。但由于各种因素的影响，实际值会在预测值的一定范围内上下变化，因此，还需进一步给出 Y_0 的预测区间。

由于 $\hat{Y}_0=\hat{a}+\hat{b}x_0\sim N\left(\hat{a}+\hat{b}x_0,\left[\frac{1}{n}+\frac{(x_0-\bar{x})}{\sum_{i=1}^{n}(x_i-\bar{x})^2}\right]\sigma^2\right)$，用 $\hat{\sigma}^2=\frac{\sum_{i=1}^{n}e_i^2}{n-2}$ 代替 σ^2，有

$$t=\frac{Y_0-\hat{Y}_0}{\hat{\sigma}\sqrt{1+\frac{1}{n}+\frac{(x_0-\bar{x})^2}{\sum_{i=1}^{n}(x_i-\bar{x})^2}}}\sim t(n-2)$$

令 $\hat{s}=\frac{1}{n}+\frac{(x_0-\bar{x})^2}{\sum_{i=1}^{n}(x_i-\bar{x})^2}$

对于给定的显著性水平 α，Y_0 的预测区间为

$$[\hat{Y}_0-t_{\alpha/2}(n-2)\hat{\sigma}\sqrt{1+\hat{s}},\hat{Y}_0+t_{\alpha/2}(n-2)\hat{\sigma}\sqrt{1+\hat{s}}] \tag{3-8}$$

例如，根据表 3-2，当温度为 35℃时，可预测得出

$$\hat{Y}_0=\hat{a}+\hat{b}x_0=(117+9.74\times35)\text{箱}=458\text{ 箱}$$

进一步，在显著性水平 $\alpha=0.1$ 下，销售量的置信区间为

$$\left[458-1.86\times65\times\sqrt{1+\frac{1}{10}+\frac{(35-27)^2}{1012}},\ 458+1.86\times65\times\sqrt{1+\frac{1}{10}+\frac{(35-27)^2}{1012}}\right],$$

即 [328, 558]。也就是说，当温度为 35℃时，有 90% 的把握保证销售量在 328 ~ 588 箱之间。

当 x_0 距离 $\bar{x}$ 不太远且 n 较大（一般 $n>30$）时，$\sqrt{1+\hat{s}}$ 接近于 1，t 分布也近似趋于正态分布，此时 Y_0 的预测区间可用 $[\hat{Y}_0 \pm Z_{\alpha/2}\hat{\sigma}]$ 近似得到。

例 3-1 某省 1978—1989 年国内生产总值和固定资产投资完成额资料如表 3-3 所示。

表 3-3 某省 1978—1989 年国内生产总值和固定资产投资完成额资料及一元线性回归模型计算表

（单位：亿元）

年份	国内生产总值 y_i	固定资产投资完成额 x_i	x_iy_i	x_i^2	y_i^2
1978	195	20	3900	400	38025
1979	210	20	4200	400	44100
1980	244	26	6344	676	59536
1981	264	35	9240	1225	69696
1982	294	52	15288	2704	86436
1983	314	56	17584	3136	98596
1984	360	81	29160	6561	129600
1985	432	131	56592	17161	186624
1986	481	149	71699	22201	231361
1987	567	163	92421	26569	321489
1988	655	232	151960	53824	429025
1989	704	202	142208	40804	495616
合计	4720	1167	600566	175661	2190104

试配合适当的回归模型并进行显著性检验。若 1990 年该省固定资产投资完成额为 249 亿元，当显著性水平为 0.05 时，试估计 1990 年国内生产总值的预测区间。

解：(1) 绘制散点图。设国内生产总值为 Y，固定资产投资完成额为 x，绘制散点图，如图 3-2 所示。由散点图可以看出两者近似呈线性关系。计算相关系数 r

$$r=\frac{n\sum_{i=1}^{n}x_iy_i-\sum_{i=1}^{n}x_i\sum_{i=1}^{n}y_i}{\sqrt{n\sum_{i=1}^{n}x_i^2-\left(\sum_{i=1}^{n}x_i\right)^2}\sqrt{n\sum_{i=1}^{n}y_i^2-\left(\sum_{i=1}^{n}y_i\right)^2}}$$

$$=\frac{12\times600566-1167\times4720}{\sqrt{12\times175661-1167^2}\times\sqrt{12\times2190104-4720^2}}$$

$$=\frac{1698552}{\sqrt{746043}\times\sqrt{4002848}}=\frac{1698552}{1728090.487}=0.982$$

当显著性水平 $\alpha=0.05$ 时，查 t 分布表得 $t_{0.025}(12-2)=t_{0.025}(10)=2.228$。由于

$\hat{t}=\frac{r\sqrt{n-2}}{\sqrt{1-r^2}}=\frac{0.982\times\sqrt{10}}{\sqrt{1-0.982^2}}=16.43>2.228$，故在显著性水平 $\alpha=0.05$ 下检验通过，说明两变量之间线性相关关系显著，所以可建立一元线性回归模型。

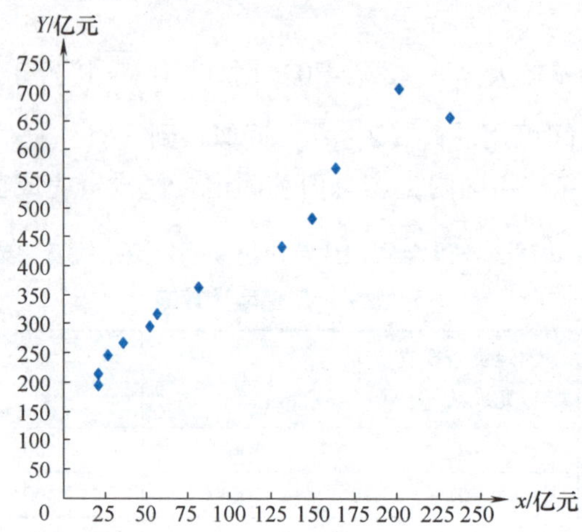

图 3-2　某省 1978—1989 年国内生产总值和固定资产投资完成额散点图

（2）设一元线性回归方程为

$$Y=a+bx$$

（3）计算回归系数：

根据表 3-3 的有关数据，计算回归系数估计值为

$$\hat{b}=\frac{n\sum_{i=1}^{n}x_iy_i-\sum_{i=1}^{n}x_i\sum_{i=1}^{n}y_i}{n\sum_{i=1}^{n}x_i^2-\left(\sum_{i=1}^{n}x_i\right)^2}=\frac{12\times 600566-1167\times 4720}{12\times 175661-1167^2}=\frac{1698552}{746043}=2.2767$$

$$\hat{a}=\frac{\sum_{i=1}^{n}y_i}{n}-\hat{b}\frac{\sum_{i=1}^{n}x_i}{n}=\frac{4720}{12}-2.2767\times\frac{1167}{12}=171.9243$$

则回归方程为

$$\hat{Y}=171.9243+2.2767x$$

（4）回归模型的显著性检验

1）模型拟合优度的检验。计算可决系数 $R^2=r^2=0.964$，说明回归平方和占总离差平方和的 96.4%。因此，回归直线的拟合程度很高，从而可用 x 的变动来解释 Y 的变动。

2）回归方程的显著性检验

① 建立假设 H_0: $b=0$，H_1: $b\neq 0$。

② 计算 F 统计量的估计值

$$\hat{F}=\frac{\sum_{i=1}^{n}(\hat{y}_i-\bar{y})^2}{\sum_{i=1}^{n}(y_i-\hat{y}_i)^2/(n-2)}=285.04$$

取显著性水平 $\alpha=0.05$，查表得 $F_{0.05}(1, 10)=4.96$。显然，$\hat{F}$ 远大于 $F_{0.05}(1, 10)$，拒绝原假设，即认为两个变量 Y 与 x 之间线性关系显著，回归方程在统计意义上是显著的。

3）回归系数的显著性检验

① 建立假设 H_0：$b=0$，H_1：$b\neq 0$。

② 计算 t 统计量的估计值

$$\hat{t}=\frac{\hat{b}}{\sqrt{\hat{\sigma}^2\Big/\sum_{i=1}^{n}(x_i-\bar{x})^2}}=16.883$$

取显著性水平 $\alpha=0.05$，查 t 分布表得临界值 $t_{0.025}(10)=2.228$。显然，$\hat{t}\geqslant t_{0.025}(10)$，拒绝原假设，即认为 b 显著异于 0，说明方程中的自变量对于回归模型是显著的。

（5）预测。当 $x_0=249$ 亿元时，代入回归方程得 Y 的点估计值为

$$\hat{Y}=(171.9243+2.2767\times 249)\text{亿元}=738.8226\text{ 亿元}$$

预测区间为

$$\left[\hat{Y}_0 \pm t_{\alpha/2}(10)\times\hat{\sigma}\sqrt{1+\frac{1}{n}+\frac{(x_0-\bar{x})^2}{\sum_{i=1}^{n}(x_i-\bar{x})^2}}\right]$$

$$=\left[738.8226\pm 2.228\times 33.6343\times\sqrt{1+\frac{1}{12}+\frac{276337}{746043}}\right]$$

即［738.8226 ±90.3518］。

3.3　多元线性回归预测法

一元线性回归预测研究的是因变量与一个自变量之间的关系。但是，在实际中客观事物的变化往往受到多种因素的影响，也就是说对因变量产生影响的自变量可能不止一个。例如，一个国家的国内生产总值不仅受到该国投资总量的影响，还会受到该国的消费总量、进出口差额等因素的影响，这时就需要建立能够反映一个因变量与多个自变量之间关系的模型，从而获得较全面、准确的分析结果。研究某一因变量与多个自变量之间线性相互关系的理论和方法就是多元线性回归预测法。

3.3.1　多元线性回归模型

设因变量 Y 受多个因素 x_1，x_2，…，x_m 影响，且每个影响因素与 Y 的关系是线性的，则可建立多元线性回归模型

$$Y=\beta_0+\beta_1x_1+\beta_2x_2+\cdots+\beta_mx_m+\varepsilon,\varepsilon\sim N(0,\sigma^2) \tag{3-9}$$

或

$$y_i=\beta_0+\beta_1x_{i1}+\beta_2x_{i2}+\cdots+\beta_mx_{im}+\varepsilon_i, i=1,2,\cdots,n \tag{3-10}$$

其中，y_i，x_{i1}，x_{i2}，…，x_{im} 为一个样本，$\varepsilon_i\sim N(0,\ \sigma^2)$，$i=1$，2，…，$n$。

为书写方便，引入其矩阵形式

$$\boldsymbol{Y}=\begin{pmatrix}y_1\\y_2\\\vdots\\y_n\end{pmatrix},\ \boldsymbol{X}=\begin{pmatrix}1 & x_{11} & x_{12} & \cdots & x_{1m}\\1 & x_{21} & x_{22} & \cdots & x_{2m}\\\vdots & \vdots & \vdots & & \vdots\\1 & x_{n1} & x_{n2} & \cdots & x_{nm}\end{pmatrix},\ \boldsymbol{\beta}=\begin{pmatrix}\beta_0\\\beta_1\\\vdots\\\beta_m\end{pmatrix},\ \boldsymbol{\varepsilon}=\begin{pmatrix}\varepsilon_1\\\varepsilon_2\\\vdots\\\varepsilon_n\end{pmatrix}$$

则式（3-10）可记为

$$\boldsymbol{Y}=\boldsymbol{X\beta}+\boldsymbol{\varepsilon}$$

（1）参数估计。仍采用普通最小二乘法估计参数向量$\boldsymbol{\beta}$。设序列的观测值与估计值之间的离差平方和为Q，则

$$Q=\sum_{i=1}^{n}(y_i-\beta_0-\beta_1x_{i1}-\cdots-\beta_mx_{im})^2$$

为使Q达到最小，分别求Q关于β_0，β_1，…，β_m的偏导数，并令它们为0，有

$$\begin{cases}\dfrac{\partial Q}{\partial\beta_0}=-2\sum\limits_{i=1}^{n}(y_i-\beta_0-\beta_1x_{i1}-\cdots-\beta_mx_{im})=0\\\dfrac{\partial Q}{\partial\beta_j}=-2\sum\limits_{i=1}^{n}(y_i-\beta_0-\beta_1x_{i1}-\cdots-\beta_mx_{im})x_{ij}=0,j=1,2,\cdots,m\end{cases}\tag{3-11}$$

化简式（3-11），可得正规方程组

$$\begin{cases}\beta_0n+\beta_1\sum\limits_{i=1}^{n}x_{i1}+\beta_2\sum\limits_{i=1}^{n}x_{i2}+\cdots+\beta_m\sum\limits_{i=1}^{n}x_{im}=\sum\limits_{i=1}^{n}y_i\\\beta_0\sum\limits_{i=1}^{n}x_{i1}+\beta_1\sum\limits_{i=1}^{n}x_{i1}^2+\beta_2\sum\limits_{i=1}^{n}x_{i1}x_{i2}+\cdots+\beta_m\sum\limits_{i=1}^{n}x_{i1}x_{im}=\sum\limits_{i=1}^{n}x_{i1}y_i\\\qquad\vdots\\\beta_0\sum\limits_{i=1}^{n}x_{im}+\beta_1\sum\limits_{i=1}^{n}x_{im}x_{i1}+\beta_2\sum\limits_{i=1}^{n}x_{im}x_{i2}+\cdots+\beta_m\sum\limits_{i=1}^{n}x_{im}^2=\sum\limits_{i=1}^{n}x_{im}y_i\end{cases}\tag{3-12}$$

上述正规方程组可用矩阵形式表示为

$$\boldsymbol{X}^{\mathrm{T}}\boldsymbol{X\beta}=\boldsymbol{X}^{\mathrm{T}}\boldsymbol{Y}\tag{3-13}$$

其中，$\boldsymbol{X}^{\mathrm{T}}$为$\boldsymbol{X}$的转置矩阵。则可求得回归系数向量$\boldsymbol{\beta}$的估计值为

$$\hat{\boldsymbol{\beta}}=(\boldsymbol{X}^{\mathrm{T}}\boldsymbol{X})^{-1}\boldsymbol{X}^{\mathrm{T}}\boldsymbol{Y}\tag{3-14}$$

（2）回归系数向量$\boldsymbol{\beta}$的有关性质

1）$\hat{\boldsymbol{\beta}}$是$\boldsymbol{\beta}$的无偏估计，即$E(\hat{\boldsymbol{\beta}})=\boldsymbol{\beta}$。

2）$\hat{\boldsymbol{\beta}}$的协方差$\mathrm{Cov}(\hat{\boldsymbol{\beta}},\hat{\boldsymbol{\beta}}^{\mathrm{T}})=(\boldsymbol{X}^{\mathrm{T}}\boldsymbol{X})^{-1}\sigma^2$。（证明略）

3.3.2 多元线性回归模型的显著性检验

对于已经建立的多元线性回归模型，同样需要进行显著性检验，包括模型拟合优度的检验、回归方程的显著性检验、回归系数的显著性检验等。

1. 模型拟合优度的检验

与一元线性回归分析相同，在多元线性回归分析中也是用判定系数来说明回归方程对样本值的拟合程度，称为多重判定系数。定义为

$$R^2=\frac{\text{SSR}}{\text{SST}}=1-\frac{\text{SSE}}{\text{SST}}=\frac{\sum_{i=1}^{n}(\hat{Y}_i-\overline{Y})^2}{\sum_{i=1}^{n}(Y_i-\overline{Y})^2}=1-\frac{\sum_{i=1}^{n}(Y_i-\hat{Y}_i)^2}{\sum_{i=1}^{n}(Y_i-\overline{Y})^2} \tag{3-15}$$

其平方根

$$R=\sqrt{1-\frac{\sum_{i=1}^{n}(Y_i-\hat{Y}_i)^2}{\sum_{i=1}^{n}(Y_i-\overline{Y})^2}} \tag{3-16}$$

称为复相关系数。

这里 R^2 说明的是在总的离差平方和中，由一组自变量 x_1，x_2，…，x_m 的变动所引起的离差占总离差的百分比；R 则描述一组自变量 x_1，x_2，…，x_m 与因变量 Y 之间的线性相关程度。

由于 R^2 的大小会受到回归方程中自变量数目多少的影响，它是一个关于自变量个数的增函数，即自变量数目越多，R^2 就会越接近于1。因此，为了消除自变量数目的影响，采用一个经过校正的判定系数来判断模型的拟合优度，称为修正的判定系数，记为 $\widetilde{R}^2$

$$\widetilde{R}^2=1-\frac{\sum_{i=1}^{n}(Y_i-\hat{Y}_i)^2/(n-m-1)}{\sum_{i=1}^{n}(Y_i-\overline{Y})^2/(n-1)} \tag{3-17}$$

其中，$n-m-1$ 是剩余离差平方和 $\sum_{i=1}^{n}(Y_i-\hat{Y}_i)^2$ 的自由度；$n-1$ 是总离差平方和 $\sum_{i=1}^{n}(Y_i-\overline{Y})^2$ 的自由度。实际上，R^2 与 $\widetilde{R}^2$之间有如下关系

$$\widetilde{R}^2=1-(1-R^2)\frac{n-1}{n-m-1} \tag{3-18}$$

显然，$\widetilde{R}^2$越接近于1，则说明模型的拟合程度越高。

2. 回归方程的显著性检验

多元线性回归方程的显著性检验通过 F 统计量来完成，也称为 F 检验法。具体步骤如下：

（1）建立假设 H_0：$\beta_1=\beta_2=\cdots=\beta_m=0$，$H_1$：$\beta_j$（$j=1$，2，…，$m$）不同时为0。

（2）构造 F 统计量

$$F=\frac{\sum_{i=1}^{n}(\hat{Y}_i-\overline{Y})^2/m}{\sum_{i=1}^{n}(Y_i-\hat{Y}_i)^2/(n-m-1)}$$

式中：m 是回归离差平方和 $\sum_{i=1}^{n}(\hat{Y}_i-\overline{Y})^2$ 的自由度；$n-m-1$ 是剩余离差平方和 $\sum_{i=1}^{n}(Y_i-\hat{Y}_i)^2$ 的自由度。可以证明，F 服从 $F(m, n-m-1)$ 分布。对给定的显著性水平 α，查 F 分布表可得临界值 $F_\alpha(m, n-m-1)$。

(3) 根据观察值 (x_i, y_i) $(i=1, 2, \cdots, n)$ 计算统计量 F 的估计值 $\hat{F}$，若 $\hat{F} \geq F_\alpha(m, n-m-1)$，则拒绝原假设，即认为一组自变量 $x_1, x_2, \cdots, x_m$ 与因变量 Y 之间的回归效果显著；否则，若 $\hat{F} < F_\alpha(m, n-m-1)$，则认为回归方程无显著意义。

一般来讲，多元线性回归方程效果不显著的原因有以下几种：

(1) 影响 Y 的因素除了一组自变量 $x_1, x_2, \cdots, x_m$ 之外，还有其他不可忽略的因素。

(2) Y 与一组自变量 $x_1, x_2, \cdots, x_m$ 之间的关系不是线性的。

(3) Y 与一组自变量 $x_1, x_2, \cdots, x_m$ 之间无关。这时回归模型就不能用来预测，应分析其原因，另选自变量或改变预测模型的形式。

3. 回归系数的显著性检验

上面讲的 R 检验和 F 检验都是将所有的自变量作为一个整体来检验它们与因变量 Y 的相关程度以及回归效果，因此回归方程的显著性通过了，并不意味着每一个自变量对因变量的影响都显著，这时还需要对回归模型的每一个系数逐一进行检验。以任一变量 x_j $(j=1, 2, \cdots, m)$ 的检验为例，具体步骤如下：

(1) 建立假设 H_0：$\beta_j=0$；H_0：$\beta_j \neq 0$。

(2) 构造 t 统计量

$$t_j = \frac{\hat{\beta}_j}{S_{\beta_j}}, \ j=1, 2, \cdots, m$$

式中，β_j 为第 j 个自变量 x_j 回归系数的估计值；S_{β_j}是$\hat{\beta}_j$ 的样本标准差，且 $S_{\beta_j} = \sqrt{C_{jj}\frac{\sum_{i=1}^{n}(Y_i-\hat{Y}_i)^2}{n-m-1}}$，其中 C_{jj}为矩阵 $(\boldsymbol{X}^{\mathrm{T}}\boldsymbol{X})^{-1}$主对角线上的第 j 个元素。

可以证明，$t_j \sim t(n-m-1)$，对给定的显著性水平 α，查 t 分布表可得临界值 $t_{\alpha/2}(n-m-1)$。

(3) 根据观察值 (x_i, y_i) $(i=1, 2, \cdots, n)$ 计算统计量 t_j 的估计值 $\hat{t}_j$。若 $|\hat{t}_j| \geq t_{\alpha/2}(n-m-1)$，则拒绝原假设，说明自变量 x_j 对 Y 有显著影响；反之，接受原假设，说明 x_j 对 Y 无显著影响，这时应从回归方程中删除该因素。

3.3.3 多元线性回归预测

与一元线性回归模型相似，利用多元线性回归模型，根据给定的自变量的值可对因变量进行预测。因变量的点预测值和预测区间的计算步骤如下：

(1) 计算估计标准误差

$$S_Y = \sqrt{\frac{\sum_{i=1}^{n}(Y_i-\hat{Y}_i)^2}{n-m-1}} \tag{3-19}$$

(2) 对任意给定的 $\boldsymbol{X}_0=(x_{01}, x_{02}, \cdots, x_{0m})$，因变量 Y_0 的点预测值为

$$\hat{Y}_0 = \boldsymbol{X}_0\hat{\boldsymbol{\beta}} \tag{3-20}$$

预测误差 $e_0 = Y_0 - \hat{Y}_0$ 的样本方差为

$$S_0^2 = S_Y{}^2[1+\boldsymbol{X}_0(\boldsymbol{X}^{\mathrm{T}}\boldsymbol{X})^{-1}\boldsymbol{X}_0^{\mathrm{T}}]$$

（3）给定显著性水平为 α，则当预测值为 $\hat{Y}_0$ 时，其预测区间为

$$[\hat{Y}_0 \pm t_{\alpha/2}(n-m-1)S_0], \qquad n<30 \tag{3-21}$$

或

$$[\hat{Y}_0 \pm Z_{\alpha/2}S_Y], \qquad n\geqslant 30 \tag{3-22}$$

由于这里的 $\boldsymbol{X}_0$ 是一个影响因素数据向量，计算 S_0 较为复杂，故在实际预测中，一般可以用 S_Y 代替 S_0 近似地估计预测区间。

3.3.4　多元线性回归分析中的多重共线性

在运用多元回归分析方法进行分析时，一般认为自变量 x_1，x_2，…，x_m 之间不存在线性关系，但是在实际预测时，经常会遇到各自变量之间存在多重共线性的情况。所谓多重共线性，是指自变量之间存在着线性关系或接近线性的关系。如果自变量之间共线性的程度很高（相关系数接近于1），将使最小二乘法原理失效，从而使得回归方程中参数变得不确定，从而无法求出参数的估计值。因此自变量之间不能存在线性相关关系是应用最小二乘法原理的先决条件。

实际预测中自变量之间多重共线性的出现，通常有以下几方面的原因：

（1）经济变量之间存在着内在的联系。例如生产函数

$$Q=AK^{\alpha}L^{\beta}$$

式中，Q 表示产值；K 是资金；L 是劳动力。

一般来说，大企业有雄厚的资金和充足的劳动力，而小企业的资金和劳动力都较少，因此资金与劳动力之间有一定的内在联系，如果在建立线性方程时包含了这两个变量就有可能出现多重共线性。

（2）各经济变量在时间上有共同变化的趋势。例如在国民经济处于景气上升阶段时，各经济领域欣欣向荣，人民群众收入增加，消费支出增大，储蓄额上升。这时的经济变量如工资、消费额、储蓄额等就有共同增长的趋势。倘若在同一个回归方程中同时以这些变量作为自变量，就有可能出现多重共线性。

（3）在建立模型时引入了某些自变量的滞后值作为新的自变量。例如在研究消费函数时，不仅把现期收入，而且把上期的收入都作为自变量，这就会明显地出现多重共线性。

在多元线性回归分析过程中，如果若干自变量之间共线性程度很高，将会引起以下后果：

（1）系数估计值的精度将大大降低，无法正确判断自变量对因变量的影响程度，此时的估计值很不可靠。

（2）估计的结果非常敏感。样本容量增大或减小时，系数的估计值有很大的变化。

（3）有可能会使预测人员错误地剔除对因变量影响很大的自变量或错误地引入对因变量没有显著影响的自变量。

（4）估计的参数出现不合逻辑的符号，使预测失去意义。

自变量之间是否存在多重共线性，通常可以通过计算自变量之间的简单相关系数或用经验判断的方法判定，也可以用统计检验方法进行识别。下面介绍一种利用不包含某个自变量 x_j 的判定系数检验多重共线性的方法。

假设回归模型 $Y=f$（x_1，x_2，…，x_k）包含有 k 个自变量，其中多重判定系数为 R^2。为了

检验多重共线性，可以分别构造不包括其中某个自变量 x_j 的 k 个回归方程（$j=1, 2, \cdots, k$）

$$\begin{aligned} Y &= f(x_2, x_3, \cdots, x_k) \\ Y &= f(x_1, x_3, \cdots, x_k) \\ &\vdots \\ Y &= f(x_1, x_2, \cdots, x_{j-1}, x_{j+1}, \cdots, x_k) \\ &\vdots \\ Y &= f(x_1, x_2, \cdots, x_{k-1}) \end{aligned} \tag{3-23}$$

应用最小二乘法原理可以分别求出式（3-23）中各回归方程的多重判定系数 R_1^2，R_2^2，…，R_j^2，…，R_k^2。如果 R_j^2（$j=1, 2, \cdots, k$）中最大的一个例如 R_3^2，与 R^2 相比十分接近，那么则表明 x_3 可能是其他自变量的线性组合，在自变量中包括 x_3 就有可能引起多重共线性问题。这种检验方法的道理很简单，如果自变量中存在着严重的多重共线性时，就说明其中的某个自变量可以由其他自变量来解释，因此，这个自变量对因变量的影响可以为其他自变量所替代。这样这个自变量引入模型与否，回归方程判定系数的变化不大，可以将其删除掉。

如果经过检验发现，多元线性回归方程存在着多重共线性，则应寻求一定的方法克服之。常用的克服多重共线性的方法有以下几种：

（1）省略不重要的自变量。

（2）改变变量的定义形式。改变变量的定义形式可以利用差分方法进行，即把变量改变为其一阶差分的形式。当然也可改变成其他形式，如变量之比的形式等。

（3）增加样本信息或利用已知信息。对于时间序列数据资料和横剖面数据资料，增大样本容量都会提高参数估计值的精度。将两者结合起来（即将历史统计数据和抽样调查数据结合）使用也有助于消除严重的多重共线性。

（4）构造新的自变量。如把两个高度负相关的自变量 x_i，x_j 重新构成一个新的自变量 x_i/x_j，这样做不仅可以克服严重的多重共线性，而且可以保留 x_i，x_j 变量的经济意义。

（5）放弃原有样本，寻求新的样本。

多重共线性问题是对经济变量进行数量分析时经常遇到的一个问题，在多元回归分析中，多重共线性对参数估计的影响，不仅取决于自变量中多重共线性的强弱程度，而且也取决于多重共线性自变量的重要性，若对因变量具有重要影响的自变量中出现严重的多重共线性，其影响程度要比次要因素中的多重共线性对参数估计的影响大得多。

对于模型的估计是否容许多重共线性的自变量存在，要根据建立模型的具体目的确定。若目的是为了预测，那么只要保证自变量之间相关的类型在预测期内不变，对预测精度的影响就不大。但是，若自变量之间相关类型在预测期内发生了变化，如果想得到精确的预测值，就必须克服自变量之间的严重共线性关系问题。

3.3.5 多元线性回归分析中的序列相关

多元线性回归模型 $y_i=\beta_0+\beta_1 x_{i1}+\beta_2 x_{i2}+\cdots+\beta_m x_{im}+\varepsilon_i (i=1, 2, \cdots, n)$ 中假设随机误差项 ε_i，ε_j 是互不相关的，即 $\mathrm{Cov}(\varepsilon_i, \varepsilon_j)=0$，$(i \neq j)$。若回归模型不满足这一假设，则称回归模型存在序列相关，也就是说 ε_i 与它前一期或前若干期的值相关（也称自相关）。如果存在序列相关，仍然继续使用最小二乘法估计参数，将可能产生下列严重后果：

（1）根据估计的标准误差 S_Y 可能会严重低估 σ 的真实值。

（2）根据样本方差 $S_{\beta_j}^2$ 可能会严重低估 $D(\beta_j)$ 的真实值。

（3）估计的回归系数 $\hat{\beta}_j$ 可能会歪曲 β_j 的真实值。

（4）通常的 F 检验和 t 检验不再有效。

（5）根据最小二乘估计量建立的模型所作的预测将无效。

误差项存在序列相关是一种普遍的现象。其主要原因是：在实际经济现象中，某一时期的经济变量数值通常总是取决于它的前期值，几乎很难想象任何一个重要的经济变量的数值与其前期值没有关系；另外，时间序列资料的整理大都包括内插处理及平滑过程，这样往往就会把序列相关带到综合的时间序列资料中来；在回归分析过程中，回归模型通常只包括一部分重要的自变量，其余那些不重要的自变量则被略去，而在略去的变量中至少有一些是序列相关的。此外，错误地构造数学模型、随机误差项 ε 本身固有的序列相关性质等，都是造成误差项存在序列相关的原因。

序列相关的检验方法主要有图示检验法、DW（Durbin-Watson 杜宾-瓦特森）检验法、冯诺曼比检验及回归检验等。下面简单介绍图示检验法及 DW 检验法。

（1）图示检验法。图示检验法是一种直观的检验方法。该方法首先利用原始数据采用最小二乘法得到回归方程，然后求出剩余项 e_t，e_t 即为随机误差项 ε_t 真实值的估计值，描绘 e_t 的散点图。如果 e_t 是自相关的，则说明随机误差项 ε_t 是序列相关的。

描图方法有两种，一是描绘 e_t，e_{t-1} 的散点图，即在以 e_t 为纵坐标、e_{t-1} 为横坐标的直角坐标系中用（e_t，e_{t-1}）（$t=2$，3，…，n）作为点描图。若点绝大部分落在坐标系的Ⅰ、Ⅲ象限，则表明 ε_t 存在正序列相关，而当大部分点落在Ⅱ、Ⅳ象限中，则说明随机误差项 ε_t 存在负序列相关，见图 3-3。

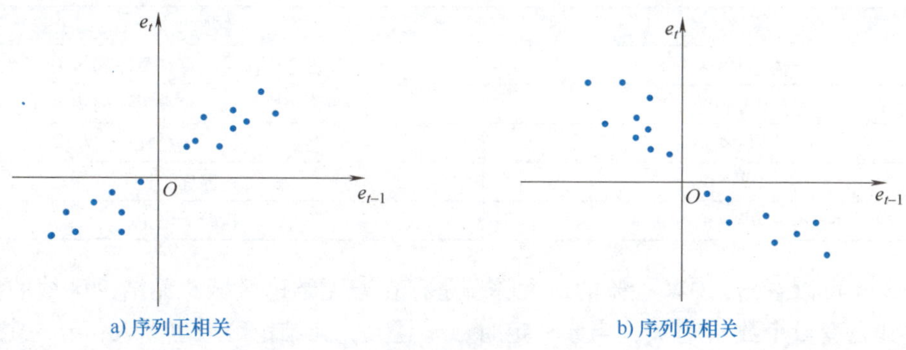

图 3-3 随机误差项的序列正相关与负相关

第二种方法是按着时间顺序绘制残差项 e_t 的图形。如果 $e_t(t=1, 2, \cdots, n)$ 随着 t 的变化有规律地变化，就可判定 e_t 存在自相关，从而表明 ε_t 存在着序列相关。

（2）DW（Durbin-Watson 杜宾-瓦特森）检验法。DW 检验法主要适用于随机误差项具有一阶自相关的情况，即 ε_i 与它前一期相关。定义 DW 统计量为

$$\mathrm{DW}=\frac{\sum_{i=2}^{n}(e_i-e_{i-1})^2}{\sum_{i=1}^{n}e_i^2} \tag{3-24}$$

其中，$e_i = Y_i - \hat{Y}_i$ 是 ε_i 的估计量。因 ε_{i-1} 的最初序号必须是 1，所以分子求和公式必须从 2 开始。将式（3-24）展开，得

$$\mathrm{DW} = \frac{\sum_{i=2}^{n} e_i^2 - 2\sum_{i=2}^{n} e_i e_{i-1} + \sum_{i=2}^{n} e_{i-1}^2}{\sum_{i=1}^{n} e_i^2} \tag{3-25}$$

在大样本情况下，即 $n > 30$，可以认为 $\sum_{i=2}^{n} e_i^2 \approx \sum_{i=2}^{n} e_{i-1}^2 \approx \sum_{i=1}^{n} e_i^2$，所以式（3-25）可以写成

$$\mathrm{DW} \approx 2\left(1 - \frac{\sum_{i=2}^{n} e_i e_{i-1}}{\sum_{i=1}^{n} e_i^2}\right) = 2(1 - R_1) \tag{3-26}$$

式中，R_1 是 ε_i 与 ε_{i-1} 的相关系数 ρ_1 的估计量。当 ε_i 与 ε_{i-1} 正序列相关时，$R_1 \to 1$，$\mathrm{DW} \to 0$；当 ε_i 与 ε_{i-1} 负序列相关时，$R_1 \to -1$，$\mathrm{DW} \to 4$；若不存在自相关或相关程度很小时，$R_1 \to 0$，$\mathrm{DW} \to 2$。可以看出，DW 的值在 0 ~ 4 之间。

根据 DW 统计量，检验模型是否存在序列相关，其步骤如下：

1）建立回归方程并利用最小二乘法求出回归方程的系数，从而求出剩余项 $e_i(i = 1 \sim n)$。

2）计算 DW 统计量。

3）建立假设 H_0：$\rho_1 = 0$，H_1：$\rho_1 \neq 0$。

4）根据给定的显著性水平 α 及自变量个数 m 从 DW 检验表中查得相应临界值 d_L，d_U，并利用表 3-4 判别检验结论。

表 3-4　DW 检验判别表

DW 值	检验结果
$4 - d_L < \mathrm{DW} < 4$	否定原假设，存在负序列相关
$0 < \mathrm{DW} < d_L$	否定原假设，存在正序列相关
$d_U < \mathrm{DW} < 4 - d_U$	接受原假设，不存在序列相关
$d_L < \mathrm{DW} < d_U$	检验无结论
$4 - d_U < \mathrm{DW} < 4 - d_L$	检验无结论

从表 3-4 可以看出，DW 检验的最大弊端是存在着无结论区域。无结论区域的大小与样本容量 n 和自变量个数 m 有关，当 n 一定时，m 越大，无结论区域也越大；m 一定时，n 越大，无结论区域就越小。如果计算的 DW 统计量落到了无结论区域，那么决策者就不能作出回归模型是否存在序列相关现象的结论。在这种情况下，解决的办法是：①增加样本容量，重新计算 DW 统计量，再进行检验。②调换样本，利用新的样本计算 DW 统计量，然后再进行检验。③利用其他方法进行序列相关的检验。

当检验结果出现 $0 < \mathrm{DW} < d_L$ 和 $4 - d_L < \mathrm{DW} < 4$ 情况时，说明随机误差项相互独立的假设不能成立，回归模型存在着序列相关。在实际预测中，产生序列相关的原因可能是：

（1）忽略了某些重要的影响因素。由于许多经济变量往往存在自相关，把它们忽略之后，其影响将在误差项 ε 中反映出来。

（2）错误地选用了回归模型的数学形式。如果回归模型的数学形式与所研究的变量之

间的真实关系形式不一致，则 ε 值在时间上将是相关的。

（3）随机误差项 ε 本身的确是相关的。例如，战争、自然灾害或某些政策对一些经济变量的影响是有后效的，所以随机因素本身存在着自相关。

针对上述三种情况，合适的补救办法是：

（1）把略去的重要影响因素引入到回归模型中来。

（2）重新选择符合实际的回归模型形式。

（3）增加样本容量，改善数据的准确性。

例 3-2 某省 1978—1989 年消费基金、国民收入使用额和平均人口资料如表 3-5 所示，试建立适当的回归模型并进行检验。若 1990 年该省国民收入使用额为 670 亿元，平均人口为 5800 万人，当显著性水平 $\alpha=0.05$ 时，试估计 1990 年消费基金的预测区间。

解：（1）设消费基金为 Y，国民收入使用额为 x_1，平均人口为 x_2，分别绘制 Y 与 x_1，Y 与 x_2 的散点图，观察后发现它们之间近似存在线性关系，首先对其作线性相关性分析并进行检验。

（2）建立二元线性回归方程

$$Y=\beta_0+\beta_1x_1+\beta_2x_2$$

（3）计算回归系数。列表计算有关数据，见表 3-5。由计算结果得

$$\boldsymbol{X}^{\mathrm{T}}\boldsymbol{X}=\begin{pmatrix}1 & 1 & \cdots & 1\\ x_{11} & x_{21} & \cdots & x_{12,1}\\ x_{12} & x_{22} & \cdots & x_{12,2}\end{pmatrix}\begin{pmatrix}1 & x_{11} & x_{12}\\ 1 & x_{21} & x_{22}\\ \vdots & \vdots & \vdots\\ 1 & x_{12,1} & x_{12,2}\end{pmatrix}$$

$$=\begin{pmatrix}n & \sum_{i=1}^{n}x_{i1} & \sum_{i=1}^{n}x_{i2}\\ \sum_{i=1}^{n}x_{i1} & \sum_{i=1}^{n}x_{i1}^2 & \sum_{i=1}^{n}x_{i1}x_{i2}\\ \sum_{i=1}^{n}x_{i2} & \sum_{i=1}^{n}x_{i1}x_{i2} & \sum_{i=1}^{n}x_{i2}^2\end{pmatrix}$$

$$=\begin{pmatrix}12 & 315.4 & 631.94\\ 315.4 & 10438.06 & 17041.286\\ 631.94 & 17041.286 & 33387.5908\end{pmatrix}$$

表 3-5 某省 1978—1989 年消费基金、国收入使用额和平均人口资料及多元线性回归预测模型计算表

年份	消费基金 Y /十亿元	国民收入使用额 x_1 /十亿元	平均人口数 x_2/百万人	x_1x_2	x_1^2	x_2^2	x_1Y	x_2Y	Y^2
1978	9.0	12.1	48.20	583.22	146.41	2323.24	108.90	433.80	81.00
1979	9.5	12.9	48.90	630.81	166.41	2391.21	122.55	464.55	90.25
1980	10.0	16.8	49.54	832.27	282.24	2454.21	168.00	495.40	100.00
1981	10.6	14.8	50.25	743.70	219.04	2525.06	156.88	532.65	112.36

（续）

年份	消费基金 Y /十亿元	国民收入使用额 x_1 /十亿元	平均人口数 x_2/百万人	x_1x_2	x_1^2	x_2^2	x_1Y	x_2Y	Y^2
1982	12.4	16.4	51.02	836.73	268.96	2603.04	203.36	632.65	153.76
1983	16.2	20.9	51.84	1083.46	436.81	2687.39	338.58	839.81	262.44
1984	17.7	24.2	52.76	1276.79	585.64	2783.62	428.34	933.85	313.29
1985	20.1	28.1	56.39	1584.60	789.61	3179.83	564.81	1133.44	404.01
1986	21.8	30.1	54.55	1641.96	906.01	2975.70	656.18	1189.19	475.24
1987	25.3	35.8	55.35	1981.53	1281.64	3063.62	905.74	1400.36	640.09
1988	31.3	48.5	56.16	2723.76	2352.25	3153.95	1518.05	1757.81	979.69
1989	36.0	54.8	56.98	3122.50	3003.04	3246.72	1972.80	2051.23	1296.00
合计	219.9	315.4	631.94	17041.29	10438.06	33387.59	7144.19	11864.78	4908.13

$$(\boldsymbol{X}^{\mathrm{T}}\boldsymbol{X})^{-1}=\begin{pmatrix}103.4303 & 0.4248 & -2.1745\\ 0.4248 & 0.0023 & -0.0092\\ -2.1745 & -0.0092 & 0.0459\end{pmatrix}$$

$$(\boldsymbol{X}^{\mathrm{T}}\boldsymbol{Y})=\begin{pmatrix}1 & 1 & \cdots & 1\\ x_{11} & x_{21} & \cdots & x_{12,1}\\ x_{12} & x_{22} & \cdots & x_{12,2}\end{pmatrix}\begin{pmatrix}y_1\\ y_2\\ \vdots\\ y_{12}\end{pmatrix}=\begin{pmatrix}\sum\limits_{i=1}^{n}y_i\\ \sum\limits_{i=1}^{n}x_{i1}y_i\\ \sum\limits_{i=1}^{n}x_{i2}y_i\end{pmatrix}=\begin{pmatrix}219.9\\ 7144.19\\ 11864.78\end{pmatrix}$$

$$\begin{aligned}\hat{\boldsymbol{\beta}}&=(\boldsymbol{X}^{\mathrm{T}}\boldsymbol{X})^{-1}\boldsymbol{X}^{\mathrm{T}}\boldsymbol{Y}\\ &=\begin{pmatrix}103.4303 & 0.4248 & -2.1745\\ 0.4248 & 0.0023 & -0.0092\\ -2.1745 & -0.0092 & 0.0459\end{pmatrix}\begin{pmatrix}219.9\\ 7114.19\\ 11810.51\end{pmatrix}=\begin{pmatrix}-20.6035\\ 0.5408\\ 0.4693\end{pmatrix}\end{aligned}$$

（4）回归模型的拟合度检验（R 检验）。将相关数据带入式（3-16），可得 $R=0.9959$，当 $\alpha=0.05$，$n-m-1=12-3=9$ 时，查表得 $R_{0.05}(9)=0.6029$，$R>R_{0.05}(9)$ 说明相关关系显著。

进一步计算，可得修正的判定系数为

$$\tilde{R}^2=1-(1-R^2)\frac{n-1}{n-m-1}=1-(1-0.9919)\times\frac{12-1}{12-3}=0.9901$$

表明模型的拟合度很高。

（5）回归方程的显著性检验（F 检验）。

$$\hat{F}=\frac{R^2}{1-R^2}\times\frac{n-m-1}{m}=\frac{0.9919}{1-0.9919}\times\frac{12-3}{2}=\frac{8.9271}{0.0162}=551.06$$

当 $\alpha=0.05$ 时，查表 $F_{0.05}(2,9)=4.26$，$\hat{F}>F_{0.05}(2,9)$，说明回归方程的回归效果非常显著。

（6）回归系数的显著性检验（t 检验）。

$$S=\sqrt{\frac{\sum y_i^2-\hat{\beta}_0\sum y_i-\hat{\beta}_1\sum x_{i1}y_i-\hat{\beta}_2\sum x_{i2}y_i}{n-m-1}}=\sqrt{\frac{7.1204}{12-3}}=0.8895$$

根据 $(X^{\mathrm{T}}X)^{-1}$ 的计算有

$$S_{\beta_1}=\sqrt{C_{11}}S=\sqrt{0.0023}\times 0.8895=0.04266$$

$$S_{\beta_2}=\sqrt{C_{22}}S=\sqrt{0.0459}\times 0.8895=0.1906$$

$$\hat{t}_1=\frac{\hat{\beta}_1}{S_{\beta_1}}=\frac{0.5408}{0.04266}=12.68$$

$$\hat{t}_2=\frac{\hat{\beta}_2}{S_{\beta_2}}=\frac{0.4693}{0.1906}=2.46$$

当 $\alpha=0.05$ 时，$t_{0.05/2}(12-3)=2.26$，因为 $\hat{t}_1$，$\hat{t}_2$ 均大于 $t_{0.05/2}(9)$，据此可以断言：国民收入使用额和年平均人口对该省消费基金有显著影响。

（7）DW 检验。

$$\mathrm{DW}=\frac{\sum_{i=2}^{n}(e_i-e_{i-1})^2}{\sum_{i=1}^{n}e_i^2}=\frac{4.0756}{2.0849}=1.9548$$

当 $\alpha=0.05$，$m=2$，$n=12$ 时，查 DW 检验表，因 DW 检验表中，样本容量最低是 15，故取 $d_{\mathrm{L}}=0.95$，$d_{\mathrm{U}}=1.54$，即 DW 统计量在 $d_{\mathrm{U}}=1.54<\mathrm{DW}=1.9548<4-d_{\mathrm{U}}=2.46$ 之间。检验结果表明该回归模型不存在自相关（见表 3-6）。

表 3-6　DW 检验计算表

年份	Y_i	$\hat{Y}_i$	e_i	$(e_i-e_{i-1})^2$	e_i^2
1978	9.0	8.58	0.42	—	0.1764
1979	9.5	9.45	0.05	0.1369	0.0025
1980	10.0	10.32	−0.32	0.1369	0.1024
1981	10.6	11.29	−0.69	0.1369	0.4761
1982	12.4	12.60	−0.20	0.2401	0.0400
1983	16.2	15.38	0.82	1.0404	0.6724
1984	17.7	17.63	0.07	0.5625	0.0049
1985	20.1	20.18	−0.08	0.0225	0.0064
1986	21.8	21.75	0.05	0.0169	0.0025
1987	25.3	25.11	0.19	0.0196	0.0361
1988	31.3	31.96	−0.66	0.7225	0.4356
1989	36.0	35.64	0.36	1.0404	0.1296
合计	219.9	219.9	—	4.0756	2.0849

综合前面的计算和各项检验结果可以认为

$$\hat{Y}=-20.6035+0.5408x_1+0.4693x_2$$

是一个较为优良的回归模型，可以用来预测。

（8）预测区间。设预测点为 $\boldsymbol{X}_0=(1,\ 67,\ 58)$，则其预测值为

$$\hat{Y}_0=\boldsymbol{X}_0\hat{\boldsymbol{\beta}}=(1,\ 67,\ 58)\begin{pmatrix}-20.6035\\0.5408\\0.4693\end{pmatrix}=42.8495$$

预测区间为

$$[\hat{Y}_0\pm t_{\alpha/2}(n-m-1)S]=[42.8495\pm 2.26\times 0.8895]=[42.8495\pm 2.012]$$

即当1990年全省国民收入使用额为670亿元、年平均人口为5800万时，在 $\alpha=0.05$ 显著性水平上，该省消费基金的预测区间在408.375亿~448.615亿元之间。

3.4 非线性回归预测

以上我们所研究的回归模型都是自变量和因变量之间呈线性关系的预测问题。但在实际的社会经济现象中，有时各因素之间的关系不一定是线性的，这时就要选择合适的曲线，建立非线性模型，进一步通过适当的变量置换将其转化为线性模型，然后进行预测。具体曲线形式的选择一方面可根据理论和经验判断，另一方面也可根据绘制的散点图来判断。

常见的非线性模型有以下几种：

（1）双曲线模型：$Y=\beta_0+\beta_1\dfrac{1}{x}$。作变量置换只需令 $x'=1/x$，则有 $Y=\beta_0+\beta_1x'$，即转化为线性回归模型，然后可采用最小二乘法估计参数。

（2）幂函数模型：$Y=ax^b$。作变量置换令 $Y'=\ln Y$，$x'=\ln x$，$c=\ln a$，则有 $Y'=c+bx'$。

（3）指数函数模型：$Y=ae^{bx}$。作变量置换令 $Y'=\ln Y$，$c=\ln a$，则有 $Y'=c+bx$。

（4）倒指数函数模型：$Y=ae^{\frac{b}{x}}$。作变量置换令 $Y'=\ln Y$，$c=\ln a$，$x'=\dfrac{1}{x}$，则有 $Y'=c+bx'$。

（5）对数函数模型：$Y=\beta_0+\beta_1\ln x$。作变量置换令 $x'=\ln x$，则有 $Y=\beta_0+\beta_1x'$。

（6）多项式模型：$Y=\beta_0+\beta_1x+\beta_2x^2+\cdots+\beta_kx^k$。作变量置换令 $x_1=x$，$x_2=x^2$，…，$x_k=x^k$，则有 $Y=\beta_0+\beta_1x_1+\beta_2x_2+\cdots+\beta_kx_k$。

（7）生长曲线模型。技术和经济的发展过程类似于生物的发展过程，经历发生、发展、成熟三个阶段，而每一阶段的发展速度是不一样的。一般地，在发生阶段，变化速度较为缓慢；在发展阶段，变化速度加快；到成熟阶段，变化速度又趋缓慢。按照这三个阶段发展规律得到的事物变化发展曲线，通常称为生长曲线或增长曲线，亦称逻辑增长曲线。由于此类曲线常似“S”形，故又称S曲线。现在，S曲线已广泛应用于描述及预测生物个体生长发育及某些技术、经济特性的发展领域中。

随预测对象的性质不同，生长曲线有多种数学模型，其中应用较广的有皮尔（R. Pearl）模型、林德诺（L. Ridenour）模型和龚帕兹（B. Gompertz）模型三种。

1）皮尔（R. Pearl）模型。皮尔生长曲线的一般模型为

$$Y=\frac{K}{1+e^{f(x)}}$$

式中，K 为常数（如某种耐用消费品饱和状态时的普及率）。

$$f(x)=a_0+a_1x+a_2x^2+\cdots+a_nx^n$$

常用的皮尔生长曲线模型为

$$Y=\frac{K}{1+be^{-ax}}\quad a>0,b>0 \tag{3-27}$$

这时 $f(x)$ 是 x 的线性函数，且具有负斜率。图 3-4 是皮尔曲线模型的图。

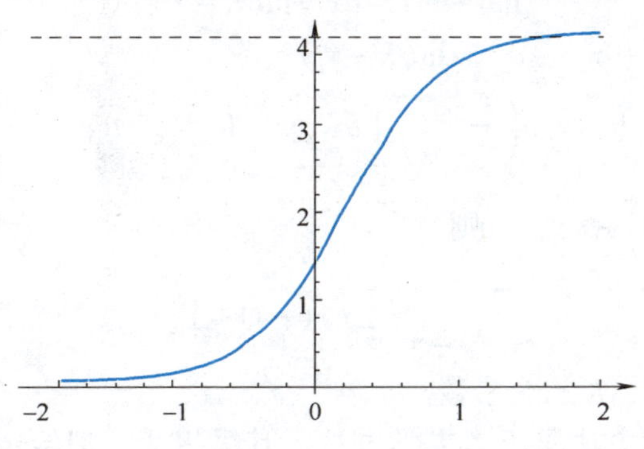

图 3-4 皮尔生长曲线

给定一个样本（x_1，Y_1），（x_2，Y_2），…，（x_n，Y_n），由这组数据求出皮尔模型式（3-27）的参数 a，b，K，从而得到拟合方程，并可用于预测。估算这三个参数的方法有两类，一类是先估算出 a 和 K，然后推算 b 值；另一类则是同时估算出参数 a，b，K。

① Fisher 法。这种方法属于第一类方法，它适用于 x_i 之间等距离的情况，不妨设 $x_i=i$。

$$Y=\frac{K}{1+be^{-ax}}$$

$$\frac{dY}{dx}=\frac{Kbae^{-ax}}{(1+be^{-ax})^2}=Ya\frac{be^{-ax}}{1+be^{-ax}}$$

$$=Ya\left(1-\frac{K}{K\ (1+be^{-ax})}\right)$$

$$=Y\left(a-\frac{a}{K}Y\right)$$

$$\frac{1}{Y}\times\frac{dY}{dx}=a-\frac{a}{K}Y=\frac{d\ln Y}{dx}$$

即有

$$Z=\alpha+\beta Y$$

其中 $Z=\frac{d\ln Y}{dx}$，$\alpha=a$，$\beta=-\frac{a}{K}$。

对样本点（x_i，y_i），

$$z_i=\left(\frac{d\ \ln y}{dx}\right)_{x=x_i}\approx\frac{\ln y_{i+1}-\ln y_{i-1}}{2}=\frac{1}{2}\ln\frac{y_{i+1}}{y_{i-1}}$$

这样，由数据（x_i，y_i），$i=1$，2，…，N，就得到了数据（y_i，z_i），$i=2$，3，…，$N-1$。由最小二乘法可估计出 α，β，这样，

$$a=\alpha,\ K=-\frac{\alpha}{\beta}$$

再推算 b 值，由 $Y=\dfrac{K}{1+be^{-ax}}$ 得

$$Y+bYe^{-ax}=K$$

即 $bYe^{-ax}=K-Y$，取对数

$$\ln b+\ln Y-ax=\ln(K-Y)$$

对第 i 个样本点，$\ln b+\ln y_i-ax_i=\ln(K-y_i)$

$$\ln b=\ln\left(\frac{K}{y_i}-1\right)+ax_i,\quad i=1,2,\cdots,N$$

取 $\ln b=\dfrac{1}{N}\sum\limits_{i=1}^{N}\left(\ln\left(\dfrac{K}{y_i}-1\right)+ax_i\right)$，则

$$b=e^{\frac{1}{N}\sum\limits_{i=1}^{N}\left(\ln\left(\frac{K}{y_i}-1\right)+ax_i\right)}$$

至此，可以全部求出 a，b，K 三个参数。

② 倒数总和法。这种方法属于第二类方法，其思想为，把给定的 N 个数据（x_i，y_i），$i=1,2,\cdots,N$ 分成三组，计算各组因变量倒数之和，并用以估计 a，b，K 的值，以求得生长曲线的拟合方程。

设 $x_i=i$，$i=1,2,\cdots,N$，且 N 可被 3 整除。设 $r=N/3$，则

$$y_i=\frac{K}{1+be^{-ai}},$$

即

$$\frac{1}{y_i}=\frac{1+be^{-ai}}{K}$$

求得

$$\begin{cases}S_1=\sum\limits_{i=1}^{r}\dfrac{1}{y_i}=\dfrac{r+b\sum\limits_{i=1}^{r}e^{-ai}}{K}=\dfrac{r+b\dfrac{e^{-a}-e^{-a(r+1)}}{1-e^{-a}}}{K}=\dfrac{r+b\dfrac{e^{-a}(1-e^{-ar})}{1-e^{-a}}}{K}\\ S_2=\sum\limits_{i=r+1}^{2r}\dfrac{1}{y_i}=\dfrac{r+b\sum\limits_{i=r+1}^{2r}e^{-ai}}{K}=\dfrac{r+b\dfrac{e^{-a(r+1)}-e^{-a(2r+1)}}{1-e^{-a}}}{K}=\dfrac{r+b\dfrac{e^{-a(r+1)}(1-e^{-ar})}{1-e^{-a}}}{K}\\ S_3=\sum\limits_{i=2r+1}^{3r}\dfrac{1}{y_i}=\dfrac{r+b\sum\limits_{i=2r+1}^{3r}e^{-ai}}{K}=\dfrac{r+b\dfrac{e^{-a(2r+1)}-e^{-a(3r+1)}}{1-e^{-a}}}{K}=\dfrac{r+b\dfrac{e^{-a(2r+1)}\cdot(1-e^{-ar})}{1-e^{-a}}}{K}\end{cases}$$

构造

$$\begin{cases}D_1=S_1-S_2=\dfrac{b(1-e^{-ar})(e^{-a}-e^{-a(r+1)})}{K(1-e^{-a})}\\ D_2=S_2-S_3=\dfrac{b(1-e^{-ar})(e^{-a(r+1)}-e^{-a(2r+1)})}{K(1-e^{-a})}\end{cases}$$

则

$$\frac{D_2}{D_1}=\frac{b(1-e^{-ar})(e^{-a(r+1)}-e^{-a(2r+1)})}{K(1-e^{-a})}\times\frac{K(1-e^{-a})}{b(1-e^{-ar})(e^{-a}-e^{-a(r+1)})}$$

$$= \frac{e^{-ar}e^{-a} - e^{-2ar}e^{-a}}{e^{-a} - e^{-ar}e^{-a}} = e^{-ar}$$

两边取对数得 $\ln D_2 - \ln D_1 = -ar$，从而

$$a = \frac{\ln D_1 - \ln D_2}{r}$$

构造

$$\frac{D_1^2}{D_1 - D_2} = \frac{b(1-e^{-ar})(e^{-a} - e^{-a(r+1)})^2}{K(1-e^{-a})(e^{-a} - 2e^{-a(r+1)} + e^{-a(2r+1)})} = \frac{b(1-e^{-ar})e^{-a}}{K(1-e^{-a})} = S_1 - \frac{r}{K}$$

故 b，K 的计算公式为

$$K = r\left(S_1 - \frac{D_1^2}{D_1 - D_2}\right)^{-1}$$

$$b = K\frac{1-e^{-a}}{e^{-a}(1-e^{-ar})} \times \frac{D_1^2}{D_1 - D_2}$$

2）林德诺（L. Ridenour）模型。林德诺生长曲线模型常用于新技术发展和新产品销售的预测，其数学模型的一般形式为

$$N(t) = \frac{L}{1 + \left(\frac{L}{N_0} - 1\right)e^{-bt}}, t \geqslant t_0 \tag{3-28}$$

式中，$N(t)$ 为 t 时熟悉新产品的人数；N_0 为 $t = t_0$ 时熟悉新产品的人数；b 为校正系数；L 为 $N(t)$ 的极限值。

林德诺模型是基于下述假设条件建立的：新产品的推广或熟悉新产品的人数的增长率与已熟悉新产品的人数和未熟悉新产品的人数的乘积成正比，即满足微分方程

$$\frac{dN(t)}{dt} = bN(t)\frac{L - N(t)}{L}$$

上式在区间［t_0，t］上积分即得式（3-27）。由于式中 $N(t)$ 与皮尔模型的表达式实际上相同，故参数的确定方法类似。

3）龚帕兹（B. Gompertz）模型。龚帕兹（生长）曲线是一种常用曲线，其形式为

$$Y = Ka^{b^t} \tag{3-29}$$

参数 K 称为极限参数，对参数 a，b 的不同取值，龚帕兹模型有不同的形状和变化趋势。图 3-5a 为 $\ln a < 0$，$0 < b < 1$ 时的曲线；图 3-5b 为 $\ln a < 0$，$b > 1$ 时的曲线；图 3-5c 为 $\ln a > 0$，$0 < b < 1$ 时的曲线；图 3-5d 为 $\ln a > 0$，$b > 1$ 时的曲线。

给定时间序列 $\{y_i, i = 1, 2, \cdots, N\}$，只要求得其中的三个参数值 a，b，K，就可以用来求未来周期的预测值。

求 a，b，K 的方法有多种，如非线性回归分析、特殊函数的最小二乘法等。这里介绍一种比较简单的方法，其步骤为：

（1）将 N 个数据分成三组（这里假设 $N = 3r$）。

（2）求各组的 y_i 值的对数和，即求

$$S_1 = \sum_{i=1}^{r} \ln y_i, \quad S_2 = \sum_{i=r+1}^{2r} \ln y_i, \quad S_3 = \sum_{i=2r+1}^{3r} \ln y_i$$

（3）利用下列公式计算参数 a，b，K 的值

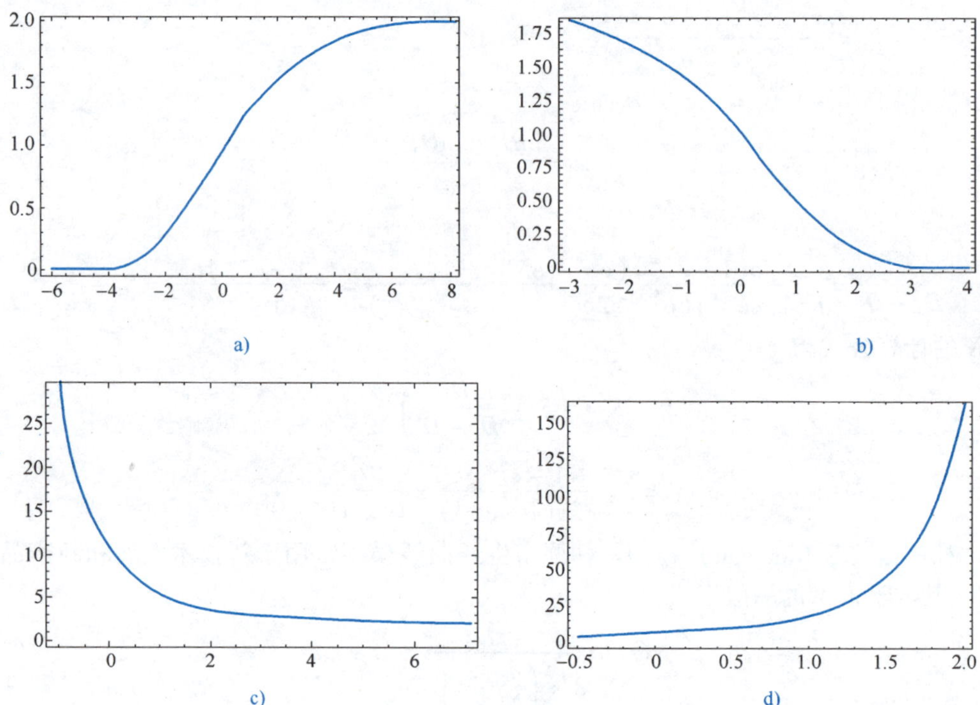

图 3-5　龚帕兹生长曲线

$$b^r = \frac{S_3 - S_2}{S_2 - S_1}$$

$$\ln a = \frac{(S_2 - S_1)(b - 1)}{(b^r - 1)^2 b}$$

$$\ln K = \frac{S_1 - \frac{(b^r - 1)b}{b - 1}\ln a}{r}$$

（4）直接计算 K 值的公式为

$$\ln K = \frac{\frac{1}{r}(S_1 S_3 - S_2^2)}{S_1 + S_3 - 2S_2}$$

【案例 3-2】

一家大型商业银行在多个地区设有分行，其业务主要是进行基础设施建设、国家重点项目建设、固定资产投资等项目的贷款。近年来，该银行的贷款额平稳增长，但不良贷款额也有较大比例的提高，这给银行业务的发展带来较大压力。为了弄清楚不良贷款形成的原因，希望利用银行业务的有关数据作些定量分析，以便找出控制不良贷款的办法。2005 年该银行所属的 25 家分行的有关业务数据如表 3-7 所示。

表 3-7 某商业银行 2005 年的主要业务数据表

分行编号	不良贷款/亿元	各项贷款余额/亿元	本年累计应收贷款/亿元	贷款项目个数	本年固定资产投资额/亿元
1	1.2	70.6	7.7	6	54.7
2	1.4	114.6	20.7	17	93.8
3	5.1	176.3	8.6	18	76.6
4	3.5	83.9	8.1	11	18.5
5	8.2	202.8	17.5	20	66.3
6	2.9	19.5	3.4	2	4.9
7	1.9	110.7	11.7	17	23.6
8	12.7	188.9	27.9	18	46.9
9	1.3	99.6	2.6	11	56.1
10	2.9	76.1	10.1	16	67.6
11	0.6	67.8	3.1	12	45.9
12	4.3	135.6	12.1	25	79.8
13	1.1	67.7	6.9	16	25.9
14	3.8	177.9	13.6	27	120.1
15	10.5	266.6	16.5	35	149.9
16	3.3	82.6	9.8	16	32.7
17	0.5	17.9	1.5	4	45.6
18	0.7	76.7	6.8	13	28.6
19	1.3	27.8	5.9	6	16.8
20	7.1	143.1	8.1	29	67.8
21	11.9	371.6	17.7	34	167.2
22	1.9	99.2	4.7	12	47.8
23	1.5	112.9	11.2	16	70.2
24	7.5	199.8	16.7	18	43.1
25	3.6	105.7	12.9	12	100.2

讨论题：

(1) 分别绘制不良贷款与贷款余额、应收贷款、贷款项目数、固定资产投资额之间的散点图，并分析其关系。若有关系，它们之间是一种什么样的关系？关系强度如何？

(2) 建立不良贷款与贷款余额、累计应收贷款、贷款项目数、固定资产投资额等因素的多元线性回归方程，并解释各回归系数的实际意义。

(3) 在不良贷款的总变差中，被估计的回归方程所解释的比例是多少？

(4) 根据建立的回归方程，对回归方程线性关系的显著性及各回归系数的显著性进行检验（$\alpha=0.05$）。

(5) 当回归模型中两个或两个以上的自变量彼此相关时，我们就说存在多重共线性。在回归分析中存在多重共线性将会产生某些问题，如可能会给回归的结果造成混乱，甚至会把分析引入歧途。试分析建立的回归方程是否存在多重共线性，你认为哪些因素应该从模型中剔除？

(6) 若贷款余额 $x_1=100$ 亿元、累计应收贷款 $x_2=10$ 亿元、贷款项目个数 $x_3=15$ 和固定资产投资额 $x_4=60$ 亿元，根据建立的回归方程，求不良贷款的 95% 预测区间。

本章小结

1. 相关分析与回归分析。相关分析主要用于度量两个或两个以上变量之间线性相关的强弱程度，它不能反映变量之间的因果关系。回归分析通过寻求变量之间的因果关系，建立适当的回归模型，从而达到对事物进行预测或控制的目的。相关分析是回归分析的基础，而回归分析是相关分析的进一步延续与深化。

2. 一元线性回归预测是指当两个变量的数据分布大体呈直线趋势时，通过建立一元线性回归模型，从而根据自变量的变化来预测因变量的平均变化。其内容包括建立回归方程、估计回归系数、回归模型的拟合度检验、回归方程的显著性检验（F 检验）、回归系数的显著性检验（t 检验）等。

3. 社会经济现象的变化往往会受到多个因素的影响，因此当某一客观事物的影响因素包含两个或两个以上时，就需要进行多元线性回归分析。多元线性回归分析的内容仍包括建立回归方程、估计回归系数、回归模型的拟合度检验、回归方程的显著性检验（F 检验）、回归系数的显著性检验（t 检验）等。但对于多元线性回归分析还需要注意分析是否存在多重共线性、序列相关等问题，并作适当的处理。

4. 在实际预测中，当变量之间的关系不是线性关系时，就需要考虑作非线性回归分析。进行非线性回归预测首先建立适当的非线性回归模型，然后可通过简单的变量置换先将其转化为线性回归的形式，然后再利用线性回归分析进行预测。常见的非线性模型包括双曲线模型、幂函数模型、指数函数模型、倒指数函数模型、对数函数模型、多项式模型、生长曲线模型（包括皮尔模型、林德诺模型和龚帕兹模型）。

在回归预测中，有时因变量不仅受到有关数量变量的影响，还会受到诸如性别、文化程度、季节、地域、政府经济政策等非数量变量的影响，这些变量称为虚拟变量。虚拟变量常常在某些经济现象中有着不可忽视的影响，因此在建立回归模型时有时需要既考虑数量变量，又考虑虚拟变量，即有必要将虚拟变量引入线性回归模型中，称为带虚拟变量的回归预测。具体内容参见刘思峰等主编的《应用统计学》或冯文权等编著的《经济预测与决策技术》。

思考与练习

1. 简要论述相关分析与回归分析的区别与联系。
2. 某行业 8 个企业的产品销售额和销售利润资料如表 3-8 所示：

表3-8　产品销售额和销售利润

企业编号	销售额/万元	销售利润/万元
1	170	8.1
2	220	12.5
3	390	18.0
4	430	22.0
5	480	26.5
6	650	40.0
7	950	64.0
8	1000	69.0

根据上述统计数据：

（1）计算产品销售额与利润额的相关系数。

（2）建立以销售利润为因变量的一元线性回归模型，并对回归模型进行显著性检验（取 $\alpha=0.05$）。

（3）若企业产品销售额为500万元，试预测其销售利润。

3. 某公司下属企业的设备能力和劳动生产率的统计资料如表3-9所示：

表3-9　设备能力和劳动生产率统计资料

企业代号	1	2	3	4	5	6	7	8	9	10	11	12	13	14
设备能力/（kW/人）	2.8	2.8	3.0	2.9	3.4	3.9	4.0	4.8	4.9	5.2	5.4	5.5	6.2	7.0
劳动生产率/(万元/人)	6.7	6.9	7.2	7.3	8.4	8.8	9.1	9.8	9.8	10.7	11.1	11.8	12.1	12.4

该公司现计划新建一家企业，设备能力为7.2kW/人，试预测其劳动生产率，并求出其95%的置信区间。

4. 某市1977—1988年主要百货商店营业额、在业人员总收入、当年竣工住宅面积的统计数据如表3-10所示：

表3-10　某市1977—1988年部分统计数据表

年　份	营业额/千万元	在业人员总收入/千万元	当年竣工住宅面积/万 m^2
1977	8.2	76.4	9.0
1978	8.3	77.9	7.8
1979	8.6	80.2	5.5
1980	9.0	86.0	5.0
1981	9.4	85.2	10.8
1982	9.4	88.2	6.5
1983	12.2	116.2	6.2
1984	16.7	129.0	10.8
1985	15.5	147.5	18.4
1986	18.3	186.2	15.7
1987	26.3	210.3	32.5
1988	27.3	248.5	45.5

根据上述统计数据：

（1）建立多元线性回归模型。

（2）对回归模型进行拟合优度检验、F 检验、t 检验和 DW 检验（取 $\alpha=0.05$）。

（3）假定该市在业人员总收入、当年竣工住宅面积在 1988 年的基础上分别增长 15%，17%，请对该市 1989 年主要百货商店营业额作区间估计（取 $\alpha=0.05$）。

5. 表 3-11 是某百货商店某年的商品销售额和商品流通费率数据，根据表中数据：

（1）拟合适当的曲线模型。

（2）对模型进行显著性检验（取 $\alpha=0.05$）。

（3）当商品销售额为 13 万元时，预测商品流通费率。

（注：题中的商品销售额为分组数据，自变量取值可用其组中值）

表 3-11　某百货商店某年的商品销售额和商品流通费率

商品年销售额/万元	组中值（x）	商品流通费率（Y）（%）
3 以下	1.5	7.0
3~6	4.5	4.8
6~9	7.5	3.6
9~12	10.5	3.1
12~15	13.5	2.7
15~18	16.5	2.5
18~21	19.5	2.4
21~24	22.5	2.3
24~27	25.5	2.2

6. 已知表 3-12 中（x_i，y_i）为某种产品销售额的时间序列数据，其中 x_i 为时间序号，y_i 为产品销售额（单位：万元）。试利用龚帕兹生长曲线预测 2005 年该产品的销售额。

表 3-12　某产品销售额的时间序列数据

年　份	1996	1997	1998	1999	2000	2001	2002	2003	2004
x_i	1	2	3	4	5	6	7	8	9
y_i	4.94	6.21	7.18	7.74	8.38	8.45	8.73	9.42	10.24
$\ln y_i$	1.5974	1.8262	1.9713	2.0464	2.1258	2.1341	2.1668	2.2428	2.3263

第4章 确定型时间序列预测方法

【案例 4-1】 国民经济的产业结构分析

利用国民经济核算资料分析一定时期国民经济结构的状况，为制定经济政策和调整经济结构服务，是国民经济核算体系重要的分析应用领域之一。生产环节的经济结构表现为多个方面，其中较为重要的有经济运行的环节——产业结构，经济运行的主体——各部门结构以及反映我国具体国情的所有制结构和地区结构等。

对于产业结构应该着重分析的内容包括：

(1) 各行业创造的增加值在国内生产总值中所占的比重，分析在一定时期内哪些产业部门是国民经济的主导部门。在此基础上各行业综合成三次产业，并分析各次产业各占国内生产总值的比重。

(2) 对产业结构的时间序列进行分析，以寻求其发展变化的规律性。

例如，从我国20世纪八九十年代三次产业结构的变化中就可以发现其中发展的规律性，见表4-1。

表 4-1 国内生产总值的构成（%）

年份	1980	1981	1982	1983	1984	1985	1986	1987	1988	1989
第一产业	30.1	31.8	33.3	33.0	32.0	28.4	27.1	26.8	25.7	25.0
第二产业	48.5	46.4	45.0	44.6	43.3	43.1	44.0	43.9	44.1	43.0
第三产业	21.4	21.8	21.7	22.4	24.7	28.5	28.9	29.3	30.2	32.0
年份	1990	1991	1992	1993	1994	1995	1996	1997	1998	1999
第一产业	27.1	24.5	21.8	19.9	20.2	20.5	20.4	19.1	18.4	
第二产业	41.6	42.1	43.9	47.4	47.9	48.8	49.5	50.0	48.7	
第三产业	31.3	33.4	34.3	32.7	31.9	30.7	30.1	30.9	32.9	

（资料来源：中国统计年鉴，1999年，p55）

表4-1中的数字显示出我国三次产业结构在发展变化过程中具有以下几个特点：①第一产业的比重长期呈逐步下降的趋势，从1980年的30.1%降至1998年的18.4%，下降了11.7个百分点。从下降的幅度看是比较大的，但这一过程显得十分缓慢。②第二产业比重始终维持在48%左右。但中间有一个从80年代的48.5%逐年下降至90年代初的最低点41.6%，然后又很快反弹至47%以上的过程。③第三产业在80年代所占比重的逐年上升主要是第一产业所占比重导致下降的。

(3) 将产业结构与需求结构作比较分析，评价供需结构的平衡状况，发现其中的矛盾，制定出解决矛盾的措施。

(4) 将国内的产业结构与发达国家的产业结构进行比较，分析我国产业结构的特点及发展趋势。

(资料来源：李连友. 国民经济核算学 [M]. 北京：经济管理出版社，2001.)

时间序列预测方法是将预测目标的历史数据按照时间的顺序排列成为时间序列，分析序列随时间的变化趋势，并建立数学模型进行外推的定量预测方法。这类方法以连贯性原理为依据，以假设事物过去和现在的发展变化趋向会继续延续到未来为前提条件。它撇开对事物发展变化的因果关系的具体分析，直接从时间序列统计数据中找出反映事物发展的演变规律，从而预测目标的未来发展趋势。

时间序列预测技术在国外早已有应用，我国在 20 世纪 60 年代就已应用于水文预测研究。到 20 世纪 70 年代，随着电子计算机技术的发展，气象、地震等方面也已广泛应用时间序列预测方法。时间序列在经济分析中的应用，最早是由美国哈佛大学的珀森斯（Warren Persons）教授将它应用于一般的商情预测。目前，时间序列分析已成为世界各国进行经济分析和经济预测的基本方法之一。

时间序列预测技术可分为随机型和确定型两大类，随机型时间序列预测技术使用了概率的方法，而确定型时间序列预测技术则使用了非概率的方法。其实这两类方法都能处理随机的时间序列。当然，实际中遇到的时间序列一般都是随机的。本章讨论确定型时间序列预测技术，包括四部分内容：①时间序列与时序分析；②移动平均法；③指数平滑法；④时间序列分解法。

4.1 时间序列与时间序列分析概述

4.1.1 时间序列的含义

所谓时间序列，是指观察或记录到的一组按时间顺序排列的数据，经常用 X_1，X_2，…，X_t，…，X_n 表示。不论是经济领域中某一产品的年产量、月销售量、月库存量、在某市场上的价格变动等，或是社会领域中某一地区的人口数、某医院每日就诊的患者人数、铁路客流量等，还是自然领域中某一地区的日平均温度、月降雨量等，都形成了时间序列。

例 4-1 华泰地区 1970—1981 年的农民年存款额见表 4-2。

表 4-2 华泰地区 1970—1981 年农民存款额 （单位：亿元）

时间序列	X_1	X_2	X_3	X_4	X_5	X_6	X_7	X_8	X_9	X_{10}	X_{11}	X_{12}
年份	1970	1971	1972	1973	1974	1975	1976	1977	1978	1979	1980	1981
存款额	0.3714	0.3728	0.4871	0.9681	1.0053	1.4807	1.1516	1.466	1.9702	2.6734	3.8821	5.9615

用 X_1 表示第一期的 1970 年华泰地区农民的存款额 0.3714 亿元，X_2 表示该地区 1972 年农民的存款额 0.3728 亿元，等等。X_1，X_2，…，X_t，…，X_n 是按时间次序排列的观测值。

画出 12 组历史数据的散点图，如图 4-1 所示。

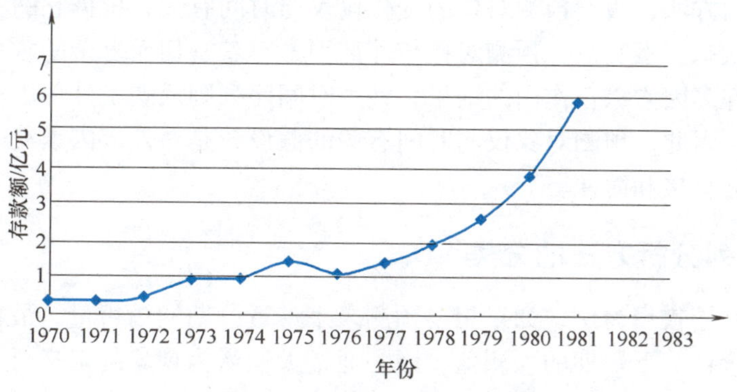

图 4-1　华泰地区 1970—1981 年农民存款额

12 年间该地区农民的存款数据以时间序列的形式展现在我们面前，且可明显地看出该序列随时间的发展变化呈现一定的规律性。正是通过研究这些数据发展变化的趋势和程度，并运用适当的数学方法构建预测模型，可以预测下一期 1982 年甚至更远期该地区农民的存款额。

4.1.2　时间序列分析

时间序列的基本特点就是每一个序列包含了产生该序列的系统的历史行为的全部信息。问题在于如何才能根据这些时间序列，比较精确地找出相应系统的内在统计特性和发展规律，尽可能多地从中提取我们所需要的准确信息。用来实现上述目的的整个方法称为时间序列分析，简称时序分析。

时序分析是一种根据动态数据揭示系统动态结构和规律的统计方法，是统计学科的一个分支。其基本思想是根据系统有限长度的运行记录（观察数据），建立能够比较精确地反映时间序列中所包含的动态依存关系的数学模型，并借以对系统的未来行为进行预报。

时序分析具有以下三个特点：

第一，时序分析是根据预测目标过去至现在的变化趋势预测未来的发展，它的前提是假设预测目标的发展过程规律性会继续延续到未来，即以惯性原理为依据。

事物的现实是历史发展的结果，而事物的未来又是现实的延续，现实与未来是有联系的。时间序列分析法正是根据客观事物发展的这种连续性，利用历史数据推测预测对象未来的发展趋势。但事物未来的变化趋势会受到多种因素的影响，而各种影响因素又在不断地发展变化，因此对象的未来发展也不可能是过去历史的简单重复。随着时间的推移，环境因素的制约和影响也在积累，因此时间序列预测用于短期预测精度较高，中期预测其次，长期预测最低。

第二，时间序列数据的变化存在着规律性与不规律性。

时间序列中每一时期的数据，都是由许多不同的因素同时发生作用的综合结果。如某商品的销售量，它可能会受到来自季节、天气、竞争者和政策法规等因素的综合影响而上下起伏，但其中很多因素对其影响是无确切描述的，因此时间序列分析根据变量过去的变化规律来建立模型，利用这个模型来预测该变量未来的变化。

第三，时间序列是一种简化。

时间序列预测方法，假设预测对象的变化仅仅与时间有关，根据它的变化特征，以惯性原理推测其未来状态。事实上，预测对象与外部因素有着密切而复杂的联系。时间序列中的每一个数据都是许多因素综合作用的结果，整个时间序列则反映了外部因素综合作用下预测对象的变化过程。因此，预测对象仅与时间有关的假设，是对外部因素复杂作用的简化，这种简化使预测更为直接和简便。

4.1.3 时间序列分析方法的分类

以某产品的月销售量为例，如果想要预测未来最近一期的销售量，最朴素的做法就是用最末一期的销售量作为下一期的预测值，因为通常人们认为现象的未来行为与现在的行为有关，于是出现了这样简单而实用的预测值。假如该产品是洗发水类对季节或假日并无特殊爱好的产品，这样的预测结果可能会得到领导的赏识。但是如果该产品是蚊帐、月饼类，季节或假日对其销售量有很大的影响，这种朴素的预测方法就大打折扣了。如果季节或者假日因素对销售量的影响已经很好地掌握了，但你永远无法预估随机因素对预测值的影响力度（例如自然灾害的突发）。

实践中人们逐步认识到时间序列的变动，主要是由长期趋势（在较长时间内连续不断地向一定的方向持续发展：上升的、下降的、持平的）、季节变动（在某一时期依一定周期规则性地变化）、循环变动（周期不定的波动变化）和不规则变动（各种偶然性因素引起的变动）而形成的。前三种变动是有一定规律的，是可以识别的，随机变动虽无法识别但可以用一些方法予以消除（例如，平均数等）。基于这种思想，消除了无法识别的随机变动，形成了长期趋势分析、季节变动分析和循环波动分析等一系列的确定型时间序列分析方法。

确定型时间序列分析是用一个确定性的模型去拟合所研究的时间序列。事实上许多时间序列并不是时间 t 的确定性函数，而是由许多偶然因素共同作用的随机性波动，这些波动也并非完全杂乱无章，而是有一定的规律性。人们根据随机理论，对这类随机序列进行分析，就叫做随机时间序列，相应的方法，称之为随机时间序列分析方法（随机时间序列将在后面章节详细讲解）。

4.1.4 确定型时间序列预测方法概述

确定型时间序列预测方法是用一个确定型的预测模型去拟合所研究的对象进行预测的方法。时间序列中每一期的数据，都是由许多不同的因素同时发生作用的综合结果，根据各种因素的特点或影响效果，将这些因素分成长期趋势、季节变动、循环变动和不规则变动四大类，并认为时间序列是由这四大类变化形式构成或叠加的结果。

1. 长期趋势（T）

长期趋势是指由于某种关键因素的影响，时间序列在较长时间内连续不断地向一定的方向持续发展（上升或下降），或相对停留在某一水平上的倾向，反映了事物的主要变化趋势，是事物本质在数量上的体现，它是分析预测目标时间序列的重点。如图 4-2 所示某市居民 2004—2010 年的月煤气用量。

这样一组时间序列，虽然在短时间内是上下起伏变动的，但在较长的时间内还是朝着上升的趋势发展的，这种上升的势头就是其在一定研究期限内的长期趋势。

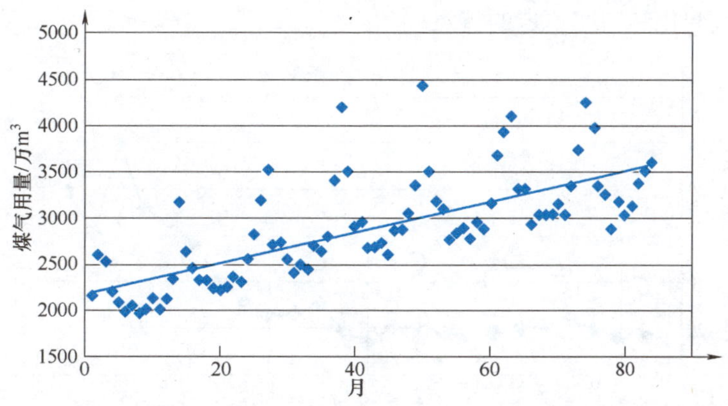

图 4-2　某市居民 2004—2010 年的月煤气用量散点图

2. 季节变动（S）

季节变动是指由于自然条件和社会条件的影响，时间序列在某一时期依一定周期规则性地变化。它一般归因于一年内的特殊季节、节假日，典型的如农产品的季节生产、化肥、空调、服装、某些食品的周末热销等。在图 4-2 中，把各散点用折线连接起来，得到该市居民 2004—2010 年的月煤气用量折线图（见图 4-3）。我们可以看出，居民的煤气用量在一年内以月的循环为周期呈现一种典型的季节变动，9、10 月份的低消耗和 2、3 月份的高消耗形成对比，规律性地上下变化。

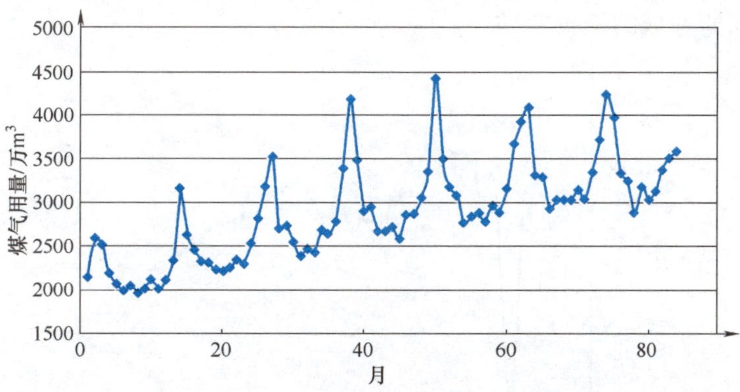

图 4-3　某市居民 2004—2010 年的月煤气用量

3. 循环变动（C）

循环变动是以数年为周期的波动式的变动。它与长期趋势不同，不是朝单一方向持续发展，而是涨落相间的波浪式起伏变动。它与季节变动也不同，其波动时间较长，变动周期长短不一。市场经济条件下由于竞争，会出现一个经济扩张时期紧接着是一个收缩时期，再接下来又是一个扩张时期等变化，通常在同一时间内影响到大多数经济部门，如对农产品的需求量、住宅的建设、汽车工业的发展、资本主义国家经济危机的变化周期等。这种循环往往是由高值到低值，再回到高值的波浪形模式。

如图 4-4 所示，从 1986 年到 2010 年，国际原油价格一直是上下起伏的，在长短不定的几年中总会有一个起伏。这种周期变动和周期规律的季节变动不同，体现了周期变动的涨落相间的波浪式起伏变化和周期不定的特点。

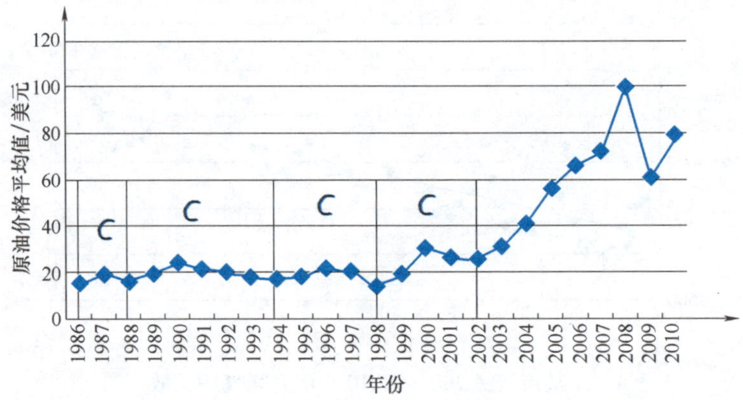

图 4-4　1986—2010 年的国际原油价格

4. 不规则变动（I）

不规则变动是指各种偶然性因素引起的变动。这种变动又可分为突变和随机变动两类。所谓突变，是指诸如战争、自然灾害、意外事故、方针政策等的改变所引起的变动；随机变动是指由于各种随机因素所产生的影响，如股票价格的异动等。

如图 4-5 所示，除了 1960 年和 1961 年以外，中国的人口的增长量一直都是正增长，之所以会在这两年出现负增长是由于自然灾害和国际形势导致粮食短缺等原因造成的。这是典型的由于突发性灾害造成的随机变动。

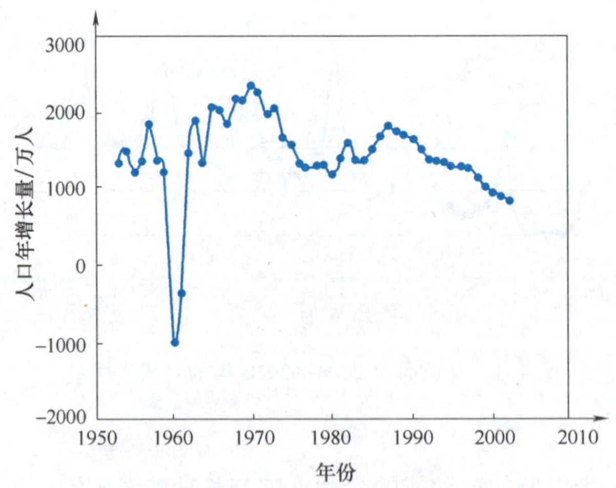

图 4-5　1952—2002 年中国人口增长量

（资料来源：陈爱平．中国人口时间序列预测模型的探讨［J］．人口与经济，2004（6））

上述各类影响因素的共同作用，使时间序列数据发生变化，有的具有规律性，如长期趋势变动和季节性变动；有些就不具有规律性，如不规则变动以及循环变动（从较长的时期观察也有一定的规律性，但短时间内的变动又是不规律的）。时间序列分析法，就是要运用统计方法和数学方法，把时间序列数据分解为 T，S，C，I 四类因素或其中的一部分，据此预测时间序列的发展规律。

对于一个具体的时间序列，如果在预测时间内没有突发性的变动且不规则变动对整个时间序列影响较小，并且有理由相信过去和现在的历史演变趋势将继续发展到未来，这时应根据所掌握的资料、时间序列的性质以及研究的目的来确定使用哪种预测方法。具体的确定型时间序列预测方法有：移动平均法、指数平滑法、季节指数法、时间序列分解法以及差分指数平滑法和自适应过滤法等。确定型时间序列预测技术在经济和商业预测上有着广泛的应用，尽管有时该方法无法达到现代随机时序模型所能达到的预测精度，但仍是一种简单、便宜和易于被大众接受的预测手段。本章将就前四种方法进行具体讨论。

4.2　移动平均法

移动平均法是一种改良的算术平均法，适用于短期预测。当时间序列受周期变动和不规则变动的影响较大，且不易显示出其发展趋势时，可用移动平均法消除这些因素的影响，分析、预测序列的未来趋势。移动平均法是一种常用的预测方法，即使在预测技术层出不穷的今天，该方法由于简单仍不失其实用的价值。

4.2.1　一次移动平均法

一次移动平均法是在算术平均法的基础上加以改进的。其基本思想是，每次取一定数量周期的数据平均，按时间顺序逐次推进。每推进一个周期时，舍去前一个周期的数据，增加一个新周期的数据，再进行平均。设 X_t 为 t 周期的实际值，一次移动平均值为

$$M_t^{(1)}(N) = \frac{X_t + X_{t-1} + \cdots + X_{t-N+1}}{N} = \frac{\sum_{i=0}^{N-1} X_{t-i}}{N} \tag{4-1}$$

其中 N 为计算移动平均值所选定的数据个数，称为跨越期。$t+1$ 期的预测值取为

$$\hat{X}_{t+1} = M_t^{(1)} \tag{4-2}$$

如果将 $\hat{X}_{t+1}$ 作为第 $t+1$ 期的实际值，于是就可用式（4-2）计算第 $t+2$ 期的预测值 $\hat{X}_{t+2}$。一般地，可相应地求得以后各期的预测值。但由于误差的积累，使得对越远时期的预测误差越大，因此一次移动平均法一般只应用于一个时期后的预测（即预测第 $t+1$ 期）。

例 4-2　某汽车配件销售公司某年 1 ~ 12 月的化油器销售量的统计数据如表 4-2 中第二行所示，试用一次移动平均法预测下一年 1 月（份）的销售量。

解　分别取 $N=3$ 和 $N=5$，按预测公式

$$\hat{X}_{t+1}(N=3) = M_t^{(1)}(3) = \frac{X_t + X_{t-1} + X_{t-2}}{3}$$

和

$$\hat{X}_{t+1}(N=5) = M_t^{(1)}(5) = \frac{X_t + X_{t-1} + X_{t-2} + X_{t-3} + X_{t-4}}{5}$$

计算 3 个月和 5 个月移动平均预测值，见表 4-3，预测图如图 4-6 所示。

表 4-3　化油器销售量及移动平均预测值表　　（单位：只）

月份	1	2	3	4	5	6	7	8	9	10	11	12	1
X_t	423	358	434	445	527	429	426	502	480	384	427	446	
$\hat{X}_{t+1}$ （$N=3$）				405	412	469	467	461	452	469	456	430	419
$\hat{X}_{t+1}$ （$N=5$）						437	439	452	466	473	444	444	452

由图 4-6 可以看出，实际销售量的随机波动较大，经过移动平均法计算后，随机波动显著减少，而且求取平均值所用的月数越多，即 N 越大，修匀的程度越强，波动也越小。但是在这种情况下，对实际销售量的变化趋势反应也越迟钝。反之，如果 N 取得越小，对销售量的变化趋势反应越灵敏，但修匀性越差，容易把随机干扰作为趋势反映出来。因此，N 的选择甚为重要，N 应该取多大，应根据具体情况作出抉择。当 N 等于周期变动的周期时，则可消除周期变化的影响。

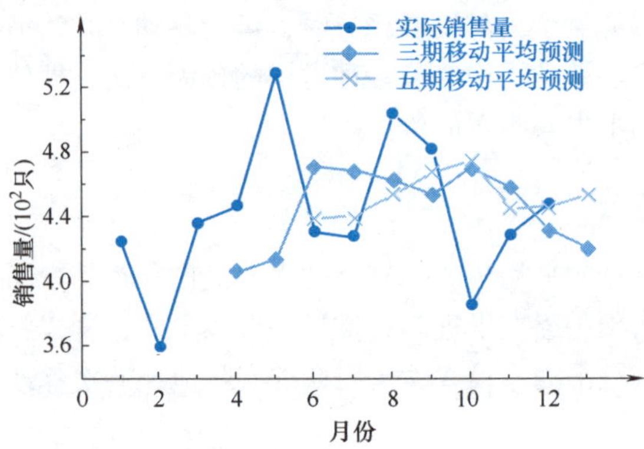

图 4-6　化油器销售量及移动平均预测值

在实用上，一般用对过去数据预测的均方误差 S 来作为选取 N 的准则。

当 $N=3$ 时，

$$S=\frac{1}{9}\sum_{t=4}^{12}(X_t-\hat{X}_t)^2=\frac{28893}{9}=3210.33$$

当 $N=5$ 时，

$$S=\frac{1}{7}\sum_{t=6}^{12}(X_t-\hat{X}_t)^2=\frac{11143}{7}=1591.86$$

计算结果表明：$N=5$ 时，S 较小，所以选取 $N=5$。预测下一年 1 月（份）的化油器销售量为 452 只。

在使用一次移动平均法时，应注意如下两点：

（1）一次移动平均法一般只适应于平稳模式，当被预测的变量的基本模式发生变化时，一次移动平均法的适应性比较差。

（2）一次移动平均法一般只适用于下一时期的预测。典型例子之一是生产经理要根据某一品类中的几百种不同产品的需求预测来安排生产。在这种情况下，所需要的是一种很容易使用到每一个项目上去并能提供良好预测值的方法，移动平均法就是这样一种方法。当然其必然前提是所要预测的变量在一个较短的时间范围之内表现为一个相当平稳的时间序列。

例 4-3 某产品的销售量呈现按月递增的线性趋势，如表 4-4 所示。试用 $N=3$ 的一次移动平均法，预测第 9 个月的产品销售量。

表 4-4 某产品的销售量及预测值

月份	第1个月	第2个月	第3个月	第4个月	第5个月	第6个月	第7个月	第8个月	第9个月
销售量	3	4	5	6	7	8	9	10	
$M_t^{(1)}$			4	5	6	7	8	9	
预测值				4	5	6	7	8	9

按照一次移动平均法，第 9 个月的预测值应该是 9 个单位，但通过作图，如图 4-7 所示我们发现按照销售量线性递增的特性，依经验判断销售量应该是 11 个单位。同时，我们做 $N=3$ 时第 4 个月到第 8 个月的事后预测，发现预测值比观测值整整滞后了 2 个单位。可以发现，一次移动平均法应用于非平稳模型会有严重的滞后性。

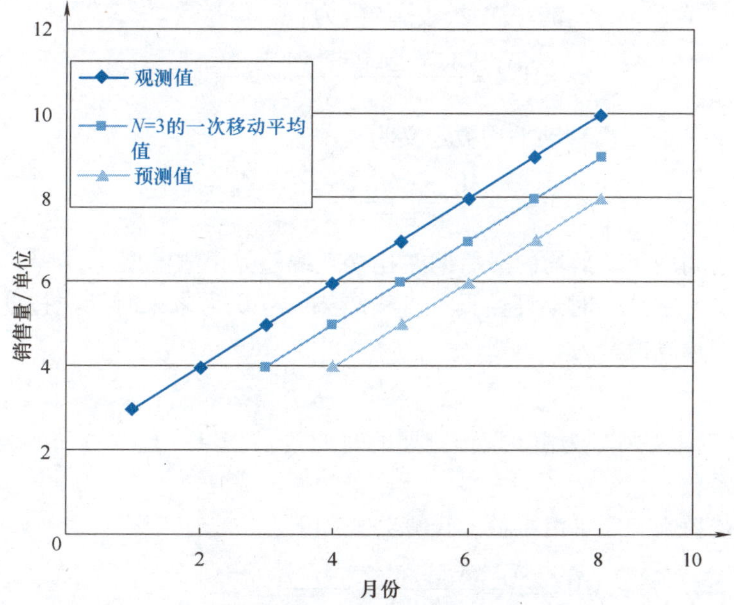

图 4-7 某产品销售量的观测值和预测值

4.2.2 二次移动平均法

前面已讲过，当预测变量的基本趋势发生变化时，一次移动平均法不能迅速地适应这种变化。当时间序列的变化为线性趋势时，一次移动平均法的滞后偏差使预测值偏低，不能进行合理的趋势外推。例如，线性趋势方程为

$$X_t = a + bt$$

这里，a，b 是常数。当 t 增加一个单位时间时，X_t的增量为

$$X_{t+1} - X_t = a + b(t+1) - a - bt = b$$

因此，当时间从 t 增加至 $t+1$ 时，X_{t+1}的值为 $a+b(t+1)$，如采用一次移动平均法计算，其预测值是

$$\hat{X}_{t+1} = \frac{X_t + X_{t-1} + \cdots + X_{t-N+1}}{N}$$
$$= a + bt - \frac{(N-1)b}{2}$$

由此有

$$X_{t+1} - \hat{X}_{t+1} = a + bt + b - \left[a + bt - \frac{(N-1)b}{2}\right]$$
$$= \frac{(N+1)b}{2}$$

从以上推导可以看出，每进行一次移动平均，得到的新序列就比原序列滞后 $b(N+1)/2$。也就是说，二次移动平均值低于一次移动平均值的距离，等于一次移动平均数值低于实际值的距离。因此就有可能用如下方法进行预测：将二次移动平均数与一次移动平均数的距离加回到一次移动平均数上去以作为预测值。如此改动后进行预测的结论将更加准确。

时间序列 X_1，X_2，…，X_t的一次移动平均数为

$$M_t^{(1)} = \frac{X_t + X_{t-1} + \cdots + X_{t-N+1}}{N}$$

序列 X_1，X_2，…，X_t的二次移动平均数定义为

$$M_t^{(2)} = \frac{M_t^{(1)} + M_{t-1}^{(1)} + \cdots + M_{t-N+1}^{(1)}}{N} \tag{4-3}$$

下面讨论如何利用移动平均的滞后偏差建立直线趋势预测模型。

设时间序列 $\{X_t\}$ 从某时期开始具有直线趋势，且认为未来时期也按此直线趋势变化，则可设此直线趋势预测模型为

$$\hat{X}_{t+T} = a_t + b_t T \tag{4-4}$$

式中，t 为当前的时期数；T 为由 t 至预测期的时期数，$T=1$，2，…；a_t为截距，b_t为斜率，两者又称为平滑系数。

运用移动平均值来确定平滑系数，计算公式如下：

$$\begin{aligned} M_t^{(1)} &= \frac{X_t + X_{t-1} + \cdots + X_{t-N+1}}{N} \\ M_t^{(2)} &= \frac{M_t^{(1)} + M_{t-1}^{(1)} + \cdots + M_{t-N+1}^{(1)}}{N} \\ a_t &= M_t^{(1)} + (M_t^{(1)} - M_t^{(2)}) = 2M_t^{(1)} - M_t^{(2)} \\ b_t &= \frac{2(M_t^{(1)} - M_t^{(2)})}{N-1} \end{aligned} \tag{4-5}$$

由此，我们将式（4-5）代入到式（4-4）中去，便可求出 $\hat{X}_{t+T}$，从而进行预测。

二次移动平均法不仅能处理预测变量的模式呈水平趋势时的情形，同时又可应用到长期趋势（线性增长趋势）甚至于季节变动模式上去。这是它相对于一次移动平均法的优点之所在。

二次移动平均法的预测模型是直线方程（一次方程），当实际值的变化趋势为二次或更高次多项式时，就要用三次或更高次的移动平均法，但此时可用其他更好的方法来做。这里就不再对更高次的移动平均法作讨论了。

例4-4 为满足国民经济各部门和人民生活的用电需求以及电力工业自身的可持续发展，电力部门需要加强电力建设的科学决策与规划，而售电量预测是整个电力建设决策规划的前提和基础。售电量预测的结果可以用于规划电源点布局和装机容量，用于确定电网的增容、扩建和改建规模、区域间电量调配以及各项供电（保电）计划的制订。售电量的准确预测直接影响到投资、网络布局和运行的合理性。因此，提高售电量的预测准确性对电力系统建设具有重要的意义。

注意到售电量的历史数据本身为一时间序列，可考虑利用移动平均模型对某地区电网售电量进行预测。

某市1999—2008年的售电量数据如表4-5所示。其散点图如图4-8所示。通过图形观察，可以看到该市年度售电量呈现一种上扬的趋势，且增长量相对比较稳定，适合对售电量序列使用二次移动平均模型进行预测。

表4-5 某市电网1999—2008年的售电量 （单位：亿kW·h）

年份	1999	2000	2001	2002	2003	2004	2005	2006	2007	2008
售电量	63.12	80.91	97.14	116.82	137.68	151.74	176.48	205.83	234.63	247.42

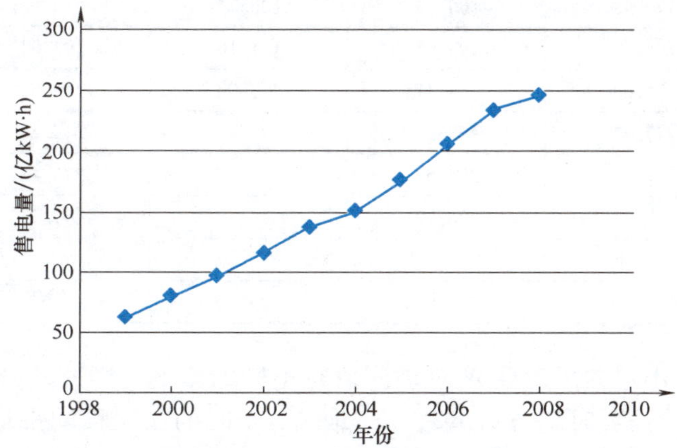

图4-8 某市电网1999—2008年的售电量（单位：亿kW·h）

由式（4-5），取$N=4$，

$$M_{2008}^{(1)}=\frac{X_{2008}+X_{2007}+X_{2006}+X_{2005}}{4}=\frac{(247.42+234.63+205.83+176.48)\text{亿kW·h}}{4}$$

$$=216.09\text{ 亿kW·h}$$

$$M_{2008}^{(2)}=\frac{M_{2008}^{(1)}+M_{2007}^{(1)}+M_{2006}^{(1)}+M_{2005}^{(1)}}{4}=\frac{(216.09+192.17+167.93+145.68)\text{亿kW·h}}{4}$$

$$=180.47\text{ 亿kW·h}$$

$$a_{2008}=2M_{2008}^{(1)}-M_{2008}^{(2)}=(2\times216.09-180.47)\text{亿kW·h}=251.71\text{ 亿kW·h}$$

$$b_{2008}=\frac{2(M_{2008}^{(1)}-M_{2008}^{(2)})}{N-1}=\frac{[2\times(216.09-180.47)]\text{亿kW·h}}{4-1}=23.75\text{ 亿kW·h}$$

得$t=2008$时的直线趋势预测模型为

$$\hat{X}_{2008+T}=a_{2008}+b_{2008}T=251.71+23.75T$$

预测 2009 年和 2010 年的售电量分别为

$$\hat{X}_{2009}=a_{2008}+b_{2008}\times 1=(251.71+23.75\times 1)\text{亿 kW}\cdot\text{h}=275.46\text{ 亿 kW}\cdot\text{h}$$

$$\hat{X}_{2010}=a_{2008}+b_{2008}\times 2=(251.71+23.75\times 2)\text{亿 kW}\cdot\text{h}=299.21\text{ 亿 kW}\cdot\text{h}$$

为了评估二次移动平均法以及 N 值选取的合理性，也可以选取不同的跨越期 N 值进行预测。如表 4-6，可以根据均方误差最小的原则选取合适的 N 值。

表 4-6　某市电网 1999—2008 年的售电量二次移动平均计算表　（单位：亿 kW · h）

		$N=3$		$N=4$	
年份	售电量（X_t）	预测值	误差平方（$\hat{X}_t$）	预测值	误差平方（$\hat{X}_t$）
1999	63.12				
2000	80.91				
2001	97.14				
2002	116.82				
2003	137.68				
2004	151.74	148.18	12.65		
2005	176.48	166.15	106.74		
2006	205.83	193.95	141.16	193.00	164.69
2007	234.63	214.31	413.08	219.66	224.24
2008	247.42	248.97	2.39	249.28	3.44
2009		287.57		275.46	
2010		270.92		299.21	
合计			676.02		392.37
均方误差			135.20		130.79

从图 4-9 可见，不同的跨越期 N 对预测值有不同的影响，因此，必须选择合适的跨越期。通过比较发现，$N=4$ 时均方误差较小，取 $N=4$ 时的二次移动平均模型对该市 2009、2010 两年的售电量进行预测，得 $\hat{X}_{2009}=275.46$ 亿 kW · h，$\hat{X}_{2010}=299.21$ 亿 kW · h。

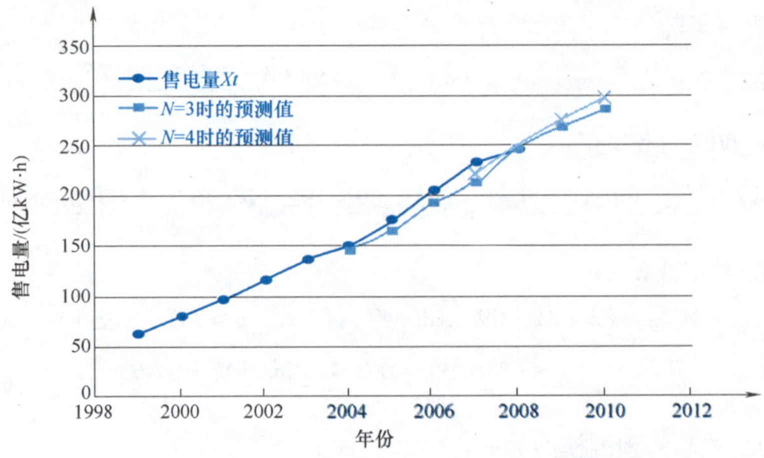

图 4-9　销售量与 $N=3$、$N=4$ 时二次移动平均预测值

4.3 指数平滑法

移动平均法计算简单易行，但存在明显的不足。第一，每计算一次移动平均值，需要存储最近 N 个观察数据，当需要经常预测时有不便之处。第二，移动平均实际上是对最近的 N 个观察值等权看待，而对 $t-N$ 期以前的数据则完全不考虑，即最近 N 个观察值的权系数都是 $1/N$，而 $t-N$ 以前的权系数都为 0。但在实际经济活动中，最新的观察值往往包含着最多的关于未来情况的信息。所以，更为切合实际的方法是对各期观察值依时间顺序加权。指数平滑法正是适应于这种要求，通过某种平均方式，消除历史统计序列中的随机波动，找出其中的主要发展趋势。根据平滑次数的不同，有一次指数平滑、二次指数平滑、三次指数平滑和高次指数平滑之分，但高次很少用。指数平滑法最适合用于进行简单的时间序列分析和中、短期预测。

4.3.1 一次指数平滑法

设 X_0，X_1，…，X_n 为时间序列观察值，$S_1^{(1)}$，$S_2^{(1)}$，…，$S_n^{(1)}$ 为时间 t 的观察值的指数平滑值，则一次指数平滑值为

$$S_t^{(1)}=\alpha X_t+\alpha(1-\alpha)X_{t-1}+\alpha(1-\alpha)^2X_{t-2}+\cdots \tag{4-6}$$

式中，α 为平滑系数，$0<\alpha<1$。

观察式（4-6），实际值 X_t，X_{t-1}，X_{t-2}的权系数分别为 α，$\alpha(1-\alpha)$，$\alpha(1-\alpha)^2$。依次类推，离现在时刻越远的数据，其权系数越小。指数平滑法就是用平滑系数 α 来实现不同时间的数据的非等权处理的。权系数是指数几何级数，指数平滑法也由此而得名。

将式（4-6）略加变换，得

$$\begin{aligned}S_t^{(1)}&=\alpha X_t+(1-\alpha)[\alpha X_{t-1}+\alpha(1-\alpha)X_{t-2}+\cdots]\\&=\alpha X_t+(1-\alpha)S_{t-1}^{(1)}\end{aligned} \tag{4-7}$$

式（4-7）可改写为

$$S_t^{(1)}=S_{t-1}^{(1)}+\alpha(X_t-S_{t-1}^{(1)}) \tag{4-8}$$

预测公式为

$$\hat{X}_{t+1}=S_t^{(1)} \tag{4-9}$$

或

$$\hat{X}_{t+1}=\hat{X}_t+\alpha(X_t-\hat{X}_t) \tag{4-10}$$

下面我们来对移动平均值 $\{M_t^{(1)}\}$ 和指数平滑值 $\{S_t^{(1)}\}$ 做一比较。

$$\begin{aligned}M_t^{(1)}&=\frac{1}{N}(X_t+X_{t-1}+\cdots+X_{t-N+1})\\&=\frac{1}{N}(X_t+X_{t-1}+\cdots+X_{t-N+1}+X_{t-N}-X_{t-N})\\&=\frac{X_t-X_{t-N}}{N}+M_{t-1}^{(1)}\end{aligned}$$

假定样本序列具有水平趋势，将 X_{t-N}用 $M_{t-1}^{(1)}$代替，则

$$M_t^{(1)} \approx \frac{1}{N}X_t - \frac{1}{N}M_{t-1}^{(1)} + M_{t-1}^{(1)}$$

$$= \frac{1}{N}X_t + \left(1 - \frac{1}{N}\right)M_{t-1}^{(1)} \tag{4-11}$$

将 $1/N$ 用 α 替换，式（4-11）即为式（4-7）的形式。

由式（4-7），

$$S_t^{(1)} = \alpha X_t + (1-\alpha)S_{t-1}^{(1)}$$
$$S_{t-1}^{(1)} = \alpha X_{t-1} + (1-\alpha)S_{t-2}^{(1)}$$
$$\vdots$$
$$S_1^{(1)} = \alpha X_1 + (1-\alpha)S_0^{(1)}$$

其中 $S_0^{(1)}$ 为指数平滑的初始值。逐项代入，得

$$S_t^{(1)} = \alpha X_t + \alpha(1-\alpha)X_{t-1} + \cdots + \alpha(1-\alpha)^{t-1}X_1 + (1-\alpha)^t S_0^{(1)} \tag{4-12}$$

指数平滑法克服了移动平均法的缺点，它具有“厚今薄古”的特点。在算术平均中，所有数据的权重相等，均为 $1/N$；一次移动平均中，最近 N 期数据的权重均为 $1/N$，其他为 0；而在指数平滑中，一次指数平滑值与所有的数据都有关，权重衰减，距离现在越远的数据权系数越小。权重衰减的速度取决于 α 的大小，α 越大，衰减越快，α 越小，衰减越慢。

从式（4-10）我们可以看到，指数平滑法解决了移动平均法所存在的一个问题，即不再需要存储过去 N 期的历史数据，而只需最近期观察值 X_t、最近期的预测值 $\hat{X}_t$ 和权系数 α，用这三个数即可计算出一个新的预测值，在进行连续预测时，计算量大大减小。

移动平均法中有 N 的选择问题，同样，在指数平滑法中也有参数 α 的选择问题。

式（4-10）可以给指数平滑法提供进一步的解释：

$$\hat{X}_{t+1} = \hat{X}_t + \alpha(X_t - \hat{X}_t)$$

在这个公式中，新预测值 $\hat{X}_{t+1}$ 仅仅是原预测值 $\hat{X}_t$ 加上权系数 α 与前次预测值误差（$X_t - \hat{X}_t$）的乘积。新预测值是在原预测值的基础上利用误差进行调整，这与控制论中利用误差反馈进行控制的原理有些类似。很明显，当 α 趋近于 1 时，新预测值将包括一个较大的调整；相反，当 α 趋近于 0 时，调整就很小。因此 α 的大小对预测效果的影响与在移动平均法中使用的平均期数 N 对预测效果的影响相同。

我们再来看式（4-12），不难发现，α 的大小实际上控制了时间序列在预测计算中的有效位数。如当 $\alpha = 0.3$ 时，前 10 期观察值 X_{t-10} 的权系数 $\alpha(1-\alpha)^{10} \approx 0.008$，亦即前 10 期的观察值对预测的影响已经很小，这时预测模型中所包含的时间序列的有效位数很短。当 $\alpha = 0.1$，前 10 期的加权系数为 0.035，说明数 X_{t-10} 在预测中仍起着一定作用。因此当 α 值较小时预测模型中所包含的时间序列的有效位数就较大。

综合上述分析可知：α 较大表示较倚重近期数据所承载的信息，修正的幅度也较大，采用的数据序列也较短；α 较小表示修正的幅度也较小，采用的数据序列也较长。由此我们可以得到选择 α 的一些准则：

（1）如果预测误差是由某些随机因素造成的，即预测目标的时间序列虽有不规则起伏波动，但基本发展趋势比较稳定，只是由于某些偶然变动使预测产生或大或小的偏差，这时，α 应取小一点，以减小修正幅度，使预测模型能包含较长的时间序列的信息。

(2) 如果预测目标的基本趋势已经发生了系统的变化，也就是说，预测误差是由于系统变化造成的，则 α 的取值应该大一点，这样，就可以根据当前的预测误差对原预测模型进行较大幅度的修正，使模型迅速跟上预测目标的变化。不过，α 取值过大，容易对随机波动反应过度。

(3) 如果原始资料不足，初始值选取比较粗糙，α 的取值也应大一点。这样，可以使模型加重对以后逐步得到的近期资料的依赖，提高模型的自适应能力，以便经过最初几个周期的校正后，迅速逼近实际过程。

(4) 假如有理由相信用以描述时间序列的预测模型仅在某一段时间内能较好地表达这个时间序列，则应选择较大的 α 值，以减少对早期资料的依赖程度。

α 的选取范围一般以 0.01 ~ 0.3 为宜，注意到在式（4-11）的推导中，是用 α 代替 $1/N$ 的。但在早期阶段，选择较大的 α 往往是有益的，因为此时观察数较少，α 加大，给当前观察值的权数就大，从而减少了由于初始值 $S_0^{(1)}$ 选择不当而引起的偏差。

选取 α 的一种比较有效的方法是：将已知时间序列分成两段，选取一系列 α 值，用前一段数据建立模型，对后一段进行事后预测，以事后预测误差为评价标准，从中选取最优的 α 值，再建立真正的预测模型。例如，已有某产品三年的月销售量统计序列，通常可取 $\alpha=$ 0.05，0.1，0.2，0.3，用前两年的统计数据建立平滑预测模型，对第三年的月销售量进行事后预测，然后对预测值与实际值进行比较，选取预测误差最小的 α 值作为实际预测时的平滑系数。

显然，上述方法仅仅当已有的历史观察数据很多时才适用。对观察数据不是太多的情况下，我们可以先用指数平滑法进行预测，然后选择均方误差最小的 α 值作为正式预测时的平滑系数。

例 4-5 现有某年 1 ~ 11 月对餐刀的需求量（见表 4-7），要用指数平滑法预测这一年 12 月的需求量。在表中我们选择 $\alpha=0.1$，0.5，0.9 三个值进行比较，由于在式（4-12）中 $S_0^{(1)}$ 未知，从而 $S_1^{(1)}$ 也未知，表中将 $X_0=2000$ 作为初始值 $S_0^{(1)}$（初始值的选取将在 4.3.2 节中作进一步讨论）。

表 4-7 指数平滑法预测误差的比较 （单位：个）

时期	需求量的观察值	$\alpha=0.1$ 时的预测值				$\alpha=0.5$ 时的预测值				$\alpha=0.9$ 时的预测值			
		需求量的预测值	误差	绝对误差	误差平方	需求量的预测值	误差	绝对误差	误差平方	需求量的预测值	误差	绝对误差	误差平方
0	2000	—	—	—	—	—	—	—	—	—	—	—	—
1	1350	2000	-650	650	422500	2000	-650	650	422500	2000	-650	650	422500
2	1950	1935	15	15	225	1675	275	275	75625	1415	535	535	286225
3	1975	1937	38	38	1444	1813	162	162	26244	1897	78	78	6084
4	3100	1940	1160	1160	1345600	1894	1206	1206	1454436	1967	1133	1133	1283689
5	1750	2056	-306	306	93636	2497	-747	747	558009	2987	-1237	1237	1530169
6	1550	2026	-476	476	226576	2123	-573	573	328329	1874	-324	324	104976
7	1300	1978	-678	678	459684	1837	-537	537	288369	1582	-282	282	79524

（续）

时期	需求量的观察值	α=0.1 时的预测值				α=0.5 时的预测值				α=0.9 时的预测值			
		需求量的预测值	误差	绝对误差	误差平方	需求量的预测值	误差	绝对误差	误差平方	需求量的预测值	误差	绝对误差	误差平方
8	2200	1910	290	290	84100	1558	642	642	412164	1328	872	872	760384
9	2770	1939	831	831	690561	1884	886	886	784996	2113	657	657	431649
10	2350	2023	327	327	106929	2330	20	20	400	2709	-359	359	122881
11		2056				2340				2386			
总计			461	4681	3431255		684	5698	4351072		423	6127	5028081
均值（取整数）			46	468	343126		68	570	435107		42	613	502808

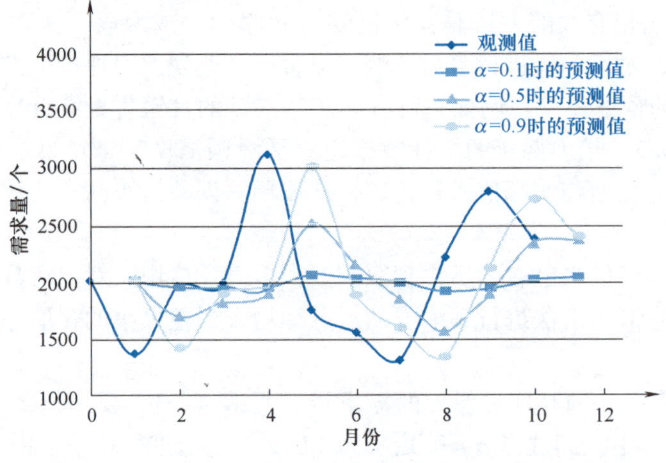

图 4-10　餐刀需求量的预测

从表中以及图 4-10 可以看出，$\alpha=0.1$，0.5，0.9 时，预测值不同，但当 $\alpha=0.1$ 时均方误差最小，因此我们在进行预测时的平滑系数 α 选为 0.1。预测 12 月（份）餐刀的需求量为

$$\hat{X}_{11}=2056 \text{ 个}$$

4.3.2　二次指数平滑法

在本节开始我们提到了移动平均法在计算上的两个局限性，虽然一次指数平滑法改善了这两个缺点，但它和一次移动平均法同样对于预测变量趋势发生变化时的预测问题不能适应。当预测变量的模式呈线性趋势时，二次指数平滑法可像二次移动平均法那样完成同样的任务，又可避免其两种局限性。实际上二次指数平滑法只需存储四项数据。在多数情况下，这种方法要比二次移动平均法更受欢迎。

二次指数平滑法的基本原理与二次移动平均法完全相同。其计算公式如下：

二次指数平滑值为

$$S_t^{(2)}=\alpha S_t^{(1)}+(1-\alpha)S_{t-1}^{(2)} \tag{4-13}$$

其中

$$S_t^{(1)} = \alpha X_t + (1-\alpha) S_{t-1}^{(1)}$$

预测公式为

$$\hat{X}_{t+T} = a_t + b_t T \tag{4-14}$$

其中

$$a_t = S_t^{(1)} + (S_t^{(1)} - S_t^{(2)}) = 2S_t^{(1)} - S_t^{(2)} \tag{4-15}$$

$$b_t = \frac{\alpha}{1-\alpha}(S_t^{(1)} - S_t^{(2)}) \tag{4-16}$$

这里，α 为平滑系数；T 为所需预测的超前时期数；$S_t^{(1)}$ 为一次指数平滑值，$S_t^{(2)}$ 为二次指数平滑值。

在一次指数平滑法的计算公式（4-8）中，取 $t=1$，则

$$S_1^{(1)} = S_0^{(1)} + \alpha(X_1 - S_0^{(1)}) \tag{4-17}$$

此时 $S_0^{(1)}$ 不能再由递推公式得到。对二次指数平滑法而言，由于同样的原因，需要确定其两个初始值 $S_0^{(1)}$ 和 $S_0^{(2)}$。在某种程度上，初始值的设置是一个纯理论性的问题。实际工作中，计算时间序列的指数平滑值，初始值的设置仅有最初的一次，而且，通常总会有或多或少的历史数据可以使我们从中确定一个合适的初始值。同时，从表 4-7 中很容易看出，如果数据序列较长，或者平滑系数选择得比较大，则经过数期平滑链平滑之后，初始值 $S_0^{(1)}$ 对 $S_t^{(1)}$ 的影响就很小了。故我们可以在最初预测时，选择较大的 α 值来减小可能由于初始值选取不当所造成的预测偏差，使模型迅速地调整到当前水平。

假定有一定数目的历史数据，常用的确定初始值的方法是将已知数据分成两部分，用第一部分来估计初始值，用第二部分来进行平滑，求各平滑参数。实用上，当数据个数 $n>15$ 时，取 $S_0^{(1)} = S_0^{(2)} = X_0$；当 $n<15$ 时，取最初几个数据的平均值作为初始值。一般取前 3 ~ 5 个数据的算术平均值，如取

$$S_0^{(1)} = S_0^{(2)} = \frac{X_0 + X_1 + X_2}{3}$$

亦可用最小二乘法或其他方法对前几个数据进行拟合，估计出 a_0，b_0，再根据 a_0 和 b_0 的关系式计算初始值。以二次指数平滑法参数的估计公式为例，由式（4-15）和式（4-16）可解得

$$S_t^{(1)} = a_t - \frac{(1-\alpha)}{\alpha} b_t$$

$$S_t^{(2)} = a_t - \frac{2(1-\alpha)}{\alpha} b_t \tag{4-18}$$

代入 $t=0$，得

$$S_0^{(1)} = a_0 - \frac{(1-\alpha)}{\alpha} b_0$$

$$S_0^{(2)} = a_0 - \frac{2(1-\alpha)}{\alpha} b_0$$

用最小二乘法估计 a_0，b_0，代入上式就可得到二次指数平滑法的初始值。

如果没有足够的资料可供利用，上述两种方法就不能应用。唯一的办法或是等待某些数值变为可用的数值，或是硬性规定具有某种意义的初始值，并立即进行估计。如可采用下述

方法：对一次指数平滑法，$S_0^{(1)}=X_0$；对二次指数平滑法，

$$S_0^{(2)}=S_0^{(1)}=X_0,a_0=X_0,b_0=\frac{(X_1-X_0)+(X_3-X_2)}{2}$$

例 4-6 美国 Acme Tool 公司 1994—2000 年的销售额记录如表 4-8 所示。试用二次指数平滑法预测该公司 2001 年每季度的销售额。

表 4-8 美国 Acme Tool 公司 1994—2000 年的销售额记录 （单位：万美元）

年份	季度	时期	销售额	年份	季度	时期	销售额
1994	1	1	500	1998	1	17	550
	2	2	350		2	18	400
	3	3	250		3	19	350
	4	4	400		4	20	600
1995	1	5	450	1999	1	21	750
	2	6	350		2	22	500
	3	7	200		3	23	400
	4	8	300		4	24	650
1996	1	9	350	2000	1	25	850
	2	10	200		2	26	600
	3	11	150		3	27	450
	4	12	400		4	28	700
1997	1	13	550				
	2	14	350				
	3	15	250				
	4	16	550				

（资料来源：John E Hanke，Arthur G. Reitsch，Dean W. Wichern. Business forecasting [M]. 北京：清华大学出版社，2001.）

作散点图（见图 4-11），观察数据变化趋势，其销售额在预测期内呈现一种上扬的趋势。

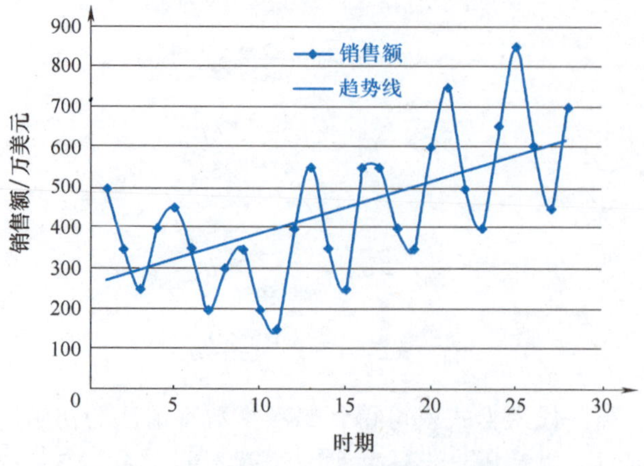

图 4-11 Acme Tool 公司的销售额及趋势线

初始值的确定：由于数据个数 28 > 15，取 $S_0^{(1)} = S_0^{(2)} = X_0 = 500$ 万美元。

α 的确定：采用试算的方法，比较不同 α 值下 Acme Tool 公司销售额预测误差，选取均方误差最小的 α 值作为实际预测时的平滑系数 α。

表 4-9 不同 α 值下 Acme Tool 公司销售额预测误差的比较 （单位：万美元）

年份	季度	时期	销售额	$\alpha=0.3$		$\alpha=0.5$		$\alpha=0.7$	
				预测值	误差平方	预测值	误差平方	预测值	误差平方
1994	1	1	500	—	—	—	—	—	—
	2	2	350	500.00	22500.00	350.00	0.00	500.00	22500.00
	3	3	250	410.00	25600.00	212.50	1406.25	290.00	1600.00
	4	4	400	300.50	9900.25	337.50	3906.25	160.50	57360.25
1995	1	5	450	332.30	13853.29	434.38	244.14	402.70	2237.29
	2	6	350	383.98	1154.30	362.50	156.25	493.18	20499.08
	3	7	200	355.24	24098.84	191.41	73.85	340.16	19645.39
	4	8	300	250.69	2431.92	250.78	2422.49	121.21	31965.35
1996	1	9	350	254.89	9045.34	327.93	487.10	280.11	4884.29
	2	10	200	291.01	8283.61	202.73	7.48	374.16	30331.13
	3	11	150	224.02	5479.33	120.75	855.45	160.78	116.31
	4	12	400	159.03	58064.38	357.57	1800.44	90.80	95606.69
1997	1	13	550	276.38	74869.41	577.38	749.68	463.51	7480.97
	2	14	350	435.00	7225.21	425.49	5698.48	675.93	106232.14
	3	15	250	403.08	23432.54	268.64	347.57	353.34	10679.98
	4	16	550	322.66	51684.82	524.77	636.50	182.67	134929.54
1998	1	17	550	456.71	8702.62	595.11	2034.94	620.30	4942.44
	2	18	400	530.80	17107.36	451.42	2643.76	625.24	50733.50
	3	19	350	478.82	16595.67	352.64	6.97	378.82	830.44
	4	20	600	416.26	33758.83	577.29	515.95	297.02	91797.65
1999	1	21	750	529.65	48555.84	789.13	1530.81	665.62	7120.38
	2	22	500	681.54	32954.98	582.30	6773.98	876.64	141856.88
	3	23	400	612.12	44995.95	410.02	100.46	483.58	6985.24
	4	24	650	508.02	20158.52	614.45	1264.03	316.25	111389.63
2000	1	25	850	597.29	63863.85	874.44	597.36	692.23	24892.16
	2	26	600	765.77	27480.47	683.33	6943.78	985.37	148513.18
	3	27	450	705.91	65490.27	464.72	216.65	595.42	21148.13
	4	28	700	577.05	15117.57	656.39	1902.11	352.57	120707.11
均方误差					27126.12		1604.55		47295.75

以2000年4月第28期的事后预测和2001年1、2月即第29、30期事前预测为例，取$\alpha=0.3$。作第28期的事后预测：

$$S_{27}^{(1)}=0.3X_{27}+(1-0.3)S_{26}^{(1)}=571.55\text{ 万美元}$$

$$S_{27}^{(2)}=0.3S_{27}^{(1)}+(1-0.3)S_{26}^{(2)}=567.70\text{ 万美元}$$

$$a_{27}=2S_{27}^{(1)}-S_{27}^{(2)}=575.40\text{ 万美元}$$

$$b_{27}=\frac{0.3}{1-0.3}(S_{27}^{(1)}-S_{27}^{(2)})=1.65$$

第28期的事后预测值为

$$\hat{X}_{28}=a_{27}+b_{27}\times 1=(575.40+1.65)\text{万美元}=577.05\text{ 万美元}$$

作第29期，第30期的预测：

$$S_{28}^{(1)}=0.3X_{28}+(1-0.3)S_{27}^{(1)}=610.08\text{ 万美元}$$

$$S_{28}^{(2)}=0.3S_{28}^{(1)}+(1-0.3)S_{27}^{(2)}=580.41\text{ 万美元}$$

$$a_{28}=2S_{28}^{(1)}-S_{28}^{(2)}=639.75\text{ 万美元}$$

$$b_{28}=\frac{0.3}{1-0.3}(S_{28}^{(1)}-S_{28}^{(2)})=12.72\text{ 万美元}$$

从而，第29、30期的预测值为

$$\hat{X}_{29}=a_{28}+b_{28}\times 1=(639.75+12.72)\text{万美元}=652.47\text{ 万美元}$$

$$\hat{X}_{30}=a_{28}+b_{28}\times 2=(639.75+12.72\times 2)\text{万美元}=665.18\text{ 万美元}$$

同理，我们计算不同的α值下对销售额的事后预测值，并计算其均方误差（见图4-12）。可以发现，当$\alpha=0.5$时均方误差最小。

这样，我们在实际预测时取平滑系数$\alpha=0.5$。2001年1、2月即第29、30期的预测值为

$$\hat{X}_{29}=671.59\text{ 万美元}$$

$$\hat{X}_{30}=686.80\text{ 万美元}$$

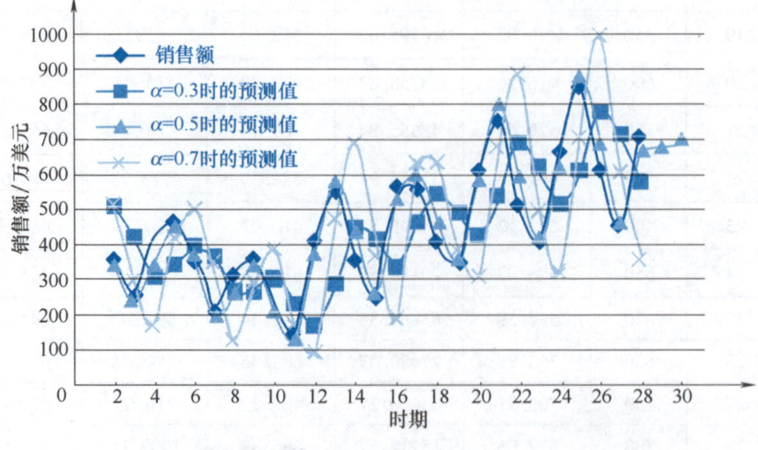

图4-12 不同α值下Acme Tool公司销售额预测值的比较

4.3.3　讨论

在使用一次指数平滑法时，与使用一次移动平均法一样要注意到：①数据应是相当平稳的，即其基本模式应是水平模式；②数据的基本模型发生变化时，这两种方法都不能很快地适应这种变化。然而，一般来讲，一次指数平滑法的预测效果不比一次移动平均法差，而且一次指数平滑法计算时的存储量小，所以一般宁可使用一次指数平滑法。

二次指数平滑法与二次移动平均法类似，它能处理水平模式的数据，也能处理长期趋势模式。与一次指数平滑法类似，二次指数平滑法的预测效果也不比二次移动平均法差，而且它的计算和存储量也要小得多。

但无论是指数平滑法还是移动平均法，它们都还没有一个很好的办法来确定 N 或 α，而且它们均属于非统计的方法，难以使用确切的术语来加以评价。

一次指数平滑法能处理水平模式，二次指数平滑法能处理线性变化的长期趋势模式。完全类似的，平滑的三次以及更高次形式也就可能发展并用于预测二次的或更为复杂的模式上去。用这种方法预测需要很烦琐的计算。而且由于需要首先知道数据的实际模式，也使得这些高次形式难以应用。加之还有其他的预测方法也能用以迅速处理这些复杂模式，所以比二次指数平滑法更高次的平滑方法实际上就很少应用了。

平滑方法最初由 Holt（1957）及 Brown（1956）提出，基本上在 1960 年前后开始发展起来，其后得到了非常广泛的应用，特别是在投资预测领域。

至此，我们已经对指数平滑法的一般计算程序和主要技术环节有了一个全面的了解。图 4-13 表示了指数平滑法的一般工作流程。

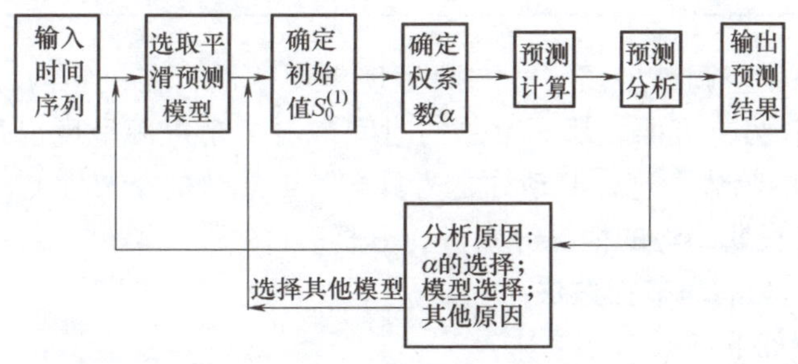

图 4-13　指数平滑法工作流程

4.4　季节指数法

在产品的生产和销售活动中，有些产品是季节性生产而常年消费，如农产品加工等；有些产品是常年生产而季节性消费，如电风扇、空调、电暖气等；也有些产品是季节性生产、季节性消费，如清凉饮料等。这些现象在一年内随着季节的转变而引起周期性变动。这种变动往往具有以下 2 种特点：

（1）统计数据呈现以月、季为周期的循环变动。

（2）这种周期性的循环变动并不是简单的循环重复，而是从多个周期的长时间变化中又呈现出一种发展趋势。

季节指数法（又称季节性变动预测法）是指经济变量在一年内以季（月）的循环为同期特征，通过计算销售量（或需求量）的季节指数达到预测目的的一种方法。

季节指数预测法的操作过程：首先分析判断时间序列观察期数据是否呈季节性波动。通常，可将3~5年的资料按月或按季展开，绘制历史曲线图，以观察其在一年内有无周期性波动来作出判断；然后，再将各种因素结合起来考虑，即考虑它是否还受长期趋势变动的影响，是否受随机变动的影响等。

例4-7 某商店按季统计的近3年12个季度空调销售额资料如表4-10所示。

表4-10 某商店12个季度空调销售额资料 （单位：万元）

年份	季度销售额（序列数）				合计	季平均
	1	2	3	4		
2008	265（1）	373（2）	333（3）	266（4）	1237	309.25
2009	251（5）	370（6）	374（7）	309（8）	1304	326
2010	272（9）	437（10）	396（11）	348（12）	1453	363.25
季合计	788	1180	1103	923	3994	
同季平均数	262.67	393.33	367.67	307.67		
季节指数	0.8494	1.1818	1.1047	0.9244	4.00	
调整后的季节指数	0.7892	1.1642	1.0883	0.9107	4.00	
趋势季节指数	0.814	1.1939	1.0936	0.8971	3.9986	
调整后的趋势季节指数	0.8143	1.1943	1.0940	0.8974	4.00	

可以看出，该商店空调销售额，一方面呈现出周期性，在一年内，1、4季度销售额较少而2、3季度较多；另一方面，从3年总的时间来看，销售额呈现出每年都有增长、周期（季）基本都有增长的趋势。这种变动称之为具有长期趋势的季节性变动。

下面按是否考虑长期趋势的情况分别进行分析。

1. 不考虑长期趋势的季节指数法

计算方法及步骤如下：

已知资料如表4-10，且知在2011年第二季度该商店空调的销售额为420万元，试预测2011年第3、4季度的销售额。

（1）计算历年同季（月）的平均数。假设历年同季平均数为r_i，$i=1, 2, 3, 4$。3年（$n=3$）共有12个季度，其时间序列表示为y_1，y_2，…，y_{12}，那么

$$\begin{cases} r_1 = \dfrac{1}{n}(y_1 + y_5 + \cdots + y_{(4n-3)}) \\ \vdots \\ r_4 = \dfrac{1}{n}(y_4 + y_8 + \cdots + y_{(4n)}) \end{cases}$$

对本例，

$$r_1 = \frac{1}{3} \times (265 + 251 + 272)\text{万元} = 262.67\text{ 万元}$$

$$\vdots$$

$$r_4 = \frac{1}{3} \times (266 + 309 + 348)\text{万元} = 307.67\text{ 万元}$$

（2）计算各年的季平均值。假设以 $\bar{y}_t$ 表示第 t 年的季（月）平均值，$t = 1, 2, \cdots, n$，那么各年季（月）平均值的计算公式为

$$\begin{cases} \bar{y}_1 = \frac{1}{4}(y_1 + y_2 + y_3 + y_4) \\ \bar{y}_2 = \frac{1}{4}(y_5 + y_6 + y_7 + y_8) \\ \vdots \\ \bar{y}_n = \frac{1}{4}(y_{4n-3} + y_{4n-2} + y_{4n-1} + y_{4n}) \end{cases}$$

对本例，

$$\bar{y}_1 = \frac{1}{4} \times (265 + 373 + 333 + 266)\text{万元} = 309.25\text{ 万元}$$

$$\bar{y}_2 = \frac{1}{4} \times (251 + 370 + 374 + 309)\text{万元} = 326\text{ 万元}$$

$$\bar{y}_3 = \frac{1}{4} \times (272 + 437 + 396 + 348)\text{万元} = 363.25\text{ 万元}$$

（3）计算各季（月）的季节指数（α_i）。以历年同季（月）的平均数（r_i）与全时期的季（月）平均数（$\bar{y}$）之比为季节指数 α_i，即 $\alpha_i = r_i/\bar{y}$，而

$$\bar{y} = \frac{1}{4n}\sum_{i=1}^{4n} y_i$$

因此，本例中各季的季节指数为

$$\alpha_1 = \frac{r_1}{\bar{y}} = \frac{262.67}{332.83} = 0.7892,\ \alpha_2 = \frac{r_2}{\bar{y}} = \frac{393.33}{332.83} = 1.1818,$$

$$\alpha_3 = \frac{r_3}{\bar{y}} = \frac{367.67}{332.83} = 1.1047,\ \alpha_4 = \frac{r_4}{\bar{y}} = \frac{307.67}{332.83} = 0.9244$$

从理论上讲，各季的季节指数之和应为4，但是由于在实际计算过程中存在误差，或者统计数据不够完整，致使各季的季节指数之和大于（或小于）4，此时则应予以调整。调整后的季节指数 $F_i = \alpha_i k$，调整系数 k 等于理论季节指数之和 4 与实际季节指数之和 $\sum\alpha_i$ 之比。本例中的季节指数不用调整。

（4）利用季节指数法进行预测。假设 $\hat{y}_t$ 为第 t 月（份）的预测值，α_t 为第 t 月（份）的季节指数，y_i 为第 i 月（份）的实际值，α_i 为第 i 月（份）的季节指数，则

$$\hat{y}_t = y_i \frac{\alpha_t}{\alpha_i}$$

本例中，

$$\hat{y}_{2011.3} = \left(420 \times \frac{1.0883}{1.1642}\right)\text{万元} = 392.6\text{ 万元}$$

$$\hat{y}_{2011.4} = \left(420 \times \frac{0.9107}{1.1642}\right)\text{万元} = 328.5\text{ 万元}$$

说明：对于本例，由于时间序列有着明显的线性增长趋势，因此用不考虑长期趋势的季节指数法计算并不是很好。此法一般适用于长期趋势不明显的数据序列。

2. 考虑长期趋势的季节指数法

长期趋势的季节指数法是指在时间序列观察值资料既有季节周期变化，又有长期趋势变化情况下，首先建立趋势预测模型，再在此基础上求得季节指数，最后建立数学模型进行预测的一种方法。

下面介绍其具体的预测方法及过程（例同上）：

(1) 计算各年同季（月）平均数。

(2) 计算各年的季（月）平均数（方法同上）。

(3) 建立趋势预测模型，求趋势值。

根据各年的季（月）平均数时间序列，若呈现长期趋势，如线性趋势，则建立线性趋势预测模型 $\hat{y}_t = \hat{a} + \hat{b}t$，$\hat{a}$，$\hat{b}$可由第3章的具体方法求出。根据趋势直线方程求出历史上各季度（月）的趋势值。

根据表4-11，得 $\hat{a} = 332.83$ 万元，$\hat{b} = 27$ 万元，线性趋势方程为 $\hat{y}_t = 332.83 + 27t$（以年为单位）。

表 4-11　考虑长期趋势的季节指数法

年　份	年次 t	季平均数 y_t	ty_t	t^2
2008	-1	309.25	-309.25	1
2009	0	326	0	0
2010	1	363.95	363.25	1
合计	0	998.5	54	2

由于方程中的“27”是平均年增长量，若将方程转换为 t 以季为单位，则每季的平均增量为$\hat{b}_0 = \hat{b}/4 = 6.75$ 万元。从而求得半个季度的增量为 3.375 万元。

当 $t = 0$ 时，$\hat{y}_t = 332.83$ 表示的趋势值应该是 2009 年第 2 季度后半季与第 3 季度前半季的季度趋势值，这是跨了“两个季度之半”而形成的非标准季度，所以在确定“标准季度”如 2009 第 2 季度趋势值时，应从 332.83 中减去半个季度的增量，即 2009 年第 2 季度的趋势值应为：(332.83 − 3.375) 万元 = 329.455 万元；同理，2009 第 3 季度的趋势值为：(332.83 + 3.375) 万元 = 336.205 万元。

为了便于计算各季的趋势值，可将时间原点移出 2009 年第 3 季度，即以 $\hat{y}_t = 336.205$ 为基准，逐季递增或减一个季增量 6.75，这时线性趋势方程变为 $\hat{y}_t = 336.205 + 6.75t$（以季为单位）。式中 t 依次取值 −6，−5，−4，−3，−2，−1，0，1，2，3，4，5，可计算出 3 年内各季的趋势值。

(4) 计算出趋势值后，再计算出各年的趋势值的同季平均（计算方法同同季平均）。

(5) 计算趋势季节指数。即表 4-10 中的“同季平均数”与“趋势值同季平均数”之比。如第一季度的比值为 262.67/322.71 = 0.8140。

(6) 对趋势季节指数进行修正（方法同上例）。

（7）求预测值。预测的基本依据是预测期的趋势值乘以该期的季节指数，即预测模型为

$$\hat{y}_t' = \hat{y}_t k = (336.205 + 6.75t)k$$

如本例预测 2011 年第 3、4 季度，则有

$$\hat{y}'_{2011,3} = [(336.205 + 6.75 \times 8) \times 1.0936]\text{万元} = 426.73\ \text{万元}$$

$$\hat{y}'_{2011,4} = [(336.205 + 6.75 \times 9) \times 0.8971]\text{万元} = 356.11\ \text{万元}$$

当然，对于趋势值的预测，也可以用移动平均等方法来进行，具体采用何种方法，要根据历史数据的变化趋势来进行。

考虑长期趋势的季节指数预测曲线如图 4-14 所示。

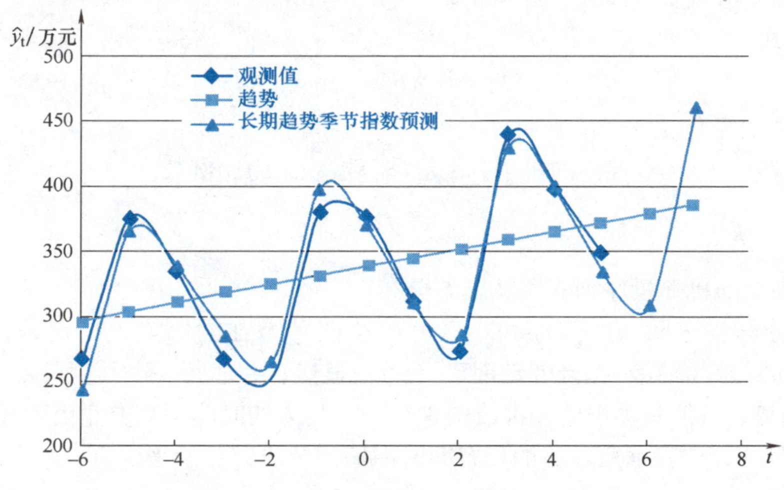

图 4-14　考虑长期趋势的季节指数预测

4.5　时间序列分解法

前两节介绍的方法都是想把时间序列中隐含着的基本的、潜在的模式和随机波动区分开来。经过平均、平滑计算后，随机波动显著减小。但它们都没有企图去识别潜在模式的更细小部分。而在许多实例中，时间序列的模式可细分成两个或更多个因素，如空调、服装等的销售都具有季节性因素。显然，如能知道某一个月的销售额中，哪一部分反映需求的一般增减，哪一部分反应季节变动，这对管理人员实行管理控制是非常有益的。

在 4.1 节中我们已经看到，时间序列一般包括四类因素：长期趋势因素、季节变动因素、循环变动因素和不规则变动因素。四种因素的组合形式一般有 3 类。其中，记 X_t 为时间序列的全变动；T_t 为长期趋势；S_t 为季节变动；C_t 为循环变动；I_t 为不规则变动，它总是存在着的。

1. 乘法模式

$$X_t = T_t \times S_t \times C_t \times I_t$$

这种形式要求满足条件：

（1）X_t 与 T_t 有相同的量纲，S_t 为季节指数，C_t 为循环指数，两者皆为比例数。

(2) $\sum_{t=1}^{k} S_t = k$, k 为季节性周期长度 。

(3) I_t是独立随机变量序列，服从正态分布。

2. 加法模式

$$X_t = T_t + S_t + C_t + I_t$$

这种形式要求满足条件：

(1) X_t，T_t，S_t，C_t，I_t均有相同的量纲。

(2) $\sum_{t=1}^{k} S_t = 0$，k 为季节性周期长度。

(3) I_t是独立随机变量序列，服从正态分布。

3. 混合模式

$$X_t = T_t \times S_t + C_t + I_t$$

这种形式要求满足条件：

(1) X_t与 T_t，C_t，I_t有相同的量纲，S_t是季节指数，为比例数。

(2) $\sum_{t=1}^{k} S_t = k$ 。

(3) I_t是独立随机变量序列，服从正态分布。

时间序列分解法试图从时间序列中区分出这四种潜在的因素，特别是长期趋势因素(T)、季节变动因素(S)和循环变动因素(C)。显然，并非每一个预测对象中都存在着 T，S，C 这三种趋势，可能是其中的一种或两种。一个具体的时间序列究竟由哪几类变动组合，采取哪种组合形式，应根据所掌握的资料、时间序列及研究目的来确定。

4.5.1 各因素的确定

分解法的基础是容易理解而且直观的。不过最重要的是它为预测和检验提供了独特和非常有用的资料。我们用一个例题来说明各个因素分解的步骤。

设有某产品 12 年的季度销售额数据，见表 4-12 中的第二列，共有 48 个数据。如果将这些数据画在图上（见图 4-15），可以看出有明显的长期趋势和季节变动。利用分解法，假设这 48 个数据可表示为 $X_t = T_t \times C_t \times S_t \times I_t$。这里 X_t是这些原始数据，通过分析原始数据 X 来确定 T，C，S（剩下的为 I）。

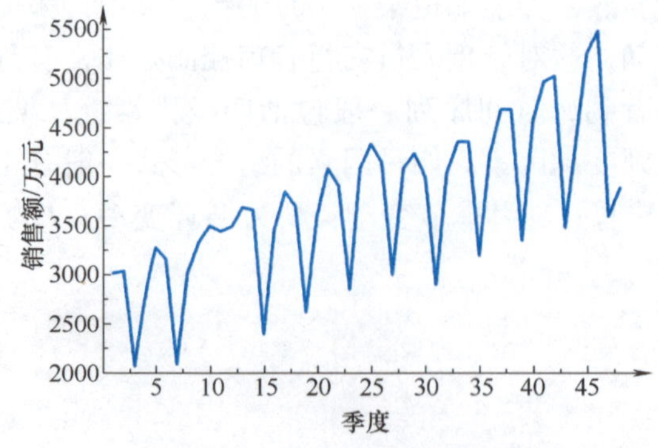

图 4-15 某产品 48 个季度的销售额

表 4-12　某产品 48 个季度的销售数据及数据分解

季度	观察值 (X_t)/万元	移动平均值 ($T\times C$)/万元	$S\times I$ 比率（%）	长期趋势 (T)/万元	循环变动 (C)(%)
1	3017.60	—	—	2820.74	—
2	3043.54	—	—	2858.95	—
3	2094.35	2741.33	76.40	2897.16	94.62
4	2809.84	2805.63	100.15	2935.36	95.58
5	3274.80	2835.57	115.49	2973.57	95.36
6	3163.28	2840.56	111.36	3011.78	94.31
7	2114.31	2894.24	73.05	3049.99	94.89
8	3024.57	2907.41	104.03	3088.19	94.15
9	3327.48	2989.96	111.29	3126.40	95.64
10	3493.48	3321.37	105.18	3164.61	104.95
11	3439.93	3437.92	100.06	3202.81	107.34
12	3490.79	3527.32	98.96	3241.02	108.83
13	3685.08	3569.26	103.25	3279.23	108.84
14	3661.23	3303.88	110.82	3317.43	99.59
15	2378.43	3296.07	72.16	3355.64	98.22
16	3459.55	3337.21	103.67	3393.85	98.33
17	3849.63	3347.20	115.01	3432.06	97.53
18	3701.18	3413.19	108.44	3470.26	98.36
19	2642.38	3444.68	76.71	3508.47	98.18
20	3585.52	3501.94	102.39	3546.68	98.74
21	4078.66	3553.41	114.78	3584.88	99.12
22	3907.06	3597.43	108.61	3623.09	99.29
23	2818.46	3723.42	75.70	3661.30	101.70
24	4089.50	3788.66	107.94	3699.50	102.41
25	4339.61	3849.04	112.75	3737.71	102.98
26	4148.60	3888.54	106.69	3775.92	102.98
27	2976.45	3887.33	76.57	3814.13	101.92
28	4084.64	3863.03	105.74	3852.33	100.28
29	4242.42	3825.27	110.91	3890.54	98.32
30	3997.58	3801.41	105.16	3928.75	96.76
31	2881.01	3789.31	76.03	3966.95	95.52
32	4036.23	3818.79	105.69	4005.16	95.35
33	4360.33	3909.53	111.53	4043.37	96.69

（续）

季度	观察值 (X_t)/万元	移动平均值 ($T\times C$)/万元	$S\times I$ 比率（%）	长期趋势 (T)/万元	循环变动 (C)(%)
34	4360.53	3982.32	109.50	4081.57	97.57
35	3172.18	4029.20	78.73	4119.78	97.80
36	4223.76	4111.74	102.72	4157.99	98.89
37	4690.48	4195.23	111.81	4196.19	99.98
38	4694.48	4237.77	110.78	4234.40	100.08
39	3342.35	4326.24	77.26	4272.61	101.26
40	4577.63	4394.98	104.16	4310.82	101.95
41	4965.46	4477.87	110.89	4349.02	102.96
42	5026.05	4509.82	111.45	4387.23	102.79
43	3470.14	4496.90	77.17	4425.44	101.61
44	4525.94	4570.21	99.03	4463.64	102.39
45	5258.71	4686.09	112.22	4501.85	104.09
46	5489.58	4717.75	116.36	4540.06	103.91
47	3596.76	4556.66	78.93	4578.26	99.53
48	3881.60	—	—	4616.47	—

1. 移动平均数

把最初的四个数据（表示1999年4个季度的值）相加求平均值得到

$$\frac{X_1+X_2+X_3+X_4}{4}=2741.334\text{ 万元}$$

这个数是没有季节性的，而且随机性因素也很小甚至没有。因为随机性围绕中间值波动，将4个数相加，正负波动在一定程度上相互抵消了，所以可认为其中已无随机性。这个平均值，其所对应的时间轴在第2季度和第3季度的中间。为了便于计算，我们将之放在第3季度，依此类推（这个问题在4.5.3中将有详细解释）。同样将第2个至第5个数据相加平均，得到

$$\frac{X_2+X_3+X_4+X_5}{4}=2805.63\text{ 万元}$$

也不包含季节性，而且其随机性因素也很小。如此我们可得到45个数据，它们不包含季节性，而且随机性因素很小甚至没有。也就是说，它们只包括长期趋势和循环变动两部分（$T\times C$）。这45个数据组成的序列我们称之为移动平均数序列，用MA来表示，$\text{MA}=T\times C$，如图4-16所示。

2. 季节性

由于

$$\frac{X}{\text{MA}}=\frac{T\times C\times S\times I}{T\times C}=S\times I \tag{4-19}$$

因此将观察值除以移动平均数得到的比率值就只包含季节性和随机性，从而这些比率包括了

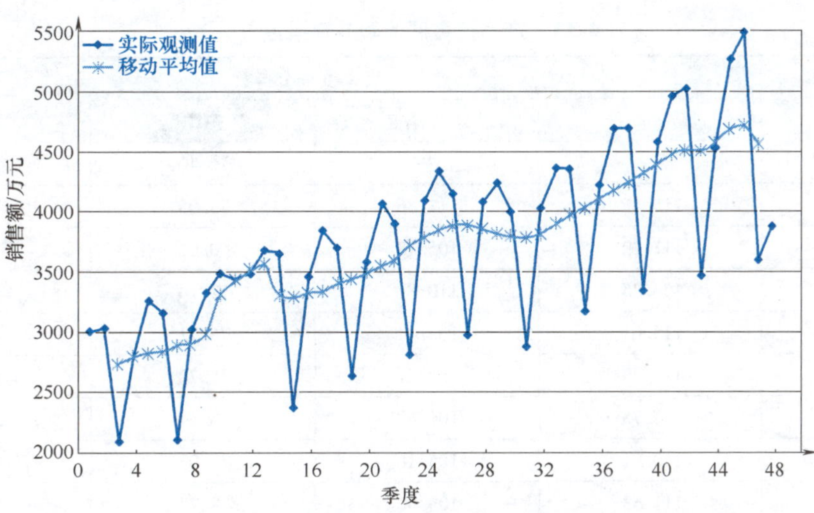

图4-16　产品销售数据序列的移动平均值

确定季节性因素所需要的信息。如果某个比率的值大于100，意味着实际值 X 比移动平均数（$T\times C$）要大。由于 X 中包含季节性和随机性，因而当比率值大于100时，就意味着这个季度的季节性和随机性高于平均数。反之，如果比率小于100，则表示季节性和随机性低于平均数。产品销售额与序列的移动平均值的比率如图4-17所示。

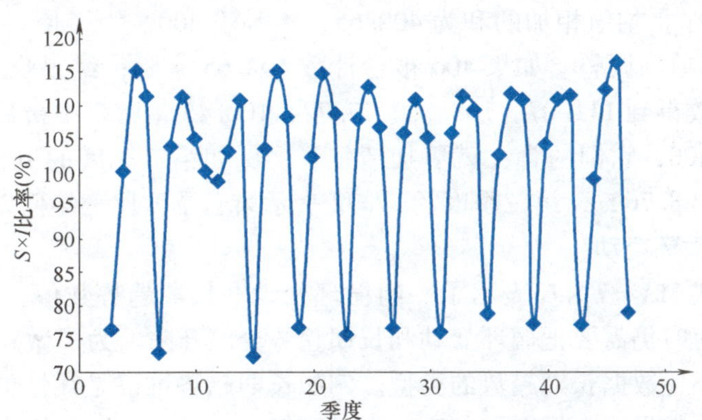

图4-17　产品销售额与序列的移动平均值的比率

由式（4-19）可知，如果能将 $S\times I$ 中的随机性部分 I 去掉，则就得到了季节性指数。要做到这一点，只需注意到随机性指的是偶然的、没有一定模式、围绕均值上下波动的因素。因此通过平均就能去掉随机性的影响。将表4-12中“$S\times I$ 比率”这一栏列成表4-13的形式，将各年同一季度的数据放在同一列中，求相同各季度的平均值，得到第一季度至第四季度的平均数分别为112.72，109.88，76.28，103.86。由于从1999年至2010年各年中相同季度的数值加以平均消除了大部分随机性，因此这四个平均数仅仅代表了季节性。用代数式表示，即为

$$\overline{S\times I}=S \tag{4-20}$$

其中 $\overline{S\times I}$ 中上面的横线表示季节平均。

表 4-13　产品销售额的季节性指数（%）

年　份	各季度季节指数			
	第一季度	第二季度	第三季度	第四季度
1999	—	—	76.40	100.15
2000	115.49	111.36	73.05	104.03
2001	111.29	105.18	100.06	98.96
2002	103.25	110.82	72.16	103.67
2003	115.01	108.44	76.71	102.39
2004	114.78	108.61	75.70	107.94
2005	112.75	106.69	76.57	105.74
2006	110.91	105.16	76.03	105.69
2007	111.53	109.50	78.73	102.72
2008	111.81	110.78	77.26	104.16
2009	110.89	111.45	77.17	99.03
2010	112.22	116.36	78.93	
平均数	111.81	109.48	78.23	103.13
修正平均数	111.07	108.76	77.72	102.45

表 4-13 中的四个平均值相加的和为 402.65，不等于 400。为了使各季节指数的平均数等于 100，须进行简单的调整。如果 400 被合计数 402.65 来除，结果是 0.9934。以 0.9934 乘以各季节的平均数得到 111.07，108.76，77.72，102.45（见表中最后一行）。现在这四个季节指数的和为 400，它们的含义就更加清楚了，例如第二季度的 108.76 就表示第二季度比全年平均数高出 8.76%，第三季度的 77.72 表示第三季度比全年低 22.28%。

3. 长期趋势和循环变动

前面介绍的公式 $MA = T \times C$ 表示了一组循环变动—长期趋势数值。在多数情况下这样已能满足要求，但有时仍需要把循环变动和长期趋势分离开来。为了做到这一点，我们只需确定一种能最好地描述数据长期趋势的类型。例如长期趋势可以是线性的、二次的、S 曲线或其他。对于本例，如果将数据在图上画出来，可以看出线性的长期趋势是比较合适的：

$$T_t = a + bt \tag{4-21}$$

$t = 1, 2, 3, \cdots, 48$。用最小二乘法可求得模型的最佳拟合参数为：

$$a = 2782.54, \; b = 38.21$$

因此趋势直线方程为

$$T_t = 2782.54 + 38.21t$$

如图 4-18 所示。用此方程即可求得每个季度的趋势值。如第 20 季度（2008 年的第四季度）趋势值为

$$T_{20} = a + bt = 3546.68 \text{ 万元}$$

由于 $MA = T \times C$，因此

$$\frac{MA}{T} = \frac{T \times C}{T} = C \tag{4-22}$$

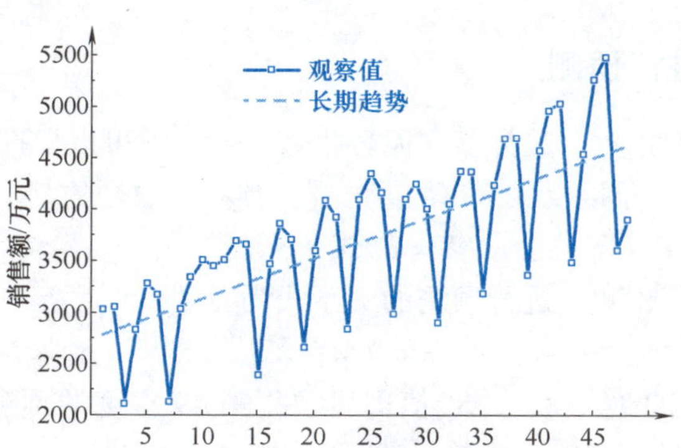

图 4-18　产品销售额的观察值及长期趋势

应用上式即可求得循环变动值 C。如第 45 季度的循环变动值 C_{45} 等于表 4-12 中的移动平均数除以 T_{45}，即

$$C_{45} = \frac{4611.094}{2735.85 + 38.96 \times 45} = 102.72\%$$

如同季节指数，循环指数也采取百分比率。其值大于 100，表明该季度经济活动水平高于所有季度的平均值；其值小于 100，所表明的情况则刚好相反。如图 4-19 所示。

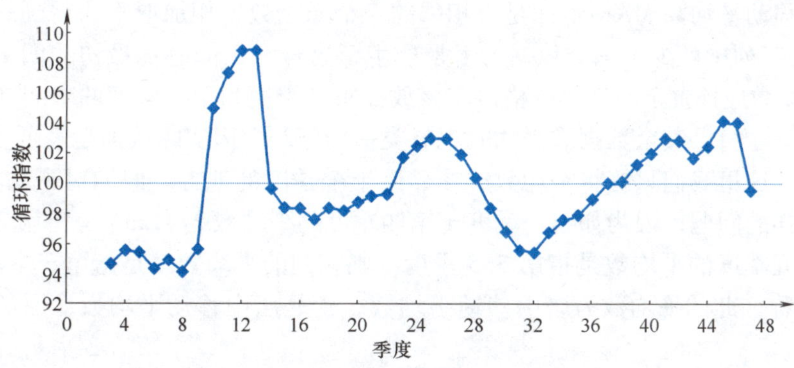

图 4-19　产品销售额的循环变化

循环因子比较复杂，且其变动周期较长，因而在短期预测中可以忽略不计，或将其归入到趋势变化之中（称为趋势—循环因子）。人们更关心的是趋势和季节的识别。

至此我们完成了对原始数据 X_t 的分解工作，其步骤总结如下：

(1) 用 $\mathrm{MA} = T \times C$ 分析长期趋势和循环变动。

(2) 用 $X/\mathrm{MA} = S \times I$ 分析季节性和随机性。

(3) 用 $\overline{S \times I} = S$ 分析季节性。

(4) 用趋势外推法中介绍的方法来分析长期趋势。

(5) 用 $\mathrm{MA}/T = C$ 分析循环变动。

总之，分解法提供了分析时间序列各种因素的手段。它使用简单，只需用加法、乘法和除法等四则运算即可，而且非常直观，能给企业提供一定时期内的大量信息。

4.5.2 根据分解法进行预测

用分解法确定了季节指数、趋势值和循环指数之后，就可以根据上面总结的步骤进行预测了。我们对 2011 年第一季度（第 49 季度）进行预测。数据的基本关系式为

$$X = T \times C \times S \, .. I$$

由于随机性无法直接进行预测，进行预测的关系式为

$$X = T \times C \times S$$

于是，计算出第 49 季度的 T_{49}，C_{49}，S_{49} 值即可求得第 49 季度的预测值。表 4-13 中已得到第一季度的季节指数为 111.07%，由趋势方程求得

$$T_{49} = (2782.54 + 38.21 \times 49)\text{万元} = 4654.68\ \text{万元}$$

最后循环指数通常要根据判断估算出来，或者用某种方法预测得到。这里我们假定通过判断得到 $C_{49} = 98\%$，于是

$$X_{49} = T_{49} \times C_{49} \times S_{49} = 4654.68\ \text{万元} \times 98\% \times 111.07\% = 5066.62$$

同样可以对第 50、51 季度进行预测。

4.5.3 对分解法的进一步说明

1. 居中移动平均数

为了求得移动平均数 MA，上面是将相邻的 4 个原始数据相加取平均得到一个数，这样在表 4-12 的第三列中就少了三个数据。于是产生了这样一个问题：最初的四个数据被平均时，它们的平均数应该置于何处？严格讲应该放在第二季度和第三季度的中间（$(1+4)/2 = 2.5$，第 2.5 个季度）。其余数据取平均时也有类似的问题。但实际数据是表示各个季度而不是半个季度的，这里我们只好将平均数放在靠后半个季度的地方。假如对平均数再取平均，就不会产生这样的问题，因为如第一季度至第四季度的平均数 2741.34 是指第 2.5 季度，而第二季度至第五季度的平均数是指第 3.5 季度，则它们的平均数就是指第 3 个季度（$(2.5 + 3.5)/2 = 3$）。称如此的平均数为居中移动平均数，于是居中移动平均数比原始数据少四个（首尾各两个）。

现在，实际值除以居中移动平均值所得的比率（还是 $S \times I$）也可以用来计算季度指数，具体的与上面所述完全一样。这样求得的四个季度的季节指数分别为 112.20%，109.44%，75.37%，103.17%，其和为 400.18%，非常接近于 400%，这是因为移动平均数居中的缘故。

2. 分解法的改进

在上面所叙述的分解法的基础上，也可作一些改进，例如：

（1）修正原始数据中工作日或营业日的差额。由于各个月份（或季度）的工作日是不尽相同的，这就会影响到销售额或别的所要预测的变量。因此首先必须对数据进行调整。如对月度数据的调整可通过原始数据乘以 30 对工作日的比率来进行，即将各月度的原始数据折算到工作日均为 30 天的统一情况。

（2）利用统计方法来淘汰极值（即修改或舍去超出标准差的 3 倍范围的数值），在分解法实施之前先对数据进行预处理。

（3）按上一节求得的季节性指数还可进一步改进，并进行动态的调整，因为实际上季

节指数并不一定是一成不变的，它本身亦是一个变化的时间序列。

还应注意到用分解法进行预测时，循环因素的确定是最为困难的。如果有什么秘诀的话，那就是应具备足够数量的历史数据，以使管理人员了解循环模式是从哪里开始重复的，必要时可用图表的方法来帮助确定。由于循环模式可能会发生变化，按照管理人员的判断对循环模式作一些调整无疑是必要的。

在前面的两个子节中，我们是以周期为4的季度数据的一个例题来说明分解法的分解步骤和预测程序的。对周期为12的月度数据、周期为7的日常数据等其他情况，运用分解法的程序完全类似，在此不再举例讨论。

分解法能帮助解释历史数据为什么变化，能使管理人员分别预计各局部模式的变化。这些局部模式不仅能用以预测，而且也可用于管理之中，再加上它容易被管理人员所理解，因此分解法在直观上吸引了许多管理人员的注意，从而被大量地用于对实际问题的预测。经过成千上万个时间序列的反复检验，分解法被证明其效率和准确性都是较高的。当然这种证明是经验的而非理论的，这也是它的主要缺点。它不能用统计的方法来检验，也不能建立置信区间。实际上，分解法仅适用于那些季节性较强的中、短期预测，当预测目标受外界干扰较大时，其预测能力会明显减弱。

4.6　基于SPSS软件的确定型时间序列分析与预测

SPSS是“社会科学统计软件包”（Statistical Package for the Social Science）的简称，是一种集成化的计算机数据处理应用软件。我们选择SPSS11.5中文版进行演示说明。

表4-14是某品牌女装过去10年的销售数据，以此来预测女装未来的月销售情况。

表4-14　某品牌女装连续120个月月度销售记录数据

日　期		销售额/万元	日　期		销售额/万元
1989年	1月	16578.93	1990年	1月	18103.06
	2月	18236.13		2月	20979.5
	3月	43393.55		3月	34503.12
	4月	30908.49		4月	26783.96
	5月	28701.58		5月	31790.15
	6月	29647.57		6月	32432.74
	7月	31141.51		7月	37180.05
	8月	31177.31		8月	29658.85
	9月	30672.37		9月	33238.46
	10月	37633.38		10月	35679.33
	11月	33890.92		11月	37238.87
	12月	51378.0		12月	46766.94

（续）

日期		销售额/万元	日期		销售额/万元
1991 年	1 月	21752.78	1995 年	1 月	38327.12
	2 月	20789.67		2 月	26802.52
	3 月	37427.02		3 月	43726.64
1993 年	⋮	⋮		4 月	44153.56
	3 月	53541.03		5 月	50111.22
	4 月	39528.52		6 月	23246.3
	5 月	43131.16		7 月	44048.71
	6 月	38643.97		8 月	38977.73
	7 月	44413.45		9 月	45705.63
	8 月	46639.55		10 月	44370.37
	9 月	49281.79		11 月	47942.89
	10 月	65196.81		12 月	73918.34
1994 年	1 月	22513.18	1996 年	1 月	28182.68
	2 月	22573.29		2 月	28526.25
	3 月	37414.13		3 月	44341.36
	4 月	41151.05		⋮	⋮
	5 月	42418.67	1998 年	1 月	41038.75
	6 月	35911.73		2 月	48329.36
	7 月	34901.72		3 月	44961.98
	8 月	40581.52		4 月	58660.76
	9 月	61179.2		5 月	57791.14
	10 月	44547.37		6 月	56329.4
	11 月	50375.31		7 月	54617.35
	12 月	63823.61		8 月	80245.97

（数据来源：SPSS15 \ Tutorial \ sample_files \ catalog_seasfac. Sav ）

销售时间为 1989 年 1 月至 1993 年 12 月，共计 120 个月，时期数为 1 至 120。预测 1999 年 1 月至 4 月的销售数据。

1. 绘制时间序列趋势图，分析时序的变动规律。

为了找到合适的模型，首先需要分析时间序列的变动特点。绘制时间序列的趋势图，是分析时序最直接、最简便的方法。根据时间序列的趋势图可以弄清两个问题：①数据是否存在整体趋势？如果存在这种趋势，是线性的还是非线性的，且这种趋势能否延续到预测区间；②数据是否存在季节变化？如果存在，那么这种季节的波动是稳定的还是随季节变动的。

具体操作步骤：在 SPSS 中打开数据，依次单击菜单“Analyze→Time Series→Sequence Charts”，打开“Sequence Charts”对话框，如图 4-20 所示，在打开的对话框中将“ Sales of Women's Clothing”选入“Variables ”框，将时间表量“Date”选入“Time Axis Labels”，单击“OK”按钮。生成序列图的查看器，在查看器中生成销售数据的趋势图（见图 4-21）。

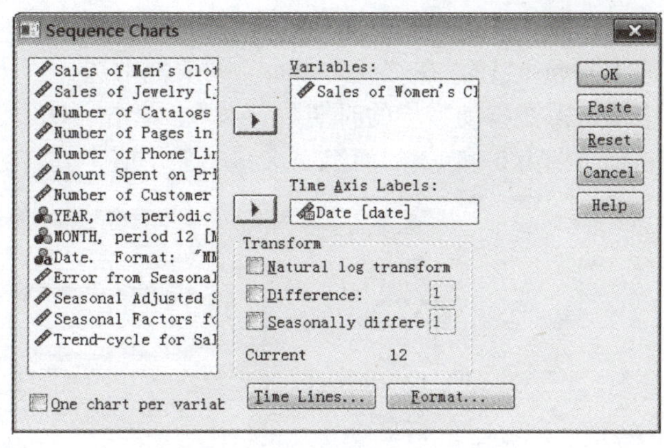

图 4-20　序列图对话框

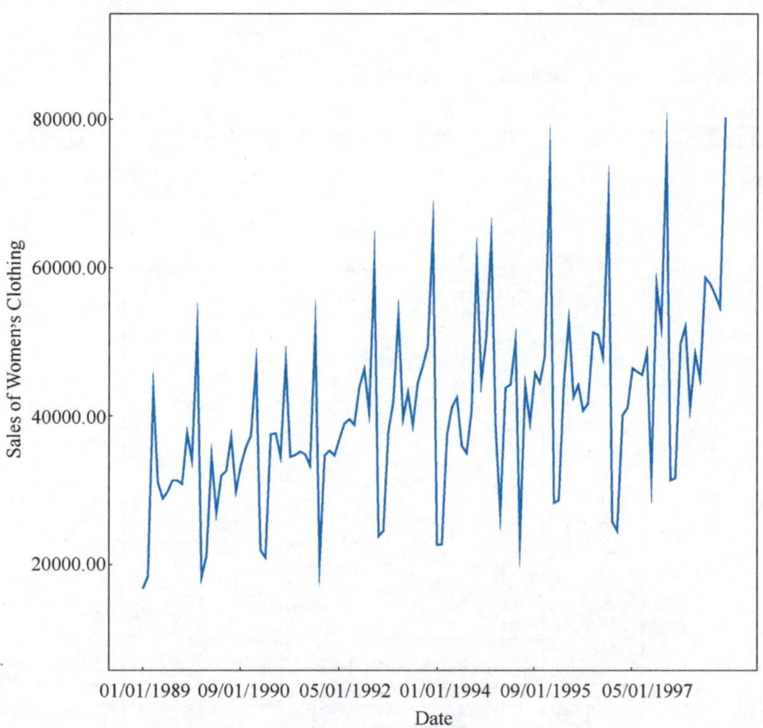

图 4-21　Sales of Women's Clothing 序列趋势图

从趋势图可以看出：①时间序列呈现整体上升趋势，即序列值随时间而增加，且上升的趋势似乎是线性趋势。②时间序列呈现很明显的季节特征，即年度最高点在 12 月份，季节变动呈现随时间的增加而增长的趋势。

2. 模型估计

（1）移动平均模型

第一步：打开数据，单击菜单依次选择：Transform→Creat Time Series，如图 4-22 所示，生成“Creat Times Series”对话框。依次在左栏中选择“Sales of Women's Clothing”变量到新变量栏内，新变量默认名称为 women_1，选中 women_1 改变其名称为 women_6。在“Function”列表框中选择“Prior moving average”，在出现的“Span”栏中输入需要移动平

均的时期数“6”。在左栏重新选择“Sales of Women's Clothing”变量到新变量栏内，改变其名称为 women_12。在“ Function”列表框中选择“Prior moving average”，在出现的“Span”栏中输入需要移动平均的时期数“12”。单击“OK”。该操作将生成两个新的时间序列，分别是跨越期为 6 和 12 的两组一次移动平均值，其名称分别为 women_6 和 women_12。

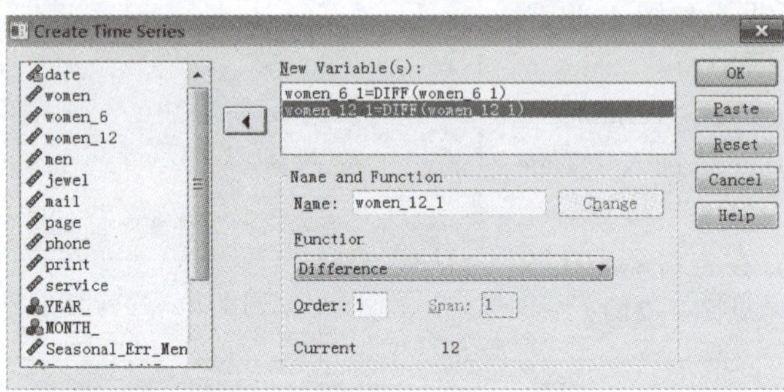

图 4-22　移动平均模型选择对话框

第二步：回到数据编辑窗口，可以看到表示 6 期移动平均和 12 期移动平均的新变量 women_6 和 women_12，如图 4-23 所示。

date	women	women_6	women_12
01/01/89	16578.93	.	.
02/01/89	18236.13	.	.
03/01/89	43393.55	.	.
04/01/89	30908.49	.	.
05/01/89	28701.58	.	.
06/01/89	29647.57	.	.
07/01/89	31141.51	27911.04	.
08/01/89	31177.31	30338.14	.
09/01/89	30672.37	32495.00	.
10/01/89	37633.38	30374.81	.
11/01/89	33890.92	31495.62	.
12/01/89	51378.00	32360.51	.
01/01/90	18103.06	35982.25	31946.65
02/01/90	20979.50	33809.17	32073.66
03/01/90	34503.12	32109.54	32302.27
04/01/90	26783.96	32748.00	31561.40
05/01/90	31790.15	30939.76	31217.69
06/01/90	32432.74	30589.63	31475.07
07/01/90	37180.05	27432.09	31707.17
08/01/90	29658.85	30611.59	32210.38
09/01/90	33238.46	32058.15	32083.84
10/01/90	35679.33	31847.37	32297.68
11/01/90	37238.87	33329.93	32134.85
12/01/90	46766.94	34238.05	32413.84
01/01/91	21752.78	36627.08	32029.59
02/01/91	20789.67	34055.87	32333.73
03/01/91	37427.02	32577.68	32317.91
04/01/91	37578.38	33275.77	32561.57
05/01/91	34424.09	33592.28	33461.10
06/01/91	47208.79	33123.15	33680.60
07/01/91	34389.18	33196.79	34911.94
08/01/91	34637.01	35302.86	34679.36
09/01/91	35092.11	37610.75	35094.21
10/01/91	34735.17	37221.59	35248.68
11/01/91	33201.77	36747.73	35170.00
12/01/91	51760.84	36544.01	34833.58
01/01/92	20078.40	37302.68	35249.73
02/01/92	34596.86	34917.55	35110.20

图 4-23　序列的 6 期移动平均和 12 期移动平均

第三步：将原时间序列、跨度期为6和12的移动平均值画在同一个图上。如图4-24所示，跨度期12比6的移动平均值要平缓。跨度期12的移动平均数，消除了季节因素的影响，将历史数据的趋势反映出来了。显然，一次移动平均并不能很好地对时序进行拟合。

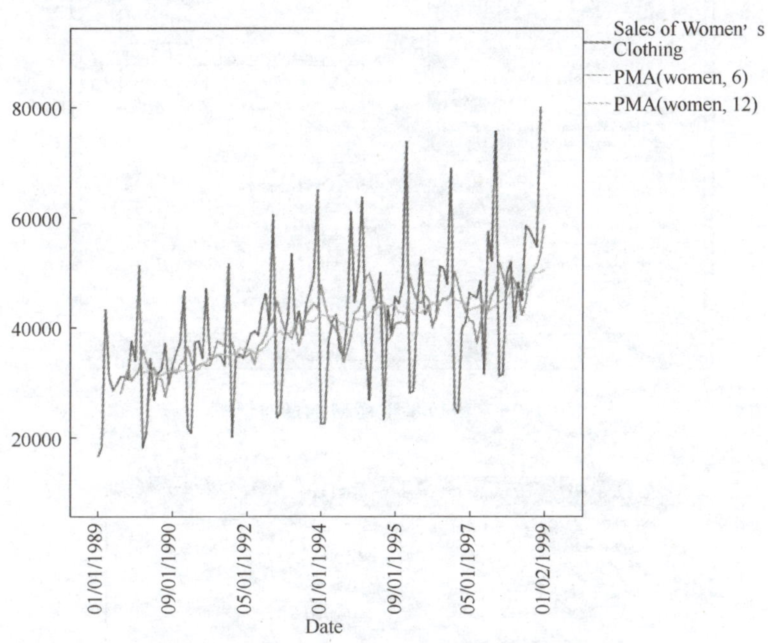

图4-24　6期移动平均序列和12期移动平均序列

（2）指数平滑模型

第一步：打开数据，在菜单栏依次选择“Analyze→Time Series→Create Models”，打开“Time Series Modeler”对话框，如图4-25所示，在“Variables”选择“Sales of Women's Clothing”进入“Dependent Variables”栏，在“Method”栏中选择“Exponential Smoothing”（指数平滑）。

第二步：单击“Criteria”打开“Exponential Smoothing Criteria”对话框，在“Model Type”中（默认的为“simple”即“一次指数平滑”），分“Nonseasonal”和“Seasonal”（无季节性和有季节性）两类，显然，选择“Seasonal”下的“Winters' multiplicative”，如图4-26所示。

第三步：单击“Continue”，进行预测设置。单击“Option”选项卡，勾选“First case after end of estimation period through a specified date”，在“Date”参数“Year”和“Month”中分别输入“1999”和“2”，即预测1999年1月和2月的销售量。

第四步：单击“Plots”，进行输出的图表设置。勾选“Series”，勾选“Observed values”（观察值）、Forecasts（预测值）、Fit values（拟合值）。

第五步：单击“Statistics”，进行输出统计量设置。勾选“Display fit measures，Ljung-Box statistic，and number of outliers by mode”，勾选“Display forecasts”。

第六步：单击“Save”，进行保存设置。勾选“Predicted Values”（生成预测变量）。单击“OK”。输出结果，如图4-27～图4-30所示。

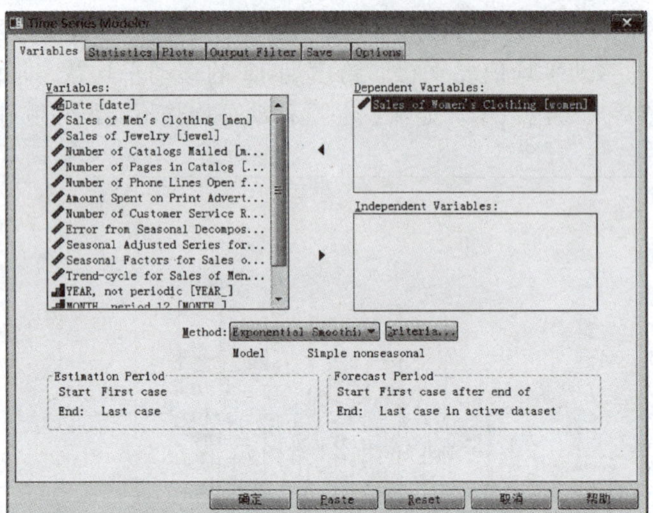

图 4-25　指数平滑模型选择对话框

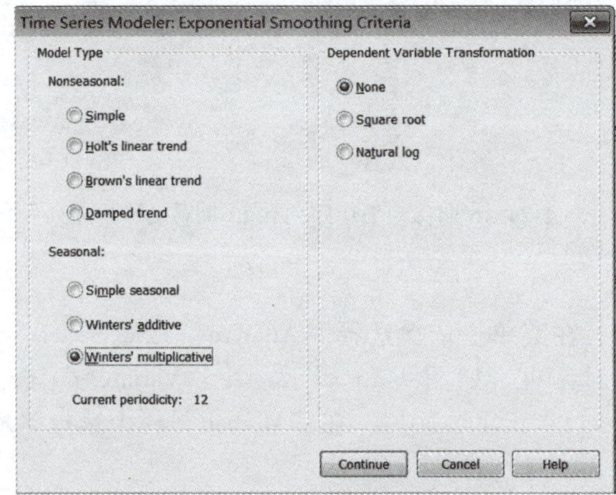

图 4-26　指数平滑模型参数设定对话框

Model Description

			Model Type
Model ID	Sales of Women's Clothing	Model_1	Winters' Multiplicative

图 4-27　模型描述

Model Statistics

Model	Number of Predictors	Model Fit statistics	Ljung-Box Q(18)			Number of Outliers
		Stationary R-squared	Statistics	DF	Sig.	
Sales of Women's Clothing-Model_1	0	.716	20.946	15	.139	0

图 4-28　模型统计量

Forecast

Model		Jan 1999	Feb 1999	Mar 1999	Apr 1999
Sales of Women's Clothing-Model_1	Forecast	30886.70	32073.55	51718.36	50630.47
	UCL	41648.94	42838.17	62492.50	61406.18
	LCL	20124.46	21308.93	40944.22	39854.75

图4-29　模型预测值

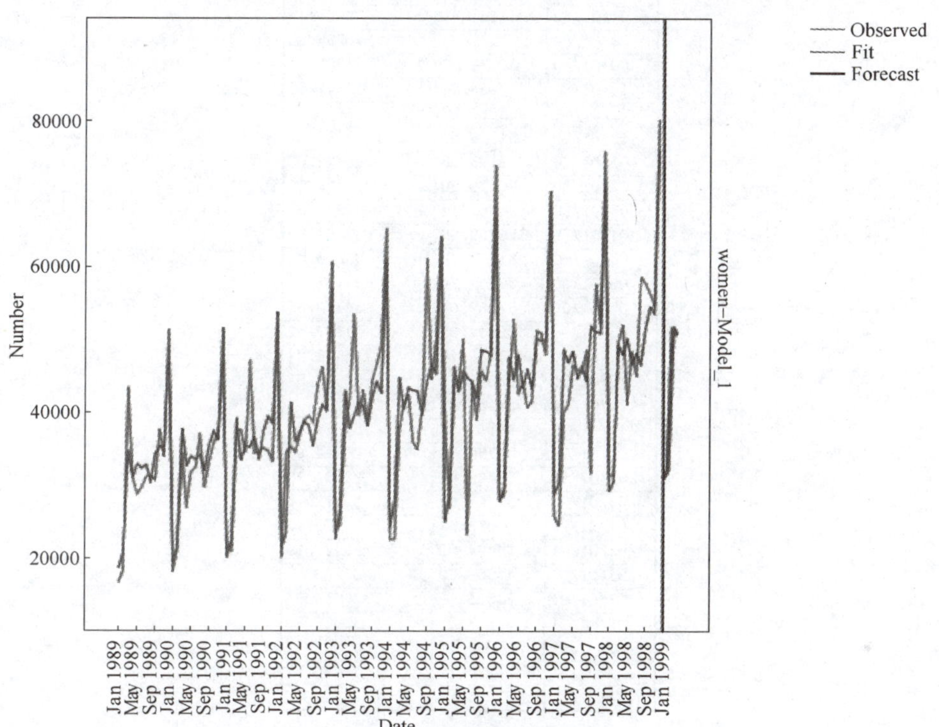

图4-30　指数平滑法的序列图

由图4-30可以看出，指数平滑序列较原序列有滞后。由指数平滑模型得到拟合值变量“Predicted_women_Model_1”，如图4-31所示。

由图4-29得到预测值，1999年1月和2月的销售量的预测值分别为30886.70万元、32073.55万元。

(3) 时间序列分解模型

第一步：打开数据，在菜单栏选择“Analyze→Time Series→Seasonal Decomposition”，打开“Seasonal Decomposition”对话框，如图4-32所示。在左侧列表框中选择“Sales of Women's Clothing”变量进入“Variable”列表框。因为时序是随趋势增长而增长的，所以在“Model”选择项中选择“Multiplicative”模型，在“Moving Average Weight”选择项中选择“Endpoints weighted by 0.5”。单击“OK”按钮，执行季节分解操作。得到输出结果，如图4-33所示，共生成四列数据，分别是：ERR_1（随机变动时序）、SAS_1（调整后的时间序列分解预测值时序）、SAF_1（季节变动时序）、STC_1（长期趋势时序）。

原时间序列分解成三个部分：原时间序列 = STC_1 × SAF_1 × ERR_1。

第二步：分析季节变动、长期趋势以及随机变动因素。

date	women	Predicted_women_Model_1
01/01/89	16578.93	18527.89
02/01/89	18236.13	20702.27
03/01/89	43393.55	34703.00
04/01/89	30908.49	30984.98
05/01/89	28701.58	32866.55
06/01/89	29647.57	32307.61
07/01/89	31141.51	32766.17
08/01/89	31177.31	30255.90
09/01/89	30672.37	34301.60
10/01/89	37633.38	35341.58
11/01/89	33890.92	34653.84
12/01/89	51378.00	48953.77
01/01/90	18103.06	19328.66
02/01/90	20979.50	21573.04
03/01/90	34503.12	37824.65
04/01/90	26783.96	32561.62
05/01/90	31790.15	33899.79
06/01/90	32432.74	33537.77
07/01/90	37180.05	34173.35
08/01/90	29658.85	31937.42
09/01/90	33238.46	35542.24
10/01/90	35679.33	37392.53
11/01/90	37238.87	36200.74
12/01/90	46766.94	51614.36
01/01/91	21752.78	20044.95
02/01/91	20789.67	22531.19
03/01/91	37427.02	39172.16
04/01/91	37578.38	33379.44
05/01/91	34424.09	35447.19
06/01/91	47208.79	35206.69
07/01/91	34389.18	36655.93
08/01/91	34637.01	33506.99
09/01/91	35092.11	37388.12
10/01/91	34735.17	39416.54
11/01/91	33201.77	38432.42

图 4-31　指数平滑拟合值

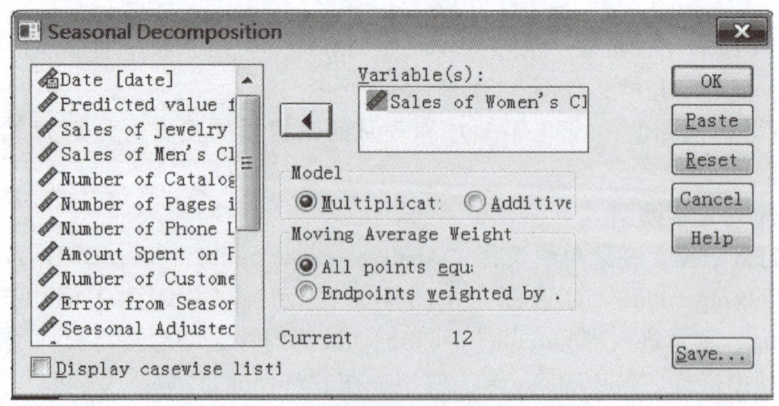

图 4-32　时间序列分解模型选择对话框

① 季节变动趋势图（见图 4-34）。以 12 个月为一个波动周期，可以发现，每年 12 月达到销售高峰，紧接着就是一个销售低谷。可以理解为年末人们受到购物需求以及商家促销的刺激，而随后的需求骤减，导致销售量降低。

Seasonal Decomposition

Series Name: Sales of Women's Clothing

DATE_	Original Series	Moving Average Series	Ratio of Original Series to Moving Average Series (%)	Seasonal Factor (%)	Seasonally Adjusted Series	Smoothed Trend-Cycle Series	Irregular (Error) Component
JAN 1989	16578.930	.	.	60.6	27362.973	33269.516	.822
FEB 1989	18236.130	.	.	62.0	29397.736	33558.141	.876
MAR 1989	43393.550	.	.	98.8	43913.716	34135.391	1.286
APR 1989	30908.490	.	.	100.9	30637.724	32849.128	.933
MAY 1989	28701.580	.	.	102.3	28043.484	31275.263	.897
JUN 1989	29647.570	.	.	97.5	30416.847	30365.239	1.002
JUL 1989	31141.510	32010.15	97.3	99.4	31324.057	30794.728	1.017
AUG 1989	31177.310	32187.96	96.9	95.4	32663.806	31406.227	1.040
SEP 1989	30672.370	31931.84	96.1	105.9	28975.590	31297.611	.926
OCT 1989	37633.380	31389.55	119.9	111.8	33648.481	31806.173	1.058
NOV 1989	33890.920	31346.38	108.1	110.0	30803.101	31637.579	.974
DEC 1989	51378.000	31591.12	162.6	155.3	33088.930	32010.965	1.034
JAN 1990	18103.060	31958.77	56.6	60.6	29878.499	32130.400	.930
FEB 1990	20979.500	32147.11	65.3	62.0	33820.213	32298.813	1.047
MAR 1990	34503.120	32190.76	107.2	98.8	34916.714	31825.440	1.097
APR 1990	26783.960	32216.26	83.1	100.9	26549.326	30966.486	.857
MAY 1990	31790.150	32274.34	98.5	102.3	31061.236	31682.849	.980
JUN 1990	32432.740	32221.71	100.7	97.5	33274.285	32707.065	1.017
JUL 1990	37180.050	32181.66	115.5	99.4	37397.994	33705.490	1.110
AUG 1990	29658.850	32325.82	91.7	95.4	31072.948	32887.767	.945
SEP 1990	33238.460	32439.74	102.5	105.9	31399.725	32376.862	.970

图 4-33　时间序列分解输出结果

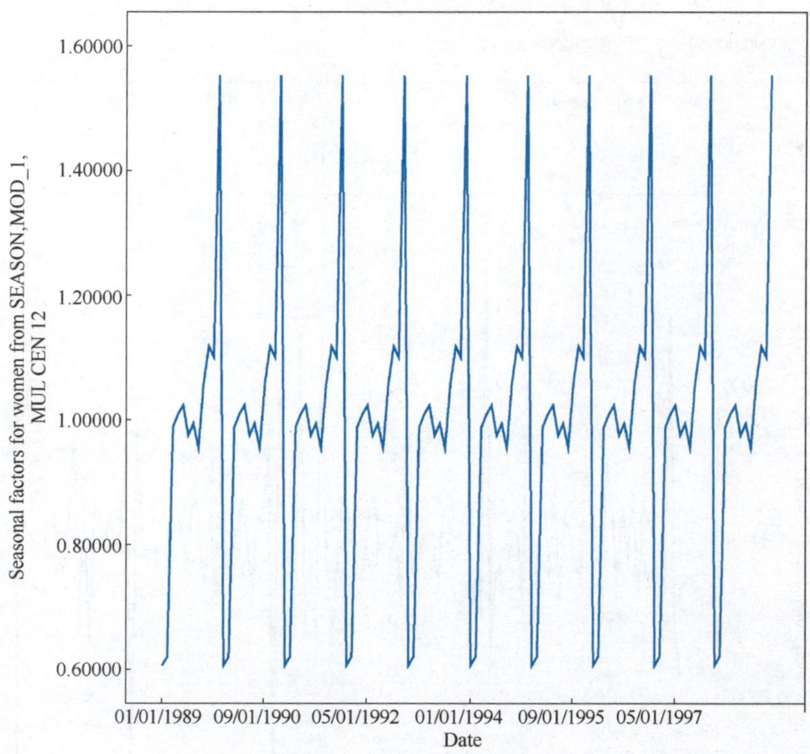

图 4-34　季节变动趋势图

② 长期趋势图（见图 4-35）。整个数据显示较大波动的上升趋势，波动的周期呈现不确定性。

③ 随机变动图。图 4-36 显示了时间序列模型中不能解释的随机因素。

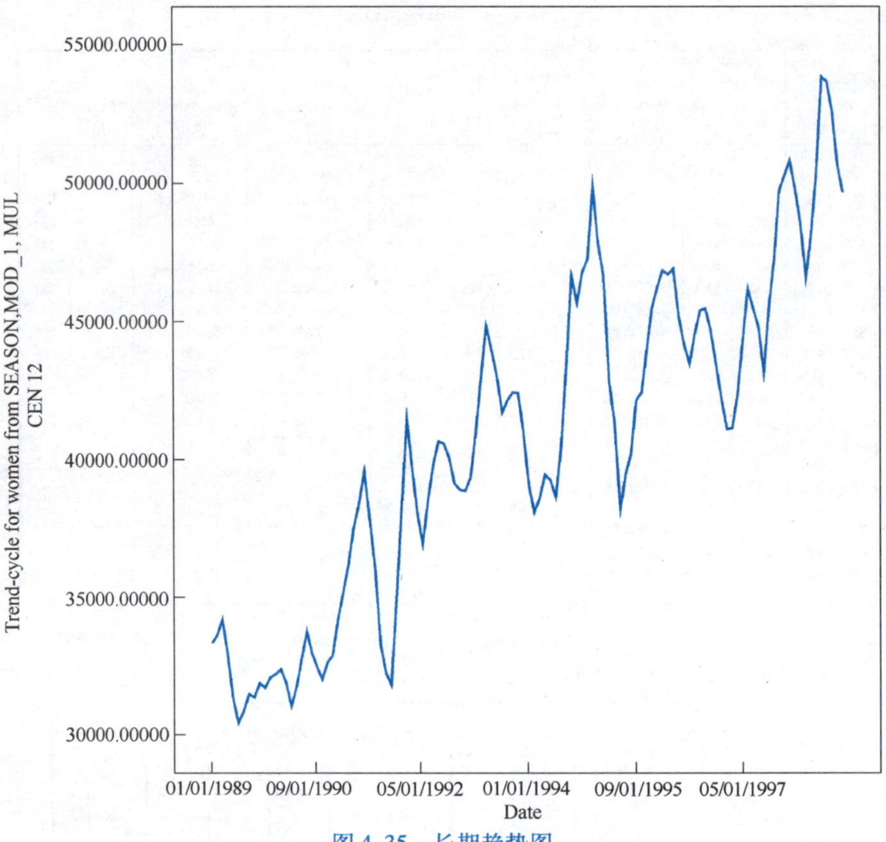

图 4-35 长期趋势图

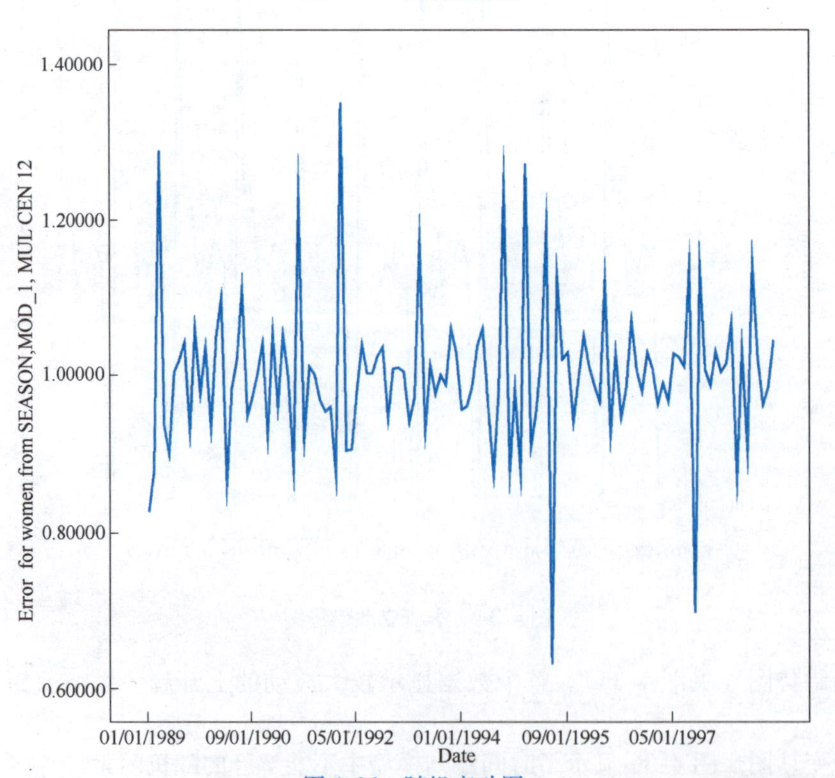

图 4-36 随机变动图

本章小结

1. 一组按时间顺序排列的数据就形成了时间序列。分析时间序列的内在统计特性和发展规律是实现时序预测的关键。

2. 确定型时序预测方法是用一个确定性的预测模型去拟合所研究的对象进行预测的方法。确定型时序分析法将影响时序的因素分成确定的四大类：长期趋势、季节变动、循环变动和不规则变动，认为时间序列是由这四大类变化形式构成或叠加的。

3. 移动平均法源于算术平均，适用于即期预测。它有一次移动平均、二次移动平均以及加权移动平均法等。加权移动平均法是利用重近轻远原则给参与计算数据加权的预测方法。移动平均法能够消除不规则因素的影响，从而分析、预测时序的长期趋势。一次移动平均法适用于长期趋势呈平稳模式的即时预测。二次移动平均法不仅能处理长期趋势呈水平模式的预测，同时又可应用到长期趋势（线性增长趋势）或甚至于季节变动模式的长期预测。

4. 指数平滑法是一种加权平均、重近轻远的预测方法，适用于预测呈长期趋势以及季节变动的对象。它有一次指数平滑法、二次指数平滑法以及多次指数平滑。一次指数平滑法适用于预测长期趋势呈水平模式的预测。二次指数平滑法适用于处理有线性趋势的时序。

5. 季节指数法是针对具有规律性季节变动的时序，通过计算时序数据中季节变动系数而达到预测目标的方法。它分为不考虑长期趋势和考虑长期趋势两种方法。

6. 时间序列分解法将影响时序变化的四种因素（长期趋势、季节变动、循环变动和不规则变动）加以区分，根据具体的预测对象选择影响因素和组合模型，从而实现对时序的预测。

思考与练习

1. 什么是时间序列？时间序列预测方法有什么假设？

2. 移动平均法的模型参数 N 的数值大小对预测值有什么影响？选择参数 N 应考虑哪些问题？

3*. 试推导出三次移动平均法的预测公式。

4. 移动平均法与指数平滑法各有什么特点？为什么说指数平滑法是移动平均法的改进？

5. 试比较移动平均法、指数平滑法和时间序列分解法，它们各自有什么优缺点？

6. 指数平滑法的平滑系数 α 的大小对预测值有什么影响？选择平滑系数 α 应考虑哪些问题？确定指数平滑的初始值应考虑哪些问题？

7. 时间序列分解法一般包括哪些因素？如何从时间序列中分解出不同的因素来？

8*. 在利用时间序列分解法进行预测时，实际假定季节指数是不变的。如果季节指数发生变化，又该如何利用时间序列分解法进行预测？

9. 已知某类产品连续 15 个月的销售额如表 4-15 所示。

(1) 分别取 $N=3$，$N=5$，计算一次移动平均数，并利用一次移动平均法对下个月的产品销售额进行预测。

(2) 取 $N=3$，计算二次移动平均数，并建立预测模型，求第 16、17 个月的产品销售额预测值。

表 4-15　某产品连续 15 个月的销售额

时间序号	1	2	3	4	5	6	7	8	9	10	11	12	13	14	15
销售额/万元	10	15	8	20	10	16	18	20	22	24	20	26	27	29	29

（3）用一次指数平滑法预测下一个月的产品销售量，并对第 14、15 个月的产品销售额进行事后预测。分别取 $\alpha=0.1$，0.3，0.5，$S_0^{(1)}$ 为最早的三个数据的平均值。

10*. 利用 4.6 节中的数据，使用 SPSS 软件对“Sales of Men's Clothing”，“ Sales of Jewelry”字段用移动平均、指数平滑以及时间序列分解模型对未来一期的产品销售额进行预测，并对预测结果进行讨论。

第5章 随机型时间序列预测方法

【案例 5-1】

网上拍卖作为电子商务中的主要交易模式之一，受到了许多研究者的关注。Zheng[⊖]通过对同时拍卖进行实验研究认为，具有弹性结束规则的同质物品的拍卖，其拍卖价格最终应该是一致的。然而，2008 年奥运会闭幕后，许多奥运物品都先后在网上举行了拍卖。其中最引人瞩目的是奥运会开幕式中2008 面青铜缶的拍卖。2009 年 3 月 15 日，经过精心挑选的 90 面青铜缶在金马甲网站采用同时向上叫价的方式进行拍卖（其他缶分别于 2009 年 3 月 8 日和 18 日采用现场拍卖的方式进行出售）。通过对所收集到的缶的拍卖数据进行统计分析可知，拍卖成交价格在一天之内呈现出了明显的分离。90 场缶拍卖的平均成交价格为 142627.78 元，价格标准差为 51477.276 元，是拍卖平均成交价格的 36%，拍卖价格的分离程度较大。在这 90 场拍卖中，相继结束的拍卖成交价格之间是否存在着某种关系？这种关系可否通过数学模型来描述？我们是否可以根据建立的数学模型来对拍卖成交价格进行预测？

上述问题可以通过本章介绍的随机型时间序列分析方法来解决。此方法的优点在于它能利用一套有相当明确规定的准则来处理复杂的模式，预测精度也比较高。但同时为了达到高的精确度，计算过程相对比较复杂，计算工作量大，花费也大。

随机型时间序列预测技术建立预测模型的过程可以分为四个阶段：

第一阶段：根据建模的目的和理论分析，确定模型的基本形式。

第二阶段：进行模型识别，即从一大类模型中选择出一类试验模型。

第三阶段：将所选择的模型应用于所取得的历史数据，求得模型的参数。

第四阶段：检验得到的模型是否合适。若合适，则可以用于预测或控制；若不合适，则返回到第二阶段重新选择模型。

建模流程如图 5-1 所示。

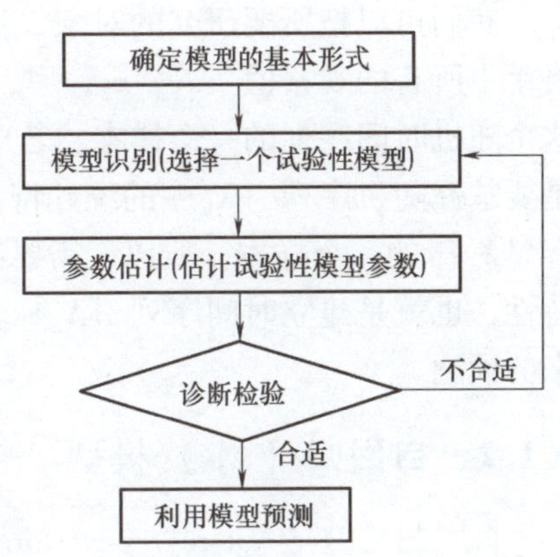

图 5-1 时间序列分析建模流程

⊖ Zheng, M. L.. Bidding Behavior and Price Formation with Competing Auctions: Evidence from eBay. Working Paper, University of Toronto, 2000.

根据随机型时间序列预测技术建模顺序，本章依次讨论随机型时间序列模型、ARMA 模型的相关分析、模型的识别、ARMA 模型的参数估计以及模型的检验与预报。

5.1 随机型时间序列模型

本节讨论时间序列的几种常用模型。从实用观点来看，这些模型能够表征任何模式的时间序列数据。这几类模型是：①自回归（AR）模型；②移动平均（MA）模型；③自回归移动平均（ARMA）模型；④求和自回归移动平均（ARIMA）模型。

5.1.1 时间序列

所谓随机时间序列，是指 $\{X_n \mid n=0, \pm 1, \pm 2, \cdots, \pm N, \cdots\}$，这里对每个 n，X_n 都是一个随机变量。以下我们简称为时间序列。

定义 5-1 时间序列 $\{X_n \mid n=0, \pm 1, \pm 2, \cdots\}$ 称为是平稳的，如果它满足：

(1) 对任一 n，$E(X_n)=C$，C 是与 n 无关的常数。

(2) 对任意的整数 n 和 k，

$$E(X_{n+k}-C)(X_n-C)=\gamma_k$$

其中 γ_k 与 n 无关。

γ_k 称为时间序列 $\{X_n\}$ 的自协方差函数（Autocovariances Function），$\rho_k=\gamma_k/\gamma_0$ 称为自相关函数（Autocorrelation Function，ACF），k 称为滞后期。平稳性定义中的两个条件，也就是说时间序列的均值和自协方差函数不随时间的变化而变化。显然，$\gamma_{-k}=\gamma_k$，$k \geqslant 0$，$\rho_{-k}=\rho_k$，$k \geqslant 0$。

不失一般性，对一个平稳时间序列 $\{X_n, n=0, 1, \cdots\}$，可以假设它的均值为零。若不然，运用零均值化方法对序列进行一次平移变换，亦即令 $X'_n=X_n-C$，$n=0, 1, \cdots$，则 $\{X'_n\}$ 是一个零均值的平稳序列。这样做，便于下面进行统一讨论。

我们可以把所要研究的对象，比如某商品的月销售量，看做一个随机时间序列 $\{X_n\}$。将手中所有的观察值 $\{x_1, x_2, \cdots, x_n\}$，如最近 5 年这种商品的月销售量统计数据，看做这个随机时间序列的一个样本。若要想预测未来某一时期这种商品的月销售量，关键的问题是要掌握随机序列 $\{X_n\}$ 的统计特性。但是，我们并不了解 $\{X_n\}$ 的统计特性，而手中只有 $\{X_n\}$ 的一个样本。所以，需要我们做的工作就是根据手中的样本去估计 $\{X_n\}$ 的概率特性，也就是建立时间序列 $\{X_n\}$ 的统计模型，用它来近似实际时间序列，从而作出对未来的预测。

5.1.2 自回归（AR）模型

自回归模型（Autoregressive Model，AR）的一般形式为：

$$X_n=\varphi_1 X_{n-1}+\varphi_2 X_{n-2}+\cdots+\varphi_p X_{n-p}+\varepsilon_n \tag{5-1}$$

式中，φ_1，…，φ_p 为模型参数；X_n 为因变量；X_{n-1}，X_{n-2}，…，X_{n-p}为“自”变量，这里“自”变量是同一（因此称为“自”）变量，但属于以前各个时期的数值，所谓自回归即是此含义；$\{\varepsilon_n, n=0, \pm 1, \cdots\}$ 是白噪声序列，即

$$E(\varepsilon_n)=0,\ E(\varepsilon_n\varepsilon_{n+k})=\begin{cases}\sigma_\varepsilon^2, & k=0\\ 0, & k\neq 0\end{cases}$$

也就是说随机序列 $\{\varepsilon_n\}$ 的均值为零，方差为 σ_ε^2，且互不相关，它代表不能用模型说明的随机因素。假定 $E(X_t\varepsilon_n)=0(t<n)$，即随机影响与数据值无关。$p$ 为模型的阶数。用AR(p)来简记此模型。

引入向后推移算子 B：

$$B^kX_n=X_{n-k},\ B^kC=C,\ k=0,1,\cdots(C\text{ 为常数})$$

并记

$$\Phi_p(B)=(1-\varphi_1B-\varphi_2B^2-\cdots-\varphi_pB^p)$$

则式（5-1）可重写为

$$\Phi_p(B)X_n=\varepsilon_n \tag{5-2}$$

称多项式方程 $\Phi_p(\lambda)=0$ 为 AR(p) 模型的特征方程，它的 p 个根 $\lambda_1,\lambda_2,\cdots,\lambda_p$ 称为模型的特征根。特征根可能是实数，也可能是复数。如果这 p 个特征根都在单位圆外，即

$$|\lambda_i|>1,\ i=1,2,\cdots p$$

则称 AR(p) 模型是稳定的或平稳的。称上式为平稳性条件。

这里应引起读者注意的是，平稳时间序列 $\{X_n\}$ 是指 X_n 的均值为常数（我们设其为零）且自相关函数为齐次的随机时间序列；而平稳的 AR(p) 则是指它满足平稳性条件：$\Phi_p(\lambda)=0$ 的根均在单位圆外。这两种“平稳”是两个不同的概念。

如，对于 AR(1) 模型，其特征方程为

$$1-\varphi_1\lambda=0$$

特征根 $\lambda_1=\varphi_1^{-1}$，从而 AR(1) 的平稳性条件是 $|\varphi_1|<1$。在条件 $|\varphi_1|<1$ 下，有

$$X_n=\varepsilon_n+\varphi_1X_{n-1}=\cdots=\sum_{k=0}^{N-1}\varphi_1^k\varepsilon_{n-k}+\varphi_1^NX_{n-N}=\sum_{k=0}^{\infty}\varphi_1^k\varepsilon_{n-k} \tag{5-3}$$

由于 ε_k 表示第 k 期的预测误差，因此上式表示对平稳的 AR(1) 模型，X_n 可由过去各期的误差线性表示。其实可以证明对任意的平稳 AR(p) 模型，X_n 都可由过去各期的误差线性表示。平稳性保证 $\Phi_p(B)$ 的逆算子存在，但一般为无穷阶的，即 $\Phi_p^{-1}(B)=\sum_{n=0}^{\infty}\alpha_nB^n$，从而 $X_n=(\sum_{k=0}^{\infty}\alpha_kB^k)\varepsilon_n$。这里只讨论平稳的 AR$(p)$ 模型。

注：式（5-3）中假定了序列 X_n 是负向无穷的。

由式（5-1）知，如果：

（1）能够证明式（5-1）的确是恰当的方程，

（2）能够确定 p 的数值，

（3）能够确定模型参数 $\varphi_1,\cdots,\varphi_p$，

那么，在式（5-1）去掉 ε_n 项后就得到预测公式 $\hat{X}_{n+1}=\varphi_1X_n+\varphi_2X_{n-1}+\cdots+\varphi_pX_{n-p+1}$，由此进行预测就很容易了。可惜的是并非所有时间序列都能用式（5-1）的 AR(p) 模型来表示。因此，我们还要考虑其他模型。

5.1.3　移动平均（MA）模型

式（5-3）说明在平稳的 AR(p) 模型中，X_n 可由过去各期误差的线性组合表示，而当

AR(p) 模型非平稳时，线性表示就难以成立了。移动平均模型就是当 X_n 可由过去有限期的误差线性表示的情形。其公式为

$$X_n = \varepsilon_n - \theta_1 \varepsilon_{n-1} - \theta_2 \varepsilon_{n-2} - \cdots - \theta_q \varepsilon_{n-q} \tag{5-4}$$

其中 $\{\varepsilon_n\}$ 是白噪声序列。称满足上式的模型为 q 阶移动平均模型（Moving average model of order q），简记为 MA(q)。与 AR(p) 模型类似，式（5-4）可写成如下的算子形式

$$X_n = \Theta_q(B)\varepsilon_n$$

$$\Theta_q(B) = 1 - \theta_1 B - \theta_2 B^2 - \cdots - \theta_q B^q \tag{5-5}$$

称 $\Theta_q(\lambda) = 0$ 为 MA(q) 模型的特征方程，它的 q 个根称为 MA(q) 的特征根。如果 MA(q) 的特征根都在单位圆外，则称此 MA(q) 模型是可逆的。

如，对于 MA(1) 模型，其特征方程为

$$1 - \theta_1 \lambda = 0$$

于是特征根为 θ_1^{-1}，从而可逆性条件为 $|\theta_1| < 1$。在此条件下，由

$$X_n = (1 - \theta_1 B)\varepsilon_n$$

可推得

$$\varepsilon_n = (1 - \theta_1 B)^{-1} X_n = \sum_{k=0}^{\infty} \theta_1^k B^k X_n = \sum_{k=0}^{\infty} \theta_1^k X_{n-k} \tag{5-6}$$

这是一个无限阶的自回归过程。其实，对于阶数 $q \geqslant 1$，均可证明对可逆的 MA(q) 模型，ε_n 均可表示为过去各期数据 X_{n-k} 的线性组合。与 AR(p) 中一样，可逆性保证了 $\Theta_q(B)$ 的逆算子存在。因此 AR(p) 与 MA(q) 模型是互相对偶的两个模型。我们总假定 MA(q) 模型是可逆的。

5.1.4 自回归移动平均（ARMA）模型

在建立一个实际时间序列模型时，可能既有自回归部分，又有移动平均部分，如：

$$X_n - \varphi_1 X_{n-1} - \cdots - \varphi_p X_{n-p} = \varepsilon_n - \theta_1 \varepsilon_{n-1} - \cdots - \theta_q \varepsilon_{n-q} \tag{5-7}$$

或者写成算子形式：

$$\Phi_p(B) X_n = \Theta_q(B)\varepsilon_n$$

简记此模型为 ARMA(p, q)。括号中的第一个数据 p 是自回归阶数，第二个数据 q 是移动平均的阶数，故称之为（p, q）阶的自回归移动平均模型。在实际应用中，p、q 的值很少超过 3。对 ARMA(p, q) 模型，总假定 $\Phi_p(B)$ 和 $\Theta_q(B)$（作为变量为 B 的多项式）无公共因子，分别满足平稳性条件和可逆性条件。如果 $\Phi_p(B)$ 满足平稳性条件，称 ARMA(p, q) 是平稳的；如果 $\Theta_q(B)$ 满足可逆性条件，称 ARMA(p, q) 是可逆的。对平稳的 ARMA(p, q) 模型，X_n 可表示为过去各期误差 ε_n，ε_{n-1}，ε_{n-2}，…的线性组合；对可逆的 ARMA(p, q) 模型，ε_n 可表示为过去各期数据 X_n，X_{n-1}，X_{n-2}，…的线性组合。

由于自回归模型不存在其他自变量，不受模型变量“相互独立”假定条件的约束，因此，用 AR 模型及其原理可以构成多种模型以消除或改进普通回归预测中由于自变量选择、多重共线性、序列相关等原因所造成的困难。此外，在 AR 模型中，各种因素对预测目标的影响是通过它们在时间过程中的综合体现被考虑的，是将序列历史观察值作为诸因素影响与作用的结果用于建立其本身的历史序列线性回归模型的，因此，用普通最小二乘法就可以对模型进行估计和求解。这一点，AR 模型比其他类型的时间序列模型都优越，应用得也最广泛。

5.1.5　求和自回归移动平均（ARIMA）模型

前面介绍的三类模型仅适用于描述平稳的时间序列，而实际应用中遇到的时间序列往往是非平稳的，尤其是在经济管理中碰到的时间序列。尽管从实际应用的角度看，用适当的自回归模型去近似一个稳定或不稳定的时间序列，在理论和方法上都是可行的，但我们常用差分化的方法将非平稳的序列化成平稳序列来求解。

有些时间序列常呈现出一种特殊的非平稳性，称之为齐次非平稳性：只要进行一次或多次差分就可以将其化为平稳序列。差分的次数称为齐次化的阶。这样的时间序列可用求和自回归－移动平均模型来描述。

定义差分

$$\nabla X_n = X_n - X_{n-1}$$

引入差分算子$\nabla = 1 - B$。n 阶差分可定义为$\nabla^n = (1-B)^n$，如二阶差分

$$\nabla^2 X_n = (1-B)^2 X_n = (1 - 2B + B^2) X_n = X_n - 2X_{n-1} + X_{n-2}$$

或者

$$\nabla^2 X_n = \nabla(\nabla X_n) = \nabla X_n - \nabla X_{n-1} = X_n - 2X_{n-1} + X_{n-2}$$

(p, d, q) 阶求和自回归——移动平均模型为

$$\Phi_p(B)\nabla^d X_n = \Theta_q(B)\varepsilon_n \tag{5-8}$$

亦即$\nabla^d X_n$ 是 ARMA(p, q) 序列。其中 d 为求和阶数，p、q 分别为 $Y_n \triangleq \nabla^d X_n$ 序列的自回归和移动平均的阶数。式（5-8）所示的求和自回归－移动平均模型用记号 ARIMA(p, d, q) 表示。

对这类非平稳的序列，我们假定 n 从 1 开始 X_n 才有定义，并且假定 X_n 的前 d 个随机变量 X_1，X_2，…，X_d 均值为零，方差有限且与 $\{\nabla^d X_n\}$ 不相关，因而也与 ε_n 不相关。序列 $\{X_n\}$ 可用它的初值 X_1，X_2，…，X_d 及平稳序列 $\{Y_n \mid Y_n = \nabla^d X_n,\ n = 1, 2, \cdots\}$ 表达。事实上，由于差分的逆运算是求和，所以

$$\begin{aligned} X_n &= \sum_{i=0}^{d-1} C_i^{n-d+i-1} \nabla^i X_d + \sum_{j=1}^{n-d} C_{d-1}^{n-j-1} Y_{d+j} \\ &= \sum_{i=0}^{d-1} C_i^{n-k+i-1} \nabla^i X_k + \sum_{j=1}^{n-k} C_{d-1}^{n-k-j+d-1} Y_{k+j},\ n > k \geqslant d \end{aligned} \tag{5-9}$$

其中 $C_k^t = t!/(k!(t-k)!)$。在这里，不推导上述公式，仅仅讨论两种最简单的情况。

（1）$d=1$，此时

$$\begin{aligned} X_n &= X_n - X_{n-1} + X_{n-1} - X_{n-2} + \cdots + X_2 - X_1 + X_1 \\ &= X_1 + \sum_{j=1}^{n-1} Y_{1+j} \\ &= X_k + \sum_{j=1}^{n-k} Y_{k+j},\ n > k \geqslant 1 \end{aligned}$$

从而式（5-9）成立。

（2）$d=2$，此时由上式知

$$X_n = X_1 + \sum_{j=1}^{n-1} \nabla X_{j+1} = X_k + \sum_{j=1}^{n-k} \nabla X_{j+k}$$

同理有
$$\nabla X_{j+k} = \nabla X_k + \sum_{i=k}^{j+k-1} \nabla^2 X_{i+1}$$
代入整理知
$$X_n = X_k + (n-k)(X_k - X_{k-1}) + \sum_{j=1}^{n-k} (n-k-j+1) Y_{k+j},\ n > k \geqslant 2$$

对于 ARIMA(p, d, q) 序列，它可以通过 d 阶差分化成平稳的 ARMA(p, q) 序列，从而化成了前面三类模型。但这种将 ARMA 推广到 ARIMA 的非平稳序列是非本质性的，所以本书也就不再详细讨论了。

5.1.6 季节性模型

对于含有季节性周期的时间序列，也可用季节差分的方法将之化成平稳序列。例如，对月度波动，可以用月度差分$\nabla_{12} = 1 - B^{12}$对 X_n 作运算
$$\nabla_{12} X_n = X_n - X_{n-12}$$
对季度波动，可以用季度差分
$$\nabla_4 X_n = (1 - B^4) X_n = X_n - X_{n-4}$$
消除数据中的季节性影响。鲍克斯—詹金斯季节模型为
$$\Phi_p(B) \nabla^d \nabla_{12} X_n = \Theta_q(B) \varepsilon_n \tag{5-10}$$

若取 $p = d = q = 1$，则上述模型可展开为
$$(1 - \varphi_1 B)(1 - B)(1 - B^{12}) X_n = (1 - \theta_1 B) \varepsilon_n$$

有时随机干扰项 ε_n 也是与季节相关的。这时，可以用模型
$$\Phi_p(B) \nabla^d \nabla_{12} X_n = \Theta_q(B) \nabla_{12} \varepsilon_n$$
来描述。例如
$$(1 - \varphi_1 B)(1 - B)(1 - B^{12}) X_n = (1 - \theta_1 B)(1 - B^{12}) \varepsilon_n$$
就描述了一个既有线性发展趋向、又含月度周期变动的随机型时间序列模型。如能预测到 X_n 的长期趋势 $f(n)$，则 $X_n - f(n)$ 就是零均值了。

5.2 ARMA 模型的相关分析

本节简要介绍 ARMA 序列的自相关函数和偏相关函数及其性质，并讨论它们与模型参数间的关系。AR(p) 和 MA(q) 序列是 ARMA(p, q) 序列的特例，但 AR(p) 和 MA(q) 序列有它们自己独特的性质。本节就 AR(p)，MA(q)，ARMA(p, q) 三类模型分别进行讨论。首先给出自相关函数的定义。

设 $\{X_n\}$ 是一个零均值的平稳时间序列，定义 $\{X_n\}$ 的滞后期为 k 的自协方差函数为
$$\gamma_k = \gamma_{-k} = E[X_n X_{n-k}],\quad k \geqslant 0$$
由此定义 $\{X_n\}$ 的滞后期为 k 的自相关函数为
$$\rho_k = \rho_{-k} = \frac{\gamma_k}{\gamma_0},\quad k \geqslant 0$$

5.2.1 AR(p) 序列的自相关函数

设 $\{X_n\}$ 满足 AR(p) 模型，称 $\{X_n\}$ 为 AR(p) 序列。重写式（5-1），

$$X_n = \varphi_1 X_{n-1} + \varphi_2 X_{n-2} + \cdots + \varphi_p X_{n-p} + \varepsilon_n$$

用 X_{n-k} 乘上式两边，再取均值，则对任意的 $k>0$，有

$$\begin{aligned}\gamma_k = E[X_n X_{n-k}] &= E[\varphi_1 X_{n-1} X_{n-k} + \varphi_2 X_{n-2} X_{n-k} + \cdots + \varphi_p X_{n-p} X_{n-k} + \varepsilon_n X_{n-k}] \\ &= \varphi_1 \gamma_{k-1} + \varphi_2 \gamma_{k-2} + \cdots + \varphi_p \gamma_{k-p},\ k>0 \end{aligned} \tag{5-11}$$

因此又有（两边同除以 γ_0）

$$\rho_k = \varphi_1 \rho_{k-1} + \varphi_2 \rho_{k-2} + \cdots + \varphi_p \rho_{k-p},\ k>0 \tag{5-12}$$

或者写成算子形式（以下为方便起见，省掉 $\Phi_p(B)$ 的下标 p）

$$\Phi(B)\rho_k = 0,\ k>0$$

这就是 AR(p) 的自相关函数所满足的方程。由于 $\Phi(\lambda)=0$ 的根均在单位圆外，由差分方程的理论可知：

若 $\Phi(\lambda)=0$ 的根互不相同，为 λ_1，λ_2，…，λ_p，则式（5-12）的通解为

$$\rho_k = c_1 \lambda_1^{-k} + c_2 \lambda_2^{-k} + \cdots + c_p \lambda_p^{-k},\ k>0 \tag{5-13}$$

其中 c_1，c_2，…，c_p 为常系数。对任意的 $k>0$，$\rho_{-k}=\rho_k$，而 $\rho_0=1$，故由式（5-13）知，c_1，c_2，…，c_p 由以下方程组确定：

$$\begin{cases} c_1 + c_2 + \cdots + c_p = 1 \\ c_1(\lambda_1^k - \lambda_1^{-k}) + c_2(\lambda_2^k - \lambda_2^{-k}) + \cdots + c_p(\lambda_p^k - \lambda_p^{-k}) = 0,\ k=1,2,\cdots,p-1 \end{cases}$$

若 $\Phi(\lambda)=0$ 有重根，比如 $\lambda_1=\lambda_2=\cdots=\lambda_r$，则式（5-13）前 r 项应改为

$$(c_1 + c_2 k + \cdots + c_r k^{r-1})\lambda_1^{-k}$$

一般地，设 $\Phi(\lambda)=0$ 有根 λ_1，λ_2，…，λ_s，重数分别为 r_1，r_2，…，r_s（$\sum_{i=1}^{s} r_i = p$），则式（5-12）的通解为

$$\begin{aligned}\rho_k = &(c_{1,1} + c_{1,2}k + \cdots + c_{1,r_1}k^{r_1-1})\lambda_1^{-k} + (c_{2,1} + c_{2,2}k + \cdots + c_{2,r_2}k^{r_2-1})\lambda_2^{-k} \\ &+ \cdots + (c_{s,1} + c_{s,2}k + \cdots + c_{s,r_s}k^{r_s-1})\lambda_s^{-k}\end{aligned}$$

不管 $\Phi(\lambda)=0$ 有无重根，总可证明存在正常数 g_1，g_2 使

$$|\rho_k| \leqslant g_1 e^{-g_2 k},\ k \geqslant 0$$

亦即 ρ_k 随 k 的增加按指数形式衰减，呈“拖尾”状。

上面介绍了从模型参数 φ_1，φ_2，…，φ_p 求自相关函数 ρ_k 的方法。但实际上，我们并不知道时间序列 $\{X_n\}$，而只知道其一个样本，从而我们并不知道 φ_1，φ_2，…，φ_p。由统计理论，自相关函数 ρ_k 可从样本估计得到，模型参数 φ_k 则是未知的，因此需要从 ρ_k 来求得 φ_1，φ_2，…，φ_p。在式（5-12）中，取 $k=1$，2，…，p，可得如下线性方程组

$$\begin{cases} \rho_1 = \varphi_1 + \varphi_2 \rho_1 + \cdots + \varphi_p \rho_{p-1} \\ \rho_2 = \varphi_1 \rho_1 + \varphi_2 + \cdots + \varphi_p \rho_{p-2} \\ \quad \vdots \\ \rho_p = \varphi_1 \rho_{p-1} + \varphi_2 \rho_{p-2} + \cdots + \varphi_p \end{cases} \tag{5-14}$$

将 ρ_1，…，ρ_p 的估计值代入式（5-14），则可求得参数 φ_1，φ_2，…，φ_p 的估计值。称式（5-14）为 Yule-Walker 方程，它是参数估计的基本方程。

为求白噪声的方差 σ_ε^2，由式（5-1）有

$$\sigma_\varepsilon^2 = E[\varepsilon_n^2] = E(X_n - \varphi_1 X_{n-1} - \cdots - \varphi_p X_{n-p})^2$$

$$
\begin{aligned}
&= E[X_n^2 - 2\sum_{j=1}^{p}\varphi_j X_n X_{n-j} + \sum_{i,j=1}^{p}\varphi_i\varphi_j X_{n-i}X_{n-j}] \\
&= \gamma_0 - 2\sum_{j=1}^{p}\varphi_j\gamma_j + \sum_{i,j=1}^{p}\varphi_i\varphi_j\gamma_{j-i}
\end{aligned}
$$

而由式（5-11）可知

$$
\sum_{j=1}^{p}\varphi_j\gamma_j = \sum_{i,j=1}^{p}\varphi_i\varphi_j\gamma_{j-i}
$$

代入 σ_ε^2 的表达式，得

$$
\sigma_\varepsilon^2 = \gamma_0 - \sum_{j=1}^{p}\varphi_j\gamma_j = \gamma_0 - \sum_{i,j=1}^{p}\varphi_i\varphi_j\gamma_{j-i} \tag{5-15}
$$

当从样本求得样本自协方差函数 ρ_k，并进而求得模型参数 φ_i 的估计值后，代入上式即得白噪声的方差 σ_ε^2 的估计值。

5.2.2 MA(q) 序列的自相关函数

当 $\{X_n\}$ 为 MA(q) 序列时，即

$$
X_n = \varepsilon_n - \theta_1\varepsilon_{n-1} - \cdots - \theta_q\varepsilon_{n-q} = -\sum_{i=0}^{q}\theta_i\varepsilon_{n-i}
$$

（其中记 $\theta_0 = -1$）则由定义可得，对任意的 $k \geqslant 0$，有

$$
\gamma_k = E[X_n X_{n+k}] = E(\sum_{i=0}^{q}\sum_{j=0}^{q}\theta_i\theta_j\varepsilon_{n-i}\varepsilon_{n+k-j})
$$

$$
= \begin{cases}
\sigma_\varepsilon^2(1 + \theta_1^2 + \theta_2^2 + \cdots + \theta_q^2) & k = 0 \\
\sigma_\varepsilon^2(-\theta_k + \theta_1\theta_{k+1} + \cdots + \theta_{q-k}\theta_q) & 1 \leqslant k \leqslant q \\
0 & k > q
\end{cases} \tag{5-16}
$$

$$
\rho_k = \begin{cases}
1 & k = 0 \\
(-\theta_k + \theta_1\theta_{k+1} + \cdots + \theta_{q-k}\theta_q)/(1 + \theta_1^2 + \cdots + \theta_q^2) & 1 \leqslant k \leqslant q \\
0 & k > q
\end{cases} \tag{5-17}
$$

上述两式说明，当 X_t 与 X_n 的相距步数 $|t-n|>q$ 时，X_t 与 X_n 不相关，即 MA(q) 序列的自协方差（或自相关）函数 γ_k（或 ρ_k）从 $k>q$ 以后全部为零。称这一性质为“**截尾**”（对应于 AR(p) 序列中的拖尾）性。反过来也可以证明，若一个平稳时间序列的自协方差函数截尾，那么它必定是 MA(q) 序列。

式（5-16）、（5-17）已经表明了 ρ_k 与 MA(q) 的参数 θ_1，θ_2，…，θ_q，σ_ε^2 的相互关系。根据这个关系，由模型参数 θ_1，θ_2，…，θ_q 及白噪声序列的方差 σ_ε^2 可求得自相关系数。反过来，由自相关系数 $\rho_k(0 \leqslant k \leqslant q)$ 也可以解出 θ_1，θ_2，…，θ_q，σ_ε^2。当然 ρ_k 与 θ_i 之间的关系是非线性关系，而在 AR(p) 中，ρ_k 与 φ_i 之间是线性关系。

5.2.3 ARMA(p, q) 序列的自相关函数

当序列 $\{X_n\}$ 为 ARMA 序列时，由于比较复杂，我们下面只给出结论。

（1）当 $k>q$ 时，

$$
\Phi(B)\rho_k = 0 \tag{5-18}
$$

此式与式（5-12）类似，但这里的 k 是从 $q+1$ 开始的。而 ρ_1，…，ρ_q 的结构则比较复

杂，我们不再讨论。

当 $\Phi(\lambda)=0$ 无重根时，假设其 p 个根为 λ_1，…，λ_p，则式（5-18）的通解为

$$\rho_k=c_1\lambda^{-k_1}+c_2\lambda^{-k_2}+\cdots+c_p\lambda^{-k_p},\ k>q-p \tag{5-19}$$

它仍然具有“拖尾”性。

（2）若已知 ρ_0，ρ_1，…，利用式（5-18），取 $k=q+1$，$q+2$，…，$q+p$，得到关于 φ_1，φ_2，…，φ_p 的线性方程组

$$\begin{cases}\rho_{q+1}=\varphi_1\rho_q+\varphi_2\rho_{q-1}+\cdots+\varphi_p\rho_{q-p+1}\\ \rho_{q+2}=\varphi_1\rho_{q+1}+\varphi_2\rho_q+\cdots+\varphi_p\rho_{q-p+2}\\ \quad\vdots\\ \rho_{q+p}=\varphi_1\rho_{q+p-1}+\varphi_2\rho_{q+p-2}+\cdots+\varphi_p\rho_q\end{cases} \tag{5-20}$$

由此可解出自回归参数 φ_1，φ_2，…，φ_p。

为求移动平均参数 θ_1，θ_2，…，θ_q，令

$$\overline{X}_n=X_n-\varphi_1X_{n-1}-\varphi_2X_{n-2}-\cdots-\varphi_pX_{n-p}$$

从而

$$\overline{X}_n=\varepsilon_n-\theta_1\varepsilon_{n-1}-\cdots-\theta_q\varepsilon_{n-q}$$

即 $\{\overline{X}_n\}$ 为 MA(q) 序列，其自协方差函数 $\overline{\gamma}_k$ 可通过 $\{X_n\}$ 的自协方差函数 γ_k 求得，即

$$\begin{aligned}\overline{\gamma}_k&=E(X_n-\sum_{j=1}^{p}\varphi_jX_{n-j})(X_{n+k}-\sum_{j=1}^{p}\varphi_iX_{n+k-i})\\&=\gamma_k-\sum_{i=1}^{p}\varphi_i\gamma_{k-i}-\sum_{j=1}^{p}\varphi_j\gamma_{k+j}+\sum_{i,j=1}^{p}\varphi_i\varphi_j\gamma_{k+j-i}\\&=\sum_{i,j=0}^{p}\varphi_i\varphi_j\gamma_{k+j-i}\end{aligned}$$

其中最后一个求和项中假定 $\varphi_0=-1$。有了 $\overline{\gamma}_k$ 后，将它代入式（5-16）中可解出移动平均参数 θ_1，…，θ_q 和白噪声序列的方差 σ_ε^2。

将 ρ_k 的性质总结如下：对 MA(q) 序列，ρ_k 是截尾的；对 AR(p) 序列，ρ_k 是拖尾的，它们能用式（5-13）（当 $\Phi(\lambda)=0$ 无重根时）统一表示；对 ARMA(p，q) 序列，ρ_k 是拖尾的，而且当 $k>q-p$ 时，ρ_k 能用式（5-19）（当 $\Phi(x)=0$ 无重根时）统一表示，但 ρ_1，…，ρ_{q-p}（当 $q>p$ 时）不能用式（5-19）表示。这些性质以后将要用到。

5.2.4 偏相关函数

由上述三小节的讨论知道，ρ_k 的截尾性是 MA 序列的特有标志，而拖尾性则是 AR 序列和 ARMA 序列所共有的特征。那么我们自然要问，AR 序列有没有其独自的特征即用来区分 AR 序列与 ARMA 序列的标志呢？为此我们先引入偏相关函数（Partial AutoCorrelation Function，PACF）的概念。

对 $k\geqslant1$，考虑用 X_{n-1}，X_{n-2}，…，X_{n-k}对 X_n 作最小方差估计，亦即考虑回归方程 $X_n=X_{n-1}\varphi_{k1}+X_{n-2}\varphi_{k2}+\cdots+X_{n-k}\varphi_{kk}$，最优系数 φ_{k1}，φ_{k2}，…，φ_{kk}，使得

$$\delta_k\triangleq E[X_n-\sum_{j=1}^{k}\varphi_{kj}X_{n-j}]^2$$

$$= \gamma_0 - 2\sum_{j=1}^{k}\varphi_{kj}\gamma_j + \sum_{i,j=1}^{k}\varphi_{kj}\varphi_{ki}\gamma_{j-i}$$

达到最小。为此只需对 δ_k 求 $\varphi_{kj}(j=1, 2, \cdots, k)$ 的偏导数$\frac{\partial\delta_k}{\partial\varphi_{kj}}$，并令其为零，即得 $\varphi_{kj}(j=1, 2, \cdots, k)$ 满足的方程

$$\begin{pmatrix} 1 & \rho_1 & \rho_2 & \cdots & \rho_{k-1} \\ \rho_1 & 1 & \rho_1 & \cdots & \rho_{k-2} \\ \vdots & \vdots & \vdots & & \vdots \\ \rho_{k-1} & \rho_{k-2} & \rho_{k-3} & \cdots & \rho_1 \end{pmatrix}\begin{pmatrix}\varphi_{k1}\\ \varphi_{k2}\\ \vdots \\ \varphi_{kk}\end{pmatrix} = \begin{pmatrix}\rho_1\\ \rho_2\\ \vdots\\ \rho_k\end{pmatrix} \tag{5-21}$$

求解此方程即可得 $\varphi_{kj}(j=1, 2, \cdots, k)$。

称序列 $\varphi_{kk}(k=1, 2, \cdots)$ 为 $\{X_n\}$ 的偏相关函数。

对 AR(p) 序列 $\{X_n\}$，由 δ_k 的定义知，对任意的 $k \geqslant p$，

$$\begin{aligned} \delta_k &= E\Big(\sum_{j=1}^{p}\varphi_j X_{n-j} + \varepsilon_n - \sum_{j=1}^{k}\varphi_{kj}X_{n-j}\Big)^2 \\ &= E\Big(\varepsilon_n + \sum_{j=1}^{p}(\varphi_j - \varphi_{kj})X_{n-j} - \sum_{j=p+1}^{k}\varphi_{kj}X_{n-j}\Big)^2 \\ &= \sigma_\varepsilon^2 + E\Big(\sum_{j=1}^{p}(\varphi_j - \varphi_{kj})X_{n-j} - \sum_{j=p+1}^{k}\varphi_{kj}X_{n-j}\Big)^2 \end{aligned}$$

显然，对任意的 $k \geqslant p$，若取

$$\varphi_{kj} = \begin{cases}\varphi_j, & 1 \leqslant j \leqslant p \\ 0, & p < j \leqslant k\end{cases}$$

则 δ_k 达到最小值 σ_ε^2。由此可见，AR(p) 序列的偏相关函数 φ_{kk} 在 $k>p$ 后等于零，即是截尾的。反过来也成立，亦即偏相关函数的截尾性是 AR 序列特有的标志。

从式（5-21）可得 φ_{kj} 的递推算法：

$$\begin{cases}\varphi_{11} = \rho_1 \\ \varphi_{k+1,\,k+1} = \Big(\rho_{k+1} - \sum_{j=1}^{k}\varphi_{k+1-j}\varphi_{kj}\Big)\Big(1 - \sum_{j=1}^{k}\rho_j\varphi_{kj}\Big)^{-1} \\ \varphi_{k+1,\,j} = \varphi_{kj} - \varphi_{k+1,\,k+1}\varphi_{k,\,k-(j-1)},\ j=1, 2, \cdots, k\end{cases} \tag{5-22}$$

对 MA 序列或 ARMA 序列，亦可类似地引入偏相关函数。还可以证明，对 MA 序列或 ARMA 序列，其偏相关函数是拖尾的，即存在正常数 g_1，g_2 使

$$|\varphi_{kk}| \leqslant g_1 e^{-g_2 k}, \quad k \geqslant p-q$$

表 5-1 对这三类序列的相关性质进行了比较。

表 5-1 ARMA 序列的分类性质一览表

类别 \ 表现形式 \ 模型	AR(p)	MA(q)	ARMA(p,q)
模型方程	$\Phi(B)X_n = \varepsilon_n$	$X_n = \Theta(B)\varepsilon_n$	$\Phi(B)X_n = \Theta(B)\varepsilon_n$
平稳条件	$\Phi(\lambda)=0$ 的根全在单位圆外	当然平稳	$\Phi(\lambda)=0$ 的根全在单位圆外

（续）

表现形式 \ 模型 / 类别	AR(p)	MA(q)	ARMA(p,q)
可逆条件	一定可逆	$\Theta(\lambda)=0$ 的根在单位圆外	$\Theta(\lambda)=0$ 的根全在单位圆外
传递形式	$X_n=\Phi^{-1}(B)\varepsilon_n$	$X_n=\Theta(B)\varepsilon_n$	$X_n=\Phi^{-1}(B)\Theta(B)\varepsilon_n$
逆转形式	$\varepsilon_n=\Phi(B)X_n$	$\varepsilon_n=\Theta^{-1}(B)X_n$	$\varepsilon_n=\Theta^{-1}(B)\Phi(B)X_n$
自相关函数	拖尾	截尾	拖尾
偏相关函数	截尾	拖尾	拖尾

例5-1 设有平稳时间序列 $\{X_n\}$，$\{Y_n\}$，$\{Z_n\}$，其自相关函数（ACF）及偏相关函数（PACF）如图5-2、图5-3、图5-4所示。试判别这三个时间序列的类型。

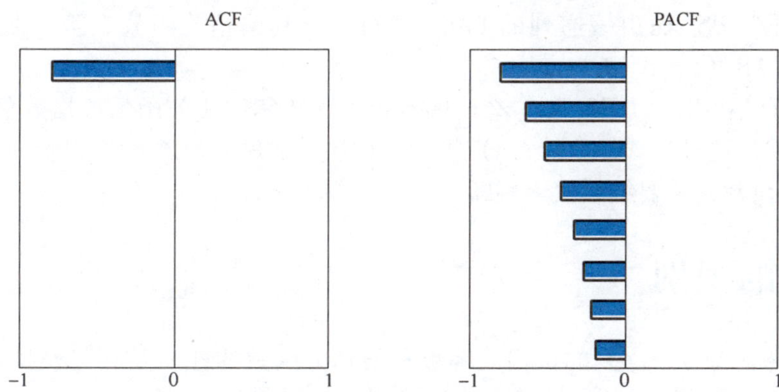

图5-2 序列 $\{X_n\}$ 的ACF与PACF值

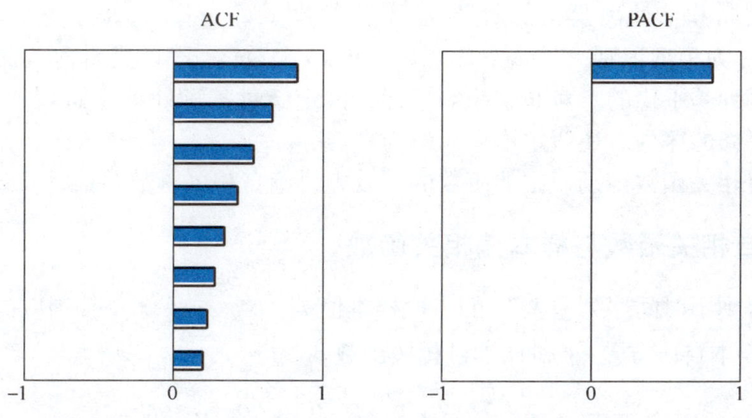

图5-3 序列 $\{Y_n\}$ 的ACF与PACF值

由图5-2可以看出，时间序列 $\{X_n\}$ 的自相关函数1阶“截尾”。而由其PACF值可知，该序列的偏相关函数按指数单调收敛到零，其偏相关函数呈“拖尾”状，故序列 $\{X_n\}$ 可识别为MA(1)模型。

由图5-3可以看出，时间序列 $\{Y_n\}$ 的自相关函数ACF按指数单调收敛到零，其自相

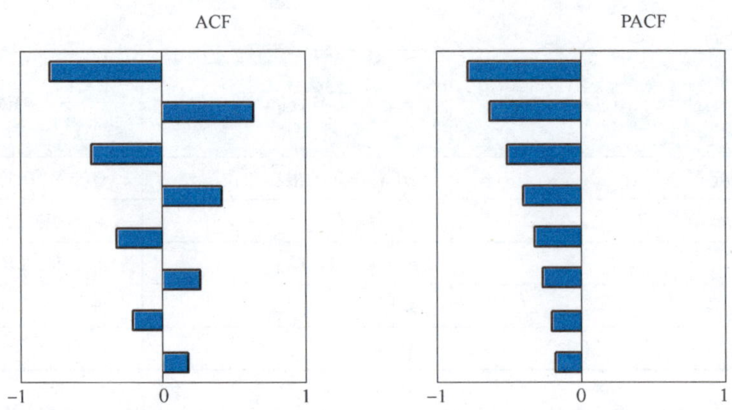

图 5-4 序列 $\{Z_n\}$ 的 ACF 与 PACF 值

关函数呈“拖尾”状。而由该序列的 PACF 值可知，其偏相关函数 1 阶“截尾”，故序列 $\{Y_n\}$ 可识别为 AR（1）模型。

由图 5-4 可以看出，时间序列 $\{Z_n\}$ 的自相关函数和偏相关函数按指数单调收敛到零，均呈“拖尾”状。这满足 ARMA(p, q) 模型的性质，故序列 $\{Z_n\}$ 可识别为 ARMA(p, q) 模型。p 和 q 的阶数则需要继续摸索判断。

5.3 模型的识别

上一节讨论了 ARMA 序列的自相关函数和偏相关函数的性质及其与模型参数之间的关系。本节需要讨论这样的问题：如果 $\{X_n\}$ 是一未知其模式的 ARMA 序列，现获得了它的一段样本数据 $x_1, x_2, \cdots, x_N$，如何根据这 N 个数据对 $\{X_n\}$ 的模型作出估计。或者，更具体些，如何判断和估计出模型的阶数 p，q 和参数 $\varphi_1, \cdots, \varphi_p, \theta_1, \cdots, \theta_q, \sigma_\varepsilon^2$。通常，对 p，q 的估计称为模型识别，对 $\varphi_1, \cdots, \varphi_p, \theta_1, \cdots, \theta_q, \sigma_\varepsilon^2$ 的估计称为参数估计。假定所讨论的时间序列是平稳的。对非平稳的情形，假定经过某种处理（如差分、季节差分等）后，可以化为平稳的序列。还假定序列均值为零。

我们是用自相关函数识别模型的阶数的，故先讨论自相关函数的估计。

5.3.1 样本自相关函数与样本偏相关函数

假设已经得到了时间序列 $\{X_n\}$ 的一段样本值 $x_1, x_2, \cdots, x_N$，其中 N 称为样本长度。定义 $\{X_n\}$ 的样本自协方差 $\hat{\gamma}_k$ 和样本自相关函数 $\hat{\rho}_k$ 为

$$\hat{\gamma}_k = \hat{\gamma}_{-k} = \frac{1}{N}\sum_{t=1}^{N-k} x_t x_{t+k}, \ k = 0, 1, 2, \cdots, N-1$$

$$\hat{\rho}_k = \hat{\rho}_{-k} = \hat{\gamma}_k / \hat{\gamma}_0, \ k = 0, 1, 2, \cdots, N-1$$

也有人采用如下定义

$$\hat{\gamma}_k^* = \frac{1}{N-k}\sum_{t=1}^{N-k} x_t x_{t+k}, \ k = 0, 1, 2, \cdots, N-1$$

显然，$\hat{\gamma}_k^* = \frac{N}{N-k}\hat{\gamma}_k$，因此，当 N 远远大于 k 时，$\hat{\gamma}_k^*$ 与 $\hat{\gamma}_k$ 是近似相等的（称为渐近相等），

而当 n 足够大时，为确定阶只需对并不太大的 k 估计出 ρ_k 即可。

有了样本自相关函数，便可按式（5-21）那样定义样本偏相关函数。解方程组

$$\begin{pmatrix} 1 & \hat{\rho}_1 & \hat{\rho}_2 & \cdots & \hat{\rho}_{k-1} \\ \hat{\rho}_1 & 1 & \hat{\rho}_1 & \cdots & \hat{\rho}_{k-2} \\ \vdots & \vdots & \vdots & & \vdots \\ \hat{\rho}_{k-1} & \hat{\rho}_{k-2} & \hat{\rho}_{k-3} & \cdots & 1 \end{pmatrix}\begin{pmatrix} \hat{\varphi}_{k1} \\ \hat{\varphi}_{k2} \\ \vdots \\ \hat{\varphi}_{kk} \end{pmatrix} = \begin{pmatrix} \hat{\rho}_1 \\ \hat{\rho}_2 \\ \vdots \\ \hat{\rho}_k \end{pmatrix} \tag{5-23}$$

得到 $\hat{\varphi}_{kk}(k=1, 2, \cdots)$，这就是 $\{X_n\}$ 的样本偏相关函数，也可按式（5-22）递推计算，只需将那里的 ρ_j 换为 $\hat{\rho}_j$ 即可。

如果 $\{X_n\}$ 为 ARMA 序列，$\hat{\gamma}_k$ 和 $\hat{\rho}_k$ 作为 γ_k，ρ_k 的估计量具有如下性质：

性质1 它们是渐近无偏估计，即

$$\lim_{N\to\infty} E\hat{\gamma}_k = \gamma_k, \ \lim_{N\to\infty} E\hat{\rho}_k = \rho_k, \ k\geqslant 0$$

性质2 如 $\{X_n\}$ 是 MA(q) 序列，则对 $k>q$，$\hat{\rho}_k$ 的渐近分布为正态分布

$$N\left(0, \frac{1}{N}\left(1+2\sum_{t=1}^{q}\hat{\rho}_t^2\right)\right)$$

性质3 设 $\{X_n\}$ 为 AR(p) 序列，则 $\hat{\varphi}_{kk}$是 φ_{kk}的渐近无偏估计

$$\lim_{N\to\infty} E\hat{\varphi}_{kk} = \varphi_{kk} = \begin{cases} \varphi_k, & k\leqslant p \\ 0, & k>p \end{cases}$$

进而对 $k>p$，$\hat{\varphi}_{kk}$的渐近分布为正态分布 $N(0, 1/N)$。

5.3.2 模型识别

本节根据上一段中讨论的样本自相关和样本偏相关函数的性质来判断 $\{X_n\}$ 的模型阶数，即 p，q 的值。若 $\{X_n\}$ 是求和模型，则还要确定 d 的值。

（1）识别的依据。根据5.2中ARMA序列自相关，偏相关函数的性质，若样本自相关函数 $\hat{\rho}_k$在 $k>q$ 后截尾，则判断 $\{X_n\}$ 是 MA(q) 序列；若 $\hat{\varphi}_{kk}$在 $k>p$ 以后截尾，则判断是 AR(p) 序列；若 $\hat{\rho}_k$、$\hat{\varphi}_{kk}$都不截尾，且都被负指数型的数列所控制（即拖尾的），则应判断为ARMA序列，但尚不能判定其阶数。在其他情况下需要考虑求和、季节性、非平稳性等。

（2）$\hat{\rho}_k$和 $\hat{\varphi}_{kk}$截尾性的判断。自相关和偏相关函数 ρ_k，φ_{kk}的截尾性是指它们从某个 q 或 p 值后全为零。但由于$\hat{\rho}_k$，$\hat{\varphi}_{kk}$是ρ_k，φ_{kk}的估计值，它们必然有误差，所以即使 $\{X_n\}$ 为 MA(q) 序列，$k>q$ 后 $\hat{\rho}_k$也不会全等于零，而只是在零上、下波动。由性质2，对 MA(q) 序列，当 $k>q$ 时，$\rho_k=0$，而 $\hat{\rho}_k$的渐近分布为正态分布，由正态分布的性质知

$$P\left\{|\hat{\rho}_k|\leqslant\frac{1}{\sqrt{N}}\sqrt{\left(1+2\sum_{t=1}^{q}\hat{\rho}_t^2\right)}\right\}\approx 68.3\%$$

$$P\left\{|\hat{\rho}_k|\leqslant\frac{2}{\sqrt{N}}\sqrt{\left(1+2\sum_{t=1}^{q}\hat{\rho}_t^2\right)}\right\}\approx 95.5\%$$

根据精度要求确定概率0.683或0.955，然后对每个 $k>0$，逐个检验 $\hat{\rho}_{k+1}$，$\hat{\rho}_{k+2}$，$\cdots$，$\hat{\rho}_{k+m}$（m 一般取$\sqrt{N}$或 $N/10$），检验其中满足 $|\hat{\rho}_i|\leqslant\frac{1}{\sqrt{N}}\sqrt{\left(1+2\sum_{t=1}^{q}\hat{\rho}_t^2\right)}$ 的$\hat{\rho}_i$ 个数的比例是否达到了

68.3%或者满足$|\hat{\rho}_i|\leqslant\frac{2}{\sqrt{N}}\sqrt{(1+2\sum_{t=1}^{q}\hat{\rho}_t^2)}$的$\hat{\rho}_i$比例是否达到了95.5%。对某一$q^*\geqslant1$，若在$k=1$，2，…，$q^*-1$时均没有达到，而在$k=q^*$时达到了，就说$\hat{\rho}_k$在$q^*$以后截尾，于是判断序列$\{X_n\}$为MA($q^*$)序列。同理，对于AR($p$)模型，对每个$k>0$，逐个地检验$\hat{\varphi}_{k+1,k+1}$，…，$\hat{\varphi}_{k+m,k+m}$，看其中满足$|\hat{\varphi}_{ii}|\leqslant1/\sqrt{N}$的$\hat{\varphi}_{ii}$比例是否已经达到了68.3%或者满足$|\hat{\varphi}_{ii}|\leqslant2/\sqrt{N}$的$\hat{\varphi}_{ii}$比例是否已经达到了95.5%。若在$k=1$，…，$p^*-1$处都没有达到，在$p^*$处达到，则可判断此序列为AR($p^*$)序列。

（3）混合模型定阶。若时间序列$\{X_n\}$的样本自相关函数和偏相关函数均不截尾，但较快地收敛到零，则序列很可能是ARMA序列。不过，这时其中的p，q比较难以判别。识别p，q，可以从低阶到高阶逐个取（p，q）为（1，1），（1，2），（2，1），（2，2）等值进行尝试。所谓尝试，就是先认定（p，q）为某值（如（1，1）)，然后进行下一步的参数估计，并定出估计模型，再用后面将要介绍的检验方法检验该估计模型是否可被接受，也就是与实际序列拟合得好不好。若不被接受，就调整（p，q）的尝试值，重新进行参数估计和检验，直到被接受为止。初看起来，这个方法似乎过于烦琐，其实，下面将会看到，即便是已经判定一个时间序列为AR或MA序列，也要通过诊断检验后才能放心使用。

实际中常用的模型定阶的方法有残差方差定阶法、自相关函数（ACF）和偏相关函数（PACF）定阶法、F检验定阶法及最佳准则函数定阶法。其中，最佳准则函数法，即确定出一个准则函数，该函数既要考虑某一模型拟合时对原始数据的接近程度，同时又要考虑模型中所含待定系数的个数。建模时按照准则函数的取值确定模型的优劣，以决定取舍，使准则函数达到极小的是最佳模型。1971年赤池（Akaike）提出了一种识别AR模型阶数的准则，称为最小最终预报误差准则，简称为最小FPE（Final Prediction Error）准则。1973年他将此方法推广到识别ARMA模型阶数，称为最小信息准则或AIC（A-Information Criterion）准则。近年来，AIC准则得到了广泛应用，进而又推广为BIC准则，等等。

（4）求和阶数d的识别。若$\hat{\rho}_k$和$\hat{\varphi}_{kk}$都不截尾，而且（至少有一个）下降趋势很慢，则可认为它们不是拖尾的，即不能被负指数序列所控制，这时可重新计算并按要领（1）、（2）、（3）分析差分序列$\nabla X_n(n=2,\cdots,N)$的样本自相关和样本偏相关函数。若这两个函数仍不截尾且至少有一个下降很慢，则可再考虑对$\nabla^2X_n(n=3,4,\cdots,N)$进行分析，直到某一次$\nabla^dX_n(n=d+1,\cdots,N)$的样本自相关或样本偏相关函数截尾或都为拖尾为止。这时的d即为求和阶数。实际使用中，d一般不超过2，否则必须检查原序列是否存在周期波动或其他影响。若能根据数据的来源直接提供d的值，则不必对它进行估计。

（5）确定周期。如果时间序列$\{X_n\}$存在周期波动，例如月度波动，那么序列$\{X_n\}$中的数据点就会同那些领先或滞后12个月的相应数据点存在某种程度的相关。换句话说，就是在X_t与X_{t-12}之间存在某种程度的相关。由于X_t与X_{t-12}的相关和X_{t-12}与X_{t-24}的相关一样，故X_{t-12}与X_{t-24}之间也存在一定的相关。这些相关都应在自相关函数ρ_k中表现出来。因此，若序列存在月度周期波动，那么在$k=12$，24，36时，自相关函数ρ_k应出现高峰。所以，通过观察样本自相关函数中的峰值可以识别时间序列是否存在周期波动。若存在，可先进行季度差分，再按上述准则进行识别。对周期为季度的情形是完全类似的。

(6) 去掉 $\{X_n\}$ 的均值项。若 $\{X_n\}$ 中包含非随机的均值项 f_n，那么在计算样本自相关函数和样本偏相关函数以及对序列进行模型识别和参数估计时，一定要先设法将均值去掉。常用的办法是用样本均值 $\hat{\mu}=\frac{1}{N}\sum_{t=1}^{N}x_t$ 代替 f_n，再用 $Z_n=X_n-f_n$ 代替 $\{X_n\}$ 进行分析。或者将 f_n 看做数列 x_1，…，x_N 的长期趋势，用第3章介绍的方法求出，然后用 $Z_n=X_n-f_n$ 代替 X_n 进行分析。

上面讲的模型识别方法实际上是以自相关函数和偏相关函数估计为主，以直观检验为辅，并把两者结合起来进行识别的方法。其一般步骤是首先画出数据依时间变化的图形，对序列的平稳性、周期性等进行直观性的初步检查和判断，以确定所分析的序列大约是何种类型的序列。如果是求和型或周期型，先对数据进行处理，然后再计算模型的样本自相关函数和样本偏相关函数，以确定模型阶次。在此值得指出的是，上面虽然给出了详细的模型识别条件和用以判别相关函数截尾特性的判别公式，但因样本相关函数仅仅是一个参数估计值，所以往往会偏离理论值。尤其当样本比较小时，这种差别就更大。因此，在运用相关函数识别模型时，一般要求时间序列长度 N 不小于50，滞后周期 k 取小于或等于 $N/4$。

在对一个时间序列识别时，有时可能得到几个不同的结果，由于它们的自协方差函数（识别的依据）非常接近，所以这些模型与真实模型都是十分相近的，从而它们的预报、控制等问题的解也是非常接近的。

例5-2　某市1977年1月至1981年12月新鲜蔬菜销售量如表5-2所示。从图5-5中可

表5-2　某市1977年1月至1981年12月新鲜蔬菜月销售量统计　（单位：10^4kg）

时　间	销售量（X_t）	时　间	销售量（X_t）	时　间	销售量（X_t）
1977.1	6241	1978.9	15363	1980.5	17293
1977.2	7275	1978.10	27251	1980.6	19578
1977.3	8619	1978.11	69500	1980.7	29357
1977.4	11859	1978.12	12536	1980.8	26060
1977.5	22116	1979.1	7449	1980.9	21897
1977.6	20191	1979.2	6859	1980.10	25179
1977.7	26390	1979.3	9527	1980.11	69196
1977.8	19057	1979.4	10206	1980.12	12145
1977.9	24498	1979.5	18625	1981.1	8152
1977.10	25021	1979.6	20122	1981.2	7526
1977.11	69643	1979.7	27100	1981.3	10552
1977.12	7859	1979.8	17865	1981.4	12719
1978.1	7053	1979.9	17097	1981.5	17721
1978.2	7106	1979.10	29653	1981.6	21049
1978.3	9764	1979.11	79071	1981.7	28859
1978.4	13818	1979.12	10644	1981.8	22147
1978.5	22998	1980.1	6971	1981.9	23639
1978.6	21081	1980.2	7696	1981.10	24313
1978.7	27043	1980.3	9182	1981.11	64842
1978.8	20703	1980.4	8543	1981.12	8487

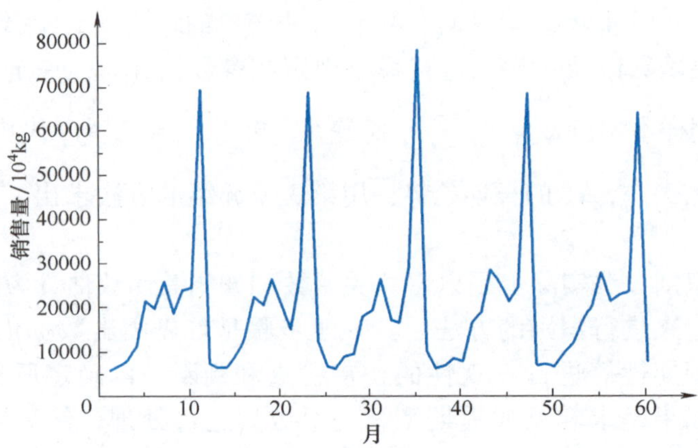

图 5-5　某市 1977 年 1 月至 1981 年 12 月新鲜蔬菜月销售量

以看到，由于居民冬季储藏大白菜的缘故，蔬菜的月销售量呈现很强的季节性。试识别此时间序列的模型。

解：先将原始序列零均值化，再计算其样本自相关函数与偏相关函数，输出结果见图 5-6（已将计算机输出结果作了整理）。从图 5-6 中可见 X_t 的样本自相关函数 $\hat{\rho}_k$ 在 $k=12$，24 时很高。这表明该序列具有很强的季节非平稳性。这与对实际情况的分析和图 5-5 所示的图形是一致的。为消除月度季节性影响，对原序列进行差分，计算$\nabla_{12}X_t$ 的相关函数，结果如图 5-7 所示。从图中可见$\nabla_{12}X_t$ 的自相关函数近似正弦波，且两种相关函数衰减都很缓慢。这说明$\nabla_{12}X_t$ 仍不是平稳序列，故需再进行一次一阶差分$\nabla\nabla_{12}X_t$，并计算其相关函数，见图 5-8。从中可以看出，随着 k、m 的增加，$\hat{\rho}_k$、$\hat{\varphi}_{mm}$迅速下降，故可以认为$\nabla\nabla_{12}X_t$ 是平稳序列。此外，从图 5-8 中还可看到，当 $k=12$ 时，$\hat{\rho}_k=-0.332$，其值仍较高，说明残差序列中可能具有一阶季节相关，故用（$1-B^{12}$）ε_t 加以描述。经过以上识别，最后选择的模型结构形式如下

$$(1-\varphi B)\nabla\nabla_{12}X_t=(1-\theta B^{12})\varepsilon_t$$

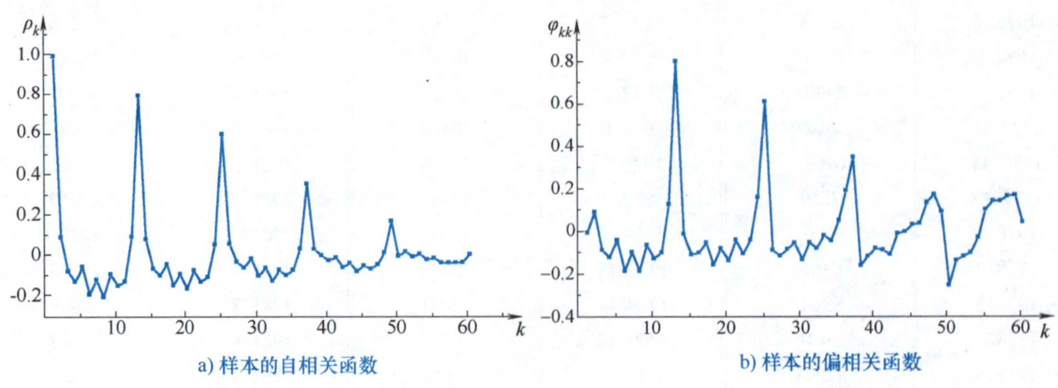

图 5-6　X_t 的样本自相关函数和偏相关函数

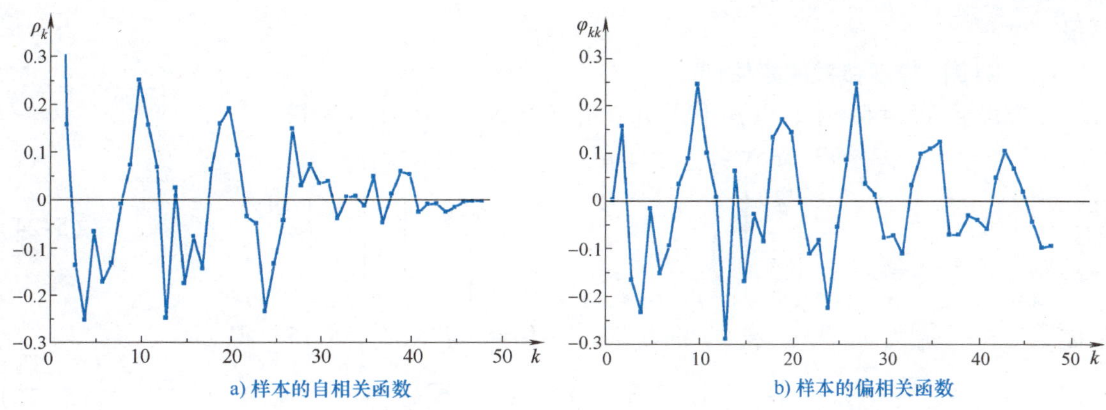

a) 样本的自相关函数　　b) 样本的偏相关函数

图 5-7　$\nabla_{12}X_t$ 的相关函数

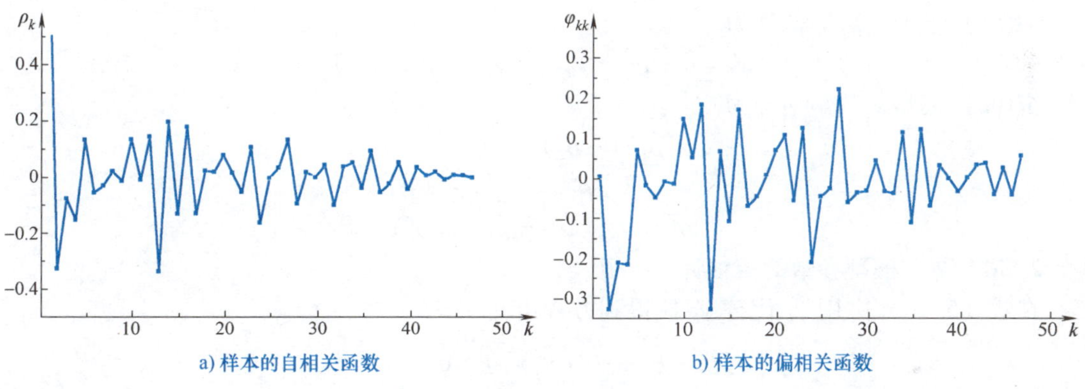

a) 样本的自相关函数　　b) 样本的偏相关函数

图 5-8　$\nabla\nabla_{12}X_t$ 的相关函数

5.4　ARMA 模型的参数估计

前一节利用一串样本序列 x_1，x_2，…，x_N 确定 $\{X_n\}$ 的模型类型，即确定 ARMA 序列的阶数 p，q。这一节我们将讨论模型参数的估计方法。由于模型结构不同、统计特性不同以及预测精度的要求不同，使得参数估计方法也不相同。

5.4.1　矩估计方法

设 $\{X_n\}$ 是 ARMA(p, q) 序列，由 5.2 的讨论知 $\{X_n\}$ 的自协方差函数、自相关函数可通过 $\{X_n\}$ 的模型参数表达出来。如果将这些公式中的 γ_k，ρ_k 换成 $\hat{\gamma}_k$，$\hat{\rho}_k$，从中解出 $\hat{\varphi}_1$，…，$\hat{\varphi}_p$，$\hat{\theta}_1$，…，$\hat{\theta}_q$，$\hat{\sigma}_\varepsilon^2$，它们便分别是 φ_1，…，φ_p，θ_1，…，θ_q，σ_ε^2 的相关矩估计（简称为矩估计）。

由于当样本长度 N 足够大后，估计 $\hat{\gamma}_k$，$\hat{\rho}_k$ 分别接近各自的真值 γ_k 和 ρ_k，所以也可期望 $\hat{\varphi}_1$，…，$\hat{\varphi}_p$，$\hat{\theta}_1$，…，$\hat{\theta}_q$，σ_ε^2 接近它们各自的真值。这种方法简单易懂，不过在某些情况下精度较差。但是当 $\{X_n\}$ 为 AR(p) 序列时，矩估计的精度也是很好的。此外，在实际应用中还须注意估计得到的参数是否使模型平稳、可逆，只有使模型平稳、可逆，才能用来预报。

1. AR(p) 模型参数的矩估计

在方程组（5-14）中，以 $\hat{\rho}_k$ 代替 ρ_k，并解出 $\hat{\varphi}_1$，…，$\hat{\varphi}_p$，即得

$$\begin{pmatrix}\hat{\varphi}_1\\ \hat{\varphi}_2\\ \vdots\\ \hat{\varphi}_p\end{pmatrix}=\begin{pmatrix}1 & \hat{\rho}_1 & \cdots & \hat{\rho}_{p-1}\\ \hat{\rho}_1 & 1 & \cdots & \hat{\rho}_{p-2}\\ \vdots & \vdots & & \vdots\\ \hat{\rho}_{p-1} & \hat{\rho}_{p-2} & \cdots & 1\end{pmatrix}^{-1}\begin{pmatrix}\hat{\rho}_1\\ \hat{\rho}_2\\ \vdots\\ \hat{\rho}_p\end{pmatrix} \tag{5-24}$$

常称 $\hat{\varphi}_1$，…，$\hat{\varphi}_p$ 为 φ_1，…，φ_p 的 Yule-Walker 估计。代入式（5-15）得

$$\hat{\sigma}_\varepsilon^2=\hat{\gamma}_0-\sum_{j=1}^{p}\hat{\varphi}_j\hat{\gamma}_j=\hat{\gamma}_0-\sum_{i,j=1}^{p}\hat{\varphi}_i\hat{\varphi}_j\hat{\gamma}_{j-i} \tag{5-25}$$

式（5-24）和式（5-25）就是 AR 模型参数矩估计的全部公式。

AR(1) 模型参数矩估计为

$$\hat{\varphi}_1=\hat{\rho}_1,\ \hat{\sigma}_\varepsilon^2=\hat{\gamma}_0-\hat{\varphi}_1\hat{\gamma}_1=\hat{\gamma}_0(1-\hat{\rho}_1^2)$$

AR(2) 模型参数矩估计为

$$\hat{\varphi}_1=\frac{\hat{\rho}_1(1-\hat{\rho}_2)}{1-\hat{\rho}_1^2},\quad \hat{\varphi}_2=\frac{\hat{\rho}_2-\hat{\rho}_1^2}{1-\hat{\rho}_1^2}$$

$$\sigma_\varepsilon^2=\hat{\gamma}_0\ (1-\hat{\varphi}_1\hat{\rho}_1-\hat{\varphi}_2\hat{\rho}_2)$$

2. MA(q) 模型参数的矩估计

在式（5-16）中用 $\hat{\gamma}_k$ 代替 γ_k 便得到方程组

$$\hat{\gamma}_k=\begin{cases}\hat{\sigma}_\varepsilon^2(1+\hat{\theta}_1^2+\cdots+\hat{\theta}_q^2),\ k=0\\ \hat{\sigma}_\varepsilon^2(-\hat{\theta}_k+\hat{\theta}_1\ \hat{\theta}_{k+1}+\cdots+\hat{\theta}_{q-k}\hat{\theta}_q),\ 1\leqslant k\leqslant q\end{cases} \tag{5-26}$$

解出$\hat{\theta}_k(1\leqslant k\leqslant q)$ 和 $\hat{\sigma}_\varepsilon^2$，便得到 MA($q$) 的模型参数的矩估计。式（5-26）是一个 $q+1$ 元的二次方程组，这里给出两种解法：

(1) 直接解法：对 $q=1$，式（5-26）成为

$$\begin{cases}\hat{\gamma}_0=\hat{\sigma}_\varepsilon^2(1+\hat{\theta}_1^2)\\ \hat{\gamma}_1=\hat{\sigma}_\varepsilon^2\ \hat{\theta}_1(-1)\end{cases}$$

可解得两组解（仅当$|\hat{\rho}_1|\leqslant 1/2$）

$$\hat{\sigma}_\varepsilon^2=\hat{\gamma}_0\frac{1\pm\sqrt{1-4\hat{\rho}_1^2}}{2},\ \hat{\theta}_1=\frac{-2\hat{\rho}_1}{1\pm\sqrt{1-4\hat{\rho}_1^2}}$$

由于解必须使模型 MA(1) 可逆，即$|\hat{\theta}_1|<1$，故 $\hat{\sigma}_\varepsilon^2$ 和$\hat{\theta}_1$ 为

$$\hat{\sigma}_\varepsilon^2=\hat{\gamma}_0\frac{1+\sqrt{1-4\hat{\rho}_1^2}}{2},\ \hat{\theta}_1=\frac{-2\hat{\rho}_1}{1+\sqrt{1-4\hat{\rho}_1^2}}$$

对 $q=2$，式（5-26）成为

$$\begin{cases}\hat{\gamma}_0=\hat{\sigma}_\varepsilon^2(1+\hat{\theta}_1^2+\hat{\theta}_2^2)\\ \hat{\gamma}_1=\hat{\sigma}_\varepsilon^2(-\hat{\theta}_1+\hat{\theta}_1\ \hat{\theta}_2)\\ \hat{\gamma}_2=-\hat{\sigma}_\varepsilon^2\ \hat{\theta}_2\end{cases} \tag{5-27}$$

解后两式得

$$\hat{\theta}_2=\frac{-\hat{\gamma}_2}{\hat{\sigma}_\varepsilon^2},\quad \hat{\theta}_1=\frac{-\hat{\gamma}_1}{\hat{\sigma}_\varepsilon^2+\hat{\gamma}_2}$$

代入式（5-27）第一式得

$$\hat{\gamma}_0=\hat{\sigma}_\varepsilon^2\left\{1+\frac{\hat{\gamma}_2^2}{\hat{\sigma}_\varepsilon^2}+\frac{\hat{\gamma}_1^2}{(\hat{\sigma}_\varepsilon^2+\hat{\gamma}_2)^2}\right\}$$

这是 $\hat{\sigma}_\varepsilon^2$ 的四次方程，有四个根，因此 $\hat{\theta}_1$，$\hat{\theta}_2$ 也有四种可能的解。但使模型 MA(2) 可逆的解为

$$\hat{\theta}_1=\frac{\hat{\rho}_1\hat{\theta}_2}{\hat{\rho}_2(1-\hat{\theta}_2)},\quad \hat{\sigma}_\varepsilon^2=-\frac{\hat{\gamma}_0\hat{\rho}_2}{\hat{\theta}_2}$$

$$\hat{\theta}_2=\frac{1}{2}-(4\hat{\rho}_2)^{-1}-(2\hat{\rho}_2)^{-1}\left[\left(\hat{\rho}_2+\frac{1}{2}\right)^2-\hat{\rho}_1^2\right]^{1/2}$$
$$+\operatorname{sgn}(\hat{\rho}_2)\left\{\left[\frac{1}{2}-(4\hat{\rho}_2)^{-1}-(2\hat{\rho}_2)^{-1}\left(\left(\hat{\rho}_2+\frac{1}{2}\right)^2-\hat{\rho}_1^2\right)^{1/2}\right]^2-1\right\}^{1/2}$$

其中 $\hat{\theta}_2$ 中的 sgn（$\hat{\rho}_2$）为 $\hat{\rho}_2$ 的符号函数。

显然，当 $q=3$ 时，直接解法将是相当复杂的，所以式（5-26）一般用数值解法来求解，除非式（5-26）有特殊的结构。

（2）线性迭代法：将式（5-26）改写为

$$\begin{cases}\hat{\sigma}_\varepsilon^2=\hat{\gamma}_0(1+\hat{\theta}_1^2+\cdots+\hat{\theta}_q^2)^{-1}\\ \hat{\theta}_k=-(\hat{\gamma}_k/\hat{\sigma}_\varepsilon^2-\hat{\theta}_1\hat{\theta}_{k+1}-\cdots-\hat{\theta}_{q-k}\hat{\theta}_q),\ k=1,\cdots,q\end{cases}\tag{5-28}$$

给出 $\hat{\sigma}_\varepsilon^2$，$\hat{\theta}_k$ 的一组初值（如取 $\hat{\sigma}_\varepsilon^2(0)=\hat{\gamma}_0$，$\hat{\theta}_k(0)=0$），代入式（5-28）的右边，可计算出第一次迭代值 $\hat{\sigma}_\varepsilon^2(1)$，$\hat{\theta}_k(1)$，$k=1$，…，$q$；再将第一次迭代值代入式（5-28）右边，求出第二次迭代值；如此迭代，直到对于某个 m，$\hat{\sigma}_\varepsilon^2(m)$，$\hat{\theta}_k(m)$ 和第 $m-1$ 次迭代值 $\hat{\sigma}_\varepsilon^2(m-1)$，$\hat{\theta}_k(m-1)$ 相差不大时（如这两步各迭代值之差的绝对值都小于事先预定的精度），便停止迭代，并取 $\hat{\sigma}_\varepsilon^2(m)$，$\hat{\theta}_k(m)$（$k=1$，…，$q$）为式（5-28）的解。这里应注意的是模型必须可逆，若求得的 $\hat{\sigma}_\varepsilon^2(m)$，$\hat{\theta}_k(m)$ 使 MA(q) 不可逆，则改变初始值，重新迭代。

也可采用其他的迭代法来求解多元二次方程组（5-26）或方程组（5-28）的解，如 Newton-Raphson 算法（可见数值方法的有关文献）。

3. ARMA(p，q) 模型参数的矩估计

在式（5-20）中以 $\hat{\rho}_k$ 代替 ρ_k，求得 $\hat{\varphi}_1$，…，$\hat{\varphi}_p$：

$$\begin{pmatrix}\hat{\varphi}_1\\ \hat{\varphi}_2\\ \vdots\\ \hat{\varphi}_p\end{pmatrix}=\begin{pmatrix}\hat{\rho}_q & \hat{\rho}_{q-1} & \cdots & \hat{\rho}_{q+1-p}\\ \hat{\rho}_{q+1} & \hat{\rho}_q & \cdots & \hat{\rho}_{q+2-p}\\ \vdots & \vdots & & \vdots\\ \hat{\rho}_{q+p-1} & \hat{\rho}_{q+p-2} & \cdots & \hat{\rho}_q\end{pmatrix}^{-1}\begin{pmatrix}\hat{\rho}_{q+1}\\ \hat{\rho}_{q+2}\\ \vdots\\ \hat{\rho}_{q+p}\end{pmatrix}\tag{5-29}$$

这里 $\hat{\rho}_k$ 是样本的自相关函数，可由观测数据计算。

此时，对 ARMA(p，q) 模型

$$X_n-\hat{\varphi}_1X_{n-1}-\cdots-\hat{\varphi}_pX_{n-p}=\varepsilon_n-\theta_1\varepsilon_{n-1}-\cdots-\theta_q\varepsilon_{n-q}$$

定义 $Z_n=\Phi_p(B)X_n=X_n-\hat{\varphi}_1X_{n-1}-\cdots-\hat{\varphi}_pX_{n-p}$，则 $Z_n=\Theta_q(B)\varepsilon_n$，即 Z_n 是 MA(q) 序列，其自协方差函数 $\gamma_k(Z_n)$ 可由 X_n 的自协方差函数 γ_k 表示为

$$\gamma_k(Z_n)=E[Z_nZ_{n+k}]=\sum_{i,j=0}^{p}\hat{\varphi}_i\hat{\varphi}_j\gamma_{k+j-i}$$

其中 $\hat{\varphi}_0=-1$。记 $\gamma_k(Z_n)=\mu_k$，从而 Z_n 的样本自协方差函数为

$$\hat{\mu}_k=\sum_{i,j=0}^{p}\hat{\varphi}_i\hat{\varphi}_j\hat{\gamma}_{k+j-i}$$

将 $\hat{\mu}_k$ 作为 Z_n 的自协方差函数 μ_k 的估计值，运用 MA(q) 模型参数的矩估计方法即可求出 $\hat{\sigma}_\varepsilon^2$，$\hat{\theta}_k(k=1, 2, \cdots, q)$。

从上述参数估计的步骤可见，对 ARMA 模型而言，这种估计方法的精度比 MA 的更差，所以对 MA、ARMA 模型参数的估计最好采用下面所要讨论的方法。

5.4.2 最小二乘估计

这里讨论如何把 ARMA 序列的参数估计问题转化为最小二乘问题。分两种情况讨论。

1. AR(p) 序列参数的最小二乘估计

将 AR(p) 模型式（5-1）改写为（样本序列长度为 N）

$$\begin{cases}X_{p+1}=\varphi_1X_p+\varphi_2X_{p-1}+\cdots+\varphi_pX_1+\varepsilon_{p+1}\\X_{p+2}=\varphi_1X_{p+1}+\varphi_2X_p+\cdots+\varphi_pX_2+\varepsilon_{p+2}\\\vdots\\X_N=\varphi_1X_{N-1}+\varphi_2X_{N-2}+\cdots+\varphi_pX_{N-p}+\varepsilon_N\end{cases}\tag{5-30}$$

对 $1\leqslant k\leqslant N-p$，记 $\overline{X}_k=X_{k+p}$，$\overline{\varepsilon}_k=\varepsilon_{k+p}$；再令 $\overline{\boldsymbol{X}}=(\overline{X}_1, \overline{X}_2, \cdots, \overline{X}_k)^{\mathrm{T}}$，$\boldsymbol{\varphi}=(\varphi_1, \varphi_2, \cdots, \varphi_p)^{\mathrm{T}}$ 以及

$$f_k(\boldsymbol{\varphi}, \overline{\boldsymbol{X}})=\varphi_1\overline{X}_{k-1}+\varphi_2\overline{X}_{k-2}+\cdots+\varphi_p\overline{X}_{k-p}$$

于是式（5-30）便成为如下的形式

$$\overline{X}_k=f_k(\boldsymbol{\varphi}, \overline{\boldsymbol{X}})+\overline{\varepsilon}_k, 1\leqslant k\leqslant N-p\tag{5-31}$$

设样本序列为 $\{x_1, x_2, \cdots, x_N\}$。所谓参数向量 $\boldsymbol{\varphi}$ 的最小二乘估计 $\hat{\boldsymbol{\varphi}}^L$，就是选取 $\boldsymbol{\varphi}$ 的估计量 $\hat{\boldsymbol{\varphi}}^L=(\hat{\varphi}_1^L, \cdots, \hat{\varphi}_p^L)$，使得误差平方和

$$\begin{aligned}S(\boldsymbol{\varphi})&=\sum_{k=1}^{N-p}\overline{\varepsilon}_k^2=\sum_{k=1}^{N-p}[\overline{X}_k-f_k(\boldsymbol{\varphi}, \overline{\boldsymbol{X}})]^2\\&=\sum_{k=1}^{N-p}(x_{k+p}-\varphi_1x_{k+p-1}-\cdots-\varphi_px_k)^2\end{aligned}$$

达到极小，其中已经把式（5-31）中的 $\overline{X}_k$ 换成了 AR(p) 序列的样本值 x_{k+p}。

为求 $S(\boldsymbol{\varphi})$ 的极小值，求 $S(\boldsymbol{\varphi})$ 对 φ_j 的偏导数，令其为 0，得

$$\sum_{k=1}^{N-p}(x_{k+p}-\varphi_1x_{k+p-1}-\cdots-\varphi_px_k)x_{k+p-j}=0, j=1, 2, \cdots, p$$

再将上式改写成

$$\frac{\varphi_1}{N}\sum_{k=1}^{N-p}x_{p+k-1}x_{p+k-j}+\frac{\varphi_2}{N}\sum_{k=1}^{N-p}x_{p+k-2}x_{p+k-j}+\cdots+\frac{\varphi_p}{N}\sum_{k=1}^{N-p}x_kx_{p+k-j}$$

$$= \frac{1}{N}\sum_{k=1}^{N-p} x_{p+k}x_{p+k-j},\ j = 1, 2, \cdots, p$$

令

$$\hat{\gamma}_{j-i}^{L} = \frac{1}{N}\sum_{k=1}^{N-p} x_{p+k-i}x_{p+k-j}$$

则上面的方程组近似地成为

$$\begin{cases} \hat{\varphi}_1^L\hat{\gamma}_0^L + \hat{\varphi}_2^L\hat{\gamma}_1^L + \cdots + \hat{\varphi}_p^L\hat{\gamma}_{p-1}^L = \hat{\gamma}_1^L \\ \hat{\varphi}_1^L\hat{\gamma}_1^L + \hat{\varphi}_2^L\hat{\gamma}_0^L + \cdots + \hat{\varphi}_p^L\hat{\gamma}_{p-2}^L = \hat{\gamma}_2^L \\ \qquad\vdots \\ \hat{\varphi}_1^L\hat{\gamma}_{p-1}^L + \hat{\varphi}_2^L\hat{\gamma}_{p-2}^L + \cdots + \hat{\varphi}_p^L\hat{\gamma}_0^L = \hat{\gamma}_p^L \end{cases} \tag{5-32}$$

由此可求得 $\boldsymbol{\varphi}$ 的最小二乘估计 $\hat{\boldsymbol{\varphi}}^L = (\hat{\varphi}_1^L, \cdots, \hat{\varphi}_p^L)$ 的近似解。可见在AR序列情形下，参数 $\boldsymbol{\varphi}$ 的最小二乘估计 $\hat{\boldsymbol{\varphi}}^L$ 能通过求解一个线性方程组获得。

依据 $\varepsilon_n = X_n - \varphi_1 X_{n-1} - \cdots - \varphi_p X_{n-p}$，在 $\boldsymbol{\varphi}$ 的估计后，ε_n 可估计为：

$$\hat{\varepsilon}_n = x_n - \hat{\varphi}_1^L x_{n-1} - \cdots - \hat{\varphi}_p^L x_{n-p},\ n = p+1, p+2, \cdots, N$$

因此 $\hat{\sigma}_\varepsilon^2$ 的最小二乘估计取作

$$\hat{\sigma}_\varepsilon^2 = \frac{1}{N-p}\sum_{n=p+1}^{N}\hat{\varepsilon}_n^2 = \frac{1}{N-p}S(\hat{\boldsymbol{\varphi}}^L) \tag{5-33}$$

容易看出，当 N 较大时，$\hat{\gamma}_k^L \approx \hat{\gamma}_k$，因此 $\hat{\boldsymbol{\varphi}}^L$ 与矩估计式（5-24）是十分相近的。

2. MA和ARMA序列参数的最小二乘估计

MA(q) 序列和ARMA(p, q) 序列参数的最小二乘估计方法类似，我们只叙述ARMA(p, q) 序列的估计方法。

假设通过对 $\{X_n\}$ 的一个样本序列 $x_1, x_2, \cdots, x_N$ 的识别结果判定 $\{X_n\}$ 为ARMA(p, q)序列。令向量 $\overline{\boldsymbol{\varphi}} = (\varphi_1, \cdots, \varphi_p, \theta_1, \cdots, \theta_q)^{\mathrm{T}}$，递推地计算 $\hat{\varepsilon}_n$：

$$\begin{cases} \hat{\varepsilon}_n = 0,\ n \leqslant p \\ \hat{\varepsilon}_n = x_n - \sum_{i=1}^{p}\varphi_i x_{n-i} + \sum_{i=1}^{q}\theta_i\hat{\varepsilon}_{n-i}, \quad n = p+1, p+2, \cdots, N \end{cases} \tag{5-34}$$

定义残差平方和

$$S(\overline{\boldsymbol{\varphi}}) = \sum_{n=p+1}^{N}\hat{\varepsilon}_n^2 \tag{5-35}$$

使 $S(\overline{\boldsymbol{\varphi}})$ 达到极小的 $\hat{\overline{\boldsymbol{\varphi}}}^L = (\hat{\varphi}_1^L, \cdots, \hat{\varphi}_p^L, \hat{\theta}_1^L, \cdots, \hat{\theta}_q^L)$ 称为 $\overline{\boldsymbol{\varphi}}$ 的最小二乘估计。

求式（5-35）的极小值是一个普通的求极值问题，读者可以在动态规划中找到各种各样的解法。

5.4.3 极大似然估计法

1. 条件极大似然估计

对平稳ARMA(p, q) 模型

$$X_n = \varphi_1 X_{n-1} + \cdots + \varphi_p X_{n-p} + \varepsilon_n - \theta_1\varepsilon_{n-1} - \cdots - \theta_q\varepsilon_{n-q} \tag{5-36}$$

其中 ε_n 是独立同分布 $N(0, \sigma_\varepsilon^2)$ 的白噪声。记 $\boldsymbol{\varphi} = (\varphi_1, \varphi_2, \cdots, \varphi_p)^{\mathrm{T}}$，$\boldsymbol{\theta} = (\theta_1, \theta_2, \cdots,$

$\theta_p)^{\mathrm{T}}$，则 $\boldsymbol{\varepsilon}=(\varepsilon_1, \varepsilon_2, \cdots, \varepsilon_N)^{\mathrm{T}}$ 的联合概率密度为

$$P(\boldsymbol{\varepsilon}|\boldsymbol{\varphi}, \boldsymbol{\theta}, \sigma_\varepsilon^2)=(2\pi\sigma_\varepsilon^2)^{-N/2}\mathrm{e}^{-\frac{1}{2\sigma_\varepsilon^2}\sum_{t=1}^{N}\varepsilon_t^2} \tag{5-37}$$

将式（5-37）改写为

$$\varepsilon_n \overset{\text{def}}{=} \varepsilon_n(\boldsymbol{\varphi}, \boldsymbol{\theta})=\theta_1\varepsilon_{n-1}+\cdots+\theta_q\varepsilon_{n-q}+X_n-\varphi_1 X_{n-1}-\cdots-\varphi_p X_{n-p} \tag{5-38}$$

可以得到参数（$\boldsymbol{\varphi}$，$\boldsymbol{\theta}$，σ_ε^2）的极大似然函数。

令 $\boldsymbol{x}=(x_1, x_2, \cdots, x_N)^{\mathrm{T}}$，再假定初始条件 $\boldsymbol{x}^*=(x_{1-p}, \cdots, x_{-1}, x_0)^{\mathrm{T}}$ 和 $\boldsymbol{\varepsilon}^*=(\varepsilon_{1-q}, \cdots, \varepsilon_{-1}, \varepsilon_0)^{\mathrm{T}}$。则条件对数似然函数

$$\ln L^*(\boldsymbol{\varphi}, \boldsymbol{\theta}, \sigma_\varepsilon^2)=-\frac{N}{2}\ln(2\pi\sigma_\varepsilon^2)-\frac{S^*(\boldsymbol{\varphi},\boldsymbol{\theta})}{2\sigma_\varepsilon^2} \tag{5-39}$$

其中

$$S^*(\boldsymbol{\varphi}, \boldsymbol{\theta})=\sum_{t=1}^{N}\varepsilon_t^2(\boldsymbol{\varphi}, \boldsymbol{\theta}|\boldsymbol{x}^*, \boldsymbol{\varepsilon}^*, \boldsymbol{x}) \tag{5-40}$$

是条件平方和函数。使得式（5-39）达到极大的 $\hat{\boldsymbol{\varphi}}$ 和$\hat{\boldsymbol{\theta}}$，被称为条件极大似然估计量。由于 $\ln L^*(\boldsymbol{\varphi}, \boldsymbol{\theta}, \sigma_\varepsilon^2)$ 仅通过条件平方和函数 $S^*(\boldsymbol{\varphi}, \boldsymbol{\theta})$ 而与数据相联系，由此可得，对于 σ_ε^2 的任一确定值，$\ln L^*(\boldsymbol{\varphi}, \boldsymbol{\theta}, \sigma_\varepsilon^2)$ 的等值线就是 $S^*(\boldsymbol{\varphi}, \boldsymbol{\theta})$ 的等值线，于是极大似然估计与最小二乘估计相同，且在正态假定下，一般可通过研究条件平方和函数的性质来研究条件似然函数的性质。特别当 σ_ε^2 任意固定时，$\ln L^*(\boldsymbol{\varphi}, \boldsymbol{\theta}, \sigma_\varepsilon^2)$ 是 $S^*(\boldsymbol{\varphi}, \boldsymbol{\theta})$ 的线性函数，通过使条件平方和函数极小化而得到的参数估计就称为条件最小二乘估计。

2. 无条件极大似然估计和后向估计法

时序模型的一种重要功能是预测未知的未来值。人们自然要问在计算平方和和似然函数所需的未知的 $\boldsymbol{x}^*=(x_{1-p}, \cdots, x_{-1}, x_0)^{\mathrm{T}}$ 和 $\boldsymbol{\varepsilon}^*=(\varepsilon_{1-q}, \cdots, \varepsilon_{-1}, \varepsilon_0)^{\mathrm{T}}$ 时能否用后向估计来估计。实际上，由于 ARMA 序列都能表示成前向形式

$$(1-\varphi_1 B-\cdots-\varphi_p B^p)X_n=(1-\theta_1 B-\cdots-\theta_q B^q)\varepsilon_n \tag{5-41}$$

也可表示成后向形式

$$(1-\varphi_1 F-\cdots-\varphi_p F^p)X_n=(1-\theta_1 F-\cdots-\theta_q F^q)\varepsilon_n \tag{5-42}$$

其中 $F^j X_n=X_{n+j}$。由于具有平稳性，式（5-41）和式（5-42）将有精确且相同的自协方差结构。这也意味着 $\{\varepsilon_n\}$ 是具有零期望、σ_ε^2 方差的白噪声序列。就像用式（5-41）预测未知的未来值 $X_{n+j}(j>0)$ 一样，我们也能用式（5-42）的后向形式，基于数据 $\boldsymbol{x}=(x_1, x_2, \cdots, x_N)$ 后向预测过去值 X_j，从而得到 $\varepsilon_j(j<0)$。为了对估计作改进，Box 和 Jenkins 在 1976 年提出以下无条件对数似然函数：

$$\ln L(\boldsymbol{\varphi}, \boldsymbol{\theta}, \sigma_\varepsilon^2)=-\frac{1}{2}\ln(2\pi\sigma_\varepsilon^2)-\frac{S(\boldsymbol{\varphi}, \boldsymbol{\theta})}{2\sigma_\varepsilon^2} \tag{5-43}$$

其中 $S(\boldsymbol{\varphi}, \boldsymbol{\theta})$ 是无条件平方和函数，即

$$S(\boldsymbol{\varphi}, \boldsymbol{\theta})=\sum_{n=-\infty}^{N}[E(\varepsilon_n|\boldsymbol{\varphi}, \boldsymbol{\theta}, \boldsymbol{x})]^2 \tag{5-44}$$

其中 $E(\varepsilon_n|\boldsymbol{\varphi}, \boldsymbol{\theta}, \boldsymbol{x})$ 是给定 $\boldsymbol{\varphi}$，$\boldsymbol{\theta}$ 和 $\boldsymbol{x}$ 的 ε_n 的条件期望，其中的一些项不得不用后向预测计算。

极大化式（5-43）的 $\hat{\boldsymbol{\varphi}}$ 和$\hat{\boldsymbol{\theta}}$值被称为无条件极大似然估计。因为 $\ln L(\boldsymbol{\varphi}, \boldsymbol{\theta}, \sigma_\varepsilon^2)$ 包含数

据只在 $S(\varphi, \theta)$ 中，这些无条件极大似然估计等价于最小化 $S(\varphi, \theta)$ 获得的无条件最小二乘估计。使用时，式（5-44）的求和可近似地使用以下有限形式

$$S(\boldsymbol{\varphi},\boldsymbol{\theta})=\sum_{n=-M}^{N}[E(\varepsilon_n|\boldsymbol{\varphi},\boldsymbol{\theta},\boldsymbol{x})]^2 \tag{5-45}$$

其中 M 是充分大的整数，使得后向预测增量 $|E(X_n|\boldsymbol{\varphi},\boldsymbol{\theta},\boldsymbol{x})-E(X_{n-1}|\boldsymbol{\varphi},\boldsymbol{\theta},\boldsymbol{x})|$，当 $n\leqslant-(M+1)$ 时，是小于任何任意确定小的 ε 值。这也就是 $E(X_n|\boldsymbol{\varphi},\boldsymbol{\theta},\boldsymbol{x})\approx0$，从而当 $n\leqslant-(M+1)$ 时，$E(\varepsilon_n|\boldsymbol{\varphi},\boldsymbol{\theta},\boldsymbol{x})=0$。

求得参数估计 $\hat{\boldsymbol{\varphi}}$ 和 $\hat{\boldsymbol{\theta}}$ 以后，$\hat{\sigma}^2$ 可用下式得到

$$\sigma_\varepsilon^2=\frac{S(\hat{\boldsymbol{\varphi}},\hat{\boldsymbol{\theta}})}{N} \tag{5-46}$$

后向预测的有效性对季节模型和接近非平稳的模型，尤其是相对短序列是重要的，大多数计算程序基于这个观点。

例 5-3　利用 AR(1) 模型，举例说明后向预测法。

将 AR(1) 模型

$$\varepsilon_t=X_t-\varphi X_{t-1} \tag{5-47}$$

写成后向形式

$$e_t=X_t-\varphi X_{t+1} \tag{5-48}$$

考虑只有 10 个观测值的例子，该过程列在表 5-3 中。假定 $\varphi=0.3$，先计算无条件平方和

$$S(\varphi=0.3)=\sum_{t=-M}^{10}[E(\varepsilon_t|\varphi=0.3,\boldsymbol{x})]^2 \tag{5-49}$$

表 5-3　$(1-0.3B)X_t=\varepsilon_t$ 用后向预测法的 $S(\varphi=0.3)$ 的计算

t	$E(\varepsilon_t\|\boldsymbol{x})$	$-0.3E(X_{t-1}\|\boldsymbol{x})$	$E(X_t\|\boldsymbol{x})$	$0.3E(X_{t+1}\|\boldsymbol{x})$	$E(e_t\|\boldsymbol{x})$
-3			-0.0016	-0.0016	0
-2	-0.0049	0.0005	-0.0054	-0.0054	0
-1	-0.0164	0.0016	-0.018	-0.018	0
0	-0.546	0.0054	-0.06	-0.06	0
1	-0.182	0.018	-0.2		
2	-0.34	0.06	-0.4		
3	-0.38	0.12	-0.5		
4	-0.35	0.15	-0.5		
5	-0.45	0.15	-0.6		
6	-0.32	0.18	-0.5		
7	-0.25	0.15	-0.4		
8	-0.08	0.12	-0.2		
9	-0.04	0.06	-0.1		
10	-0.17	0.03	-0.2		

其中 M 的选择是当 $t\leqslant-(M+1)$ 时，

$$|E(X_t|\varphi=0.3,\boldsymbol{x})-E(X_{t-1}|\varphi=0.3,\boldsymbol{x})|<0.005$$

为了表达式的简化，记 $E(\varepsilon_t|\varphi=0.3\boldsymbol{x})$ 为 $E(\varepsilon_t|\boldsymbol{x})$，$E(X_t|\varphi=0.3,\boldsymbol{x})$ 为 $E(X_t|\boldsymbol{x})$。为了求得 $E(\varepsilon_t|\boldsymbol{x})$，用式（5-47）得

$$E(\varepsilon_t|\boldsymbol{x})=E(X_t|\boldsymbol{x})-\varphi E(X_{t-1}|\boldsymbol{x}) \tag{5-50}$$

然而，在以上计算中，当 $t\leqslant1$ 时，$E(X_t|\boldsymbol{x})$ 包含未知的需要用后向预测估计的 $X_t(t\leqslant0)$ 值。为了达到这一点，用后向形式

$$E(X_t|\boldsymbol{x})=E(e_t|\boldsymbol{x})+\varphi E(X_{t+1}|\boldsymbol{x}) \tag{5-51}$$

首先，注意到后向形式的 $e_t(t\leqslant0)$ 对观测序列 x_N，x_{N-1}，…，x_1 而言是未知的，从而，当 $t\leqslant0$ 时，

$$E(e_t|\boldsymbol{x})=0 \tag{5-52}$$

这样，当 $\varphi=0.3$ 时，由式（5-51）得

$$\begin{aligned}E(X_0|\boldsymbol{x})&=E(e_0|\boldsymbol{x})+0.3E(X_1|\boldsymbol{x})\\&=0+(0.3)(-0.2)=-0.06\\E(X_{-1}|\boldsymbol{x})&=E(e_{-1}|\boldsymbol{x})+0.3E(X_0|\boldsymbol{x})\\&=0+(0.3)(-0.06)=-0.018\\E(X_{-2}|\boldsymbol{x})&=E(e_{-2}|\boldsymbol{x})+0.3E(X_{-1}|\boldsymbol{x})\\&=0+(0.3)(-0.018)=-0.0054\\E(X_{-3}|\boldsymbol{x})&=E(e_{-3}|\boldsymbol{x})+0.3E(X_{-2}|\boldsymbol{x})\\&=0+(0.3)(-0.0054)=-0.00162\end{aligned}$$

因为 $|E(X_{-3}|\boldsymbol{x})-E(X_{-2}|\boldsymbol{x})|=0.00378<0.005$，预先给定 ε 值，选 $M=2$。现在，用这些 $X_t(t\leqslant0)$ 的后向预测值，能够由前向式（5-51）算出 $\varphi=0.3$，$t=-2\sim10$ 的 $E(\varepsilon_t|\boldsymbol{x})$

$$\begin{aligned}E(\varepsilon_{-2}|\boldsymbol{x})&=E(X_{-2}|\boldsymbol{x})-0.3E(X_{-3}|\boldsymbol{x})\\&=-0.0054-0.3\times(-0.00162)=-0.0049\\E(\varepsilon_{-1}|\boldsymbol{x})&=E(X_{-1}|\boldsymbol{x})-0.3E(X_{-2}|\boldsymbol{x})\\&=-0.018-0.3\times(-0.0054)=-0.0164\\E(\varepsilon_0|\boldsymbol{x})&=E(X_0|\boldsymbol{x})-0.3E(X_{-1}|\boldsymbol{x})\\&=-0.06-0.3\times(-0.018)=-0.0546\\E(\varepsilon_1|\boldsymbol{x})&=E(X_1|\boldsymbol{x})-0.3E(X_0|\boldsymbol{x})\\&=-0.2-0.3\times(-0.06)=-0.182\\E(\varepsilon_2|\boldsymbol{x})&=E(X_2|\boldsymbol{x})-0.3E(X_1|\boldsymbol{x})\\&=-0.4-0.3\times(-0.2)=-0.34\\&\cdots\\E(\varepsilon_{10}|\boldsymbol{x})&=E(X_{10}|\boldsymbol{x})-0.3E(X_9|\boldsymbol{x})\\&=-0.2-0.3\times(-0.1)=-0.17\end{aligned}$$

所有以上的计算在表 5-3 中都是对称的，得

$$S(\varphi=0.3)=\sum_{t=-2}^{10}[E(\varepsilon_t|\varphi=0.3,\boldsymbol{x})]^2=0.8232$$

类似地，对其他 φ，也能得到 $S(\varphi)$，从而找出其最小值。

更详细的例子参见 Box 和 Jenkins 1976 年著作的有关描述。

3. 精确似然估计

前面介绍的条件和无条件似然函数估计都是近似的。以 AR(1) 过程为例举例说明时间序列模型的精确似然函数

$$(1-\varphi B)X_t=\varepsilon_t \tag{5-53}$$

或

$$X_t=\varphi X_{t-1}+\varepsilon_t \tag{5-54}$$

其中 $|\varphi|<1$，ε_t 是独立同分布 $N(0,\ \sigma_\varepsilon^2)$。将该过程表示成移动平均形式

$$X_t=\sum_{j=0}^{\infty}\varphi^j\varepsilon_{t-j} \tag{5-55}$$

很显然，X_t 将是 $N(0,\ \sigma_\varepsilon^2/(1-\varphi^2))$ 分布。然而，X_t 是高度相关的，为了要导出参数似然函数 $\{X_1,\ X_2,\ \cdots,\ X_N\}$ 的联合概率密度函数 $p(X_1,\ X_2,\ \cdots,\ X_N)$，考虑

$$\begin{cases}e_1=\sum\limits_{j=0}^{\infty}\varphi^j\varepsilon_{1-j}=X_1\\ \varepsilon_2=X_2-\varphi X_1\\ \varepsilon_3=X_3-\varphi X_2\\ \quad\vdots\\ \varepsilon_N=X_N-\varphi X_{N-1}\end{cases} \tag{5-56}$$

注意 e_1 服从正态 $N(0,\ \sigma_\varepsilon^2/(1-\varphi^2))$ 分布，当 $2\leqslant t\leqslant N$ 时，ε_t 服从正态 $N(0,\ \sigma_\varepsilon^2)$ 分布，它们都是相互独立的。从而 $\{e_1,\ \varepsilon_2,\ \cdots,\ \varepsilon_N\}$ 的联合概率密度

$$\begin{aligned}&p(e_1,\varepsilon_2,\cdots,\varepsilon_N)\\&=\left[\frac{(1-\varphi^2)}{2\pi\sigma_\varepsilon^2}\right]^{1/2}\mathrm{e}^{\frac{-e_1^2(1-\varphi^2)}{2\sigma_\varepsilon^2}}\left(\frac{1}{2\pi\sigma_\varepsilon^2}\right)^{(N-1)/2}\mathrm{e}^{-\frac{1}{2\sigma_\varepsilon^2}\sum\limits_{t=2}^{N}\varepsilon_t^2}\end{aligned} \tag{5-57}$$

现在考虑以下变换

$$\begin{cases}X_1=e_1\\ X_2=\varphi X_1+\varepsilon_2\\ X_3=\varphi X_2+\varepsilon_3\\ \quad\vdots\\ X_N=\varphi X_{N-1}+\varepsilon_N\end{cases} \tag{5-58}$$

由式 (5-58) 得到变换的 Jacobian 矩阵

$$J=\begin{pmatrix}1&0&0&0&\cdots&0&0\\-\varphi&1&0&0&\cdots&0&0\\0&-\varphi&1&0&\cdots&0&0\\\vdots&\vdots&\vdots&\vdots&&\vdots&\vdots\\0&0&0&0&\cdots&-\varphi&1\end{pmatrix}$$

求得

$$p(X_1,X_2,\cdots,X_N)=p(e_1,\varepsilon_2,\cdots,\varepsilon_N)$$

$$=\left[\frac{(1-\varphi^2)}{2\pi\sigma_\varepsilon^2}\right]^{1/2}\mathrm{e}^{\frac{-X_1(1-\varphi^2)}{2\sigma_\varepsilon^2}}\times\left(\frac{1}{2\pi\sigma_\varepsilon^2}\right)^{(N-1)/2}\mathrm{e}^{-\frac{1}{2\sigma_\varepsilon^2}\sum_{t=2}^{N}X_t-\varphi X_{t-1}} \tag{5-59}$$

从而给定样本序列 $\{x_1, x_2, \cdots, x_N\}$，有以下的精确似然函数

$$\ln L(x_1, \cdots, x_N|\varphi, \sigma_\varepsilon^2) = -\frac{N}{2}\ln(2\pi)+\frac{1}{2}\ln(1-\varphi^2) -\frac{N}{2}\ln\sigma_\varepsilon^2-\frac{S(\varphi)}{2\sigma_\varepsilon^2} \tag{5-60}$$

其中

$$S(\varphi)=x_1^2(1-\varphi^2)+\sum_{t=2}^{N}(x_t-\varphi x_{t-1})^2 \tag{5-61}$$

该平方和项仅是 φ 的函数。

广义 ARMA 模型的精确似然函数模型过于复杂。刁锦寰和 Ali 于 1971 年导出了 ARMA (1, 1) 模型的形式，Newbold 在 1974 年导出了广义 ARMA(p, q) 模型的形式。有兴趣的读者可以查阅相关的文献和专著。

5.4.4 方法的比较

上面我们介绍了估计模型参数的三种方法：矩估计法，最小二乘法和极大似然估计法。通常主要使用前两种方法。矩估计法不要求满足某种最优化约束条件，所以常称之为粗估计。而最小二乘法是求满足“使残差平方和 $S(\varphi)$ 达到极小”这一优化约束条件的，其精度较高，所以称之为精估计。还有其他一些精估计方法，如最小平方和法，但 N 较大时，这些精估计方法的精度相差不大，而最小二乘法简便易懂，计算量也小。因此最小二乘法是一种较好的方法。但对于 AR(p) 序列而言，矩估计和最小二乘法的精度相差不大，计算步骤和计算量也一样。对于 MA 序列和 ARMA 序列，如果要求精度不高，可用矩估计，因为其计算量相对于最小二乘法要小一些；如果精度要求较高，则可用最小二乘法，但此法的计算量相对于矩估计要大得多，其求解一般用动态规划方法。总的来看，对 AR 序列，矩估计和最小二乘法的精度都较高；对 MA 和 ARMA 序列，最小二乘法的精度相对于矩估计要高，但相对于 AR 序列的估计，其精度要差些。鉴于 AR 序列的预报也比 MA、ARMA 序列的预报方便，所以实际应用中应尽量选用 AR 模型来逼近真实序列。

另外，当样本个数 N 相同时，在通常情况下，模型的总阶数 $p+q$ 越高，各参数的估计精度越差，因此应尽量采用低阶模型。

5.5 模型的检验与预报

5.5.1 模型检验

客观世界中出现的时间序列是纯粹的 ARMA 序列者并不多见，用 ARMA 序列来描述实际中的时间序列主要是当做一种近似手段使用。

前面讨论的模型识别和参数估计的过程，可看做是根据已获得的一段有限样本序列来选

用一个适当 ARIMA(p, d, q) 模型（可称为估计模型）去拟合真实时间序列。至于拟合后的优劣程度如何，主要通过实际应用效果来检验。但在应用于实际之前，最好能用数学方法对估计模型作一番检验，看看它与真实情况的相近程度如何。

对模型进行检验的基本思想为：假定 $\{X_n\}$ 被估计为 ARIMA(p, d, q) 序列，即 $\Phi_p(B)\nabla^d X_n=\Theta_q(B)\varepsilon_n$，且模型是平稳的和可逆的，那么 $\varepsilon_n=\Theta_q^{-1}(B)\Phi_p(B)\nabla^d X_n$ 就应当为白噪声序列。因此若能从样本序列 $x_1, x_2, \cdots, x_N$ 求得 ε_n 的一段样本值 $\hat{\varepsilon}_1, \hat{\varepsilon}_2, \cdots, \hat{\varepsilon}_N$，便可以对"$\varepsilon_n$ 是白噪声序列"这一命题进行数理统计中的假设检验。如果肯定这一命题，就认为估计模型拟合得较好，否则模型拟合得不好。

由于白噪声序列互不相关，因此对于拟合模型的优劣程度，研究残差 ε_n 的自相关函数是最直接、最直观的方法。亦即，如果模型是合适的，ε_n 的自相关函数就不应该存在不可识别的结构。对所有大于 1 的延迟，ε_n 的自相关函数与 0 应该没有什么显著的不同。

1. 残差 ε_n 的计算

这里我们根据样本序列 $x_1, x_2, \cdots, x_N$ 计算残差序列 ε_n。

若估计模型为 AR(p)，即 $\Phi_p(B)X_n=\varepsilon_n$ 时，则

$$\hat{\varepsilon}_n=x_n-\varphi_1 x_{n-1}-\cdots-\varphi_p x_{n-p},\quad n=p+1, p+2, \cdots, N$$

注意，我们仍以 φ_j 表示参数，而不再用 $\hat{\varphi}_j$。也即对 AR 模型，从观察数据 $x_1, x_2, \cdots, x_N$ 可以得到相应的准确的残差样本值 $\hat{\varepsilon}_{p+1}, \hat{\varepsilon}_{p+2}, \cdots, \hat{\varepsilon}_N$。

对 MA(q) 和 ARMA(p, q) 模型，ε_n 不能精确求得，其近似值可由上一节的式(5-34)递推求得。

2. 构造统计量进行检验

设已求得残差的一段样本值 $\hat{\varepsilon}_1, \hat{\varepsilon}_2, \cdots, \hat{\varepsilon}_N$，计算

$$\hat{\rho}_k(\varepsilon)=\sum_{t=1}^{N-k}\hat{\varepsilon}_t\hat{\varepsilon}_{t+k}\Big/\sum_{t=1}^{N}\hat{\varepsilon}_t^2,\quad k=1, 2, \cdots, N-1$$

取一个适当的正整数 m，构造统计量

$$Q_m=N\sum_{k=1}^{m}\hat{\rho}_k^2(\varepsilon) \tag{5-62}$$

可以证明，如果 $\hat{\varepsilon}_n$ 确实为白噪声序列，那么 Q_m 近似地服从自由度为 m 的 χ^2 分布。因此对"$\hat{\varepsilon}_n$ 是白噪声序列"的检验就转化为对"Q_m 是自由度为 m 的 χ^2 分布"的检验。为此可按如下步骤进行：

(1) 确定显著性水平 α（常取 α 为 0.05 和 0.01），根据 α 和 m 查统计表（见表 5-4）得相应的 $\chi^2_{m,\alpha}$ 之值。

表 5-4 $\chi^2_{m,\alpha}$ 表

$\chi^2_{m,\alpha}$ m / α	20	21	22	23	24	25	26	27	28	29	30
0.05	31.4	32.7	33.9	35.2	36.4	37.7	38.9	40.1	41.3	42.6	43.8
0.01	37.6	38.9	40.3	41.6	43.0	44.3	45.6	47.0	48.3	49.6	50.9

（2）通过式（5-62）计算出 Q_m 之值。若 $Q_m \leqslant \chi^2_{m,\alpha}$，则认为 Q_m 服从自由度为 m 的 χ^2 分布，从而 $\hat{\varepsilon}_n$ 为白噪声序列，亦即估计模型是适用的；若 $Q_m > \chi^2_{m,\alpha}$，则认为估计模型同实际序列拟合得不好，需对模型作修改。

m 一般小于 $N/4$，当 N 在数百以上时，m 可取 20～30。

5.5.2 模型的改进

如果通过上面的检验判断模型拟合得不好，那么使用这个模型去解决实际问题中的预报、控制等问题时，其效果也不会好。因此应设法改进原来假想的模型，或者用其他方法给出对时间序列的进一步描述。

设求得的 $\{X_n\}$ 的模型为 ARIMA(p, d, q)，即 $\{\nabla^d X_n\}$ 为 ARMA(p, q)：

$$\Phi_p(B)\nabla^d X_n = \Theta_q(B)\varepsilon_n \tag{5-63}$$

运用上面的方法进行检验，若认为假想模型拟合得不好，则可以利用原先假想的模型式（5-63）和样本数据 x_1，x_2，…，x_N 计算出的误差值 ε_1，ε_2，…，ε_N 再作一次识别和估计。例如，误差 ε_n 为 ARIMA(p_1, d_1, q_1) 序列，亦即

$$\Phi'_{p_1}(B)\nabla^{d_1}\varepsilon_n = \Theta'_{q_1}(B)\varepsilon'_n \tag{5-64}$$

这里用 Φ'_{p_1}，Θ'_{q_1}，ε'_n 是为了区别原有的模型。当然也可以对这模型按前一小节的方法进行检验，若被接受，就得到了一个新的模型

$$\Phi_p(B)\Phi'_{p_1}(B)\nabla^{d_1+d}X_n = \Theta_q(B)\Theta'_{q_1}(B)\varepsilon'_n \tag{5-65}$$

从原则上说，如果模型式（5-64）仍不被接受，还可以继续上述的改进步骤。但在实际应用中，很可能实际序列已不能用 ARIMA 这类模型来拟合了。需要对序列作其他方面的分析。

5.5.3 模型预报

现在用$\hat{X}_k(l)$ 表示根据序列的历史值 x_k，x_{k-1}，…，x_1，对未来 l 期的值 X_{k+l}所作的预报值。当然，在实际问题中并不可能知道全部历史值，而只能知道有限个历史值。然而，当历史数据 x_k，x_{k-1}，…，x_1 的个数足够多时，即 k 很大以后，用全部历史预报与用 k 个历史值预报的效果几乎是一样的。

从上面的定义，$\hat{X}_k(l)$ 可用下面的式子表示

$$\hat{X}_k(l) = E[X_{k+l} \mid X_k = x_k,\ X_{k-1} = x_{k-1},\ \cdots] \tag{5-66}$$

显然，对于 $l \leqslant 0$，$\hat{X}_k(l) = X_{k+l}$。实际上，由上式定义的$\hat{X}_k(l)$ 是 X_{k+l}的最小方差线性估计。

1. AR(p) 序列的预报

设 $\{X_n\}$ 为 AR(p) 序列

$$X_n = \varepsilon_n + \varphi_1 X_{n-1} + \varphi_2 X_{n-2} + \cdots + \varphi_p X_{n-p}$$

从而

$$X_{k+l} = \varepsilon_{k+l} + \varphi_1 X_{k+l-1} + \varphi_2 X_{k+l-2} + \cdots + \varphi_p X_{k+l-p}$$

两边关于 X_k，X_{k-1}，…取数学期望，可得$\hat{X}_k(l)$ 满足的方程

$$\hat{X}_k(l) = \varphi_1 \hat{X}_k(l-1) + \varphi_2 \hat{X}_k(l-2) + \cdots + \varphi_p \hat{X}_k(l-p),\ l>0$$

再由$\hat{X}_k(-l)=X_{k-l}$（$l\geqslant 0$）可得 AR(p) 序列关于 l 的递推公式

$$\begin{cases}\hat{X}_k(1)=\varphi_1 X_k+\varphi_2 X_{k-1}+\cdots+\varphi_p X_{k-p+1}\\ \hat{X}_k(2)=\varphi_1\hat{X}_k(1)+\varphi_2 X_k+\cdots+\varphi_p X_{k-p+2}\\ \qquad\vdots\\ \hat{X}_k(p)=\varphi_1\hat{X}_k(p-1)+\varphi_2\hat{X}_k(p-2)+\cdots+\varphi_p X_k\\ \hat{X}_k(l)=\varphi_1\hat{X}_k(l-1)+\varphi_2\hat{X}_k(l-2)+\cdots+\varphi_p\hat{X}_k(l-p),\ l>p\end{cases}\tag{5-67}$$

2. MA(q) 序列的预报

设 $\{X_n\}$ 为 MA(q) 序列

$$X_n=\varepsilon_n-\theta_1\varepsilon_{n-1}-\theta_2\varepsilon_{n-2}-\cdots-\theta_q\varepsilon_{n-q}$$

在 ARMA 序列的定义中假定 $E[X_t\varepsilon_n]=0$（对 $t<n$），亦即对 $t>0$，ε_{t+k}与 X_k，X_{k-1}，…是无关的，又 ε_n 为白噪声序列，从而对 $t>0$，$E[\varepsilon_{k+t}|X_k,\ X_{k-1},\ \cdots]=0$。因此，对于 $l>q$，$\hat{X}_k(l)=0$。

对于 AR(p) 序列的预报，为给出各个未来时刻 X_{k+l}（$l>0$）的预报值，可以由式(5-67)递推计算。对于 MA(q) 序列而言，当 $l>q$ 时，$\hat{X}_k(l)=0$，为要掌握对各个未来时刻的预报值，实际上只需知道$\hat{X}_k(l)$（$l=1,\ 2,\ \cdots,\ q$）就够了。从表面上来看，似乎比 AR(p) 序列的预报简单，然而，要直接求出$\hat{X}_k(l)$（$l=1,\ 2,\ \cdots,\ q$），其计算量是很大的，并不比 AR(p) 序列简单（这里不讨论直接求$\hat{X}_k(l)$ 的方法）。

下面给出从$\hat{X}_k(l)$（$l=1,\ 2,\ \cdots,\ q$）和新获得的数据 x_{k+1}求出$\hat{X}_{k+1}(l)$（$l=1,\ 2,\ \cdots,\ q$）的递推公式。令向量

$$\hat{\boldsymbol{X}}_k=(\hat{X}_k(1),\ \hat{X}_k(2),\ \cdots,\ \hat{X}_k(q))^{\mathrm{T}}$$

并称$\hat{\boldsymbol{X}}_k$ 为 MA(q) 序列的预报向量，它和$\hat{X}_k(l)=0$（$l>q$）一起描述了在 k 时刻对未来的全部预报结果。

递推公式为

$$\hat{\boldsymbol{X}}_{k+1}=\begin{bmatrix}\theta_1 & 1 & 0 & \cdots & 0\\ \theta_2 & 0 & 1 & \cdots & 0\\ \vdots & \vdots & \vdots & & \vdots\\ \theta_{q-1} & 0 & 0 & \cdots & 1\\ \theta_q & 0 & 0 & \cdots & 0\end{bmatrix}\hat{\boldsymbol{X}}_k+\begin{vmatrix}\theta_1\\ \theta_2\\ \vdots\\ \theta_q\end{vmatrix}x_{k+1}\tag{5-68}$$

用上式递推计算$\hat{\boldsymbol{X}}_k$，对每一时刻 k，求$\hat{\boldsymbol{X}}_{k+1}$的计算量都是相同的。而递推的初始值可以取某个时刻 k_0 的$\hat{\boldsymbol{X}}_{k_0}$，对 k_0 较小时，可取$\hat{\boldsymbol{X}}_{k_0}=0$。当 k 较大时，用式（5-68）迭代得到的$\hat{\boldsymbol{X}}_k$与初始值的关系将很小。实际上，由模型的可逆性可知，式（5-68）的递推式是渐近稳定的，当 k 变大时，初始值的影响将逐渐消失。

3. ARMA(p, q) 序列的预报

设 $\{X_n\}$ 为 ARMA(p, q) 序列

$$X_n-\varphi_1X_{n-1}-\cdots-\varphi_pX_{n-p}=\varepsilon_n-\theta_1\varepsilon_{n-1}-\cdots-\theta_q\varepsilon_{n-q}$$

关于 ARMA 序列的预报，分两步走：

（1）求格林函数 G_0，G_1，…，G_q。令 $G_0=1$，由如下递推式即可求出 G_1，G_2，…，G_q

$$G_l=\sum_{j=1}^{l}\varphi_j^*G_{l-j}-\theta_l^*\quad(l=1,2,\cdots,q)$$

其中

$$\varphi_j^*=\begin{cases}0, & j>p\\ \varphi_j, & j\leqslant p\end{cases},\quad \theta_j^*=\begin{cases}0, & j>p\\ \theta_j, & j=1,\cdots,q\end{cases}$$

（2）定义预报向量 $\hat{\boldsymbol{X}}_k=(\hat{X}_k(1),\hat{X}_k(2),\cdots,\hat{X}_k(q))^{\mathrm{T}}$，则

$$\hat{\boldsymbol{X}}_{k+1}=\begin{pmatrix}-G_1 & 1 & 0 & \cdots & 0 & 0\\ -G_2 & 0 & 1 & \cdots & 0 & 0\\ \vdots & \vdots & \vdots & & \vdots & \vdots\\ -G_{q-1} & 0 & 0 & \cdots & 0 & 1\\ -G_q+\varphi_q^* & \varphi_{q-1}^* & \varphi_{q-2}^* & \cdots & \varphi_2^* & \varphi_1^*\end{pmatrix}\hat{\boldsymbol{X}}_k+\begin{pmatrix}G_1\\ G_2\\ \vdots\\ G_{q-1}\\ G_q\end{pmatrix}x_{k+1}+\begin{pmatrix}0\\ 0\\ \vdots\\ 0\\ \sum_{j=q+1}^{p}\varphi_j^*x_{k+q-j+1}\end{pmatrix}\tag{5-69}$$

$$\hat{X}_{k+1}(l)=\varphi_1\hat{X}_{k+1}(l-1)+\varphi_2\hat{X}_{k+1}(l-2)+\cdots+\varphi_p\hat{X}_{k+1}(l-p),\ l>p$$

当 $p\leqslant q$ 时，约定上面第一式右边第三项为 0，而对 $t\leqslant 0$，$\hat{X}_{k+1}(t)=x_{k+1+t}$。用式（5-69）递推计算时，其初始值 $\hat{\boldsymbol{X}}_{k_0}$ 的取法及其对 $\hat{\boldsymbol{X}}_{k+1}$ 的影响同 MA(q) 序列预报中的情形。

上面给出了 AR(p)、MA(q)、ARMA(p，q) 序列的预报方法，对于后两者，仅仅是给出了预报的方法，略去了公式的推导。对于 ARIMA(p，d，q) 序列，或者是季节性模型的序列，由于它们都是通过对 ARMA 型平稳序列的求和运算得到的一种非平稳序列，因此，这类序列的预报是根据平稳序列的预报方法来定义和计算的，即根据产生这些非平稳序列的 $Y_n=\nabla^dX_n$ 的预报值 $\hat{Y}_k(l)$，求出这些序列本身的预报值 $\hat{X}_k(l)$，具体不再介绍。

5.6 案例 5-1 分析

本章一开始介绍了随机型时间序列建模方法和流程，并经过具体章节的阐述和分析为解决实际预测问题提供了理论基础和操作指导。为了更好地学习和总结，在本章结束部分利用 SPSS 软件对案例 5-1 进行具体的分析和解答。

青铜缶的成交价格的原始数据如表 5-5 所示（表中缶号的排列依其拍卖成交的时间先后为序）。我们将按照随机型时间序列建模流程对缶的成交价格数据序列进行分析，以确定和选择正确的预测模型。

表 5-5 90 面青铜缶成交价格

缶 号	成交价格/元	缶 号	成交价格/元	缶 号	成交价格/元
缶 0006 号	94700	缶 1890 号	288000	缶 1002 号	160200
缶 0444 号	82700	缶 0926 号	90200	缶 1858 号	150700
缶 0951 号	79200	缶 0004 号	113700	缶 0164 号	150100
缶 0168 号	200000	缶 0015 号	111500	缶 0413 号	160100
缶 1916 号	109500	缶 0222 号	86200	缶 0588 号	86200
缶 1959 号	76200	缶 0016 号	93200	缶 0901 号	190700
缶 0777 号	99500	缶 1999 号	131200	缶 1098 号	192700
缶 1085 号	78200	缶 0808 号	110200	缶 2005 号	201200
缶 0035 号	99500	缶 1012 号	130200	缶 0008 号	205200
缶 0059 号	95200	缶 1118 号	105700	缶 1965 号	192000
缶 0129 号	89000	缶 0650 号	141200	缶 0002 号	203200
缶 0555 号	86200	缶 1155 号	96000	缶 1884 号	180500
缶 1004 号	83200	缶 0020 号	110700	缶 0388 号	180500
缶 0818 号	204500	缶 0038 号	170200	缶 2003 号	220700
缶 0960 号	87200	缶 0128 号	100800	缶 0005 号	212100
缶 0066 号	82700	缶 1008 号	150500	缶 1356 号	191200
缶 1057 号	86900	缶 0030 号	100500	缶 1593 号	200200
缶 1046 号	81000	缶 1001 号	100500	缶 0666 号	190200
缶 0003 号	112200	缶 1113 号	103200	缶 0898 号	220200
缶 1966 号	92500	缶 0883 号	101000	缶 1938 号	232000
缶 0029 号	83700	缶 1909 号	110200	缶 0239 号	191200
缶 0046 号	98200	缶 1068 号	100200	缶 1818 号	200200
缶 0896 号	110200	缶 2006 号	141200	缶 0688 号	198000
缶 0971 号	94200	缶 1978 号	110200	缶 0060 号	200200
缶 0829 号	91900	缶 1110 号	131200	缶 0706 号	190200
缶 1987 号	111000	缶 0353 号	160700	缶 0888 号	171000
缶 0534 号	218700	缶 0063 号	150200	缶 0709 号	200200
缶 0135 号	105500	缶 1984 号	184000	缶 0018 号	210700
缶 1878 号	119500	缶 0056 号	158600	缶 2001 号	250500
缶 0333 号	95200	缶 1532 号	151000	缶 0166 号	249200

注：将对缶 0888，0709，0018，2001 及 0166 号成交价格进行验证性事后预测。

第一步：确定模型的基本形式。

（1）对原始数据按照拍卖成交的时间先后顺序进行排序，如表 5-5 所示。

（2）先将表 5-5 中的成交价格序列零均值化，得新序列 $\{X_t\}$，$t=1, 2, \cdots, 85$。运行 SPSS13.0，点击“File- >Open- >Data”选择需要导入的数据文件，导入数据，如图 5-9 所示。

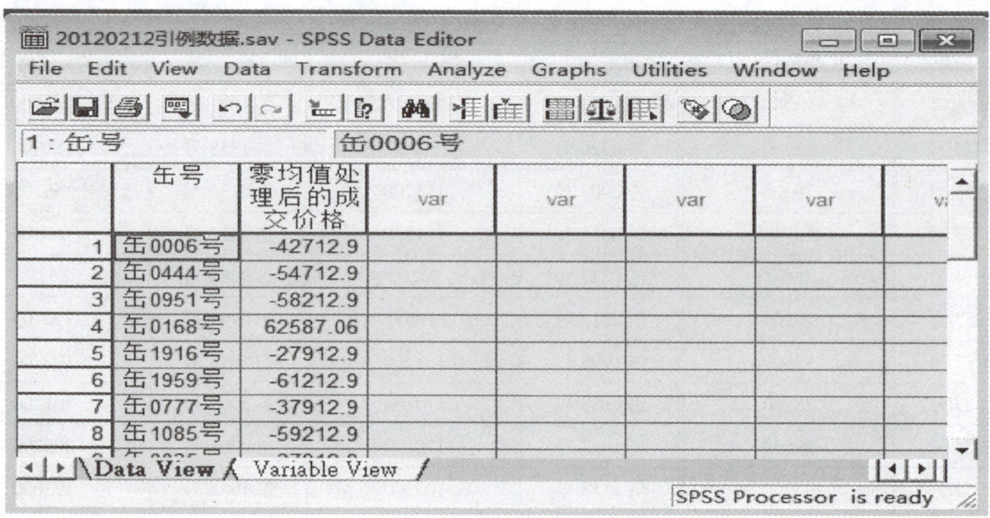

图 5-9　导入数据窗口

（3）作出时间序列的时序图以检验序列的平稳性。点击“Graphs- >Sequence”，将序列“零均值处理后的成交价格”移动到“Variables”框，将“缶号”移动到“Time Axis Labels”框，点击“OK”，得到时间序列｛X_t｝的时序图，如图 5-10 所示。从图中可以看出，前 85 场拍卖的成交价格呈上升的趋势，为一非平稳时间序列。

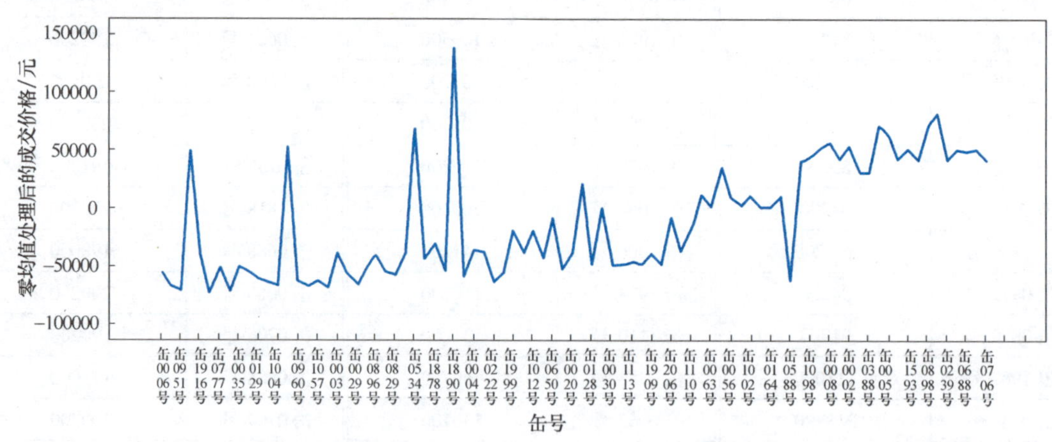

图 5-10　时间序列｛X_t｝的时序图

而 ARMA 建模的基本条件是要求待预测的数据序列满足平稳性条件，即个体值要围绕序列均值上下波动，不能有明显的上升或下降趋势。如果出现上升或下降趋势，则需要对原始序列进行平稳化处理。

点击“Graphs- >Sequence”，选中“Difference”并将其值设为 1，点击“OK”，得到图 5-11。

经过一阶差分处理后的时间序列图如图 5-11 所示。可以看出，经过差分序列｛∇X_t｝在水平线上下波动，序列｛∇X_t｝具有平稳性。

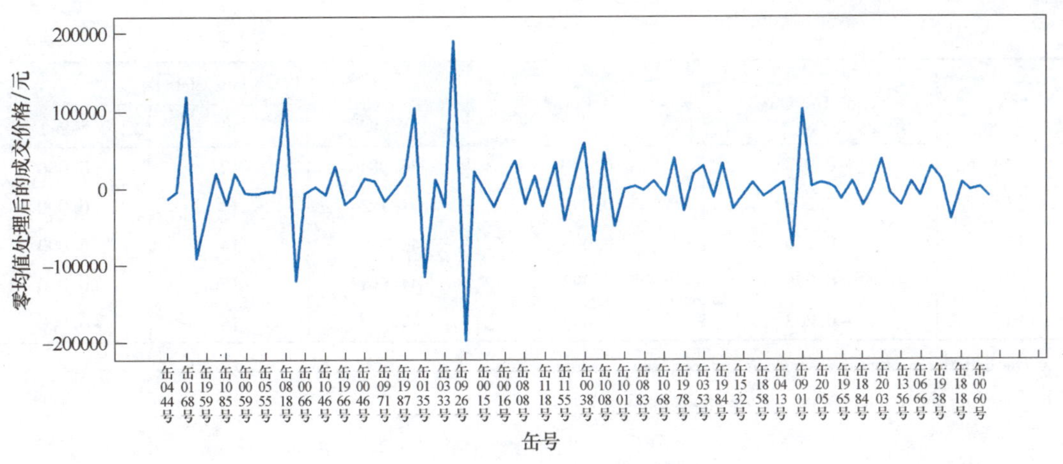

图5-11 一阶差分后的时间序列 $\{\nabla X_t\}$ 的时序图

(4) 纯随机性检验。利用Box-Ljung统计量对平稳的一阶差分序列 $\{\nabla X_t\}$ 进行纯随机性检验。

点击"Graphs->Time series->Autocorrelations",将序列"零均值处理后的成交价格"移动到"Variables"框,选中"Difference"并将其值设为1,点击"Options"可设置最大滞后期(本例使用默认值"Maximun Number of lags"为16),点击"Continue",点击"OK",得到差分序列自相关函数表(见表5-6)、自相关函数和偏相关函数图(见图5-12)。

由表5-6 Box-Ljung统计量列中的Sig.[b] < 0.01,且Box-Ljung$Q_{16} = 49.027 > \chi^2_{20,0.01} = 37.6$ 可知,能以99%的把握拒绝序列纯随机的原假设。因而可以认为差分以后的序列不属于纯随机波动,该序列不仅可以视为是平稳的,而且还蕴涵着值得提取的信息,可以用来建立ARMA模型(表5-6中Lag表示滞后期 k;Autocorrelation表示自相关系数;Std. Error[a]表示标准误差;Box-Ljung Statistic表示Box-Ljung统计量,也称 Q 统计量,Value表示其值,df表示其自由度)。

表5-6 一阶差分序列纯随机性检验

Lag	Autocorrel ation	Std. Error[a]	Box-Ljung Statistic		
			Value	df	Sig.[b]
1	-0.538	0.107	25.208	1	0.000
2	0.055	0.107	25.474	2	0.000
3	-0.067	0.106	25.871	3	0.000
4	0.098	0.105	26.738	4	0.000
5	0.000	0.105	26.738	5	0.000
6	-0.050	0.104	26.972	6	0.000
7	-0.011	0.103	26.984	7	0.000
8	0.049	0.103	27.210	8	0.001
9	-0.139	0.102	29.059	9	0.001
10	0.223	0.101	33.923	10	0.000
11	-0.174	0.101	36.929	11	0.000

(续)

Lag	Autocorrel ation	Std. Error[a]	Box-Ljung Statistic		
			Value	df	Sig.[b]
12	−0.023	0.100	36.981	12	0.000
13	0.203	0.099	41.173	13	0.000
14	−0.156	0.098	43.688	14	0.000
15	0.096	0.098	44.661	15	0.000
16	−0.203	0.097	49.027	16	0.000

a. The underlying process assumed is independence (white noise).

b. Based on the asymptotic chi-square approximation.

第二步：模型识别。

(1) 方法1：作序列的自相关函数与偏相关函数图，确定基本模型的形式。由图5-12可以直观地看出，差分处理后时间序列的自相关函数呈一阶“截尾”状，而偏相关函数图均呈“拖尾”状，序列$\{\nabla X_t\}$为MA序列（图5-12中Lag Number表示滞后期k，两条水平线分别表示置信上限和置信下限，柱形分别表示序列的自相关函数ACF以及偏自相关函数Partial ACF）。

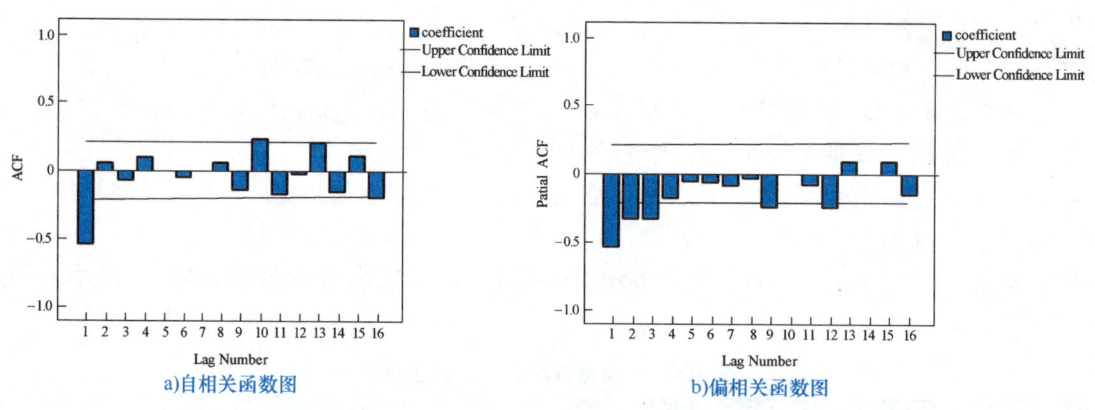

图5-12　一阶差分序列的自相关及偏相关函数

进一步，由于自相关和偏相关函数ρ_k，φ_{kk}的截尾性是指它们从某个q或p值后全为零。但由于$\hat{\rho}_k$，$\hat{\varphi}_{kk}$是ρ_k，φ_{kk}的估计值，它们必然有误差，所以即使$\{X_n\}$为MA(q)序列，$k>q$后$\hat{\rho}_k$也不会全等于零，而只是在零上、下波动。由5.3.2，根据精度要求确定概率0.683或0.955，然后对每一滞后期$k>0$，逐个检验$\hat{\rho}_{k+1},\hat{\rho}_{k+2},\cdots,\hat{\rho}_{k+m}$（$m$一般取$\sqrt{N}$或$N/10$），检验其中满足$|\hat{\rho}_i|\leqslant\frac{1}{\sqrt{N}}\sqrt{(1+2\sum_{t=1}^{q}\hat{\rho}_t^2)}$的$\hat{\rho}_i$个数的比例是否达到了68.3%或者满足$|\hat{\rho}_i|\leqslant\frac{2}{\sqrt{N}}\sqrt{(1+2\sum_{t=1}^{q}\hat{\rho}_t^2)}$的$\hat{\rho}_i$比例是否达到了95.5%。对某一$q^*\geqslant1$，若在$k=1,2,\cdots,q^*-1$时均没有达到，而在$k=q^*$时达到了，就说$\hat{\rho}_k$在$q^*$以后截尾，于是判断序列$\{X_n\}$为MA($q^*$)序列。

对于本例，当 $q=1$ 时，$\frac{2}{\sqrt{N}}\sqrt{(1+2\sum_{t=1}^{q}\hat{\rho}_t^2)}=\frac{2}{\sqrt{85}}\times\sqrt{(1+2\times(-0.538)^2)}=0.273$，比较计算所得的值和表 5-6 中 Autocorrelation 列的值可知，当 $q>1$ 时，$|\hat{\rho}_i|\leqslant\frac{2}{\sqrt{N}}\sqrt{(1+2\sum_{t=1}^{q}\hat{\rho}_t^2)}$，据此可以判断该差分序列可用 MA（1）模型进行拟合。

（2）方法 2：通过最佳准则函数法确定具体 q 的值。点击 “Analyze- > Time series- > ARIMA”，将序列“零均值处理后的成交价格” 移动到 “Dependent” 框，将 “Difference” 设为 1，将 “Moving Average” 设为 1，点击 “Options” 可设置最大迭代次数及选择预测方法（本例使用默认值 “Maximum iterations” 为 10，预测方法为无条件的最小二乘法估计 “Unconditional least squares”），点击 “Continue”，点击 “OK”，得到参数估计表 5-7 及 AIC 和 BIC 信息。

表 5-7　AIC 与 BIC 比较表

ARIMA(p，d，q) 模型	AIC	BIC	合　计
ARIMA（0，1，1）	2007.111	2011.972	4019.083
ARIMA(0，1，2)	2008.728	2016.02	4024.748
ARIMA(0，1，3)	2010.747	2020.47	4031.217

由模型选择的 AIC 和 BIC 准则，通过比较表 5-7 可确定 $p=0$，$d=1$，$q=1$。

方法 1 是在对时间序列首先进行平稳化处理之后，再来识别该序列是 AR(p)，MA(q) 序列还是 ARMA(p，q) 序列。而方法 2 则可直接对时间序列进行混合模型 ARIMA 定阶。实际运用中也可同时运用两种方法进行模型识别以使得所识别的模型更加准确。

（3）模型参数的显著性及残差白噪声检验。按照方法 2 设置不同的 p，d，q 的值可建立不同的 ARIMA 模型，按照第三步和第四步的方法可对各个模型的参数及残差白噪声进行检验，这一步主要是用于混合模型定阶时进一步确定 ARIMA 模型 p，d，q 的值。表 5-7 中各模型检验的结果如图 5-8 所示：

表 5-8　模型参数的显著性及残差白噪声检验

ARIMA（p，d，q）模型	参数的显著性	残差白噪声检验
ARIMA(0，1，1)	显著	残差通过白噪声检验
ARIMA(0，1，2)	不显著	残差通过白噪声检验
ARIMA(0，1，3)	不显著	残差通过白噪声检验

由表 5-8 可知模型 ARIMA(0，1，1) 参数显著且残差通过白噪声检验。再结合表 5-7 可知 ARIMA(0，1，1) 的 AIC 与 BIC 和最小，所以选择 ARIMA(0，1，1) 模型作为最终拟合模型，即 $p=0$，$d=1$，$q=1$。

第三步：参数估计

通过 SPSS13.0 得到如表 5-9 所示估计结果（表中 Estimates 表示参数估计值，Std Error 表示标准误差，Non-Seasonal Lags MA1 表示 θ_1，Constant 表示常数项）。

表 5-9 ARIMA(0, 1, 1) 模型参数估计结果

	Estimates	Std Error	t	Approx Sig
Non-Seasonal Lags MA1	0.879	0.055	15.883	0.000
Constant	1332.054	530.460	2.511	0.014

由表 5-9 可见，常数项 C 及移动平均系数 θ_1 所对应的 Approx Sig 值均小于显著性检验水平 0.05，说明模型的参数是显著的。

第四步：模型诊断。

由于 ARIMA(p, d, q) 模型的识别与估计是在假设随机扰动项是一白噪声的基础上进行的，因此，如果估计的模型确认正确的话，残差应代表一白噪声序列。如果通过所估计的模型计算的样本残差不代表一白噪声，则说明模型的识别与估计有误，需重新识别与估计。在实际检验时，主要检验残差序列是否存在自相关。

点击 “Graphs- >Time series- >Autocorrelations”，将变量 “ERR_1” 移动到 “Variables” 框，取消 “Difference” 项，点击 “OK”，得到表 5-10。

表 5-10 ARIMA(0, 1, 1) 模型残差自相关函数表

Lag	Autocorrel ation	Std. Error[a]	Box-Ljung Statistic		
			Value	df	Sig.[b]
1	-0.066	0.107	0.381	1	0.537
2	0.016	0.107	0.403	2	0.817
3	-0.007	0.106	0.407	3	0.939
4	0.104	0.105	1.392	4	0.846
5	0.014	0.105	1.410	5	0.923
6	-0.071	0.104	1.881	6	0.930
7	-0.054	0.103	2.159	7	0.951
8	-0.022	0.103	2.204	8	0.974
9	-0.088	0.102	2.948	9	0.966
10	0.156	0.101	5.312	10	0.869
11	-0.088	0.101	6.085	11	0.868
12	0.032	0.100	6.188	12	0.906
13	0.202	0.099	10.325	13	0.667
14	-0.054	0.098	10.630	14	0.715
15	0.026	0.098	10.702	15	0.773
16	-0.102	0.097	11.796	16	0.758

a. The underlying process assumed is independence (white noise).

b. Based on the asymptotic chi-square approximation.

由表 5-10 中的 Box-Ljung Statistic 中的 Sig.[b] 值均大于 0.01，且 $Q_{16}=11.796<\chi^2_{20,0.01}=37.6$ 可知，能以 99% 的把握接受序列为白噪声序列的假设。说明数据序列所蕴涵的信息已被所建立模型很好地提取，可以用该模型进行预测。

所以，一阶差分序列 $\{\nabla X_t\}$ 的 MA(1) 模型为

$$\nabla X_t = C + \varepsilon_t - \theta_1 \varepsilon_{t-1} \tag{5-70}$$

式中，∇X_t 表示第 t 场成交价格的一阶差分；C 为常数项；θ_1 为移动平均系数；ε_t 为白噪声。由式（5-70）进一步可得

$$X_t = C + X_{t-1} - \theta_1 \varepsilon_{t-1} + \varepsilon_t \tag{5-71}$$

由表 5-9 参数估计结果可知，序列 $\{X_t\}$ 的 ARIMA(0, 1, 1）预测模型为

$$X_t = 1332.054 + X_{t-1} - 0.879\varepsilon_{t-1} + \varepsilon_t \tag{5-72}$$

第五步：模型预测。

点击“Graphs- > Sequence”，将序列“零均值处理后的成交价格”、预测值“FIT-1”、置信下限“LCL-1”、置信上限“UCL-1”移动到“Variables”框，将“缶号”移动到“Time Axis Labels”框，取消“Difference”，点击“OK”，得到零均值处理后的成交价格、预测值及置信区间的时序图，如图 5-13 所示。

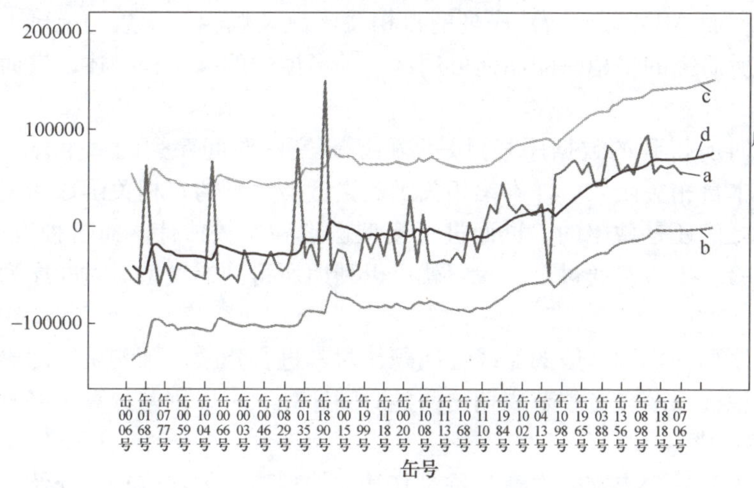

图 5-13　预测结果时序图

由图 5-13 可以看出，所建立的模型较好地拟合了零均值处理后的成交价格序列的变化趋势，并由所建立的模型可知相继结束的拍卖成交价格之间存在一定的相关性，可用该模型对缶的成交价格进行预测。

利用最终选定模型 ARIMA（0，1，1），即式（5-72）对缶 0888 号、缶 0709 号、缶 0018 号、缶 2001 号、缶 0166 号的成交价格进行预测，可得到表 5-11，表中列出了预测值与实际值。

表 5-11　模型实际值与预测值　　（单位：元）

缶　　号	实际值 X_t	预测值 Y_t
缶 0888 号	171000	206571.25
缶 0709 号	200200	207903.3
缶 0018 号	210700	209235.36
缶 2001 号	250500	210567.41
缶 0166 号	249200	211899.46

本章小结

本章及第 4 章研究的时间序列均为随机时间序列。只是在第 4 章中，我们认为利用移动平均等方法去掉时间序列的随机扰动后，可用确定性方法分解出时间序列的长期趋势、季节因素和循环变动，进而对时间序列进行预测，故称之为确定型时间序列分析方法。本章我们则从随机性的观点去研究时间序列本身，故称其为随机型时间序列分析方法。

时间序列可分为两大类：平稳时间序列及非平稳时间序列。

平稳时间序列可用三种模型来描述：AR(p)，MA(q)，ARMA(p，q)。而这三种模型均有其各自的特征：AR(p) 序列的自相关函数拖尾、偏相关函数截尾；MA(q) 序列自相关函数截尾、偏相关函数拖尾；而 ARMA(p，q) 序列的自相关函数及偏相关函数均拖尾。利用这些特征便可识别出我们所研究的平稳时间序列可用这三种模型中的哪一种描述，进而对模型参数进行估计。

但由于在解决实际问题时所得到的数据序列只是我们所研究的时间序列的一个样本序列，我们只好利用序列的样本自相关函数、样本偏相关函数去近似序列的自相关函数和偏相关函数，判断这些函数是拖尾的还是截尾的，进而进行模型识别和参数估计。而这种近似、估计是否合理，必须进行检验。当检验通过后，我们就可以利用所得到的模型对时间序列进行预测了。

对于一般的非平稳时间序列，如同一般的非线性问题，对其进行建模、预测是很困难的事情。但对于具有齐次非平稳性以及含有季节周期这两类时间序列，可以用差分算子将其化为平稳序列，进而建立 ARMA 模型。

随机型时间序列分析的内容非常丰富，本章只是对其基本的理论、方法进行了介绍。有兴趣的读者可以进一步参考专门的论著。

思考与练习

1. 写出平稳时间序列的三个基本模型的基本形式及算子表达式。如何求它们的平稳域或可逆域？

2. 从当前系统的扰动对序列的影响看，AR(p) 序列与 MA(q) 序列有何差异？

3. 把下面各式写成算子表达式：

(1) $X_t = 0.5X_{t-1} + \varepsilon_t$

(2) $X_t = 0.3X_{t-1} + 0.5X_{t-2} + \varepsilon_t + 0.7\varepsilon_{t-1}$

(3) $X_t - X_{t-1} = \varepsilon_t - 0.45\varepsilon_{t-1}$

4. 判别第 3 题中的模型是否满足可逆性和平稳性条件。

5. 试述三个基本随机型时间序列的自相关函数及偏相关函数的特性。

6. 简述对模型进行检验的基本思想。

7*. 设有如下数据：

10，15，19，23，27.5，33，38，43，47.5，53，58.7，63.4，68.6，74.5，80.4，86.1，91.8，98.5，105.5，112，118.5

已知此数据序列为 ARIMA（1，1，0）模型序列，试建立此序列模型，并对第 22 期数据进行预测。

8*. 设有如下 AR(2) 过程：$X_t = X_{t-1} - 0.5X_{t-2} + \varepsilon_t$，$\varepsilon_t \sim N(0, 0.5)$。

（1）写出该过程的 Yule-Walke 方程，并由此解出 ρ_1 和 ρ_2。

（2）求 X_t 的方差。

9. 表 5-12 是三个序列的自相关和偏相关函数，试对它们各自识别出一个模型。

表 5-12　三个序列的自相关和偏相关函数

k		1	2	3	4	5
序列 1	ρ_k	−0.800	0.670	−0.518	0.390	−0.310
	φ_{kk}	−0.800	0.085	0.112	−0.046	−0.061
序列 2	ρ_k	0.449	−0.056	−0.023	0.028	0.013
	φ_{kk}	0.449	−0.324	0.218	−0.118	0.077
序列 3	ρ_k	−0.719	0.337	−0.083	0.075	−0.088
	φ_{kk}	−0.719	−0.375	−0.048	0.239	0.173

10. 试判别下列时间序列的类型。

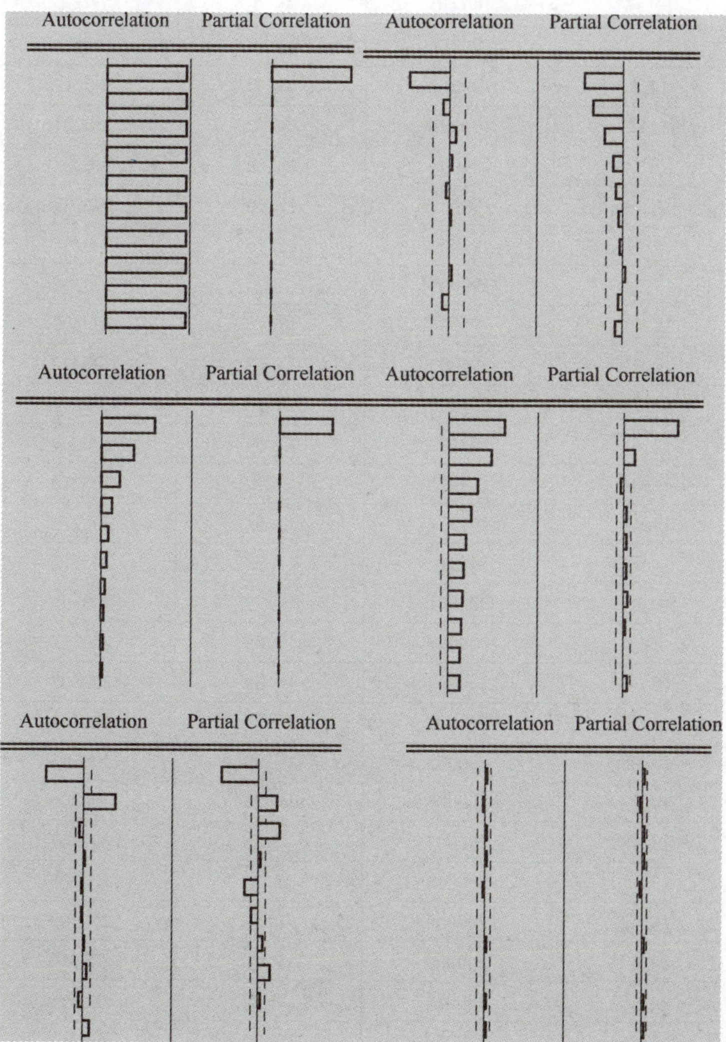

11. 某市 1995—2003 年各月的工业生产总值如表 5-13 所示，试对 1995—2002 年数据建模，2003 年的

数据留做检验模型的预测结果。

提示：首先作出工业生产总值的时序图，通过时序图判断数据是否具有明显的周期性或平稳性。

表 5-13　某市 1995—2003 年各月的工业生产总值

时　期	总 产 值	时　期	总 产 值	时　期	总 产 值
199501	10.93	199801	12.94	200101	15.73
199502	9.34	199802	11.43	200102	13.14
199503	11	199803	14.36	200103	17.24
199504	10.58	199804	14.57	200104	17.93
199505	11.29	199805	14.25	200105	18.82
199506	11.84	199806	15.86	200106	19.12
199507	10.62	199807	15.18	200107	17.7
199508	10.9	199808	15.94	200108	19.87
199509	12.77	199809	16.54	200109	21.17
199510	12.15	199810	16.9	200110	21.44
199511	12.24	199811	16.88	200111	22.14
199512	12.3	199812	18.1	200112	22.45
199601	9.91	199901	13.7	200201	17.88
199602	10.24	199902	10.88	200202	16
199603	10.41	199903	15.79	200203	20.29
199604	10.47	199904	16.36	200204	21.03
199605	11.51	199905	17.22	200205	21.78
199606	12.45	199906	17.75	200206	22.51
199607	11.32	199907	16.62	200207	21.55
199608	11.73	199908	16.96	200208	22.01
199609	12.61	199909	17.69	200209	22.68
199610	13.04	199910	16.4	200210	23.02
199611	13.14	199911	17.51	200211	24.55
199612	14.15	199912	19.73	200212	24.67
199701	10.85	200001	13.73	200301	19.61
199702	10.3	200002	12.85	200302	17.15
199703	12.74	200003	15.68	200303	22.46
199704	12.73	200004	16.79	200304	23.19
199705	13.08	200005	17.59	200305	23.4
199706	14.27	200006	18.51	200306	26.26
199707	13.18	200007	16.8	200307	22.91
199708	13.75	200008	17.27	200308	24.03
199709	14.42	200009	20.83	200309	23.94
199710	14.57	200010	19.18	200310	24.12
199711	14.25	200011	21.4	200311	25.87
199712	15.86	200012	23.76	200312	28.25

第 6 章 马尔可夫预测方法

【案例 6-1】

Centerville 小镇的天气每天都在快速变化。如果今天是晴天，则明天出现晴天的可能性就比今天是雨天明天出现晴天的可能性大。如果今天是晴天，则明天也是晴天的概率为 0.8。而今天是雨天，则明天是晴天的概率为 0.6。即使考虑了今天之前所有各天的气象情况，这个概率值也不会发生改变。

Centerville 小镇的天气变化可看做一个随机过程 $\{X_t\}$。从某天开始（这一天被记为第 0 天），连续记录随后每一天（第 t 天）的气象状况，$t=0, 1, 2, \cdots$，第 t 天系统的状态可能为 0（代表第 t 天为晴天），也可能为 1（代表第 t 天为雨天）。因此，对于，$t=0, 1, 2, \cdots$，随机变量 X_t 可表示为

$$X_t=\begin{cases}0 & \text{如果第 } t \text{ 天是晴天}\\ 1 & \text{如果第 } t \text{ 天是雨天}\end{cases}$$

因此，随机过程 $\{X_t\}=\{X_0, X_1, X_2, \cdots\}$ 是一种描述 Centerville 小镇气象状况随时间变化的数学表达式。

（资料来源：Hillier F S，Lieberman G J. 运筹学导论［M］胡运权，等译. 北京：清华大学出版社，2007：714-715）

类似上述系统状态动态变化问题的表述和预测可以通过马尔可夫预测方法来完成。马尔可夫预测方法不需要大量历史资料，而只需对近期状况作详细分析。它可用于产品的市场占有率预测、期望报酬预测、人力资源预测等，还可用来分析系统的长期平衡条件，为决策提供有意义的参考。

6.1 马尔可夫分析的基本原理

马尔可夫（A. A. Markov）是俄国数学家。20 世纪初，他在研究中发现自然界中有一类事物的变化过程仅与事物的近期状态有关，而与事物的过去状态无关。具有这种特性的随机过程称为马尔可夫过程。设备维修和更新、人才结构变化、资金流向、市场需求变化等许多经济和社会行为都可用这一类过程来描述或近似，其应用范围非常广泛。

6.1.1 马尔可夫链

为了表征一个系统在变化过程中的特性（状态），可以用一组随时间进程而变化的变量

来描述。如果系统在任何时刻上的状态是随机的，则变化过程就是一个随机过程。

设有参数集 $T\subset(-\infty, +\infty)$，如果对任意的 $t\in T$，总有一随机变量 X_t 与之对应，则称 $\{X_t, t\in T\}$ 为一随机过程。

若 T 为离散集（不妨设 $T=\{t_0, t_1, t_2, \cdots, t_n, \cdots\}$），同时 X_t 的取值也是离散的，则称 $\{X_t, t\in T\}$ 为离散型随机过程。

设有一离散型随机过程，它所有可能处于的状态的集合为 $S=\{1, 2, \cdots, N\}$，称其为状态空间。系统只能在时刻 t_0，t_1，t_2，…改变它的状态。为简便计，以下将 X_{t_n} 等简记为 X_n。

一般地说，描述系统状态的随机变量序列不一定满足相互独立的条件，也就是说，系统将来的状态与过去时刻以及现在时刻的状态是有关系的。在实际情况中，也有具有这种性质的随机系统：系统在每一时刻（或每一步）的状态，仅仅取决于前一时刻（或前一步）的状态。这个性质称为无后效性，即所谓马尔可夫假设。具备这个性质的离散型随机过程，称为马尔可夫链。用数学语言来描述就是：

马尔可夫链　如果对任一 $n>1$，任意的 $i_1, i_2, \cdots, i_{n-1}, j\in S$，恒有

$$P\{X_n=j \mid X_1=i_1, X_2=i_2, \cdots, X_{n-1}=i_{n-1}\}=P(X_n=j \mid X_{n-1}=i_{n-1}) \tag{6-1}$$

则称离散型随机过程 $\{X_t, t\in T\}$ 为**马尔可夫链**。

例如，在荷花池中有 N 张荷叶，编号为 1，2，…，N。假设有一只青蛙随机地从这张荷叶上跳到另一张荷叶上。青蛙的运动可看做一随机过程。在时刻 t_n，青蛙所在的那张荷叶，称为青蛙所处的状态。那么，青蛙在未来处于什么状态，只与它现在所处的状态 $i(i=1, 2, \cdots, N)$ 有关，与它以前在哪张荷叶上无关。此过程就是一个马尔可夫链。

由于系统状态的变化是随机的，因此必须用概率描述状态转移的各种可能性的大小。

6.1.2　状态转移矩阵

马尔可夫链是一种描述动态随机现象的数学模型，它建立在系统"状态"和"状态转移"的概念之上。所谓系统，就是我们所研究的事物对象；所谓状态，是表示系统的一组记号。当确定了这组记号的值时，也就确定了系统的行为，并说系统处于某一状态。系统状态常表示为向量，故称之为状态向量。例如，已知某月 A，B，C 三种牌号洗衣粉的市场占有率分别是 0.3，0.4，0.3，则可用向量 $\boldsymbol{P}=(0.3, 0.4, 0.3)$ 来描述该月市场洗衣粉销售的状况。

当系统由一种状态变为另一种状态时，称之为**状态转移**。例如，洗衣粉销售市场状态的转移就是各种牌号洗衣粉市场占有率的变化。显然，这类系统由一种状态转移到另一种状态完全是随机的，因此必须用概率描述状态转移的各种可能性的大小。

如果在时刻 t_n 系统的状态为 $X_n=i$ 的条件下，在下一个时刻 t_{n+1} 系统状态为 $X_{n+1}=j$ 的概率 $p_{ij}(n)$ 与 n 无关，则称此马尔可夫链是齐次马尔可夫链，并记

$$p_{ij}=P\{X_{n+1}=j \mid X_n=i\}, \quad i, j=1, 2, \cdots, N$$

称 p_{ij} 为状态转移概率。显然有

$$p_{ij}\geqslant 0, i,j=1,2,\cdots,N$$

$$\sum_{j=1}^{N} p_{ij}=1, i=1,2,\cdots,N$$

转移矩阵 设系统的状态转移过程是一齐次马尔可夫链，状态空间 $S=\{1, 2, \cdots, N\}$ 为有限集合，状态转移概率为 P_{ij}，则称矩阵

$$P=\begin{pmatrix} p_{11} & p_{12} & \cdots & p_{1N} \\ p_{21} & p_{22} & \cdots & p_{2N} \\ \vdots & \vdots & & \vdots \\ p_{N1} & p_{N2} & \cdots & p_{NN} \end{pmatrix} \tag{6-2}$$

为该系统的**状态转移概率矩阵**，简称为**转移矩阵**。

为了论述和计算的需要，引入下述有关概念：

概率向量 对于任意的行向量（或列向量），如果其每个元素均非负且总和等于1，则称该向量为**概率向量**。

概率矩阵 由概率向量作为行向量所构成的方阵称为**概率矩阵**。

对于一个概率矩阵 $\boldsymbol{P}$，若存在正整数 m，使得 $\boldsymbol{P}^m$ 的所有元素均为正数，则称矩阵 $\boldsymbol{P}$ 为**正规概率矩阵**。

例如，矩阵

$$\boldsymbol{A}=\begin{pmatrix} 0.7 & 0.3 \\ 0.5 & 0.5 \end{pmatrix}$$

中每个元素均非负，每行元素之和皆为1，行数和列数相同，为 2×2 方阵，故矩阵 $\boldsymbol{A}$ 为概率矩阵。

概率矩阵有如下性质：如果 $\boldsymbol{A}$，$\boldsymbol{B}$ 皆是概率矩阵，则 $\boldsymbol{AB}$ 也是概率矩阵；如果 $\boldsymbol{A}$ 是概率矩阵，则 $\boldsymbol{A}$ 的任意次幂 $\boldsymbol{A}^m$（$m\geqslant0$）也是概率矩阵。

对 $k\geqslant1$，记

$$p_{ij}^{(k)}=P\{X_{n+k}=j \mid X_n=i\}$$

$$\boldsymbol{P}^{(k)}=(p_{ij}^{(k)})_{N\times N} \tag{6-3}$$

称 $p_{ij}^{(k)}$ 为 k 步状态转移概率，$\boldsymbol{P}^{(k)}$ 为 k 步状态转移概率矩阵，它们均与 n 无关（从下面的式（6-4）也可看出）。

特别，当 $k=1$ 时，$p_{ij}^{(1)}=p_{ij}$ 为1步状态转移概率。马尔可夫链中任何 k 步状态转移概率都可由1步状态转移概率求出。

由全概率公式可知，对 $k\geqslant1$ 有（其中 $\boldsymbol{P}^{(0)}$ 表示单位矩阵）

$$\begin{aligned} p_{ij}^{(k)} &= P\{X_{n+k}=j \mid X_n=i\} \\ &= \sum_{l=1}^{N} P\{X_{n+k-1}=l \mid X_n=i\}\cdot P\{x_{n+k}=j \mid X_{n+k-1}=l\} \\ &= \sum_{i=1}^{N} p_{il}^{(k-1)} p_{lj}, i,j=1,2,\cdots,N \end{aligned}$$

其中用到马尔可夫链的“无记忆性”和齐次性。用矩阵表示，即为 $\boldsymbol{P}^{(k)}=\boldsymbol{P}^{(k-1)}\boldsymbol{P}$，从而可得

$$\boldsymbol{P}^{(k)}=\boldsymbol{P}^k, k\geqslant1 \tag{6-4}$$

记 t_0 为过程的开始时刻，$p_i(0)=P\{X_0=X(t_0)=i\}$，则称

$$\boldsymbol{P}(0)=(p_1(0),p_2(0),\cdots p_N(0))$$

为**初始状态概率向量**。

如已知齐次马尔可夫链的转移矩阵 $\boldsymbol{P}=(p_{ij})$ 以及初始状态概率向量 $\boldsymbol{P}(0)$，则任一时刻的状态概率分布也就确定了：

对 $k\geqslant 1$，记 $p_i(k)=P\{X_k=i\}$ 则由全概率公式有

$$p_i(k)=\sum_{j=1}^{N}p_j(0)\cdot p_{ji}^{(k)},i=1,2,\cdots,N,k\geqslant 1 \tag{6-5}$$

若记向量 $\boldsymbol{P}(k)=(p_1(k),\ p_2(k),\ \cdots,\ p_N(k))$，则上式可写为

$$\boldsymbol{P}(k)=\boldsymbol{P}(0)\boldsymbol{P}^{(k)}=\boldsymbol{P}(0)\boldsymbol{P}^k \tag{6-6}$$

由此可得

$$\boldsymbol{P}(k)=\boldsymbol{P}(k-1)\boldsymbol{P} \tag{6-7}$$

例 6-1　案例 6-1 的马尔可夫链表示

在案例 6-1 中，Centerville 镇的天气变化是一个随机过程 $\{X_t\}$（$t=0,\ 1,\ 2,\ \cdots$），其取值可表示为

$$X_t=\begin{cases}0 & \text{如果第 } t \text{ 天是晴天}\\ 1 & \text{如果第 } t \text{ 天是雨天}\end{cases}\qquad (t=0,1,2,\cdots)$$

由题设可知

$$P\{X_{t+1}=0\,|\,X_t=0\}=0.8,\quad P\{X_{t+1}=0\,|\,X_t=1\}=0.6$$

此外，由于第二天的天气情况不受今天之前天气情况的影响，即有

$$\begin{aligned}&P\{X_{t+1}=0\,|\,X_t=0,X_{t-1}=k_{t-1},\cdots,X_1=k_1,X_0=k_0\}=P\{X_{t+1}=0\,|\,X_t=0\}\\&P\{X_{t+1}=0\,|\,X_t=1,X_{t-1}=k_{t-1},\cdots,X_1=k_1,X_0=k_0\}=P\{X_{t+1}=0\,|\,X_t=1\}\end{aligned} \tag{6-8}$$

在式（6-8）中，当用 $X_{t+1}=1$ 替换 $X_{t+1}=0$，这些等式也是成立的。因此，该随机过程具有马尔可夫属性，从而是马尔可夫链。

应用本节介绍的概念，则（1 步）转移概率可表示为

$$P_{00}=P\{X_{t+1}=0\,|\,X_t=0\}=0.8\quad (t=0,1,2,\cdots)$$

$$P_{10}=P\{X_{t+1}=0\,|\,X_t=1\}=0.6\quad (t=0,1,2,\cdots)$$

由于 $p_{00}+p_{01}=1$，$p_{10}+p_{11}=1$，故 $p_{01}=1-0.8=0.2$，$p_{11}=1-0.6=0.4$。

因此，状态转移矩阵可表示为：

$$\begin{matrix}\text{状态} & 0 & 1\end{matrix}\qquad\begin{matrix}\text{状态} & 0 & 1\end{matrix}$$

$$\boldsymbol{P}=\begin{matrix}0\\1\end{matrix}\begin{pmatrix}p_{00} & p_{01}\\ p_{10} & p_{11}\end{pmatrix}=\begin{matrix}0\\1\end{matrix}\begin{pmatrix}0.8 & 0.2\\ 0.6 & 0.4\end{pmatrix}$$

其中转移概率是指从行状态到列状态的概率。状态 0 代表晴天，状态 1 代表雨天。矩阵中转移概率即指在当前气象状态下，第二天为雨天或晴天的概率值。

图 6-1 所描述的状态转移图与转移概率矩阵提供了相同信息。图中的两个节点（圆圈）代表了天气的两种可能状态。箭头代表从当天到第二天的可能转移。箭头上的数字代表转移概率。

例 6-2　案例 6-1 的 n 步转移矩阵

运用上述公式计算案例 6-1 的 1 步转移矩阵 $\boldsymbol{P}$ 的 n 次方，求解其各 n 步转移矩阵。

2 步转移矩阵为

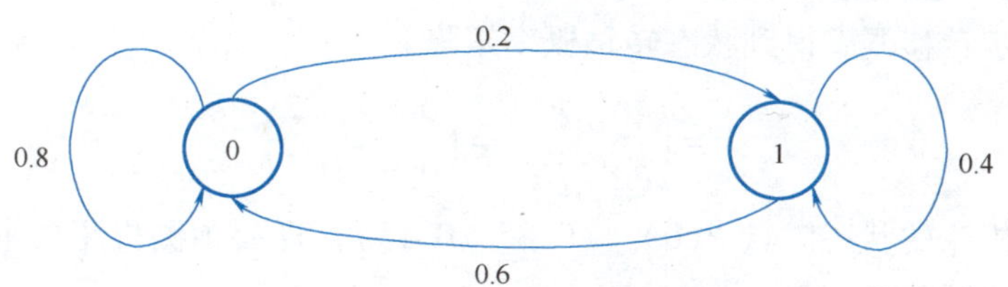

图6-1　案例6-1中的状态转移图

$$P^{(2)}=PP=\begin{pmatrix}0.8 & 0.2\\0.6 & 0.4\end{pmatrix}^2=\begin{pmatrix}0.76 & 0.24\\0.72 & 0.28\end{pmatrix}$$

该2步转移矩阵说明，如果今天是晴天（0），那么两天后仍为晴天（0）的概率为0.76，为雨天（1）的概率为0.24；如果今天是雨天（1），那么两天后为晴天（0）的概率为0.72，为雨天（1）的概率为0.28，

3天、4天或5天后的气象状态转移概率可通过计算3步、4步和5步转移矩阵得到。

$$P^{(3)}=P^3=PP^2=\begin{pmatrix}0.8 & 0.2\\0.6 & 0.4\end{pmatrix}\begin{pmatrix}0.76 & 0.24\\0.72 & 0.28\end{pmatrix}=\begin{pmatrix}0.752 & 0.248\\0.744 & 0.256\end{pmatrix}$$

$$P^{(4)}=P^4=PP^3=\begin{pmatrix}0.8 & 0.2\\0.6 & 0.4\end{pmatrix}\begin{pmatrix}0.752 & 0.248\\0.744 & 0.256\end{pmatrix}=\begin{pmatrix}0.75 & 0.25\\0.749 & 0.251\end{pmatrix}$$

$$P^{(5)}=P^5=PP^4=\begin{pmatrix}0.8 & 0.2\\0.6 & 0.4\end{pmatrix}\begin{pmatrix}0.75 & 0.25\\0.749 & 0.251\end{pmatrix}=\begin{pmatrix}0.75 & 0.25\\0.75 & 0.25\end{pmatrix}$$

注意：在5步转移矩阵中有一个十分有趣的现象，即该矩阵两行的值完全一样，这表明5天之后的气象状态的概率与5天前的气象状态无关。因此，这个5步转移矩阵中每行的概率被称为该马尔可夫链的平稳概率，表示晴天的概率是0.75，雨天的概率是0.25。

例6-3　考察一台机床的运行状态。机床的运行存在正常和故障两种状态。由于出现故障带有随机性，故可将机床的运行看做一个状态随时间变化的随机系统。可以认为，机床以后的状态只与目前的状态有关，而与过去的状态无关，即具有无后效性。因此，机床的运行过程可看做一个马尔可夫链。

设正常状态为1，故障状态为2，即机床的状态空间由两个元素组成。机床在运行过程中出现故障，这时从状态1转移到状态2；处于故障状态的机床经维修，恢复到正常状态，即从状态2转移到状态1。

现以一个月为时间单位。经观察统计，知从某月份到下月份机床出现故障的概率为0.2，即$p_{12}=0.2$。其对立事件，保持正常状态的概率为$p_{11}=0.8$。在这一时间，故障机床经维修返回到正常状态的概率为0.9，即$p_{21}=0.9$；不能修好的概率为$p_{22}=0.1$。机床的状态转移情形见图6-2。

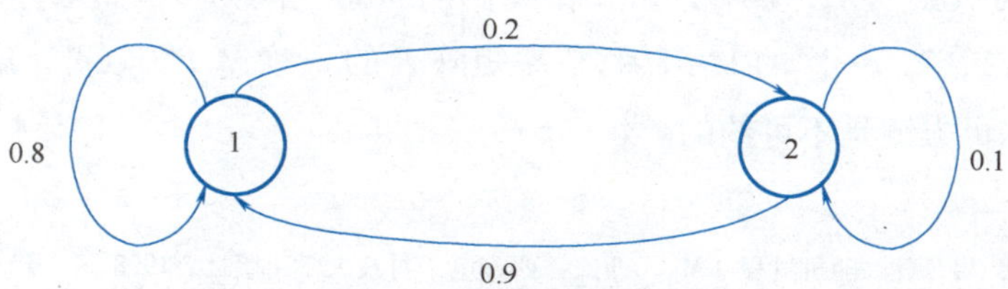

图6-2　机床的状态转移

由机床的1步转移概率得到状态转移概率矩阵

$$\boldsymbol{P}=\begin{pmatrix}p_{11} & p_{12}\\ p_{21} & p_{22}\end{pmatrix}=\begin{pmatrix}0.8 & 0.2\\ 0.9 & 0.1\end{pmatrix}$$

若已知本月机床的状态向量 $\boldsymbol{P}(0)=(0.85\quad 0.15)$，现要预测机床两个月后的状态。先求出两步转移概率矩阵

$$\boldsymbol{P}^{(2)}=\boldsymbol{P}^{2}=\begin{pmatrix}0.8 & 0.2\\ 0.9 & 0.1\end{pmatrix}^{2}=\begin{pmatrix}0.82 & 0.18\\ 0.81 & 0.19\end{pmatrix}$$

矩阵的第一行表明，本月处于正常状态的机床，两个月后仍处于正常状态的概率为0.82，转移到故障状态的概率为0.18。第二行说明，本月处于故障状态的机床，两个月后转移到正常状态的概率为0.81，仍处于故障状态的概率为0.19。

于是，两个月后机床的状态向量为

$$\begin{aligned}\boldsymbol{P}(2)&=\boldsymbol{P}(0)\boldsymbol{P}^{(2)}=(0.85\quad 0.15)\begin{pmatrix}0.82 & 0.18\\ 0.81 & 0.19\end{pmatrix}\\&=(0.8185\quad 0.1815)\end{aligned}$$

6.1.3 稳态概率矩阵

在马尔可夫链中，已知系统的初始状态和状态转移概率矩阵，就可推断出系统在任意时刻可能所处的状态。现在需要研究当 k 不断增大时，$\boldsymbol{P}(k)$ 的变化趋势。

1. 平稳分布

设 $\boldsymbol{X}=(x_1,\ x_2,\ \cdots,\ x_N)$ 为一状态概率向量，$\boldsymbol{P}$ 为状态转移概率矩阵。若

$$\boldsymbol{XP}=\boldsymbol{X}\tag{6-9}$$

即

$$\sum_{i=1}^{N}x_i p_{ij}=x_j, j=1,2,\cdots,N$$

则称 $\boldsymbol{X}$ 为马尔可夫链的一个**平稳分布**。若随机过程某时刻的状态概率向量 $\boldsymbol{P}(k)$ 为平稳分布，则称过程处于平衡状态。一旦过程处于平衡状态，则过程经过1步或多步状态转移之后，其状态概率分布保持不变，也就是说，过程一旦处于平衡状态后将永远处于平衡状态。

对于我们所讨论的状态有限（即 N 个状态）的马尔可夫链，平稳分布必定存在㊀。特别地，当此马尔可夫链不可约时，平稳分布唯一。此时，求解方程（6-9），即可得到系统的平稳分布。其中，马尔可夫链为不可约的定义如下：

设齐次马尔可夫链 $\{X_t,\ t=0,\ 1,\ 2,\ \cdots\}$ 的状态空间为 S，如果存在某个正整数 m，使得 $\{X_t,\ t=0,\ 1,\ 2,\ \cdots\}$ 的1步转移概率矩阵 $\boldsymbol{P}$ 的 m 次幂 $\boldsymbol{P}^m=(p_{ij}^{(m)})$ 中每个元素都大于0，则称此马尔可夫链是不可约的。㊁

㊀ 摘自：毛用才，胡奇英. 随机过程［M］. 西安：西安电子科技大学出版社，1998.

㊁ 摘自：张卓奎，陈慧婵. 随机过程［M］. 西安：西安电子科技大学出版社，2004.

2. 稳态分布

对概率向量 $\boldsymbol{\pi}=(\pi_1,\ \pi_2,\ \cdots,\ \pi_N)$，如对任意的 $i,\ j\in S$ 均有

$$\lim_{m\to+\infty}p_{ij}(m)=\pi_j \tag{6-10}$$

则称 $\boldsymbol{\pi}$ 为**稳态分布**。此时，不管初始状态概率向量如何，均有

$$\lim_{m\to+\infty}p_j(m)=\lim_{m\to+\infty}\sum_{i=1}^{N}p_i(0)p_{ij}(m)=\sum_{i=1}^{N}p_i(0)\pi_j=\pi_j$$

或

$$\lim_{m\to\infty}\boldsymbol{P}(m)=\lim_{m\to\infty}(p_1(m),p_2(m),\cdots,p_N(m))=\boldsymbol{\pi}$$

这也是称 $\boldsymbol{\pi}$ 为稳态分布的理由。

设存在稳态分布 $\boldsymbol{\pi}=(\pi_1,\ \pi_2,\ \cdots,\ \pi_N)$，则由于下式恒成立

$$\boldsymbol{P}(k)=\boldsymbol{P}(k-1)\boldsymbol{P}$$

$k\to+\infty$，就得

$$\boldsymbol{\pi}=\boldsymbol{\pi}\boldsymbol{P} \tag{6-11}$$

即，有限状态马尔可夫链的稳态分布如存在，那么它也是平稳分布。

对任一状态 i，如果 $\{k\,|\,p_{ii}^{(k)}>0\}$ 的最大公约数为 1，则称 i 是非周期状态㊀。如果一个马尔可夫链的所有状态均是非周期的，则称此马尔可夫链是非周期的。

对有限状态非周期的马尔可夫链，稳态分布必存在，对不可约非周期的马尔可夫链，稳态分布和平稳分布相同且均唯一㊁。

例 6-4 设一马尔可夫链的转移矩阵为

$$\boldsymbol{P}=\begin{pmatrix}0.50 & 0.25 & 0.25\\ 0.50 & 0.00 & 0.50\\ 0.25 & 0.25 & 0.50\end{pmatrix}$$

求其平稳分布及稳态分布。

解：（1）$\boldsymbol{P}$ 不可约

$$\boldsymbol{P}^{(2)}=\boldsymbol{P}^2=\begin{pmatrix}0.4375 & 0.1875 & 0.375\\ 0.375 & 0.25 & 0.375\\ 0.375 & 0.1875 & 0.4375\end{pmatrix}$$

$p_{ij}>0$，仅当 $i\neq2$ 且 $j\neq2$ 时。又 $p_{22}^{(2)}>0$，由定义可知，$\boldsymbol{P}$ 是不可约的。

（2）$\boldsymbol{P}$ 非周期。由 $p_{11}^{(1)}>0$，$p_{11}^{(2)}>0$，而 1，2 的最大公约数为 1，故状态 1 为非周期状态。

同理可得状态 2，3 均为非周期状态。故 $\boldsymbol{P}$ 是非周期的。

（3）由于 $\boldsymbol{P}$ 不可约且是非周期的，求解如下方程组

$$\begin{cases}\boldsymbol{X}\boldsymbol{P}=\boldsymbol{X}\\ \displaystyle\sum_{i=1}^{n}x_i=1\end{cases}$$

㊀ 摘自：毛用才，胡奇英. 随机过程［M］. 西安：西安电子科技大学出版社，1998.

㊁ 摘自：张卓奎，陈慧婵. 随机过程［M］. 西安：西安电子科技大学出版社，2004.

得 $\boldsymbol{X}=(0.4,\ 0.2,\ 0.4)$ 这就是该马尔可夫链的稳态分布，而且也是平稳分布。

6.2 马尔可夫预测的应用

马尔可夫预测是利用某一系统的现在状况及其发展动向去预测系统未来状况的一种预测方法。它在技术与经济发展以及现代企业的经营管理中，均可为决策者制定决策提供较科学的未来信息。马尔可夫预测范围广泛，如在预测企业的发展规模和产品销售份额、分析顾客（消费者）流向、选择销售及服务地点、选择销售维修策略、制订设备更新方案以及决定最优工作分配等方面均有显著成效。应用马尔可夫分析，对环境保护、生态平衡等复杂大系统的未来状况进行预测，对各种环境污染治理策略的选择等，均可取得良好的效果。

6.2.1 市场占有率的预测

我们结合例题来说明如何预测市场占有率。

例 6-5 伍迪公司、布卢杰·里维公司、雷恩公司（分别用符号 A，B，C 代表）是美国中西部地区三家主要灭虫剂厂商。根据历史资料得知，公司 A，B，C 产品销售额的市场占有率分别为 50%，30%，20%。由于 C 公司实行了改善销售与服务方针的经营管理决策，使其产品销售额逐期稳定上升，而 A 公司却下降。通过市场调查发现，三家公司间的顾客流动情况如表 6-1 所示。其中产品销售周期是季度。现在的问题是按照目前的趋势发展下去，A 公司的产品销售额或客户转移的影响将严重到何种程度？更全面的，三个公司的产品销售额的占有率将如何变化？

表 6-1 A，B，C 三家公司的顾客流动情况

公司	周期 0 的顾客数	周期 1 的供应公司		
		A	B	C
A	5000	3500	500	1000
B	3000	300	2400	300
C	2000	100	100	1800
周期 1 的顾客数	—	3900	3000	3100

将表 6-1 中的数据化为转移概率将对研究分析未来若干周期的顾客流向更为有利。表 6-2 列出了各公司顾客流动的转移概率。表 6-2 中的数据是每家厂商在一个周期中的顾客数与前一周期的顾客数相除所得。表中每一行表示某公司从一个周期到下一个周期将能保住的顾客数的百分比，以及将要丧失给竞争对手的顾客数的百分比。表中每一列表示各公司在下一周期将能保住的顾客数的百分比，以及该公司将要从竞争对手那里获得顾客数的百分比。

表 6-2 顾客流动的转移概率

公司	A	B	C
A	3500/5000 = 0.7	500/5000 = 0.1	1000/5000 = 0.2
B	300/3000 = 0.1	2400/3000 = 0.8	300/3000 = 0.1
C	100/2000 = 0.05	100/2000 = 0.05	1800/2000 = 0.95

如用矩阵来表示表6-2中的数据，那么就得到了如下的转移矩阵

$$P=\begin{pmatrix} & A & B & C \\ A & 0.7 & 0.1 & 0.2 \\ B & 0.1 & 0.8 & 0.1 \\ C & 0.05 & 0.05 & 0.9 \end{pmatrix} \tag{6-12}$$

$\boldsymbol{P}$ 中数据表示一个随机挑选的顾客，从一个周期到下一个周期仍购买某一公司产品的可能性或概率。如，随机挑选一名A公司的顾客，他在下一周期仍购买A公司产品的概率为0.7，购买B公司产品的概率为0.1，购买C公司产品的概率为0.2。

1. 未来各周期市场占有率的计算

以A、B、C公司作为我们要分析的系统的状态，那么状态概率向量就分别为三家公司的产品销售额的市场占有率。初始状态概率向量为

$$\boldsymbol{P}(0)=(P_1(0),P_2(0),P_3(0))=(0.5,0.3,0.2)$$

转移矩阵由式（6-12）给出。于是可用式（6-6）计算未来各期的市场占有率。如状态转移一次后第一周期的市场占有率向量为

$$\begin{aligned}\boldsymbol{P}(1)=\boldsymbol{P}(0)\boldsymbol{P}&=(0.5,0.3,0.2)\begin{pmatrix}0.7 & 0.1 & 0.2\\ 0.1 & 0.8 & 0.1\\ 0.05 & 0.05 & 0.9\end{pmatrix}\\ &=(0.39,0.3,0.31)\end{aligned}$$

可以由式（6-6）递推求得未来各期的市场占有率。

2. 稳态市场占有率

从转移矩阵 $\boldsymbol{P}$ 中可以看出，A公司的市场占有率将逐期下降，而C公司的市场占有率则将逐期上升（用式（6-6）计算出 $\boldsymbol{P}(k)$ 即可验证）。从经营决策和管理的角度来看，自然希望了解公司的市场占有率最终将达到什么样的水平，亦即需要知道稳态市场占有率。

由于式（6-12）中的 $\boldsymbol{P}$ 是不可约非周期的，所以稳态市场占有率即为平衡状态下的市场占有率，亦即马尔科夫链的平稳分布。

由前面的讨论知道，我们求解如下方程组

$$\begin{cases}(x_1,x_2,x_3)\begin{pmatrix}0.7 & 0.1 & 0.2\\ 0.1 & 0.8 & 0.1\\ 0.05 & 0.05 & 0.9\end{pmatrix}=(x_1,x_2,x_3)\\ x_1+x_2+x_3=1\end{cases}$$

解得

$$x_1=0.1765,x_2=0.2353,x_3=0.5882$$

亦即A，B，C三家公司的市场占有率最终将分别达到17.65%，23.53%，58.82%。

对本例来说，当销售份额达到平衡时，所有公司都各占总销售额中的一部分保持不变。但在某些情况下，参与竞争的公司或厂商中能有一个或多个被完全逐出市场。例如对于转移矩阵

$$\boldsymbol{P}=\begin{matrix} \\ A\\ B\\ C\end{matrix}\begin{matrix}\begin{matrix}A & \quad B & \quad C\end{matrix}\\ \begin{pmatrix}0.7 & 0.1 & 0.2\\ 0.1 & 0.8 & 0.1\\ 0.05 & 0.05 & 0.9\end{pmatrix}\end{matrix}$$

厂商 A 从 B 与 C 双方得到顾客，而从不失去顾客，容易推知照此趋势发展下去厂商 A 将独占 100% 的市场。这一点从式（6-9）的求解中亦可看出。

最后我们指出，平衡状态存在的条件与初始状态概率向量无关。

3. 销售策略对市场占有率的影响

从本例的上述分析可以看出，A 公司的市场占有率将从 50% 降至最终的 17.65%，当然这是假定以状态转移概率保持不变作为分析的前提的。如果公司的经营决策者看到了这种不利趋势，就会制定某种策略（如销售策略）来扭转这种不利趋势，使公司在市场上保持较有利的地位。以后我们就两种不同的销售策略，讨论如何利用马尔可夫分析帮助公司管理人员评价销售策略对销售份额的影响。可类似分析其他的经营策略。

（1）保留策略。保留策略是指尽力保留公司原有顾客较大百分比的各种经营方针与对策。如采用提供优质服务或对连续两期购货的顾客实行折价优待等方法。设 A 公司采用这样的保留策略后，减少了其原有顾客向 C 公司的流失，使保留率从原来的 70% 提高到 85%，则转移矩阵成为

$$\begin{pmatrix} 0.85 & 0.10 & 0.05 \\ 0.10 & 0.80 & 0.10 \\ 0.05 & 0.05 & 0.90 \end{pmatrix}$$

新的平衡状态下 A，B，C 三家公司的市场占有率分别为 31.6%，26.3%，42.1%，A 公司的市场占有率从 17.65% 提高到 31.6%。

（2）争取策略。争取策略是指从竞争者拥有的顾客中争取顾客的各种经营方针与对策，如通过广告等方法。设 A 公司通过争取策略，能从上一周期内向另外两家公司购货的顾客中各争取 15%，则转移矩阵成为

$$\begin{pmatrix} 0.70 & 0.10 & 0.20 \\ 0.15 & 0.75 & 0.10 \\ 0.15 & 0.05 & 0.80 \end{pmatrix}$$

在新的平衡状态下，A，B，C 三家公司的市场占有率分别为 33.3%，30%，36.7%。

在实际工作中，市场占有率仅仅是经营者制定决策的一个考虑因素。为制定出正确的决策，还可能要考虑其他因素，如考虑采取策略的费用等。

6.2.2 期望报酬预测

一个与经济有关的马氏型随机系统中，系统获得的报酬（或称收益）也会随状态的不同而不同。设有一台机器，它在第 n 周期的状态用 X_n 表示

$$X_n = \begin{cases} 0 & \text{第 } n \text{ 周期正常} \\ 1 & \text{第 } n \text{ 周期失效} \end{cases}$$

进一步假定，机器正常时，每一个周期可带来 v 元的收益，并且在下一周期失效的概率为 p，当机器失效时，需对其进行更换，更换的费用为 d，修理时间为一个周期，下一个周期初修好开始工作，于是 $\{X_n\}$ 是一个齐次马尔科夫链，其状态空间为 $S = \{0, 1\}$，转移矩阵为

$$\boldsymbol{P} = \begin{pmatrix} 1-p & p \\ 1 & 0 \end{pmatrix}$$

但这是一个带报酬（或称收益、费用）的马尔科夫链。

一般地，设 $\{X_n\}$ 是状态空间为 $S=\{1,2,\cdots,N\}$ 的齐次马尔科夫链，其转移矩阵为 $\boldsymbol{P}=(p_{ij})_{N\times N}$。设 $r(i)$ 表示某周期系统处于状态 i 时获得的报酬，称这样的马尔可夫链是具有报酬的。显然，$r(i)>0$ 时称为盈利、报酬、收益等；$r(i)<0$ 时称为亏损、费用等。对于这样一个带报酬的马尔可夫链，n 时的报酬是一个随机变量。

下面分三种目标函数来讨论。

1. 有限时段期望总报酬

记 $v_k(i)$ 表示初始状态为 i 的条件下，到第 k 步状态转移前所获得的期望总报酬（$k\geqslant 1$，$i\in S$）

$$\begin{aligned} v_k(i) &= \sum_{n=0}^{k-1} \text{第 } n \text{ 周期的期望报酬} \\ &= \sum_{n=0}^{k-1} E\{r(X_n) \mid X_0 = i\} \\ &= \sum_{n=0}^{k-1}\sum_{j=1}^{N} p_{ij}^{(n)} r(j) \end{aligned}$$

若记列向量 $\boldsymbol{V}_k=(v_k(1),v_k(2),\cdots,v_k(N))^{\mathrm{T}}$，$\boldsymbol{r}=(r(1),r(2),\cdots,r(N))^{\mathrm{T}}$，则上式可写为

$$\boldsymbol{V}_k = \sum_{n=0}^{k-1}\boldsymbol{P}^n\boldsymbol{r} = (\boldsymbol{I}+\boldsymbol{P}+\boldsymbol{P}^2)+\cdots+\boldsymbol{P}^{k-1})\boldsymbol{r} \tag{6-13}$$

进而，可证明有如下递推式

$$\begin{aligned} v_{k+1}(i) &= r(i) + \sum_{j=1}^{N} p_{ij}v_k(j), k\geqslant 0, i = 1,2,\cdots,N \\ v_0(i) &= 0, i = 1,2,\cdots,N \end{aligned} \tag{6-14}$$

于是可用上式递推求得 $v_k(i)$。

2. 无限时段单位时间平均报酬

对 $i\in S$，定义初始状态为 i 的无限时段单位时间平均报酬为

$$v(i) = \lim_{k\to\infty} v_k(i)/k$$

记

$$p_{ij}^{*} = \lim_{k\to\infty}\sum_{t=1}^{k-1}(\boldsymbol{P}^t)_{ij}/k \quad i,j = 1,2,\cdots,N$$

矩阵 $\boldsymbol{P}^{*}=(p_{ij}^{*})$，则由式(6-13)可证得

$$v(i) = \sum_{j=1}^{N} p_{ij}^{*} r(j) \tag{6-15}$$

于是为求 $v(i)$，只需求得 $\boldsymbol{P}^{*}$ 即可，但一般要求出 $\boldsymbol{P}^{*}$ 并不是件容易的事情。这里只讨论如下的特殊情况：

考虑稳态分布 $\boldsymbol{\pi}=(\pi_1,\pi_2,\cdots,\pi_N)$ 存在的这种特殊情况。由上节可知，转移矩阵 $\boldsymbol{P}$ 非周期即可保证 $\boldsymbol{\pi}$ 存在。当 $\boldsymbol{\pi}$ 存在时，它也是平稳分布。注意到数学分析中的一个结论：设数列 $\{a_n\}$ 有极限 a，则

$$\lim_{k\to\infty}\frac{\sum_{n=0}^{k-1} a_n}{k} = a$$

于是有如下结论：

结论 设所考虑的马尔克夫链存在稳态分布 $\boldsymbol{\pi}$,则 $p_{ij}^* = \pi_j, j = 1,2,\cdots,N$。进而若式(6-11)有唯一解 $\boldsymbol{X} = (x_1, x_2, \cdots, x_N)$,则有

$$p_{ij}^* = \pi_j = x_j \quad j = 1,2,\cdots,N \tag{6-16}$$

实际上,如果 $\boldsymbol{\pi}$ 存在,当式(6-11)有唯一解 $\boldsymbol{X}$ 时,由于稳态分布必为平稳分布,故 $\pi_j = x_j$。

特别地,对于不可约非周期的马尔科夫链,式(6-16)恒成立。于是可先求解式(6-11)得 $\boldsymbol{X}$,然后由式(6-16)求得 $v(i)$。

3. 无限时段期望折扣总报酬

在现实生活中,今年的一元钱将大于明年的一元钱。也就是说,明年的一元钱折算到现在计算,就不值一元钱了,如为 $\beta \in (0,1)$,这个 β 就称为折扣因子。实际上,在工程问题中,在企业管理中当考虑贷款、折旧等时都必须考虑到资金的增值问题。

如将钱存于银行,年息为 ρ,则 ρ 与 β 有如下关系

$$\beta = \frac{1}{1 + \rho}$$

如果一个周期为一个月,那么只需将 ρ 理解为月息即可。这里折扣因子 β 一般在区间(0,1)中。

对有报酬的马尔科夫链,定义从状态 i 出发的无限时段期望折扣总报酬为

$$v_\beta(i) = \sum_{t=0}^{\infty} \beta^t \times \text{第}\ t\ \text{周期的期望报酬}, i \in S \tag{6-17}$$

于是

$$v_\beta(i) = \sum_{t=0}^{\infty} \beta^t \sum_{j=1}^{N} p_{ij}^{(t)} r(j) \tag{6-18}$$

若记向量 $\boldsymbol{V}_\beta = (v_\beta(1), v_\beta(2), \cdots, v_\beta(N))^{\mathrm{T}}$,则上式的向量/矩阵形式为

$$\boldsymbol{V}_\beta = \sum_{t=0}^{\infty} \beta^t \boldsymbol{P}^t \boldsymbol{r} = (\boldsymbol{I} - \beta \boldsymbol{P})^{-1} \boldsymbol{r} \tag{6-19}$$

与有限时段中的式(6-14)类似,由式(6-18)可得

$$\begin{aligned} v_\beta(i) &= r(i) + \beta \sum_{t=1}^{\infty} \left(\beta^{t-1} \sum_{j=1}^{N} p_{ij}^{(t)} r(j)\right) \\ &= r(i) + \beta \sum_{l=1}^{N} p_{il} \sum_{t=0}^{\infty} \beta^t \sum_{j=1}^{N} p_{lj}^{(t)} r(j) \\ &= r(i) + \beta \sum_{l=1}^{N} p_{il} r(j) v_\beta(l), i \in S \end{aligned} \tag{6-20}$$

显然，线性方程组（6-20）的解即为式（6-19）所表示的。

我们称 $v_k(i)$，$v(i)$，$v_\beta(i)$ 为具有报酬的马尔科夫链的三种目标函数。利用其中的任一个目标函数，可以讨论不同策略的优劣。

例 6-6 最佳维修策略的选择。我们研究一化工企业对循环泵进行季度维修的过程。该化工企业对泵进行定期检查，每次检查中，把泵按其外壳及叶轮的腐蚀程度定为五种状态中的一种。这五种状态是：

状态 1：优秀状态，无任何故障或缺陷。

状态2：良好状态，稍有腐蚀。

状态3：及格状态，轻度腐蚀。

状态4：可用状态，大面积腐蚀。

状态5：不可运行状态，腐蚀严重。

该公司可采用的维修策略有以下几种：

单状态策略：泵处于状态5时才进行修理，每次修理费用为500元。

两状态策略：泵处于状态4和5时进行修理，处于状态4时的修理费用每次为250元，处于状态5时的每次修理费用为500元。

三状态策略：泵处于状态3，4，5时进行修理，处于状态3时的每次修理费用为200元，处于状态4和5时的修理费用同前。

目前，该公司采用的维修策略为“单状态策略”。

假定不管处于何种状态，只要进行修理，泵的状态都将在本周期内恢复为状态1。已知在不进行任何修理时的状态转移概率，如表6-3所示。

表6-3 不修理时的状态转移概率

泵在周期 n 的状态	泵在周期 $n+1$ 的状态				
	1	2	3	4	5
1	0.00	0.60	0.20	0.10	0.10
2	0.00	0.30	0.40	0.20	0.10
3	0.00	0.00	0.40	0.40	0.20
4	0.00	0.00	0.00	0.50	0.50
5	0.00	0.00	0.00	0.00	1.00

现在要确定哪种策略的费用最低。目标为长期运行单位时间平均报酬。容易看出，在单状态、两状态、三状态下的转移概率矩阵分别为

$$\boldsymbol{P}_1=\begin{pmatrix}0.0&0.6&0.2&0.1&0.1\\0.0&0.3&0.4&0.2&0.1\\0.0&0.0&0.4&0.4&0.2\\0.0&0.0&0.0&0.5&0.5\\1.0&0.0&0.0&0.0&0.0\end{pmatrix}\quad \boldsymbol{P}_2=\begin{pmatrix}0.0&0.6&0.2&0.1&0.1\\0.0&0.3&0.4&0.2&0.1\\0.0&0.0&0.4&0.4&0.2\\1.0&0.0&0.0&0.0&0.0\\1.0&0.0&0.0&0.0&0.0\end{pmatrix}$$

$$\boldsymbol{P}_3=\begin{pmatrix}0.0&0.6&0.2&0.1&0.1\\0.0&0.3&0.4&0.2&0.1\\1.0&0.0&0.0&0.0&0.0\\1.0&0.0&0.0&0.0&0.0\\1.0&0.0&0.0&0.0&0.0\end{pmatrix}$$

下面分别来求三种策略下的 $v(i)$。

（1）单状态策略。此时 $r(1)=r(2)=r(3)=r(4)=0$，$r(5)=500$ 元，将 $\boldsymbol{P}_1$ 代入式（6-9）可解得唯一的平稳分布为

$$\boldsymbol{X}=(x_1,\ x_2,\ \cdots,\ x_N)=(0.199,\ 0.170,\ 0.180,\ 0.252,\ 0.199)$$

而 $\boldsymbol{P}_1$ 显然是不可约非周期的，从而 $\boldsymbol{X}$ 亦为稳态分布，由此及式（6-15）、式（6-16）可得

$$v(i) = \sum_{j=1}^{5} x_j r(j) = 500 \text{ 元} \times 0.199 = 99.50 \text{ 元}$$

（2）两状态策略。$r(1)=r(2)=r(3)=0$，$r(4)=250$ 元，$r(5)=500$ 元，与（1）中类似，可知

$$\boldsymbol{X}=\boldsymbol{\pi}=(0.266,\ 0.228,\ 0.241,\ 0.168,\ 0.097)$$

从而由式（6-15）、式（6-16）有

$$v(i) = \sum_{j=1}^{5} x_j r(j) = 0.168 \times 250 \text{ 元} + 0.097 \times 500 \text{ 元} = 90.50 \text{ 元}$$

（3）三状态策略。$r(1)=r(2)=0$，$r(3)=200$ 元，$r(4)=250$ 元，$r(5)=500$ 元，于是

$$\boldsymbol{X}=\boldsymbol{\pi}=(0.35,\ 0.30,\ 0.19,\ 0.095,\ 0.065)$$

$$v(i) = \sum_{j=1}^{5} x_j r(j) = 0.19 \times 200 \text{ 元} + 0.095 \times 250 \text{ 元} + 0.065 \times 500 \text{ 元} = 94.25 \text{ 元}$$

因此，两状态策略为最优策略，平均每周期的费用为 90.50 元。从上面的计算可以发现，$v(i)$ 均与 i 无关。其实，若式（6-16）成立，则由式（6-15）知 $v(i)$ 总与 i 无关，亦即单位时间平均报酬（或费用）与起始状态无关。

【案例 6-2】

某影像器材公司存储了一种特殊的照相机，这个照相机每周都会被订购。假设 D_1，D_2，…分别代表第一周，第二周，…的照相机需求量（如果库存不为空，则该产品将会被售出），则随机变量 D_t（$t=1, 2, \cdots$）取值等于第 t 周被卖出去的照相机数量（如果库存不够，则该值还包括损失的数量）。

假设 D_t 是一个满足均值为 1 的泊松分布随机变量。X_0 表示照相机的初始数量，X_1 表示第一周周末照相机的数量，X_2 表示第二周周末照相机的数量等。随机变量 X_t（$t=0, 1, 2, \cdots$）的取值等于在第 t 周周末照相机的数量。

假设 $X_0=3$，则表示第一周该公司拥有此类照相机的数量为 3。

$\{X_t\}=\{X_0, X_1, X_2, \cdots\}$ 也是一个随机过程，随机变量 X_t 表示在时刻 t 系统的状态。

我们将基于以下的订购策略向大家介绍该随机过程随时间变化的过程：

在 t 周周末（周六晚），公司都需要制作下周一将要提交的订购单。公司使用如下的订购策略：

$$\begin{cases} \text{如果 } X_t=0\text{，则订购 3 个照相机；} \\ \text{如果 } X_t>0\text{，则不订购照相机。} \end{cases}$$

因此，照相机库存量总是在最小值 0 和最大值 3 之间波动。因而系统在 t 时刻（第 t 周周末）的可能状态为 0，1，2 或 3。

由于每个随机变量 X_t（$t=0, 1, 2, \cdots$）表示了系统在第 t 周周末的状态，所以它的可能取值为 0，1，2 或 3，X_t 被表示为

$$X_t = \begin{cases} \max\{3-D_{t+1},\ 0\} \\ \max\{X_t-D_{t+1},\ 0\} \end{cases} \qquad t=0, 1, 2, \cdots \tag{6-21}$$

案例分析

1. 案例的马尔可夫链表示

在本案例中，X_t表示第t周周末公司的库存照相机数量，即X_t表示系统在时刻t的状态。假设系统当前状态$X_t=i$，则该案例表明X_{t+1}仅与D_{t+1}（即第$t+1$周照相机的需求量）和X_t有关。由于X_{t+1}与t时刻系统的库存记录无关，因此随机过程$\{X_t\}$（$t=0, 1, 2, \cdots$）具有马尔可夫属性，是马尔可夫链。

现在讨论如何计算该过程的转移概率，即（一步）转移矩阵中的各元素。

$$\begin{array}{c} \text{状态} \quad 0 \quad 1 \quad 2 \quad 3 \end{array}$$

$$\boldsymbol{P}=\begin{matrix}0\\1\\2\\3\end{matrix}\begin{pmatrix} p_{00} & p_{01} & p_{02} & p_{03} \\ p_{10} & p_{11} & p_{12} & p_{13} \\ p_{20} & p_{21} & p_{22} & p_{23} \\ p_{30} & p_{31} & p_{32} & p_{33} \end{pmatrix}$$

假设D_{t+1}是满足均值为1的泊松分布的随机变量，因此有$p(D_{t+1}=n)=\dfrac{e^{-1}}{n!}(n=0, 1, \cdots)$，即

$$p(D_{t+1}=0)=e^{-1}=0.368$$

$$p(D_{t+1}=1)=e^{-1}=0.368$$

$$p(D_{t+1}=2)=\frac{1}{2}e^{-1}=0.184$$

$$p(D_{t+1}\geqslant 3)=1-p(D_{t+1}\leqslant 2)=1-(0.368+0.368+0.184)=0.08$$

矩阵$\boldsymbol{P}$中的第一行表示库存从状态$X_t=0$到某个状态X_{t+1}的概率值。根据该案例上述表达式所示：

如果$X_t=0$，则$X_{t+1}=\text{Max}\{3-D_{t+1}, 0\}$，因而，对转移到$X_{t+1}=3$，$X_{t+1}=2$或$X_{t+1}=1$，有

$$p_{03}=P\{D_{t+1}=0\}=0.368$$

$$p_{02}=P\{D_{t+1}=1\}=0.368$$

$$p_{01}=P\{D_{t+1}=2\}=0.184$$

从$X_t=0$到$X_{t+1}=0$的转移意味着在第$t+1$周的照相机需求量为3或者更多，因为该周初有3台照相机被增加到正被消耗的库存中。所以有

$$p_{00}=P\{D_{t+1}\geqslant 3\}=0.080$$

对于矩阵$\boldsymbol{P}$中的其他行，根据式（6-21），下一状态为：

$X_{t+1}=\text{Max}\{X_t-D_{t+1}, 0\}$（如果$X_t\geqslant 1$）。这意味着$X_{t+1}\leqslant X_t$，即$p_{12}=0$，$p_{13}=0$且$p_{13}=0$，对于其他转移而言

$$p_{11}=P\{D_{t+1}=0\}=0.368$$

$$p_{20}=P\{D_{t+1}\geqslant 1\}=1-p\{D_{t+1}=0\}0.632$$

$$p_{22}=P\{D_{t+1}=0\}=0.368$$

$$p_{21}=P\{D_{t+1}=0\}=0.368$$

$$p_{23}=P\{D_{t+1}\geqslant 2\}=1-P\{D_{t+1}\leqslant 1\}=1-(0.368+0.368)=0.264$$

对于矩阵 $\boldsymbol{P}$ 中的最后一行，第 $t+1$ 周开始的库存中有 3 个照相机，转移概率的计算同第一行的计算方法一样。因此，该过程完整的转移矩阵为

$$
\begin{array}{c} \text{状态} \\ \\ \boldsymbol{P}= \end{array}
\begin{array}{c} \\ 0 \\ 1 \\ 2 \\ 3 \end{array}
\begin{array}{c} \begin{array}{cccc} 0 & 1 & 2 & 3 \end{array} \\ \begin{pmatrix} 0.080 & 0.184 & 0.368 & 0.368 \\ 0.632 & 0.368 & 0 & 0 \\ 0.264 & 0.368 & 0.368 & 0 \\ 0.080 & 0.184 & 0.368 & 0.368 \end{pmatrix} \end{array}
$$

该矩阵的状态转移如图 6-3 所示。图中的四个节点（圆圈）代表每个周末库存照相机数量的四种可能状态，箭头代表从一种状态到另一种状态的转移，箭头上的数字代表转移概率。

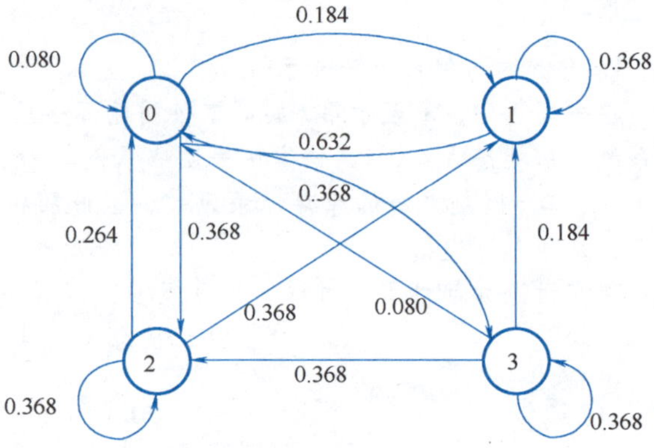

图 6-3　库存案例的状态转移

2. 案例的 n 步转移矩阵

通过上述分析可知案例的 1 步转移矩阵 $\boldsymbol{P}$，求解 2 步转移概率矩阵 $\boldsymbol{P}^{(2)}$

$$
\boldsymbol{P}^{(2)}=\boldsymbol{P}^{2}=\begin{pmatrix} 0.080 & 0.184 & 0.368 & 0.368 \\ 0.632 & 0.368 & 0 & 0 \\ 0.264 & 0.368 & 0.368 & 0 \\ 0.080 & 0.184 & 0.368 & 0.368 \end{pmatrix}\begin{pmatrix} 0.080 & 0.184 & 0.368 & 0.368 \\ 0.632 & 0.368 & 0 & 0 \\ 0.264 & 0.368 & 0.368 & 0 \\ 0.080 & 0.184 & 0.368 & 0.368 \end{pmatrix}
$$

$$
=\begin{pmatrix} 0.249 & 0.286 & 0.300 & 0.165 \\ 0.283 & 0.252 & 0.233 & 0.233 \\ 0.351 & 0.315 & 0.233 & 0.097 \\ 0.249 & 0.286 & 0.300 & 0.165 \end{pmatrix}
$$

2 步转移概率矩阵说明，假设第一周周末的库存照相机数为 1，则两周后库存照相机数为 0 的概率是 0.283，即 $p_{10}^{(2)}=0.283$。类似地，假设第一周周末的库存为 2，则两周后库存为 3 的概率是 0.097，即 $p_{22}^{(2)}=0.097$。

4 步转移概率矩阵为

$$
\boldsymbol{P}^{(4)}=\boldsymbol{P}^{4}=\boldsymbol{P}^{(2)}\boldsymbol{P}^{(2)}=\begin{pmatrix} 0.249 & 0.286 & 0.300 & 0.165 \\ 0.283 & 0.252 & 0.233 & 0.283 \\ 0.284 & 0.319 & 0.233 & 0.097 \\ 0.289 & 0.286 & 0.300 & 0.165 \end{pmatrix}\begin{pmatrix} 0.249 & 0.286 & 0.300 & 0.165 \\ 0.283 & 0.252 & 0.233 & 0.283 \\ 0.284 & 0.319 & 0.233 & 0.097 \\ 0.289 & 0.286 & 0.300 & 0.165 \end{pmatrix}
$$

$$
=\begin{pmatrix} 0.289 & 0.286 & 0.261 & 0.164 \\ 0.282 & 0.285 & 0.268 & 0.166 \\ 0.284 & 0.283 & 0.263 & 0.171 \\ 0.289 & 0.286 & 0.261 & 0.164 \end{pmatrix}
$$

该矩阵说明，假设第一周周末的库存照相机数为 1，则四周后库存为 0 的概率是 0.282，即 $p=0.282$，类似地，假设第一周周末的库存照相机数为 2，则四周后库存为 3 的概率是 0.171，即 $p=0.171$。

现在求照相机库存 8 周后的转移概率，可用相同的方法从下面计算得到的 8 步转移矩阵得到。

$$P^{(8)}=P^8=P^{(4)}P^{(4)}=\begin{pmatrix}0.289&0.286&0.261&0.164\\0.282&0.285&0.268&0.166\\0.284&0.283&0.263&0.171\\0.289&0.286&0.261&0.164\end{pmatrix}\begin{pmatrix}0.289&0.286&0.261&0.164\\0.282&0.285&0.268&0.166\\0.284&0.283&0.263&0.171\\0.289&0.286&0.261&0.164\end{pmatrix}$$

$$\begin{matrix}\text{状态} & 0 & 1 & 2 & 3\end{matrix}$$

$$=\begin{matrix}1\\2\\3\end{matrix}\begin{pmatrix}0.286&0.285&0.264&0.166\\0.286&0.285&0.264&0.166\\0.286&0.285&0.264&0.166\end{pmatrix}$$

此8步转移矩阵中的每行也完全一样。这是因为每行的概率都达到了马尔可夫链的平稳概率，即在某时刻后，系统状态的转移概率不再与初始状态相关。

3. 稳态概率在案例中的应用

本案例包括四种状态，在此情况下，平稳方程为

$$\pi_0=\pi_0+p_{00}+\pi_1p_{10}+\pi_2p_{20}+\pi_3p_{30}$$
$$\pi_1=\pi_0+p_{01}+\pi_1p_{11}+\pi_2p_{21}+\pi_3p_{31}$$
$$\pi_2=\pi_0+p_{02}+\pi_1p_{12}+\pi_2p_{22}+\pi_3p_{32}$$
$$\pi_3=\pi_0+p_{03}+\pi_1p_{13}+\pi_2p_{23}+\pi_3p_{33}$$
$$\pi_0+\pi_1+\pi_2+\pi_3=1$$

将p_{ij}的值代入上述方程组可得

$$\pi_0=0.080\pi_0+0.623\pi_1+0.624\pi_2+0.080\pi_3$$
$$\pi_1=0.184\pi_0+0.368\pi_1+0.368\pi_2+0.184\pi_3$$
$$\pi_2=0.368\pi_0+0.368\pi_2+0.368\pi_3$$
$$\pi_3=0.368\pi_0+0.368\pi_3$$
$$\pi_0+\pi_1+\pi_2+\pi_3=1$$

解联立方程组得到

$$\pi_0=0.286,\ \pi_1=0.285,\ \pi_2=0.263,\ \pi_3=0.166$$

这说明，8周之后，公司库存照相机数量为0，1，2和3的概率分别为0.286，0.285，0.263和0.166。

（摘自：Hillier F S，Lieberman G J. 运筹学导论［M］胡运权，等译. 北京：清华大学出版社，2007：715，718-719，（727-728）

本章小结

1. 随机过程 随机过程可以用来表征一个系统在变化的过程中的状态，用一组随时间进程而变化的变量对其进行描述。如果系统在任何时刻上的状态是随机的，则变化过程就是一个随机过程。如果时间集合为离散集，而且对应的状态取值也是离散的，则称这样的随机过程为离散随机过程。

2. 马尔可夫链 满足马尔可夫性（无后效性）的离散随机过程称为马尔可夫链。马尔可夫性是指：系统在每一时刻（或每一步）上的状态，仅仅取决于前一时刻（或前一步）的状态。

3. 状态转移概率矩阵 系统从一种状态变为另一种状态时，称之为状态转移；如果我

们能知道系统从“当前时刻的某个状态”转移到“下一时刻的另一状态”的概率，即一步状态转移概率，那么由状态空间中所有一步状态转移概率构成的矩阵就称为状态转移矩阵。

4. 稳态概率矩阵 稳态概率矩阵用来推断系统在未来较长的周期中系统的状态。可通过求解和分析系统的平稳分布（矩阵）和稳态分布（矩阵）来分析系统发展是否会达到稳态。

思考与练习

1. 设某市场销售甲、乙、丙三种牌号的同类型产品，购买该产品的顾客变动情况如下：过去买甲牌产品的顾客，在下一季度中有15%的转买乙牌产品，10%转买丙牌产品。原买乙牌产品的顾客，有30%转卖甲牌产品，同时有10%转卖丙牌产品。原买丙牌产品的顾客中有5%转买甲牌产品，同时有15%转买乙牌产品。问经营甲种产品的工厂在当前的市场条件下是否有利于扩大产品的销售？

2. 某产品每月的市场状态有畅销和滞销两种，三年来有如表6-4所示记录。状态1代表畅销，状态2代表滞销，试求市场状态转移的1步和2步转移概率矩阵。

表6-4 某产品的市场状态记录

月份	1	2	3	4	5	6	7	8	9	10	11	12	13	14	15	16
市场状态	1	1	1	2	2	1	1	1	1	1	2	2	1	2	1	1
月份	17	18	19	20	21	22	23	24	25	26	27	28	29	30	31	32
市场状态	1	1	2	2	2	1	2	1	2	1	1	1	2	2	1	1

3. 某市三种主要牌号甲、乙、丙彩电的市场占有率分别为23%，18%，29%，其余市场为其他各种品牌的彩电所占有。根据抽样调查，顾客对各类彩电的爱好变化为

$$\begin{pmatrix} 0.5 & 0.1 & 0.15 & 0.25 \\ 0.1 & 0.5 & 0.2 & 0.2 \\ 0.15 & 0.05 & 0.5 & 0.3 \\ 0.2 & 0.2 & 0.2 & 0.4 \end{pmatrix}$$

其中矩阵元素a_{ij}表示上月购买i牌号彩电而下月购买j牌号彩电的概率；$i=1$，2，3，4分别表示甲、乙、丙和其他牌号彩电。

（1）试建立该市各牌号彩电市场占有率的预测模型，并预测未来3个月各种牌号彩电市场占有率变化情况。

（2）假定该市场彩电销售量为4.7万台，预测未来3个月各牌号彩电的销售量。

（3）分析各牌号彩电市场占有率变化的平衡状态。

（4）假定生产甲牌彩电的企业采取某种经营策略（例如广告宣传等），竭力保持了原有顾客爱好不向其他牌号转移，其余不变。分析彩电市场占有率的平衡状态。

4. 某高校教师队伍可分为助教、讲师、副教授、教授、流失及退休五个状态。2010年有助教150人，讲师280人，副教授130人，教授80人。根据历史资料分析，可得各类职称转移概率矩阵如下

$$\boldsymbol{P} = \begin{pmatrix} 0.6 & 0.4 & 0 & 0 & 0 \\ 0 & 0.6 & 0.25 & 0 & 0.15 \\ 0 & 0 & 0.55 & 0.21 & 0.24 \\ 0 & 0 & 0 & 0.80 & 0.20 \\ 0 & 0 & 0 & 0 & 1 \end{pmatrix}$$

要求分析三年后的教师结构及三年内为保持编制不变应引进多少人员充实教师队伍。

第7章 预测精确性与预测评价

在前面的几章中，我们讨论了多种预测方法。针对一个具体的问题，选择哪种方法进行预测，预测的精度如何，预测的结果是否可用，这些都是在实际操作中必须考虑的问题。本章讨论预测方法的选择、预测的精确性以及预测结果的分析与评价。

7.1 预测方法的选择

近几十年来，随着各个领域预测工作的蓬勃开展，对预测理论与方法的研究也在不断向深度和广度两方面发展，预测方法不断增多，已有的方法也在预测实践中不断得到完善。每一种预测方法都有其自身的特点和有限的适用范围。在对一个预测对象进行预测时，选用的预测方法不同，得到的预测结果常常也是不同的。因此在进行预测时，应根据预测对象的特征、具体要求和实际条件，选择最合适的预测方法。为此，必须详细了解各种预测方法的原理、条件、应用特性、工作步骤和适用范围等。了解得越透彻，选择才能有的放矢，预测的效果才能符合要求。

下面从五个方面来比较一些常用的预测方法，这五个方面也可看做是比较预测方法的五个标准。

7.1.1 预测方法最适合的时间范围

为特定预测对象选择最适用的预测方法的最有用的评定标准是时间范围。不同的预测任务和计划任务需要不同的超前时间，如企业的生产计划，超前时间可能是几天、一个月，而产能计划的预测，则可能要超前2~5年。这些超前时间常划分为短期、中期和长期三种。对于不同的预测对象和任务，超前时间的划分是不一样的。下面以企业管理中的预测问题为例来说明短期、中期和长期预测。

（1）短期预测（一个月至三个月的预测）。短期预测一般用于编制按月或按季度的时间表，它通常与需求水平的预测有关。根据这种需求来制定人力、物资和设备方面的安排决策。在短期预测中，长期趋势因素一般是不重要的，关键的可能是季节变动和循环变动因素，因此，常用于短期情况预测的方法，就是那些能识别和预测季节变动、循环变动的方法。而当预测期限在一个月或更短时，季节变动和循环变动因素也就变得不重要的了。

（2）中期预测（三个月至两年的预测）。中期预测一般用于竞争活动中资源分配。这些预测工作往往是和各地区、各部门预测的工作结合在一起完成的。对中期情况的预测常常是每半年或每年进行一次，并定期加以修正。由于时间间隔较长，而且资源分配又很重要，因此预测必须包括对企业本身经济活动的一般水平以及诸如销售、成本等主要因素的预测。因此在中期预测中，最主要的是循环变动因素以及转折点的鉴别。由于对准确性的要求较之短期情形要高，所以选择方法应使用更准确、更复杂的方法。可惜现有的方法对转折点的预测还不尽如人意。

（3）长期预测（两年以上的预测）。长期预测多被用于编制战略性计划，以确定投资的水平与方向、地点等，决定实现远期目标的途径。这时，管理人员所关心的是一些受他们所控制的，或对其决策能产生重要影响的更加综合性的变量。如企业要进行全球化，那么首先需要确定到哪个国家去。长期预测中最重要的是长期趋势因素以及预测何时达到饱和点或发展速度将在何时开始变化。通常将定量方法和定性方法结合起来使用。定量方法确定基本模式以及对其未来的外推，定性方法则研究长期趋势中可能出现的偏差及其发生变化的可能性。

7.1.2 数据模式

数据模式可分为四种基本模式：水平模式、长期趋势模式、季节变动模式和循环变动模式。在任何工商业或经济数据序列中，通常都存在着这些模式的某种结合。这四种模式的详细含义已在第4章中作了讨论。

7.1.3 费用

设计和使用预测方法所需要的费用有三种：设计费用、存储费用和作业费用。由于多数定量预测方法都要使用计算机，所以讨论的费用都是以使用计算机为根据的。

（1）设计费用是为使用该预测方法而编制与修改所需要的计算机程序所发生的费用。这部分费用包括研制、调试所需要的人工费用及相应的计算机等设备的费用。

（2）存储费用是将计算机程序以及预测所需数据存储在计算机中的费用。随着云计算概念的普及，很多企业可以使用一些大企业所提供的“云”，从而存储费可能就很少甚至没有了。

（3）作业费用是用程序来取得预测值或修改工作程序而完成的各次运行有关的费用。

预测所需的费用还包括收集数据的费用，由于它只与各个具体的预测问题有关，与预测方法本身的关系不大，所以这部分费用不计其中。

记设计费用为 d，程序存贮费用为 S_1，资料存储费用为 S_2，作业费用为 r，则每次预测所需费用为

$$TC = \frac{d + S_1}{i} + S_2 + r$$

其中 i 表示使用同一程序的项目数。

7.1.4 准确性

预测的准确性包括预测模式的准确性和预测转折点的准确性两部分。不同的预测方法，在准确地预测某种基本模式的延续性方面和预测该模式的转折点方面，其能力是各不相同的。从表7-1中可见，有的方法根本不能用来预测转折点，而其他的一些方法则非常适宜于两种预测情况。

7.1.5 适用性

可用来评价所用预测方法是否与预测对象相适应的一个标准是适用性，它包括如下两部分：一是从对某项预测值提出需要时起，至实际提供该项预测值时为止所需要的全部时间；二是在一定情况下预测方法对使用者在直观上的吸引力。

预测时必须考虑预测所需的时间，因为当需要对大量项目进行预测时意味着计算机系统需要相当长时间，因此为节约时间就可能会导致采用某种不太复杂的预测方法。另一种情况是当只能在有限的时间内作出决策时，时间长度问题就显得很重要。

“直观上的吸引力”这一因素，涉及决策者怎样正确理解所使用预测方法以及预测结果对他本人的价值如何。一般地，较简单的方法具有较强的吸引力，决策者也容易掌握。如果决策者要相信某种预测方法的结果，他就必须知道这种方法是如何使用的，以及这种方法为什么适合于他的情况。能直接使决策者参与，并能用预测程序为他提供机会以改进和证实其判断的那种预测方法，很可能比那些自动化的方法更适合于他的情况。

表7-1概括了这些预测方法的比较。此表一方面可作为我们如何根据五条标准对各种方法进行比较的指导，另一方面也能为我们选择预测方法时提供一定的帮助。通过一些简要的说明，将有助于读者理解此表。对于前二条标准，“√”是用来表示那些适用于该种特定标准的预测方法。对于后三条标准，则是用从0到10的记分尺度来衡量的。例如，对一种实际不需要什么费用的预测方法所给的费用标定值为0；像ARMA模型那样的方法，其作业费用昂贵，其相应的费用标定值为10。同样对准确性这个标准来说，数值为0，说明其准确性很低；而数值为10，则表明具有高度的准确性。

表7-1 各种预测方法的比较

预测方法	主要应用范围	时间范围			数据模式					费用			准确性		适用性	
		短期	中期	长期	水平模式	长期趋势	季节变动	循环变动	最低限度的数据需要量	设计费用	存储费用	作业费用	模式预测	转折点预测	预测所需的时间	吸引力
专家预测法	技术预测与新产品开发	√	√	√						5	无	无	7	6	4	8
历史类推法	技术预测与产品销售预测		√	√						5	无	无	5	2	5	9
一次移动平均法	有历史数据的定量预测	√			√				5~10	1	1	1	2	0	1	10
一次指数平滑法	同上	√			√				2	1	0	0	4	0	0.5	8
二次移动平均法	同上	√				√			10~20	2	2	2	2	0	1.5	9
二次指数平滑法	同上	√				√			3	1	1	1	3	0	1	7
时间序列分解法	同上	√	√		√	√	√	√	20~30	4	7	4	5	3	3	9

（续）

预测方法	主要应用范围	时间范围			数据模式					费用			准确性		适用性	
		短期	中期	长期	水平模式	长期趋势	季节变动	循环变动	最低限度的数据需要量	设计费用	存储费用	作业费用	模式预测	转折点预测	预测所需的时间	吸引力
ARMA模型	同上	√	√		√	√	√	√	50以上	8	7	10	10	8	7	4
生长曲线法	技术预测与产品销售预测		√	√						5	1	1	5	0	5	6
替代曲线法	技术预测		√	√					15~30	5	4	2	5	4	3	8

7.2 预测的精确性

前面各章中我们讨论了多种定性、定量的预测方法，在预测的整个过程中，不管使用什么样的方法，最后都有一个问题：我们的预测结果是否精确，并依此来对预测结果作出进一步分析。

7.2.1 准确的预测

广义地说，准确的预测是指预测结果能为决策者作出正确的、科学的决策提供可靠的未来信息。

也许有人会认为预测结果是否如期实现才是预测好坏的唯一标准，其实不然。因为预测作为过程“预测→决策→行动→结果”的龙头有可能出现以下两种情况：

（1）自成功预测。自成功预测是指只要作出了这种预测，其结果就会自动成功。预测本来是不必正确的，但结果的确发生了。例如，在两个人的交往过程中，如果你预测与对方的相处将会是融洽的，那么必然会导致你重视与他的交往，促使预测结果的发生。

（2）自失败预测。自失败预测是指只要作出了这类预测，其结果就会自动失败。如在开车的过程中，如果你预测以当前的速度继续前进，将会撞上前面正在过马路的行人，当你作出了这样的预测必将导致你减速等待前方行人通过，所以，当初的预测结果自然不会发生。这样的预测，虽然其结果并没有发生，但却是至关重要的。

一般地，当决策者能够影响到行动时，也就必将影响到结果，因此，在这样的情况下，就很难用结果来判断预测方法的准确性了。

从对影响预测结果实现与否来说可将预测分为三类：

（1）决策者无法控制、也难以影响预测结果能否实现的预测，如天气预报等。

（2）决策者完全能控制预测结果能否实现，如自成功、自失败预测等。

（3）决策者只能部分地控制或影响预测结果的实现。这类预测不同程度地含有自成功或自失败的因素，如孔明未出茅庐而预知三分天下。若他没有出来为三分天下而奋斗，历史上也就可能不会有三分天下了。

企业对其需求的预测，一般地属于上面的第三类预测，因为企业的行动总会或多或少地影响其需求。绝大多数技术预测也属于第三类预测，因为技术发展具有双重性：既取决于技术本身的难易程度又取决于人的意志和努力，当然也取决于企业的投入。

显然，预测结果能否实现只能作为第一类预测的标准。

所以，预测的准确度归根结底要看它是否为决策者提供了可靠的未来信息，以使决策者作出科学的、正确的决策，最终使得决策者的利益或满意程度最大化。

7.2.2 预测的误差

一般来说，任何定量的预测都不可能达到完全的准确。大家知道，科学的预测是对客观事物运行发展规律的模拟，各种预测技术和方法的实质正是寻求研究对象发展变化中隐含的规律，如惯性原理、类推原理、相关原理、概率推断原理等。然而，正如当今科学的成就依然只是揭开了宇宙的神秘面纱的一角，这些规律也只是客观事物发展变化最主要、最显著的规律。世界上没有一成不变的事物，类似的事件也不是彼此的机械重复。也许唯一确定的事实就是事物未来状态的不确定性。

所以，对预测的误差要有辩证的认识。预测过程实际上是人们根据已掌握的客观规律，对客观事物运动、变化的认识进行不断修正和不断逼近的过程。

从预测实践的角度讲，影响预测结果精确性的因素有很多，例如：

(1) 信息（历史资料）的质量。信息收集作为预测工作的基础，如果数量不足、质量不高或错过时机，对预测准确度都有程度不同的影响。在我国，一方面，对资料的收集、整理工作重视程度不够，历史数据显得数量不足；另一方面，由于历史的原因，有些数据虚假成分较严重。这些都影响了预测工作的开展。但是，随着互联网与 IT 技术的广泛运用，大量的数据被自动存储下来，相应数据的质量也越来越高。例如，传统上企业的需求需要进行预测，而随着精准营销技术的广泛运用，需求预测的误差也越来越小。

(2) 对预测问题的分析与判断。实际工作中的预测问题往往比理论研究中的“序列”要复杂得多，对经济过程的结构和逻辑关系的分析在很大程度上影响着我们对资料的选取和预测方法的选择，而且预测过程中的很多步骤也包含着人对于问题的定性判断。所以，预测者对预测对象及客观条件的熟悉程度、经验知识以及预测者的智能结构（包括知识面的广度和深度、逻辑推理和分析判断能力等等），也对预测结果有着巨大的影响。

(3) 预测理论与方法。预测研究在世界上还是一门建立不久的新学科，指导这一研究的基础理论以及各种方法均不甚成熟，有待于进一步提高和完善。正如 7.1 节中讨论过的，各种预测方法从本质上讲都是对客观事物发展变化的部分规律的探寻，常常删繁就简、抓住主要因素而忽略次要因素，所以不同的预测方法与模型均有其有限的适用范围。而且在预测实践中，时间、资金因素也限制着我们要考虑预测的精确性与预测成本之间的平衡。

上述三个方面只是影响预测误差最主要的因素，其他的还包括社会因素、技术创新因素等。所以，我们需要树立对预测误差的正确认识，要客观、辩证地看待误差的存在。特别地，对于定量的预测方法也有定量衡量其精确性的指标。

7.2.3 预测精确性的衡量指标

预测误差就是预测结果与实际结果的偏差，决定了预测的精确性。定量预测方法的精确性有很多衡量的指标，主要有以下几种：

（1）预测点的绝对误差。记 y_1，y_2，…，y_n 为预测对象的实际观测值，$\hat{y}_1$，$\hat{y}_2$，…，$\hat{y}_n$ 为预测值，则

$$a_t = y_t - \hat{y}_t, t = 1, 2, \cdots, n$$

表示在 t 点的绝对误差。显然，a_t 是预测结果误差最直接的衡量，但其大小受预测对象计量单位的影响，不适于作为预测精确性的最终衡量指标。

（2）预测点的相对误差。

$$\tilde{a}_t = \frac{a_t}{y_t} = \frac{y_t - \hat{y}_t}{y_t}, t = 1, 2, \cdots, n$$

$\hat{a}_t$ 常用百分比表示，衡量预测点 t 上预测值相对于观测值的准确程度。如 $\hat{a}_t = 2\%$ 说明预测值比实际值偏低了2%，大致上也可以说预测的精度就是2%。

上述两个指标均只表示了预测点上预测的误差，而要衡量整体预测模型的精确性，还必须考虑所有预测点上总的误差量。

（3）平均绝对误差 MAD 与相对平均绝对误差 AARE。对于绝对误差的存在，其累积值将会因正负误差相互抵消而减弱总的误差量，但绝对误差的绝对值的累积则能避免正负误差的相互抵消。称

$$\text{MAD} = \frac{1}{n}\sum_{t=1}^{n}|y_t - \hat{y}_t| = \frac{1}{n}\sum_{t=1}^{n}|a_t|$$

为平均绝对误差。

但平均绝对误差依然受预测对象计量单位大小的影响，所以我们引入

$$\text{AARE} = \frac{1}{n}\sum_{t=1}^{n}\left|\frac{y_t - \hat{y}_t}{y_t}\right| = \frac{1}{n}\sum_{t=1}^{n}|\tilde{a}_t|$$

表示相对平均绝对误差，它比较好地衡量了预测模型的精确性。但绝对值运算在数学上不好处理，所以我们又有以下两个衡量的指标：

（4）预测误差的方差 S^2 与标准差 S。

$$S^2 = \frac{1}{n}\sum_{t=1}^{n}(y_t - \hat{y}_t)^2 = \frac{1}{n}\sum_{t=1}^{n}a_t^2, S = \sqrt{\frac{1}{n}\sum_{t=1}^{n}(y_t - \hat{y}_t)^2} = \sqrt{\frac{1}{n}\sum_{t=1}^{n}a_t^2}$$

方差 S^2 与标准差 S 在数学上易于处理，也比较好地反映了预测结果的精确性。显然，它们越大，则表示预测结果越不准确。它们与平均绝对误差的区别在于，方差和标准差对较大的预测点的误差更为敏感，采用它们作精确性的衡量标准时，宁可有多个较小的点误差，而不愿有少量的较大的点误差。

当预测误差按正态分布时，平均绝对误差与标准差 S 之间有如下关系

$$S = \sqrt{\frac{\pi}{2}} \times \text{MAD} \approx 1.25\text{MAD}$$

（5）泰尔（THEIL）不等系数。

$$\mu = \frac{\sqrt{\frac{1}{n}\sum_{t=1}^{n}(y_t - \hat{y}_t)^2}}{\sqrt{\frac{1}{n}\sum_{t=1}^{n}y_t^2} + \sqrt{\frac{1}{n}\sum_{t=1}^{n}\hat{y}_t^2}}$$

μ 介于0，1之间，其值越小说明预测的精确度越高。当预测值序列完全等于实际值序列时，$\mu=0$，这是一种理想情况，或称之为完美的预测。与此相反，当 $\mu=1$ 时，有 $\hat{y}_t=-y_t$，$\forall t=1,2,\cdots,n$，此时说明预测值与实际值的变化趋势完全相反，预测模型显然有不合理之处。当 μ 趋近于1时，表示 $\hat{y}_t$ 与 y_t 偏差较大。但值得注意的是，当 $\hat{y}_t$ 与 y_t 有一个对所有 t 均恒等于0时，也有 $\mu=1$，此时泰尔不等系数就失灵了。

例7-1 预测精确性衡量指标的比较

假设我们选取一次预测中的一段数据，记观测值为 y_t，及其三个预测结果（分别用 $\hat{y}_t^{(1)}$，$\hat{y}_t^{(2)}$，$\hat{y}_t^{(3)}$ 表示），预测区间为 $t=0$，2…，15。其中 $\hat{y}_t^{(3)}$ 为假设的与 y_t 呈完全相反方向发展的序列，数据如下表7-2所示，同时我们将数据的走势在图7-1中给出。

表7-2 预测精确性的衡量

t	y_t	$\hat{y}_t^{(1)}$	$\hat{y}_t^{(2)}$	$\hat{y}_t^{(3)}$
0	-0.2	-0.44	1.08	0.2
1	0.34	0.26	-0.83	-0.34
2	0.83	0.82	0.09	-0.83
3	1.03	0.83	0.80	-1.03
4	1.35	1.80	1.22	-1.35
5	1.51	1.53	2.66	-1.51
6	1.45	1.96	1.78	-1.45
7	1.47	1.05	0.99	-1.47
8	1.56	1.57	1.43	-1.56
9	1.64	1.70	1.80	-1.64
10	1.52	2.03	0.55	-1.52
11	1.67	1.95	2.69	-1.67
12	1.96	2.16	3.30	-1.96
13	2.25	2.16	2.51	-2.25
14	2.68	2.73	1.18	-2.68
15	3.01	3.30	3.94	-3.01
$\left(\sum_{t=0}^{15} a_t\right)/n$		-0.0845	-0.0693	3.0099
$\left(\sum_{t=0}^{15} \lvert a_t \rvert\right)/n$		0.2138	0.7373	3.0599
$\left[\sum_{t=1}^{n} \lvert (y_t-\hat{y}_t)/y_t \rvert\right]/n$		0.2136	0.9664	2.00
S^2		0.0761	0.7653	11.4170
μ		0.0785	0.2390	1.00

从图 7-1 中可以直观地看到，$\hat{y}_t^{(1)}$ 与 $\hat{y}_t^{(2)}$ 相比，预测更为精确，在图像中两条曲线走势基本相同。而 $\hat{y}_t^{(2)}$ 波动较大，$\hat{y}_t^{(3)}$ 则与 $\hat{y}_t^{(1)}$ 呈完全相反的走势。所以预测序列 $\hat{y}_t^{(2)}$ 与 $\hat{y}_t^{(3)}$ 显然存在一定的问题，需要改进。

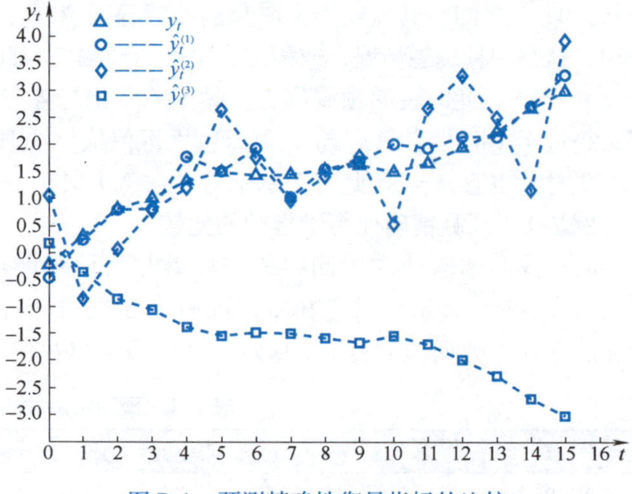

图 7-1　预测精确性衡量指标的比较

我们计算了三个预测序列的各种精确性指标，将其同时列在表 7-2 中，显然数据结果得出的结论与在图中直观的观察相符。

另外，各种衡量指标之间的横向比较验证了前面的分析。对 a_t 直接求平均值时，由于正负相互抵消而使得其结果没有体现出 $\hat{y}_t^{(1)}$ 与 $\hat{y}_t^{(2)}$ 之间的明显的精确性差距。其余几个指标则比较好地体现了三个预测序列之间的不同，特别地，对于走势与实际观测值完全相反的序列 $\hat{y}_t^{(3)}$，相对平均绝对误差 AARE = 2，而泰尔不等系数 $\mu = 1$。

7.2.4　预测监控

预测误差可以用于对预测进行监控，即不断地检验预测结果，根据预测误差的变化来判断所用的预测方法是否过时，是否需要重新选择预测方法，以及如何来选择新的预测方法。监控预测效果的指标称为追踪信号，定义为

$$\text{追踪信号} = \frac{\sum_{i=1}^{n}(y_i - \hat{y}_i)}{\text{MAD}}$$

式中的预测误差和 MAD 都要用相同的周期数资料进行计算。

追踪信号可接受的控制范围一般在下限 -3 到上限 +3 之内。在这个范围内，可认为预测结果比较可靠；结果超出这个范围，就需检查所用的预测方法是否适用。

7.3　预测结果的分析与评价

预测作为一个资料、技术和分析相结合的过程，除了合理地运用技术之外，还要对定量方法产生的结果作出分析与评价，这也对预测工作的有效性起着至关重要的影响。这体现了人的经验与智慧，合理、有效地分析是预测从技术到艺术的飞跃。本节讨论如何分析与评价预测模型及其产生的预测结果。

7.3.1　预测模型的评价

预测模型是预测工作的主要工具。要保证预测结果的有效性，对预测模型进行分析与评价时应遵循如下原则：

1. 合理性

预测模型是对实际事物发展规律的模拟，因此，它应与事物的发展规律相一致，符合逻辑；否则，说明预测模型不合理，自然需要改进。

例如，教育部门对某一专业今年的全国报考人数采用回归法建立预测模型时，选取该专业对口行业的企业总数（x_1）、今年全国报考学生总数（x_2）、开设该专业的学校总数（x_3）作为自变量，得到了如下预测模型

$$y = 15000 + 2.6x_1 - 0.06x_2 + 26.3x_3$$

从经验和逻辑上讲，x_1，x_2，x_3 中任何一个数量的增加都会导致今年报考人数的增加。但模型中 x_2 的系数为 -0.06，说明今年全国报考学生总数增加会导致该专业报考人数的减少，这显然是与逻辑和经验不符的，说明此模型有不合理的地方，应该修改该模型或采用其他的方法。

2. 预测能力

建立模型是为了进行预测，模型是否具有预测能力是选择模型的主要标准。模型的预测能力主要表现在两个方面。一是看模型能否说明所要预测期间事物的发展情况。许多模型都是利用历史统计数据建立起来的，它们反映的是事物发展的历史规律。由于各种因素的发展变化，改变事物发展的条件，可能会使历史规律不再延续下去，这就必然会对模型的预测能力造成影响。例如，在我国进行经济体制改革之后，由于销售体制发生改变，人民群众的生活水平有了较大幅度的提高，使许多产品的销售条件发生了较大变化，所以，利用经济体制改革前的这些产品的历史销售数据建立的数学模型进行预测，得到的数据与实际情况之间往往存在较大的差距。这就说明模型的预测能力很差，不应使用它们进行预测。二是看预测模型的误差范围。利用模型进行预测一般要确定预测结果的置信区间。当用于建立模型的历史数据离差较大时，将会导致预测结果的置信区间过宽，因而也会影响模型的预测能力。例如，某经济计量模型对某市的经济发展情况进行预测得到的置信区间最窄也在 ±20% 以上，宽的甚至超过 ±40%。这样宽的置信区间，已经使预测失去了意义。即使计划人员根据主观判断进行预测，其误差也不会有这么大，这样的预测模型是不会令人感兴趣的。

3. 稳定性

如果一个预测模型能在较长的时期内准确地反映预测对象的发展变化情况，那么，它就比那些只能反映预测对象短暂变化的模型稳定。模型的稳定程度还表现在其参数和预测能力是否受统计数据变化等因素的影响上。如果一个模型无论是用 2007 年的统计数据为起始资料建立起来的，还是用 2010 年的统计数据为起始资料建立起来的，其参数和预测能力都不会受到较大的影响，或者在外部条件发生变化的条件下，模型仍具有较强的预测能力，这都说明该模型具有较高的稳定程度。反之，则说明该模型的稳定程度较低。稳定程度较高的模型比稳定程度较低的模型抗干扰性强，使用的时间长，应该是优先选择的对象。

4. 简单性

当两个模型的预测能力相差不大时，形式简单、容易运用的模型是优先选择的对象。例如，当用一个自变量建立的因果关系数学模型与用两个自变量建立的因果关系数学模型所获得的预测结果相近时，自然应该选择前者。因为前者在进行预测时只需要确定一个自变量的数值，而后者则需要确定两个自变量的数值。多一个自变量会增加预测工作量。同时，由于自变量本身常常有误差，且两个自变量的误差带给因变量的影响一般大于一个自变量，这就

更显出了选择简单模型的优越性。

对预测模型的评价，可按照以上四条基本原则。当然也不限于上述的形式，可采用其他适当的方法来进行，如可邀请一些专家采用专家会议法或德尔菲法的形式来对预测模型进行评价。

7.3.2 预测结果的分析与反思

第7.2节中讨论了对预测结果的精确性的衡量，但实际上我们的工作还不只这些。预测的结果归根结底要看它是否为决策者提供了可靠的未来信息，以使决策者作出科学的、正确的决策，所以还必须对预测结果进行分析与反思。

预测工作受到信息的质量的限制，同时在预测问题的分析中、在预测方法的选择上、在模型的建立过程中，都融入了人的经验、知识等非定量的因素。在得到预测结果之后，为了使其最大限度地为决策者提供正确、有效的信息，还必须回过头来对自己的工作作一番反思。

反思工作没有内容和形式上的限制，但下面的几点是我们需要重视的：

（1）在对预测问题的分析判断中，思维过程中有没有逻辑上不合理之处，做出的结论是否与经验和常识相符，若不符，则要看仔细思考是我们的预测有误，还是我们对事物发展的突变因素认识不足。另外，在预测工作中一定对问题作了一些假设与简化，这些假设与简化是否合理也是反思的重点。

（2）数据与信息是预测工作的基础，选取的数据是否有效、质量是否可靠，也是反思的重点。若有新得到的数据、信息，则要根据新的信息补充原有信息，若新的信息仍然支持原有结论，那原有的结论当然就更加可信；反之，则需进一步分析分歧产生的原因。

（3）预测方法的选择和运用是否合理。不同的方法和模型有不同的适用范围，要注意预测的问题和使用的数据是否适合于选用的预测方法。这一点已在第7.1节中作了讨论。

（4）在条件允许的情况下，尽可能用多种方法进行预测。在预测方法各异、数据来源不同的情况下，多种预测方法的综合运用往往能产生更好的结果。因为不同的方法针对事物发展规律的不同方面，不同来源的数据避免了单一数据源产生的误差，组合的预测方法最大限度地利用了数据和知识。若多种方法的结论一致，显然增加了预测结果的可信度；若不一致，则要考虑是某个方法的运用不合理，还是应将不同方法的结果综合，得到新的结论。

对预测结果的分析与评价，是预测与决策的结合点，是预测结论为下一阶段工作使用所做的“出厂检验”。在预测的整个过程中，特别是对预测模型的分析、对结果的反思，要时刻把握预测的目的是什么，预测在将要进行的决策中的价值是什么，做到目的明确、思路清楚。实际上，即使在决策中，对已有的预测结果根据新的情况再重新进行评价与反思也是必要的。

本章小结

预测方法有很多种，究竟应该选用哪一种呢？本章评价各种预测方法的适用范围及其准确性。首先，预测方法的选择可以从预测方法所适合的期限、数据模式、费用、准确性、适用性这五个方面来进行，各种预测方法的结论总结在表7-1中。在这五个指标中，准确性无疑是最为重要的，所以我们又对预测的准确性进行了研究：预测准确性的含义、度量及监控。特别地，在考虑预测的准确性时需要区分决策者是否能够影响系统的运行与结果的实现，那种能够完全控制系统运行的情况下，谈论预测是否准确是没有意义的。最后，在获得预测结果后，要回过头来对所用预测模型、得到的预测结果进行评价、分析、反思，要看是否为决策者提供了可靠的未来信息。只有进行过这样的过程之后，预测结果才能为决策提供有益的信息与帮助。

思考与练习

1. 如何正确选择预测方法？
2. 为什么说预测结果的分析和评价是预测中的重要工作？它有什么作用？
3. 为什么在实际预测工作中常采用两种以上的预测方法对一个项目进行预测？
4. 衡量预测误差的数量指标有哪几种？各有什么特点？预测误差的统计分析有哪些用途？
5. 对预测模型进行评价的原则是什么？

第8章 决策概述

【案例8-1】 **购买一套房子**

戴比和乔治正在考虑在俄亥俄州的某个小区购买一套房子。戴比和乔治两人今天早晨看了一套房子，并且也都喜欢上了这套房子。这套房子的要价是40万美元，并且上市仅仅一天。他们的经纪人告诉他们，那天，看了这套房子的客户中，至少有20个客户想购买这套房子。她又补充道，另一个经纪人告诉她，那个经纪人打算今天下午商谈有关这套房子的购买事宜。他们的经纪人劝告他们如果他们决定购买这套房子，他们给出的价格应该接近40万美元的报价。她还补充到，如果另外一个购买这套房子的竞价者出相近的价格，那么销售商通常要求购买房子的客户第二天给出最终的价格。

问题：

（1）可以用什么方法帮助戴比和乔治解决购买房子的决策问题，比如构造一个决策树？

（2）在给定所需信息的情况下，能否帮助他们找到购买房子的最优决策策略？

（摘自：Bertsimas D，Freund R M. 数据、模型与决策［M］. 李新中，译. 北京：中信出版社，2004：39-40.）

8.1 决策的概念

决策是现代管理的核心问题。可以说，社会、经济等领域中的各项管理工作都离不开决策。一个国家、一个地区、一个城镇的经济发展规划和各项政策的制定，企业的生产方向、产品销售、原料供应、技术革新、新产品研制，车间、班组的作业任务安排等，所有这些无论是宏观的还是微观的社会问题和经济问题，都需要作出合理的决策。决策正确无误，各项事业就能按预期的目标迅速发展，决策失误，本来可以成功的事业也会遭受失败。

近代世界由于生产规模、集约程度以及自动化程度的提高，给管理工作带来了很大的困难，也向管理工作者提出了更高的要求。为适应时代的需要，从20世纪初开始出现并逐渐形成了现代管理学，它属于社会科学的范畴。在人类历史的长河中，自然科学与社会科学，作为两大体系曾经并行、交错、相互影响着向前发展。但是，它们之间却始终存在着一条不可逾越的鸿沟。

社会科学发展的漫长历史表明，社会科学的规律很难用严格的数量关系来描述，因为很难找到衡量这些关系的手段，更谈不上严格的决定论。与其说社会科学是一门科学，倒不如说它是一种艺术。之所以称之为艺术，是说它是一种超群地把握某种复杂多变的、不易被定量描述，因而也不易被人们所学到的特有规律的能力与技巧。而综观自然科学的历史，孤立的决定论观点这种形而上学的思想一直统治着自然科学，在这个基础上，自然科学实现着理想化的严格的定量化的抽象。这种严格的决定论与定量化的数学描述，后来就成了自然科学的最大特点。但是，当代科学的发展，尤其是系统论、信息论、控制论的相继问世，使自然科学研究的方法突破了自然科学原有的狭隘界限，使自然科学研究的新方法逐渐地闯入到社会科学的研究领域之中。

当代社会的发展，需要自然科学与管理科学的结合，这就产生了关于决策的科学。自然科学驾驭着自然，管理科学驾驭着社会和经济中的管理，两者紧密结合起来，必将使我们获得更加科学的决策，制定出更为有力的政策，以提高对未来的控制能力。

关于什么是决策的问题，众说纷纭，各有各的道理。但我们可将决策分为广义和狭义两类。广义地说，把决策看做一个管理过程，是人们为了实现特定的目标，运用科学的理论与方法，系统地分析主客观条件，.提出各种预选方案，从中选出最佳方案，并对最佳方案进行实施、监控的过程。包括从设定目标，理解问题，确定备选方案，评估备选方案，选择、实施的全过程。狭义地说，决策就是为解决某种问题，从多种替代方案中选择一种行动方案的过程。

然而，无论我们如何表述决策的定义，在进行决策的过程中都必须遵守一些基本的原则。这些原则是指：最优化原则、系统原则、信息准全原则、可行性原则和集团决策原则。

1. 最优化原则

决策作为一个管理过程的重要意义在于，在资源稀缺的约束条件下，任何作出的决策都应该有利于企业实现最大化的效益，有利于企业实现最大化的价值。也就是说，决策的制定应该以追求和实现最大化的企业的价值为目标。 201

2. 系统原则

任何决策的制定和实施、实现都存在于某一个决策环境中。对于国民经济中的各种组织、实体来讲，他们的决策环境就是整个国民经济和整个世界经济；对于一个个体来讲，他的决策环境就是他所处的组织或实体。不论是什么样的决策环境，它们都有作为一个系统的特性，也就是系统中的各种因素相互影响和相互作用的特性，同时系统中的各种因素都应协调地、平衡地变化发展。因此，决策的制定必然要遵守系统的原则。换一种说法，决策的制定应该以追求和实现最大化的系统的价值为目标。

3. 信息准全原则

各种先进、完备的决策技术的作用对象都是信息。决策信息的准确和全面是取得高质量决策的前提条件。在决策理论的发展过程中，有些决策理论所需要的决策信息由于很难收集到，使得这些决策理论的发展和实践都受到了很大的限制。然而，信息技术的蓬勃发展给决策理论的发展注入了活力。通过信息技术可以获得大量的我们所需要的以前没有办法获得的决策信息，这一变化的出现使得一些原来受制于决策信息收集困难的决策理论获得了新的发展机会。由此可见信息准全的重要意义。当然，决策问题所需要的信息实际上很难被完全收集，但毫无疑问，信息的准全对决策质量的提高起着非常重要的作用。

4. 可行性原则

由于决策者和决策实施者受到了他们所掌握的资源的影响，使得他们必须要考虑决策在技术上、经济上和社会效益上的可行性。进一步，只有在准确地把握好以上三个方面的可行性之后，决策者和决策的实施者才能运用最优化原则进行决策。

5. 团队决策原则

科学技术的飞速发展，已使得社会、经济、科技等许多问题的复杂程度与日俱增，不少问题的决策已非决策者个人和少数几个人所能胜任。因此，团队决策是决策科学化的重要组织保证。所谓团队决策，不是靠少数领导“拍脑袋”，也不是找某几个专家简单讨论一下，或靠少数服从多数进行决策，而是依靠和充分利用智囊团，对要决策的问题进行系统的调查研究，弄清历史、现状，掌握第一手资料，然后通过方案论证和综合评估，提出切实可行的方案供决策者参考。

8.2 决策过程与决策分析

决策作为一门学科术语，它是从英语 Decision Making 翻译过来的，其研究内容虽然也涉及社会系统中的个人、群体以及政府所面临的决策问题，但主要的是经济系统中的管理和控制问题。由于经济问题在本质上应当是可计量的，因此，对经济系统（无论它是宏观的还是微观的）进行有效的决策，本质上也应当是可定量计算的决策。这就是说，任何成功的决策，都应当具有一套能对社会系统和经济系统不仅进行定性分析而且还可进行定量分析的方法和技术。实际上，自 20 世纪 70 年代以来，决策已经越来越依赖于科学技术的最新成果，如运筹学、计算机模拟等。

8.2.1 决策过程

作为西方决策理论学派的创始人，西蒙（H. A. Simon）对决策科学有着深刻的理解和研究。他借助于心理学的研究成果，对决策过程进行了科学的分析，概括出了决策过程理论。根据西蒙的观点，决策过程主要分为四个阶段：情报活动、设计活动、抉择活动和实施活动，如图 8-1 所示。

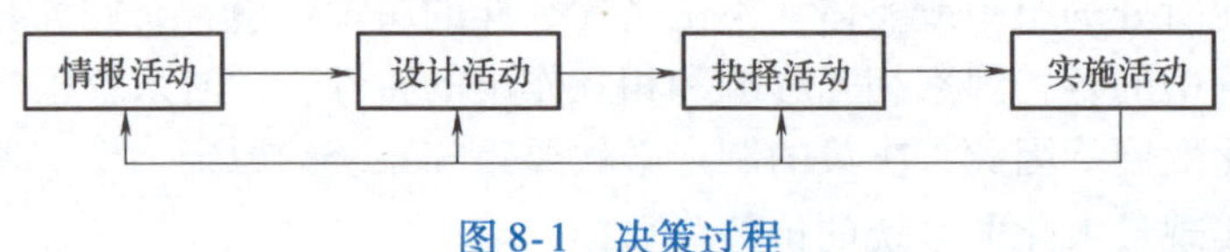

图 8-1 决策过程

1. 情报活动

情报活动包括决策环境的识别、所需信息获取及分析。情报活动的主要目的是识别问题、理解问题，并在此基础上设定决策的目标。即要判定在什么情况下作什么样的决策？这是一个决策时机的选择问题。选择什么决策主题则与决策者的偏好、信念有关。有些企业领导者着重于长期发展实力，而有些则强调短期的效益。决策科学研究不可能改变决策者的信念或价值观，但可以促使所选择的决策主题能够确切地反映决策者的价值观。

2. 设计活动

设计活动是寻求多种途径解决问题的过程，即确定备选方案。在此过程中，决策者或其咨询人员发掘、构想和分析多种可行的可供选择的行动方案。设计活动强调多方案，如果面临的仅仅是一种方案，非采用不可，那就无所谓决策了。在每一方案的拟订过程中，还要进行状态分析与后果预测，即搞清楚未来可能出现的所有状态及其发生的概率，并定量地预计出不同状态下方案的损益值或效用值。也就是说，这部分包括预测的工作，即预测实际上是为了决策。

3. 抉择活动

抉择活动是指预估各种可供选择方案的后果，并作出结论性的评价，从而选出最满意的方案。

选择什么样的方案为好？什么样的为差？这是个复杂的问题，并不是弄清各种备选方案的后果以后就能马上作出回答的。原因是：①因为方案后果的多样性和后果评价准则的多样性，很难找到一个对所有准则来说都是满意的方案。②后果往往是风险事件，决策人对风险的态度不同，导致对同一组方案有不同的选择结果。③抉择最终取决于决策者的习惯、传统、经验和信念等。这就造成理性评价方案的困难，符合理性准则的方案不一定能使决策者满意。然而，恰恰是上述这些困难提供了广阔的引人入胜的决策研究领域。

4. 实施活动

实施活动是指实施选定的方案并在此过程中对原有决策进行检查或修正。

一旦选择出满意方案，并不仅仅是下达一些命令、指示，还须制订出执行计划和资源预算，以满足实施方案的各种可能的需要和有效措施。决策的实施过程需要跟踪、监督，原计划是否已执行？有哪些偏离？执行决策结果导致内外部环境发生了哪些变化？各下属部门是否按要求完成了任务？在实施的过程中需要不断地跟踪、检查、反馈，使选定方案的实施能够完成预定的目标，并能及时调整、改善原有方案。

决策是个动态的过程，一般可按上述情报、设计、抉择和实施四个阶段划分并按顺序进行，但前面的阶段不断从后面的阶段得到反馈信息，设计阶段分析研究的结果可能修正情报阶段提出的决策主题，抉择阶段也可能对各种备选方案提出补充和修改。实施阶段中的信息就更为重要，实践结果可能对整个决策作出评价和修正。

8.2.2 决策分析

所谓决策分析，是整个决策过程中的关键一环，它是由分析人员会同决策者共同完成的，是对已经描述出来的决策问题的求解。其主要工作应属于决策全过程的第三阶段（抉择活动阶段），即对备选方案进行评价与选优。这是在决策目标及环境条件基本明确或被弄清，各种可能的行动方案已被找到或制订的情况下，由分析者采用合理的评价准则和模型，运用特有的数学方法或优化技术，选出一个或一组最满意的行动方案，供决策者最后抉择。因此，决策分析的主要任务，应归结为求解决策问题。

所谓决策问题，是专指决策过程中已通过某种方式描述出来的可提交给分析者运用数学模型进行优化分析的问题。一个完整的决策问题，应由下述四个要素构成：

1. 决策主体

决策主体是指作出决策的个体或个体的集合。很少有决策是在个体完全不考虑其他人的观点下作出的，即使一个组织的正式规程表明个人具有制定决策的权力，他通常也要收集利益相关群体的意见，也要得到其他个人和团体的同意或默许。当考虑其他管理者的观点时，他们就成为决策主体的一部分。很明显，这意味着决策主体的成员对某项决策的影响力是不一样的。

决策主体是决策中最为重要的一个因素，它能够控制决策的整个过程。

2. 决策备选方案

决策问题存在可供选择的备选方案（或称行动方案、决策、措施等）的集合 A，它包含两个或两个以上的备选方案。解决某个问题，如果只有一个办法或一个方案，那就不需要进行决策分析，而只需照办就是了。故凡能构成决策问题的，总是存在着两个或两个以上的备选方案，设 $A=\{A_1, A_2, \cdots, A_m\}$。

3. 不可控因素

决策问题存在着不依决策者主观意志为转移的客观环境条件，即自然状态（系统状态）集 S。例如，开发新产品有可能成功，也可能失败，这是不同的自然状态；新产品的销路好、较好或不好等多种市场状态都是自然状态。每一种自然状态的出现与否都是不以决策者或分析者的主观意志为转移的，就是说，它在求解问题的过程中是客观存在的。决策分析人员在对备选方案进行评价和选优的过程中，不涉及改变自然状态的问题，只涉及如何对它们进行数学表述或预测、估计它们出现的概率的大小、量值问题。当然，某些自然状态是可以改变的，例如产品销路就可以经过人为的努力而加以改变，但这已经不属于原有的决策问题，是属于原有问题之外的另一个决策问题了。这里自然状态的出现概率往往是主观概率（关于主观概率的介绍请参见第 8.4 节），同一个方案在不同的自然状态下会有不同的后果。

4. 后果

每一个备选方案（行动方案、措施等）与每一个可能出现的自然状态对应于一个后果值（或偏好值、损益值等），这种后果值有时候并不是用数量值来表示的，需要将它表示成数量值（如确定的数、效用值、模糊值等）。在决策分析中，这种数量值一般是效用值，关于效用值及其确定方法我们将在下一章讨论。用模糊值来表示后果的讨论属于模糊决策分析的范畴。于是，后果值是一个二元函数：$A\times S\rightarrow R$，其中 $R=(-\infty, +\infty)$ 是实数集。每种备选方案和自然状态的每一个组合都对应者一种结果。如果有 N 个可供选择的备选方案和 M 个互相独立的自然状态，就会产生 $M\times N$ 种可能的结果。

从上述四个要素可以看出，决策分析方法是一种定量的方法。但由于在确定自然状态的出现概率大小以及确定后果值（效用值）时需要用到主观的方法，从而决策分析方法是一种定性与定量相结合的方法。四个要素在有些问题中较为明显，在有些问题中则较为隐晦。我们在对决策问题进行分析时，尤其要对后一种情形加以注意。

例 8-1 关于建新厂与扩建旧厂的决策问题。

方案集 A 由建新厂和扩建旧厂两个方案组成，分别需要投资 300 万元与 80 万元。在两个方案下可能出现的状态均为：今后产品“销路好”或者“销路差”，它们的出现与否是不确定的。后果是年度利润，其估计值如表 8-1 所示，后果值的集合是 $J=\{200, -60, 100, 20\}$。

表 8-1 建新厂与扩建旧厂的后果值估计

自然状态	概率	年度利润（万元/年）	
		新建	扩建
销路好	0.7	200	100
销路差	0.3	-60	20

设两个方案所建厂的使用期均为 5 年，问哪个方案为优？决策目标是 5 年总的期望利润。

分别计算如下：

建新厂的期望利润为

$$0.7\times200\text{万元}\times5+0.3\times(-60\text{万元})\times5-300\text{万元}=310\text{万元}$$

扩建旧厂的期望利润为：

$$0.7\times100\text{万元}\times5+0.3\times20\text{万元}\times5-80\text{万元}=300\text{万元}$$

若按期望利润最大的原则（如后果是费用，则按期望费用最小的原则），其最优方案是建新厂。

8.3 决策的基本类型

常言说，物以类聚。决策问题与决策分析也同样可进行分类。标准不同，分类的方式也不同。例如，依决策要解决的问题所涉及的范围可分为宏观决策和微观决策；依对决策者所在组织的行为及其效果的影响可分为战略决策与战术决策；按决策者职能划分可分为专业决策、管理决策和公共决策；按决策问题的性质可划分为程式决策和非程式决策；按决策的思维方式可分为理性决策和行为决策，等等。这里，我们根据决策目标和自然状态的特点予以分类。

按决策目标的多少，决策问题可分为单目标决策和多目标决策两类。

（1）单目标决策。决策目标只有一个，称此类决策为单目标决策。如上节的例 8-1 中只考虑期望利润最大。

（2）多目标决策。多目标决策是指决策问题同时考虑了两个或两个以上的目标，它的解必须同时满足这些目标的要求。例如，现代城市交通路线的规划问题，就要同时考虑诸如运输效率、方便市民、安全可靠、经济效益、美化市容等多种因素。任何一个方案，只有当它能够使得与这些因素相联系的目标准则都得到不同程度的满足时，才算是令人满意的。

实际上，对于管理中的实际问题，单目标决策往往是对问题的某种程度上的简化，重点在于抓住问题的主要矛盾，忽略其对企业没有明显影响的次要因素，集中力量落实企业核心战略。当环境发生变化或企业战略进行调整，或当我们以不同的角度研究问题时，决策目标有可能发生变化。

按自然状态的种类来分类，传统上可将决策问题分为确定型决策、风险型决策和非确定型决策三种：

（1）确定型决策。自然状态是完全确定的，即只有一种，从而可以不考虑自然状态而按既定目标及评价准则选择行动方案，这样的决策就叫做确定型决策。确定型决策问题相对来说比较简单，其求解可直接利用现有的一些数学方法，例如，微积分中的函数极值法，确定性运筹学（线性规划、非线性规划、动态规划、图论等），并能得到确定的最优解。

（2）风险型决策。自然状态是两种或两种以上，各种自然状态出现的可能性（概率）已知（即可以通过某种方法确定下来），则称这种条件下的决策为风险型决策，也称为统计型决策或随机型决策。上节中的例 8-1 就是此类决策。

（3）非确定型决策。决策者面临的可能出现的自然状态有多种，但各种自然状态出现的概率不能确定，这种情况下的决策称为非确定型决策。非确定型决策与风险型决策相比较，两者都面临着两种或两种以上的自然状态，所不同的是，前者对即将出现的自然状态概率一无所知，后者则掌握了它们的出现概率。由于非确定型决策所掌握的信息比确定型决策所掌握的信息要少，分析非确定型决策要比分析确定型决策困难得多。从现有的决策分析方法来说，非确定型决策分析方法比确定型决策分析方法要少得多。

三种决策环境的区别可用“是否带雨具”的问题来说明。某人早上离家去市郊联系工作，如当时已经下雨，且四周乌云密布，显然并非阵雨，出门时决定要带雨具，这属于确定型决策。如果根据早上的天气预报，有0.7的概率下小雨，0.3的概率是阴天，或者，气象台报告有雨，但从历史统计数据来看有错报的记录，这两种情况便属风险型决策。再设想，如果此人住在一个窗户紧闭、隔光隔音的房间，又无电话、电视或收音机等通信手段，出门带雨具的问题就变成不确定型决策。

将上述按决策目标和自然状态两种分类加以综合，我们可将决策问题分为六种类型：①单目标确定型；②单目标风险型；③单目标非确定型；④多目标确定型；⑤多目标风险型；⑥ 多目标非确定型。

需要指出的是，这里要讨论的所有决策问题都有一个共同的前提，这就是所有决策对象都是某种客观存在的实体或由许多实体组成的系统，且这种实体或系统不受其他任何理性行为的支配（例如另一决策者的支配），因此不存在任何与该问题决策主体发生利益上的竞争问题。从这种意义上讲，决策主体实际上只有一个。当决策的主体是由两个或两个以上的实体组成，且成员之间互有影响时，这样的决策称为“群决策”，读者可以参考相关的文献。

对于六种类型中的第一种——单目标确定型决策，它的求解可直接利用现有的一些数学方法。例如，微积分中的函数极值法，确定性运筹学（线性规划、非线性规划、动态规划、图论等）等，并能得到确定的最优解。这些数学方法已有专门的应用数学分支进行研究，决策分析中就不再对此进行讨论。

对于第④至第⑥种决策，即多目标决策，则可考虑合并处理。对多目标决策问题，一般情况下我们总是按一定的规则将多个目标准则下的结果指标并合成一个总的目标准则结果指标值，或者说通过某种适当的逻辑过程，将备选方案对于每一准则而言给决策主体提供的用处或价值并合成一个总的用处或价值，便有可能将确定型、风险型或者非确定型的多目标决策转化为类似的可由单目标决策方法处理的问题。于是，决策分析方法在各种类型的多目标决策中主要用于解决各目标准则下多个结果指标值的并合问题。

这样，对上述六种类型的决策问题的研究就转化为对三种类型问题的研究：单目标风险型、单目标不确定型、多目标中多个目标的合并问题。这也就是本教材所说的含有随机因素、不确定因素以及多因素等三个方面问题的决策分析。

与任何分类方法一样，这里根据目标多少及自然状态的种类对决策问题的分类也不是绝对的。例如，在第10章中将要讨论的“概率排序型决策”就是介于风险型和不确定型之间的一种决策分析方法，它所研究的决策问题中，假定各自然状态的出现概率并非完全已知，也并非完全未知，而是部分可知的，例如，已知各自然状态出现概率的大小排序等。

一般说来，求解任何类型的决策问题，最后都归结为对各备选方案进行选择。因此，决策分析的关键就在于按什么样的模型和如何按这样的模型来衡量或评价备选方案的优劣。在单目标确定型决策的情况下，这个问题比较简单。因为每一备选方案只有一个确定而又简单的结果，这一预知的结果本身就可作为评价备选方案的模型，只要按结果值的大小选择即可。这也是这类决策问题可用纯数学方法求解的原因。然而在风险型、不确定型、多目标决策问题中就完全不一样了。因为这时每个备选方案或者因为自然状态的随机性和不确定性，或者因为需要考虑的因素太多，从而不再对应着一个确定的结果，而是包括了若干个可能的结果，或是一种由若干个值构成的多值结果（在多目标情形下）。这时选用其中哪一个结果或其中哪一个值来衡量方案的优劣都不完全合理，而直接用多个结果或单个多值结果的“整体”来衡量方案也不可能。读者可考虑8.2节中的例8-1。因此，对于这样一些作为主要类型的决策问题，由于它们自身特点造成评价、比较备选方案的困难，必须要有一套专门的理论和方法来进行处理。决策分析就是这样的一套理论和方法，它能提供一组概念和系统的步骤，对含有随机因素、不确定因素和多种因素的决策问题进行合理分析，从而帮助决策者和分析者在复杂的局面中和难于比较的诸方案中作出理性的选择。

例8-2 某企业决定拿出500万元建立投资部，现有三种方案可供选择。

方案一：投入国债，每年获得稳定收益25万元（假定年利率为5%）。

方案二：投入股市。若为牛市，获利100万元。若为熊市，无获利。

方案三：入股投资项目。若市场状况好，可收益80万元；市场状况一般，可收益40万元；市场状况差，收益10万元。三种不同的自然状态发生的概率分别是0.40，0.50，0.10。

方案一假定年利率为5%不变，则其自然状态是完全确定的，从而其后果值（收益）为25万元，没有任何风险，为确定型决策问题。方案二有两种可能遇到的情况——牛市及熊市，且由于股票市场变幻莫测，两种情况发生的概率是完全无法预测的，所以为不确定型决策。第三种方案，也有两种不同的市场状态，但其发生的概率已知，而其收益的期望为：80万元×0.40+40万元×0.50+10万元×0.10=53万元，为风险型决策问题。

从本例看出，对于不同类型的决策问题，我们应采取不同的决策分析方法，区别对待。

另外，我们对自然状态的信息或知识的不完全的掌握，也决定了决策一定是有风险的。如方案三，虽然市场状况差的概率较小，但并不代表不可能发生，若我们选择方案三，有可能收益只有10万元，若减去机会成本（方案一的收益25万元），则我们的决策是失败的。这是决策问题的难题所在，也体现了信息和知识的价值。实际上，最好的方案应是将资金以不同的比例投入三个市场，不过如何确定分配的比例，则是投资组合的优化问题，并非我们研究的重点。

例8-3 四种可开发的新产品的选择

假定一公司正在评估四种可开发的产品A，B，C，D，它只能选择其中的一种。公司决定用五项指标来考察每一种产品：到生产阶段前产品开发的总费用；公司得到的每单位产品的毛利；产品每年的潜在销售量；营销上与现有其他产品的配套程度；与公司现有产品在生产技术上的相似程度。如表8-2所示。

表8-2 四种可开发的新产品的各项指标

产品	费用/万元	毛利/元	潜在销售量/台	营销配套	技术相似
A	200	2000	100	好	一般
B	250	3000	70	差	好
C	175	1500	150	好	差
D	220	2500	100	一般	好

每一项标准的最低要求：

- 开发费用——不超过250万元（公司所能筹到的最大款项）；
- 单位产品可能的毛利——至少2000元（公司一直坚持经营高盈利产品的政策）；
- 每年的销售潜力——至少100单位（生产经理坚持）；
- 营销策略的适应程度——至少是一般水平（营销部经理坚持）；
- 与其他产品的生产技术相近程度——至少保持“一般”水平（制造部门经理坚持）。

四种产品的每一项指标都是确定的，所以该问题属于确定型决策。若只考虑单一因素则决策者的选择是显而易见的。但我们的目的是将五个指标综合考虑，选出在各个方面都能满意（可能不是每个方面都是最优）的方案，所以，该问题为多目标确定型决策问题。如何将五种因素综合为一种评价的指标，是我们研究的关键。例如，前三种因素可用货币单位综合为利润，但利润如何与营销配套、技术相似这样的“软”指标综合，则需要一套专门的理论和方法处理。

8.4 决策分析的内容、特点及历史

8.4.1 决策分析的内容

决策分析的内容可初步分为以下两个方面：

（1）对单目标风险型和不确定型决策问题的研究。按照人的合理行为，用一套科学概念和系统分析步骤，对风险型和不确定型决策问题进行定量分析，从而排出备选方案的优劣顺序，以供决策者在作决策时选用。这一部分内容是决策分析方法的基础。

（2）提出不同的备选方案与自然状态所对应的后果（价值）对人们利益所起的作用的大小，即后果的转换形式“效用”的概念，运用与问题相符的组合规则（依一定的逻辑过程实现的并合），建立分价值（或效用）合成总价值（或总效用）的计算方法和计算结构，从而对包含多种目标因素的复杂问题——多目标决策问题进行合理分析，排出备选方案的优劣顺序，供决策者选用。

随着科学技术的发展，一些新的理论、方法也逐渐地应用于决策之中，产生了许多新的决策分析的分支。如将20世纪七八十年代发展起来的模糊数学、灰色系统理论等应用于决策分析产生了模糊决策与灰色决策，等等。

8.4.2 决策分析的特点

决策分析的整个内容，都是采用了一定的数学方法进行的定量方法与定性分析相结合，以定量方法为主的一种方法。然而它与半个世纪以来所发展起来的一些应用数学方法却是很不相同的。

前面已经指出，决策分析所要研究的决策问题不同于一般的确定性问题，其中不可能得出完全确定的结论。实际上，在风险型、不确定型和多目标的决策问题中，很难说哪个备选方案绝对“优”或者绝对“劣”。在评价或比较备选方案的过程中，决策者主观上对于利益或损失的独特兴趣、感觉或反应往往起着很大的作用。所以说，按常规的数学分析方法是解决不了这类问题的。采用一组独特的概念和步骤对各种类型的决策问题进行合理的分析，便

是决策分析方法的第一个特点。这里所说的概念和步骤就是反映决策者主观意志的效用、主观概率以及确定效用和主观概率的一整套步骤。当然，我们应该把反映人的主观判断的方法与主观随意的方法区别开来，因此，决策分析方法中既包含有科学性，又包含有艺术性。

决策分析方法的第二个特点是它的实践性。实践性是指决策分析方法只是对于那些始终坚持使用它的人在不断制定决策的实践过程中，才被认为是确实可靠和有效的。也就是说，它并不能保证每一个具体的决策都会得到满意的结果，但长期坚持使用必然会因此而取得成就，只有经过长期实践，才有可能掌握决策分析中所包含的艺术性部分。

决策分析方法的第三个特点是它的实用化趋势。现代决策分析虽然开发了一些大型的分析方法，但是这些方法会牵涉到很多变量和约束条件，需要复杂的计算工作，而且问题本身又的确非常复杂，那么这种系统化的大量分析工作确实是需要的。但我们很难要求许许多多决策问题不分轻重缓急都这么做，因为时间不允许，有些也无此必要。更因为一种方法要想推广开来，必须为一般的管理决策人员所能理解和掌握，从而这种方法也必须是比较简单和实用的。所以在开发大型分析工具的同时，也要开发一些更加简便的实用方法。这些简便实用方法往往更加符合现实状况（如统计决策论、模糊决策方法、层次分析法等），简便易学，而且数值计算与个人判断相结合，使决策分析增加了更大的灵活性。

8.4.3 决策分析的历史

如图 8-2 所示，人们从不同的角度对决策问题进行了研究，逐步形成了现在的决策分析理论体系。决策理论的主要目标，就是要在制定的决策中减少艺术成分而增加科学成分。由于决策理论是研究尚未发生的行为抉择，它势必要回答两个问题：抉择的准则是什么？未来环境将会出现何种状态？决策理论就是围绕准则和不确定状态这两个主题发展起来的。

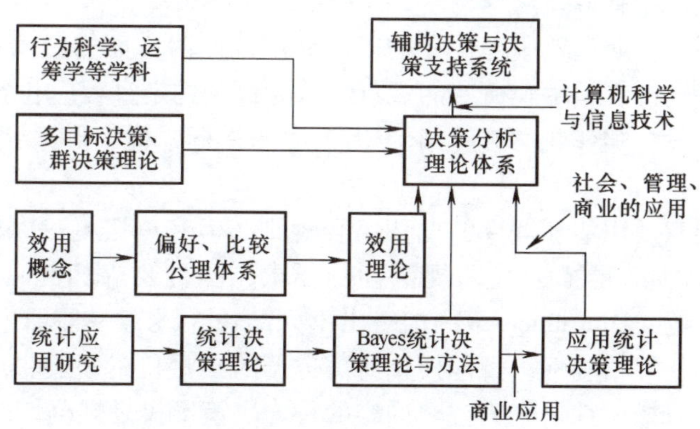

图 8-2 决策分析理论体系发展过程

对于准则问题，伯努利（D. Bernoulli）1738 年就提出效用值的概念以及用概率反映不确定性，并以效用值的期望值作为度量优先次序的指标。此后，埃奇沃思（F. Y. Edgeworth）1881 年提出用等值曲线（曲面）来反映商品的优先次序，即采取序数效用（Ordinal Utility）的概念，用第 1、第 2、第 3…来表示相对优先次序，而摒弃伯努利的效用函数所反映的基数效用（Cardinal Utility）的概念，基数效用值可以用 1，2，3…或 0.1，0.2，0.3…等表示效用绝对值的大小。序数效用概念提出后，经济理论越来越多地依靠等值曲线进行分析。从原则上说，等值曲线所反映的是无风险情况下的抉择行为。

拉姆赛（F. P. Ramsey）和冯诺曼—摩根斯坦（Von Neumann- Morgenstern）分别于1931年、1944年先后提出效用值运算的定理，于是，长期被搁置的基数效用论再度兴起。决策者若按他们提出的一组定理行事，所计算的期望效用绝对值最大的方案，即是理应选择的方案。数学家冯诺曼和经济学家摩根斯坦的基数效用理论适用于分析比较不确定情况下的各种事件。这恰恰符合决策问题的特点。这个理论为理性决策奠定了理论基础。一般认为现代决策理论以冯诺曼-摩根斯坦的效用理论为开端。

20世纪50年代，萨维奇（L. J. Savage）在冯诺曼—摩根斯坦理论基础上对决策理论作出了两方面的重要贡献：提出了主观概率的概念，建立了贝叶斯（统计）决策理论。

在1963—1971年期间，作为规范性决策研究成果的“决策分析”得到较广泛的应用。1966年霍华德（R. A. Howard）发表《决策分析：应用决策理论》一文，系统地总结贝叶斯决策理论付诸实用的步骤，初次提出“决策分析”这个名词，并逐渐形成为一门学科。这期间，拉法（H. Raiffa）、霍华德和爱德华兹（W. Edwards）分别领导的哈佛、斯坦福和密歇根大学的决策理论研究集体，在决策分析方面发表了大量研究成果。

当理性决策研究方兴未艾之际，一些学者却从心理学角度加以审视，考察这些理论在行为中的真实性：人们的实际决策行为是否和冯诺曼—摩根斯坦及萨维奇的理论相符？如果不符，又有哪些原因？这就引发了行为决策理论的研究。在这方面，爱德华兹和阿莱斯（M. Allais）是两位开创者。

爱德华兹是位心理学者，他致力于研究人们在评估概率、效用值和决策过程中的信息加工问题。他发现，概率和期望效用值的数学规范模型隐含了许多尚未发现的系统偏差。同时指出，人们存在认知错觉（Cognitive Illusion），在没有智能性或实物性的辅助工具引导下，所进行的直感判断往往会有偏差。

经济学家阿莱斯对于期望效用理论在描述性和规范性两方面的应用价值都有相当保留。他不赞成拉姆赛和萨维奇有关主观概率的观点，认为概率判定过程应和效用值无关。而效用值的计算应不受事件发生概率的影响。作为优先度的指标，概率和效用值应组合为单一指标，但并非数学期望值。

阿莱斯虽然不同意效用值和概率的期望组合规则，但和冯诺曼—摩根斯坦也有共同点，即认为各自的理论都能满足描述性和规范性的要求，两种要求相互一致。然而特沃斯基（A. Tversky）和卡纳曼（D. Kahneman）却得出不同结论：没有一种理论，既能满足规范的合理性，又能满足描述的精确性。规范模型所需遵循的必要和充分条件，从描述的观点来看却往往是不真实的。以描述性研究为主要内容的行为决策不仅是规范性研究的先行阶段，而且是不可替代的独立研究领域。他们通过实验说明，人们在有风险的预期下作出的选择，与效用理论的基本原则并不一致，从而在20世纪70年代提出了展望理论（Prospect Theory），也称前景理论。

决策分析理论的发展历史中不能不提及阿罗（K. Arrow）对群决策和社会选择理论研究所作的贡献。他的不可能性理论在社会选择和群决策领域中的作用，犹如能量守恒定理在物理学中那样重要。他将决策理论研究引入了新的更广泛的领域。

由于阿莱斯、爱德华兹、埃尔斯伯格（D. Ellsberg）等在行为决策研究中对期望效用值理论提出质疑，转而促使理性决策研究继续深入发展。这包括各种非线性效用理论的研究以及在效用值理论之外，另辟蹊径，探索新的理论。

在程式决策方面，目前正朝着准确性、高速性和高的经济效益方向发展。许多重复性的程式决策均已编成现成的计算机程序供使用者随时调用，如电子数据处理系统（EDP）、管理信息系统（MIS）、决策支持系统（DDS）、管理信息决策系统（MIDS）、以网络分析为基础的计划评审技术（PERT）等管理决策信息系统、制造资源规划（MRPⅡ）、企业资源计划（ERP）等。这就使许多过去需要专职人员处理的程式决策实现了自动化。

在非程式决策方面，主要是在非程式活动中发现和建立某种相对稳定的模式，即探究一套能使“人脑”的创造性逻辑思维与定量计量法实现良好结合的、综合性的有效理论和具体方法，从而实现非程式化决策问题的数学化、模型化、计算机化。如模糊数学在决策科学中的应用产生的模糊决策、专家决策系统等。

决策科学还须吸收其他各领域的相关研究成果，如哲学、人类学、生物学等，从而使人们在多角度认识决策问题的基础上，面对当今世界的复杂性，在科学的指导下，更好地发挥人的决策才能。

概括说来，现代决策理论从理性决策研究开始，然后出现行为决策研究，这两类研究相辅相成，彼此促进，构成决策理论研究的格局。也即决策理论在遵循着定性、定量、定性与定量相结合的道路前进。这就为决策活动的科学化奠定了基础，而定性与定量的结合将把决策科学推向更高的发展阶段。

到今天，决策分析的应用范围已越来越广，而且其数学方法与个人判断相结合，数学计算与计算机应用相结合，使得在一个下午就可以作出一个问题的有意义的分析，一两天内就可以作出一连串的分析，从而为许多大公司和政府部门所采用，反过来也促进了决策理论本身的进一步发展。

决策分析的应用范围已涉及工业、商业、医学、心理学、经济学、政策评价等多方面的决策问题。具体的如资本投资、新产品和新技术的引进等一些比较简单的问题，也用于美国对火星的无人探险以及核动力引入墨西哥国家动力系统可能性的决策这样一些非常复杂的问题。总之，小到个人的决策，大到一个地区、一个部门甚至是国际组织所面临的重大决策问题，都会体现到决策分析的应用。

本章小结

1. **决策概念** 决策可分为广义的和狭义的两类。广义的决策是指一个管理过程，包括提出各种预选方案，从中选出最佳方案，并对最佳方案进行实施、监控的过程。包括从设定目标，理解问题，确定备选方案，评估备选方案，选择、实施的全过程。狭义的决策是指为解决某种问题，从多种替代方案中选择一种行动方案的过程。

2. **决策过程** 西蒙概括了决策过程理论，认为决策过程主要分为情报活动、设计活动、抉择活动和实施活动四个阶段。决策是个动态的、反馈的过程，一般可按上述情报、设计、抉择和实施四个阶段顺序进行，但前面的阶段不断从后面的阶段得到反馈信息。

3. **决策问题的要素** 一个完整的决策问题应由决策主体、决策备选方案、不可控因素和后果四个要素构成。由于在确定自然状态的出现概率大小以及确定后果值（效用值）时需要用到主观的方法，从而决策分析方法是一种应用定性与定量相结合的方法解决决策问题。

4. 决策的基本类型　分类是一种重要的研究方法，对决策问题与决策分析分类同样重要。按决策目标的多少，决策问题可分为单目标决策和多目标决策；按自然状态的种类来分类，传统上可将决策问题分为确定型决策、风险型决策和非确定型决策三种。将上述按决策目标和自然状态两种分类加以综合，我们可将决策问题分为六种类型：①单目标确定型；②单目标风险型；③单目标非确定型；④多目标确定型；⑤多目标风险型；⑥多目标非确定型。

思考与练习

1. 什么是决策？决策有哪些特点？
2. 科学决策应该遵从哪些原则？
3. 决策在管理中的作用如何？你能否通过实例来说明决策的重要性？
4. 简述决策的基本过程。你在实际工作中是如何作决策的？

第9章 期望效用理论与前景理论

本章主要讨论决策的准则问题。首先分析应用期望收益值作为决策准则存在的一些问题，从合理行为假设与偏好关系出发，引入效用函数的概念，从而把期望收益值推广到期望效用值。之后引入主观概率的概念，把决策准则进一步推广到主观期望效用值。但大量实验说明，有时候人们的实际决策和用期望效用理论准则进行的决策结果是不一致的，因此本章最后介绍一种更接近人们实际决策行为的前景理论。本章讨论的内容是决策分析的基础。

9.1 期望收益值

9.1.1 期望收益值准则

一般来讲，求解任何类型的决策问题，最后都归结为对各被选方案进行选择。而对方案的选择，可从两个方面来考虑：后果值、自然状态出现的概率。

由于方案后果在许多情况下，特别是管理决策中都用盈利、亏损这类指标，所以期望收益值成为决策分析发展过程中提出最早和应用最广泛的一种准则。收益值往往采用货币单位。当然，也可采用货币以外的定量单位。

期望收益值准则如下。

设 A_i（$i=1, 2, \cdots, m$）为 m 个被选方案，p_j（$j=1, 2, \cdots, n$）为各个自然状态发生的概率，θ_{ij}为方案 A_i 在自然状态 j 下的后果值。

从统计学的角度出发，用数学期望来权衡方案的各种可能结果，希望从多次决策中取得的平均收益最大。

方案 A_i 期望收益值为

$$E(A_i) = \sum_{j=1}^{n} p_j \theta_{ij} \tag{9-1}$$

若方案 A_k 满足

$$E(A_k) = \max_{1 \leqslant i \leqslant m} E(A_i) \tag{9-2}$$

则决策者选择 A_k 为最优方案。对于成本之类的后果，式（9-2）应为 $E(A_k) = \min\limits_{1 \leqslant i \leqslant m} E(A_i)$，但其原理相同，不再另行讨论。

9.1.2 应用期望收益值作为决策准则存在的一些问题

期望收益值是用未来收益的期望值作为未来真实收益的代表，并据此值进行决策。这是在风险条件下（未来收益不确定条件下）简单易行和常用的决策方法。由于决策者总可以通过经验或直觉找到客观状态的一些信息，利用这些信息提高不确定型决策的可靠性。一般情况下，当同一决策要重复多次，或风险损失的数值较小时，决策者的兴趣就会与期望损益值的高低大体一致，因此应用期望收益值作为决策准则是具有一定的合理性的。但其同时存在一些局限性，具体阐述如下。

1. 后果的多样性

后果可能反映直接经济效益、间接经济效益，也可能是生态效益、社会效益。当后果值是盈利、支出等可量化的指标时，采用期望收益值的方法是可行的，但当评价指标是一些不容易量化的软指标时，如在例 8-3 中，如何确定期望收益值将是一个难以解决的问题，或者说期望收益值将变得没有意义。

2. 采用期望后果值的不合理性

从概率论中我们知道，概率是频率的极限。也就是说，事件发生的概率是大量重复多次试验体现出的统计学意义上的规律。这有两层含义：其一，试验必须是可在完全相同的情况下重复进行的；其二，试验必须多次进行。而决策问题，特别是战略性的决策问题，往往不满足这样的要求。比如我们说：航天飞机的发射，其可靠性是 99.7%，是指通过理论上的计算得出，多次发射中成功发射出现的次数占 99.7%。而对于一次发射而言，结果只能是要么失败要么成功。

下面我们来介绍数学史中的一个著名悖论。

例 9-1 圣·彼得堡悖论（St. Petersberg Paradox）

设有一场猜硬币正反面的赌博，一局中赌徒可以猜无数多次，直到他猜对为止。赌徒在第一次猜对可得 2 元；第一次没有猜对，第二次猜对可得 4 元；前两次没有猜对，第三次猜对，赌徒可得 8 元……如果前 $n-1$ 次都没有猜对，第 n 次猜对则可得 2^n 元……如图 9-1 所示。

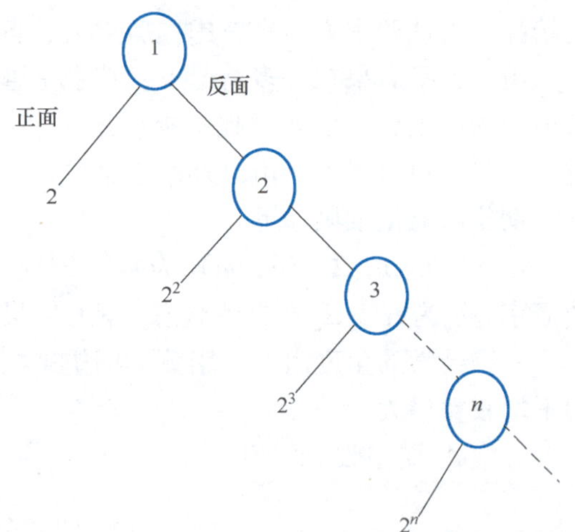

图 9-1 圣·彼得堡悖论

现在问：为使赌徒有权参加这样的赌博，它应该先交多少钱才能使这样的赌博成为“公平的赌博”？所谓公平的赌博，是指参加赌博的任何一方输赢数额和机会是相等的。对于前述猜硬币的赌局，所谓公平，是指赌徒和赌局的设立者应该有相同的机会获得相同的回报。用概率论的语言来讲，设 X 是一个随机变量，指赌徒在一局赌博中赢得的钱，则 X 的数学期望就是赌徒为参加这样的赌博应该先交的钱。因为在多次赌博之后，赌局的设立者获得的收入，应等于赌徒赚得的收入。用公式表示如下

$$E(X)=2\times\frac{1}{2}+2^2\times\frac{1}{2^2}+\cdots+2^n\times\frac{1}{2^n}+\cdots=\infty$$

上式表示，不管赌徒应先交多少钱，他都是有利可图的，因为他不管每局交多少钱，都小于它可能得到的回报。然而，如果真有这样的赌局，又有哪个赌徒真的会这样做呢？这就产生一个悖论：理论上平等的赌博，在现实上是不可能有人敢于参加的，实际上也是无法实

现的。

让我们考虑可猜的次数是有限的情况，设赌徒可猜 10 次，那么它的盈利的数学期望是 10 元，即交 10 元就有权参加这样的赌博，这样的赌博使参加的人不会感觉有多么大的风险，因为只有 0.5 的概率输 8 元，而最多可赢 1024 元，会有很多人愿意参加。然而，若赌徒可猜的次数是 10000 次，那么赌徒须交 10000 元才有权参加这样的赌博，同时，有 1/2 的是可能性输 9998 元，最多可赢 2^{10000}元（概率为 $1/2^{10000}$）。从理论上讲，同一人在多次参加这样的赌博之后，不会有什么盈利或损失（回报的期望为 0），但恐怕没有哪个赌徒愿意参加。

问题在于数学期望是建立在大样本基础上的，人们在参加次数较少的情况下，当然会更在意概率较大的事件。另外一方面，人们对理论上平等的赌博，在可能输的数额不大的情况下，愿意参加的人较多；而在可能输的数额巨大的情况下，就没有人愿意参加了。这实际上也是一个与人们的行为动机相关的心理问题，人们对风险的认识并不一定与理论结果相符。

伯努利提出了精神价值即效用值的概念。人们在拥有不同财富的条件下，增加等量财富所感受到的效用值是不一样的。随着财富的增加，其效用值总是在增加，但效用值的增长速度是递减的。他建议用对数函数来衡量效用值

$$
\begin{aligned}
V &= \ln(w+2)\times\frac{1}{2}+\ln(w+4)\times\frac{1}{4}+\cdots+\ln(w+2^n)\times\frac{1}{2^n}+\cdots \\
&= \ln A
\end{aligned}
$$

其中，w 表示现有财富，A 表示愿意支付的最大可能赌金。和货币期望值不同的是，该式的和不是无穷大而是有限的。

尽管伯努利的解释并不完善，但他所发现的这一悖论和提出的效用值概念，却是决策理论的奠基石。

3. 实际决策与理性决策的差异性

例 9-2　巴斯葛“赌注”（Pascal's Wager）

圣・彼得堡悖论中人们不认可小概率收益，巴斯葛赌注则恰好相反，对小概率收益寄予厚望。

数学家巴斯葛置身于宗教生活之中，他坚信永恒安乐的价值是无穷的。即使获得这种永恒安乐的概率甚微，但其期望值仍然是无穷大，为这类极小概率事件而愿意花费极大的代价。这类现象在实际生活中也并不鲜见。如绝症患者只要有一线治愈希望就往往不惜代价去求医问药；某市领导当年决定上了一个工业园区的项目，随着时间的推移，其负面作用越来越明显。但作为其“政绩工程”，如果关闭势必影响到自己的威信和地位，因此只要有可能，总是试图继续维持。

圣・彼得堡悖论对小概率事件不以为然，而巴斯葛“赌注”则相反，对小概率收益寄予厚望，满怀信心。然而，两者都能说明实际决策行为和理性决策的差异。

4. 负效应

以货币为单位的期望收益值作为决策准则还有负效应引起的弊端。如掷硬币，方案 A：若为正面，则赢 5 元，反面则输 5 元；方案 B：若为正面赢 5 万元，反面则输 5 万元。$E(A)=E(B)$。但此时人们心目中已不采用期望收益值准则行事。依人们的价值观，损失 5 万元要比赢得 5 万元的效用值大，称为“负效用”。这样的例子有很多，如一个人工资涨了

100 元，他可能觉得没什么；但如减薪 100 元，那他肯定感觉不舒服，而且要问个明白。

5. 决策者的主观因素（价值观）

经济学中的边际效用递减规律是指随着某种物品消费量的增加，心理满足程度会以越来越缓慢的速度增加。在这里，这个规律在决策者的决策中当然会体现，即期望收益值的增加程度，并不一定等价于决策者心理上满足感的增加程度。从另一个方面讲，对于不同的决策者，同样的收益，不一定带来同样的心理上的满足。比如买衬衣，某甲原来的衬衣都已破旧，买了一件新的；某乙原有十几件新衬衣，再买一件。同样一件衬衣，在甲看来这件新衬衣比乙心目中的价值要高得多。

而且，不同决策者对同样数额收益或损失的心理上的反应，会随着其个人经历、知识背景、性格特点及其他主观因素的不同而不同。经历过新中国成立初期困难时期的人，与改革开放后在较好的经济条件下成长的新一代，他们对同样物质生活水平的满足感是显然不同的。前者更能感受经济发展带来的生活水平的提高；而后者会认为这样的生活水平是理所应当的，并不觉得有什么太好。

综合以上五点，我们得出以下两点结论：

（1）需要一种能表述人们主观价值的衡量指标，而且它能综合衡量各种定量和定性的结果。

（2）这样的指标没有统一的客观评定尺度，因人而异，视各人的经济、社会和心理条件而定。

因此，需要探求一种较期望收益值更为完善的决策准则，使其能体现实际决策中决策者对方案的衡量指标，更适合于为决策者提供更加合理、有效，也更加体现决策者意图，更加人性化的决策分析中对方案的评价指标。这既是理论上的完善，也是决策理论向实际应用迈进的重要一步。

本章的目的，就是介绍这样一种合理的评价准则，即将后果值转换为效用值，以期望效用值作为方案选择的判别准则。为此，我们在下一节中先讨论行为假设与偏好的关系。

9.2 行为假设与偏好关系

对于一个决策问题来说，每一种方案下对应于不同的自然状态都有一个后果值，于是每一方案的后果值可用一个向量来表示。但要评价各方案的优劣，我们必须将每一方案下的这个向量合并成一个数来反映方案的优劣，进而对各方案进行优劣评价。因此，决策分析的首要问题在于建立一种有效的方法或模型来评价备选方案，而这种方法或模型必须要有可靠的理论基础，这就是下面将要介绍的关于决策的合理行为的假设以及由此引出的结论。

考虑风险型决策问题，即各自然状态的出现概率已知的情形。首先我们引入一些新的概念，以用来描述一个方案的结果，以及方案之间的关系和运算。

定义 9-1 把具有两种或两种以上的可能结果的方案（行为）称为**事态体**，其中的各种可能结果为依一定概率出现的随机事件。如用记号 T 来表示一个事态体，则

$$T=(\theta_1,p_1;\theta_2,p_2;\cdots;\theta_n,p_n)$$

其中 θ_1，θ_2，…，θ_n 表示该方案的 n 中可能的结果，它们分别以 p_1，p_2，…，p_n 的概率出

现，且满足 $p_i>0$，$i=1$，2，…，n；$\sum_{i=1}^{n} p_i = 1$。

$n=2$ 时的事态体 $T=(\theta_1, p_1; \theta_2, p_2)$ 称为**简单事态体**。由于 $p_2+p_1=1$，p_2 可由 p_1 所确定，故可简记为 $T=(\theta_1, p_1; \theta_2)$。

一个具有必然结果 x 的方案，我们记为（x）。显然，它可以看做以概率 1 出现后果 x 的一个简单事态体，即（x）$=(x, 1; y)$，其中 y 为任一后果值。

全体事态体的集合 F，称为**事态体空间**。F 中所有可能后果的集合

$$J=\{\theta_1,\theta_2,\cdots,\theta_n\}$$

称为**后果集**。

在单目标、多目标风险型决策问题中，每一个备选方案均可用一事态体表示。如果各自然状态的顺序已定，则 p_i 就是第 i 种自然状态出现的概率，θ_i 表示该方案在第 i 种自然状态出现时的结果（后果值）。

例 9-3　有奖发票鼓励消费者索要发票，促使商家依法纳税。假设某消费者消费 99 元，商家此时有两种选择：

（1）给 99 元的发票（共 6 张，面额分别为：50 元 1 张、20 元 2 张、5 元 1 张、2 元 2 张）。

（2）给 100 元发票（1 张 100 元面额）。

设有两种可能的结果：中奖，不中奖。如果发票中奖，消费者获 10 元的奖金。商家营业税率为 1%。发票税是谁获利谁承担的，因此税金应由商家来支付，一旦开具发票，就会产生税金并成为成本的一部分，导致利润减少。则这两种选择下不同的可能结果分别用 θ_{11}，θ_{12}，θ_{21}，θ_{22} 表示，它们分别表示当天利润的减少量。在这里，θ_{11} 表示的是商家选择第一种发票形式并且消费者中奖情况下的营业额减少量，应为税金和奖金之和，其中税金为发票面额与税率之积（$99\times1\%$），奖金为 10 元，即 $\theta_{11}=10+99\times1\%$。$\theta_{12}$ 表示的是商家选择第一种发票形式并且消费者未中奖情况下的营业额减少量，则只有税金，$\theta_{12}=99\times1\%$。同理可计算 θ_{21} 和 θ_{22}：$\theta_{21}=10+100\times1\%$，$\theta_{22}=100\times1\%$。

假设每张发票的中奖概率为 p，奖金为 10 元，发票的税率为 1%。为了分析的方便，设定顾客最多中奖一次，则这两种撕票的方案可用下面两个事态体表示

$$T_1=(\theta_{11},1-(1-p)^6;\theta_{12})$$

$$T_2=(\theta_{21},p;\theta_{22})$$

通过下面三个步骤建立一种合理的公理化的评价准则。

第一步，一个概念——偏好关系

对于后果集 $J=\{\theta_1, \theta_2, \cdots\theta_n\}$ 中任意两个可能的结果 x 和 y，总可以按照既定目标的需要，前后一致地判定其中一个不比另一个差，表示为 $x\succ y$（x 不比 y 差）。这种偏好关系“$\succ$”必须满足下面三个条件：

（1）自反性　$x\succ x$（一个方案不会比它自己差）。

（2）传递性　$x\succ y$，$y\succ z\Rightarrow x\succ z$。

（3）完备性　任何两个结果都可以比较优劣，即

$\forall x$，$y\in J$，$x\succ y\vee y\succ x$，二者必居其一。

在此基础上定义：

若 $x\succ y$，且 $y\succ x$，则称 x 与 y 无差别，记为 $x\sim y$。

若 $x \sim y$ 不成立，则称 x 与 y 有差别，记为 $x >< y$。

若 $x >< y$，且 $x > y$，则称 x 优于 y，记为 $x > y$。

所以，$x > y$ 实际表示"x 优于或无差于 y，即 $x > y \vee x \sim y$"；$x < y$ 实际表示"x 劣于或无差于 y，即 $x < y \vee x \sim y$"。

例如在例 9-3 中，显然有 $\theta_{12} < \theta_{22} < \theta_{11} < \theta_{22}$。

下面基于偏好关系提出三条假设，将偏好关系推广到一般事态体的比较，由此得出一般事态体间的比较、运算法则。

第二步，三个假设——把后果集 J 中结果的比较推广到标准事态体间的比较。

假设 9-1 设 T_1，T_2 是两个有相同可能结果（θ_1 和 θ_2）的简单事态体，即

$$T_1 = (\theta_1, p; \theta_2), T_2 = (\theta_1, q; \theta_2)$$

其中 $\theta_1 > \theta_2$。

（1）当 $p = q$ 时，事态体 T_1 无差于事态体 T_2，记为 $T_1 \sim T_2$。

（2）当 $p > q$ 时，事态体 T_1 优越于事态体 T_2，记为 $T_1 > T_2$；反之，则有 $T_1 < T_2$。

例 9-4 两种即开型彩票，均发行彩票 1 万张，两组中奖者均获得同样数目奖金（400 元）。所不同的是，第一组拥有可中奖彩券 150 张，而第二组中只拥有可中奖彩券 100 张，试问你愿参加哪一个组？

设 T_1 和 T_2 分别代表这两种即开型彩票。参加者有以下两种可能结果：中奖，获奖金 θ_1；未中奖，则 θ_2 为 0。显然，$\theta_1 > \theta_2$。若 T_1，T_2 两个组都发行彩票 10000 张，但 T_1 组内中奖个数为 n_1，T_2 组内的中奖个数为 n_2，即

$$T_1 = (\theta_1, n_1/10000; \theta_2), T_2 = (\theta_1, n_2/10000; \theta_2)$$

于是，当 $n_1 = n_2$ 时，意味着两组中出现 θ_1 和 θ_2 的可能性是相同的，即 $p = q$，这对于任何一个彩票购买者来说，参加 T_1 组和参加 T_2 组的中奖机会是完全相同的，因此彩票购买者对于参加哪一个组是无所谓偏好的，也就是说，事态体 T_1 和 T_2 没有差别，即 $T_1 \sim T_2$。

当 $n_1 \neq n_2$ 时，例如 $n_1 = 150$ 和 $n_2 = 100$ 时，$p = 0.15$，$q = 0.10$，于是，第一组内的中奖可能性要大一些，彩票购买者肯定会选择第一组，也就是说，事态体 T_1 优越于 T_2，即 $T_1 > T_2$。

假设 9-2 （连续性）设有两个事态体 T_1，T_2，$T_1 = (\theta_1, p; \eta)$，$T_2 = (\theta_2, q; \eta)$，如若 $\theta_1 > \theta_2 > \eta$，则存在 $p' < q$，使得当 $p = p'$时，$T_1 \sim T_2$。

这一假设同样可以用购买彩票的例子来解释。

例 9-5 如同例 9-4，假设两组中奖数额不同。设 T_1 组奖金 $\theta_1 = 700$ 元，T_2 组奖金 $\theta_2 = 400$ 元。$\theta_1 > \theta_2$。两组都发行 10000 张。若 T_1 中奖个数 n_1 与 T_2 中奖个数 n_2 相同（均为 100 个），显然 $T_1 > T_2$。若 T_1 组中奖个数不是 100 而降为小于 100 的某个数，彩票购买者是否有可能改变主意？

具体解释请读者完成。

假设 9-3 （无差关系、优越关系的传递性）设 T_1，T_2，T_3 为三个事态体，则

（1）当 $T_1 \sim T_2$，$T_2 \sim T_3$ 时，有 $T_1 \sim T_3$。（无差关系的传递性）

（2）当 $T_1 > T_2$，$T_2 > T_3$ 时，有 $T_1 > T_3$。（优越关系的传递性）

这三条假设将后果的偏好关系推广到了事态体间的偏好关系。

从上述三条假设出发，我们可以推出下面两条重要结论。这两条结论实质上是以后内容

的基础。

第三步，两个定理——决策分析的理论基础

定理9-1 设 $T_1=(\theta_1, x; \theta_2)$，$(\theta_3)$ 为必然事件，$\theta_1>\theta_3>\theta_2$，则必存在 $p\in[0, 1]$，使得当 $x=p$ 时，事态体 T_1 无差于必然事件 (θ_3)，即 $(\theta_3)\sim(\theta_1, p; \theta_2)$。

证明：(θ_3) 实际上是一个 $p=1$ 的特殊事态体，$(\theta_3)\sim(\theta_3, 1; \theta_2)$。比较事态体 $(\theta_3, 1; \theta_2)$ 与 $T_1=(\theta_1, x; \theta_2)$，因为 $\theta_1>\theta_3>\theta_2$，根据假设9-2，必存在 $p\leqslant1$，使得当 $x=p$ 时，$(\theta_3, 1; \theta_2)\sim T_1=(\theta_1, x; \theta_2)$，又根据假设9-3的无差关系的传递性，$(\theta_3)\sim T_1=(\theta_1, p; \theta_2)$。证毕。

如若 $(\theta_3)\sim(\theta_1, p; \theta_2)$，则称 p 为 θ_3 关于 θ_1，θ_2 的**无差概率**。

例9-6 （掷硬币事件）掷一枚硬币，假设掷出正面 H（正）和掷出反面 T（反）的概率均为0.5，A_1（500，0.5；0），A_2（200，0.5；200）。A_1 为风险型事件，A_2 为确定型事件。二者何为优先？

此时，$A_2=200$ 元。若 $A_2=500$ 元，肯定不接受 A_1。若 $A_2=0$，此时什么机会也没有，则接受 A_1。

是否参与 A_1 取决于另一个收益为确定值的方案，此确定值在0与500之间。可以推断，从肯定不参与到参与之间，此确定值相应有个转折点。这个转折点就是和事态体方案 A_1 等价的确定值，即称为**等价确定值**。

如若 $A_2=305$ 元，则 $A_2>A_1$；$A_1=295$ 元，则 $A_2<A_1$；假设 $A_1\sim300$ 元，则 A_1 的等价确定值为300。于是在本例中，A_1 优于 A_2。

定理9-1的重要性是显然的，它在必然事件与简单事态体这样两种表面性质完全不同的事物之间建立了无差别类比的运算关系，体现了人对于不确定事件的“把握”与“判断”。前者是确定的结局，后者则具有多种可能的结果。这种将随机性的情形化成等价的确定性情形的过程，实际上构成了基于效用函数理论的决策分析方法的理论基础。下面的定理进一步说明任一有 n 种可能结果的事态体还可化为一个无差别的简单事态体，从而也可无差别于一个必然事件。

定理9-2 （简化性）任一有 n 种可能结果的事态体 $(\theta_1, p_1; \cdots; \theta_n, p_n)$ 无差于某一简单事态体 $(\theta^*, p; \theta_*)$，即

$$(\theta_1,p_1;\cdots;\theta_n,p_n)\sim(\theta^*,p;\theta_*) \tag{9-3}$$

其中，$p=\sum_{j=1}^{n}p_jq_j$，q_j 为 θ_j 关于 θ^* 与 θ_* 的**无差概率**，$\theta^*>\max_i\{\theta_i\}$，$\theta_*<\min_i\{\theta_i\}$。

证明：$\theta_*<\theta_j<\theta^*$，且 q_j 为 θ_j 关于 θ^* 与 θ_* 的无差概率，根据定理9-1有

$$(\theta_j)\sim(\theta^*,q_j;\theta_*) \quad j=1,2,\cdots,n, \tag{9-4}$$

对 T 中所有可能的结果都利用式（9-4）进行无差代换，即

$$\begin{aligned}
T&=(\theta_1,p_1;\cdots;\theta_n,p_n)\\
&\sim((\theta^*,q_1;\theta_*),p_1;(\theta^*,q_2;\theta_*),p_2;\cdots,(\theta^*,q_n;\theta_*),p_n)\\
&\sim(\theta^*,p_1q_1;\theta_*,p_1(1-q_1);\theta^*,p_2q_2;\theta_*,p_2(1-q_2);\cdots,\theta^*,p_nq_n;\theta_*,p_n(1-q_n))\\
&\sim\left(\theta^*,\sum_{j=1}^{n}p_jq_j;\theta_*,\sum_{j=1}^{n}p_j(1-q_j)\right)
\end{aligned}$$

因为 $\sum_{j=1}^{n} p_j = 1$，代入上式可得

$$T \sim \left(\theta^*, \sum_{j=1}^{n} p_j q_j; \theta_*, 1 - \sum_{j=1}^{n} p_j q_j\right)$$

定理得证。

图9-2的树形图说明了这一转化的过程。

这个定理告诉我们，任意一个标准事态体都可以转化成一个简单事态体，从而任意两个有多种可能结果的标准事态体之间的比较可以转化成与之无差的两个简单事态体的比较，且这两个事态体具有相同的结果，即可由假设9-1得出比较结果。基于无差关系和偏好关系的传递性，对于多个事态体的排序，也可由此方法完成。

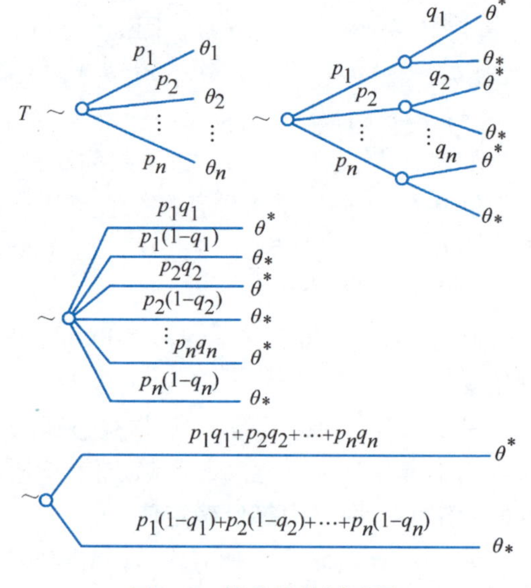

图9-2 简化性的树形图

上述三个假设和两个定理作为决策分析的理论基础具有十分重要的意义。在求解含有不确定因素的决策问题中，每个方案因不确定的自然状态都有若干种可能的结果。因此可被看成一个个的事态体。当它们满足前面三个假设时，由上面的两个定理可知，这些事态体都是可以进行比较的，因而这类决策问题的备选方案都可以排出优劣顺序。也就是说，对于理性的决策者，决策总可由这样一个结构化的过程完成，具体来说，对于方案集 $A=\{A_1, \cdots, A_m\}$

$$A_i = (\theta_{i1}, p_1; \cdots; \theta_{in}, p_n), i = 1, 2, \cdots, m \tag{9-5}$$

$$A_i \sim \left(\theta^*, \sum_{j=1}^{n} p_j q_{ij}; \theta_*\right) \tag{9-6}$$

其中 $\theta^* > \max_{i,j}\theta_{ij}$，$\theta_* < \min_{i,j}\theta_{ij}$

$$(\theta_{ij}) \sim (\theta^*, q_{ij}; \theta_*) \tag{9-7}$$

比较 $\sum_{j=1}^{n} p_j q_{ij} (i = 1, 2, \cdots, m)$ 之间的大小即可对方案集进行排序，从而定出最优方案。

由此可以看出，对于方案集中各个备选方案 A_i 的评价与排序，关键在于给出一个便于确定无差概率 q_{ij}的一般方法和技巧。

式（9-7）反映了 θ^*，θ_*固定时，θ_{ij}与 q_{ij}对应的变化关系。按式（9-7），当 θ_{ij}为不同优越关系的结果时，所估计出的 q_{ij}必定取不同的值，θ_{ij}较优，则 q_{ij}的值较大，θ_{ij}较劣，则 q_{ij}值较小。于是，q_{ij}值便可看做是以 θ_{ij}为自变量、值域为实数区间［0，1］的函数，即 $q_{ij}=u(\theta_{ij})$。所谓 θ_{ij}的优劣，其实质是指该结果对于决策主体所能提供的作用或价值大小。如果我们把某种满足人们需要的功能称之为**效用**，那么，结果 θ_{ij}对于决策主体所能提供的作用或价值，也就可以转化成它对决策者的效用。这样，q_{ij}也就成了衡量这种效用大小的数值，称为**效用值**，$u(\theta_{ij})$ 称为**效用函数**。因此，在求解决策问题时，如果能够知道这样的效用函数，无论这样的函数是用图像表示或是用数学分析式表示的，都可以被用来由 θ_{ij}确定出

q_{ij}的值。由此，上述关于估计 $m \times n$ 个 q_{ij}值的问题就归结为如何导出效用函数的问题。我们在下一节中对效用函数及其确定进行详细的论述。

9.3　效用函数及其确定

9.3.1　效用函数的定义

在给出效用函数的定义之前必须说明，由于效用概念出自于经济学，决策理论及其他一些学科按照自身需要引入了这一概念，所以对它的定义是不可能都一样的。本书只是从决策分析的角度，利用效用这一概念来表示决策分析中的价值形态观念。如果它与其他学科或论著中的定义有所不同，也不妨碍我们的讨论。

定义 9-2　对于一个决策问题中同一目标准则下的 n 个可能结果所构成的后果集 $J=\{\theta_1, \cdots, \theta_n\}$，假设其中定义了偏好关系"$>$"，且满足上节中的三个假设。任取

$$\theta^* > \max_i \theta_i, \qquad \theta_* < \min_i \theta_i$$

若定义在集 $\Theta=\{a \mid \theta^* > a > \theta_*\}$ 上的实值函数 $u(a)$ 满足：

（1）单调性：$u(a) \geqslant u(b)$，当且仅当 $a > b$；$u(a)=u(b)$，当且仅当 $a \sim b$。

（2）$u(\theta^*)=1$，$u(\theta_*)=0$。

（3）若 $c \sim (a, p; b)$，则

$$u(c)=pu(a)+(1-p)u(b) \tag{9-8}$$

其中 $a, b, c \in \Theta$。则称函数 $u(a)$ 为效用函数。

特别地，若取 $a=\theta^*$，$b=\theta_*$，则 $(\theta) \sim (\theta^*, p; \theta_*)$

$$u(\theta)=pu(\theta^*)+(1-p)u(\theta_*)=p$$

效用函数定义中的条件（3）亦可换成：

$u(\theta)$ 满足无差关系式

$$(\theta) \sim (\theta^*, u(\theta); \theta_*)$$

定义了效用函数，要比较 m 个方案

$$A_i=(\theta_{i1}, p_1, \cdots, \theta_{in}, p_n), i=1,2,\cdots,m$$

的优劣，由上节定理9-2，$A_i \sim \left(\theta^*, \sum_{j=1}^{n} p_j q_{ij}; \theta_*\right)$，其中 q_{ij}满足 $(\theta_{ij}) \sim (\theta^*, \theta_*; q_{ij})$。根据效用函数的定义，$u(\theta_{ij})=q_{ij}$，从而比较各方案的优劣转化为比较 $\sum_{j=1}^{n} p_j u(\theta_{ij})$ 的大小。称其为方案 A_i 的**期望效用值**，记为 $E(A_i)$。至此我们建立了方案评价与排序的标准。

我们看到，效用函数的定义并没有限制其唯一性。也就是说，同一事态体空间可以有不同的效用函数。这是因为效用函数体现的是方案的后果值对决策主体所能提供的作用或价值，强调决策主体主观的满意程度，因此，同样的后果对不同的决策者自然可以有不同的效用。即使是同一决策者，在不同的环境下对同一结果的主观体验也可能不同。这种与决策者主观的统一，使得决策的结果更加有效，但也使得效用函数的确定变得困难。

9.3.2 效用函数的确定

我们知道，效用函数的定义没有限制其唯一性，效用函数没有正误之分，只体现决策者的主观偏好。但是，在具体的环境下，方案后果的效用值是可以确定的，而且效用值的大小最终取决于决策者的估算。但若对每一个结果的效用值都由决策者估算，显然是烦琐甚至是不可能的。根据经验我们发现，决策者对效用值的估计，主要决定于其对风险的态度，并且有一定的模式和类型。

确定效用函数的思路是：对于方案空间，首先找到决策者最满意和最不满意的后果值 θ^*，θ_*，令 $u(\theta^*)=1$，$u(\theta_*)=0$。然后对一有代表性的效用值 u，通过心理实验的方法，由决策者反复回答提问，找到其对应的后果值 θ_u，它满足效用函数的性质3，即与（θ^*，u；θ_*）无差：（θ_u）~（θ^*，u；θ_*）。这样就找到了效用曲线上的三个点。重复这一步骤，对 $u(\theta^*)$，$u(\theta_u)$ 之间的有代表性的另外一个效用值 u' 找到其对应的后果值 $\theta_{u'}$。反复进行，直到找到足够多的点，将它们用平滑曲线连接起来，便可得到效用曲线。下面以一个例子具体说明。

例 9-7 为设计鲜花，考虑某人对一束鲜花中花的数目的效用函数，后果值空间是［0，100］，该决策者对其定义的偏好关系“$>$”等价于“$>$”。设计一系列问题供决策者回答，根据其答案确定效用曲线。

第一步，确定最优及最差的后果值。

显然，$\theta^*=100$，$\theta_*=0$。

第二步，确定0枝花与100枝花之间的若干个点的效用值，并对决策者进行问答，以测定决策者对不同方案的反应。

（1）假设有两个方案：①决策者可获赠一束50枝的鲜花；②以0.5概率获得一束100枝的鲜花，或没有；简写为（100，0.5；0）。供决策者选择。

回答：选择方案①。

得出50枝的鲜花的效用优于方案（100，0.5；0）的效用，即（50）$>$（100，50；0.5）。

（2）将方案①变为可获赠一束30枝的鲜花。

回答：选择方案②。

得出30枝的鲜花的效用差于方案（100，0.5；0）的效用，即（30）$<$（100，0；0.5）。

（3）方案①变为可获赠一束40枝的鲜花。

回答：选择方案①。

得出40枝的鲜花的效用优于方案（100，0.5；0）的效用，即（40）$>$（100，0；0.5）。

（4）方案①变为可获赠一束35枝的鲜花。

回答：无所谓，两种方案均可。

此时我们认为方案①无差于方案②。根据效用函数定义的性质2，得出

$$u(35)=0.5u(\theta^*)+0.5u(\theta_*)=0.5$$

记 $u(\theta_{0.5})=0.5$，$\theta_{0.5}=35$。

（5）将方案②变为（100，0.5；35），问与之无差的确定性获赠的枝数。

依上述方法反复提问，得到当可获赠60枝时，与新的方案②难以取舍，所以

$$u(60)=0.5\cdot u(\theta^{*})+0.5\cdot u(\theta_{0.5})=0.75$$

即 $\theta_{0.75}=60$。

此时我们已得到效用曲线上的4个点：(0，0)，(35，0.5)，(60，0.75)，(100，1)。如此反复进行，可找到点（$\theta_{0.25}$，0.25），（$\theta_{0.375}$，0.375），（$\theta_{0.625}$，0.625），（$\theta_{0.875}$，0.875），等等。

第三步，将所得的点依次用光滑曲线连接起来即得效用曲线，如图9-3所示。

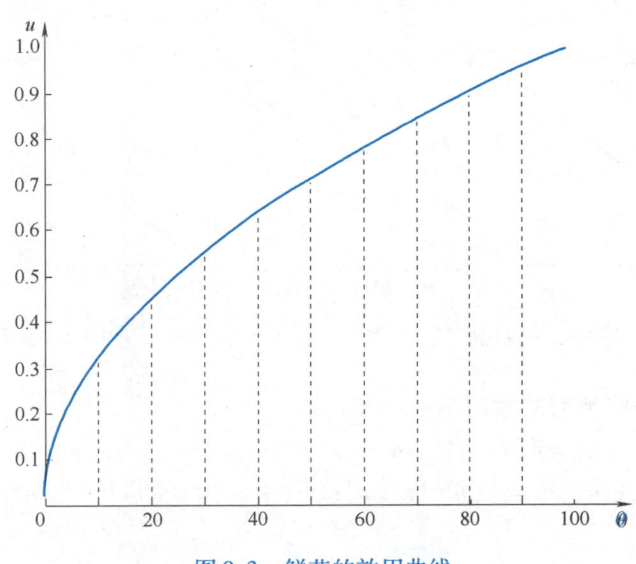

图9-3　鲜花的效用曲线

9.3.3　L-A模拟法

上面我们提到，决策者对效用值的估计，主要决定于其对风险的态度，并且有一定的模式和类型。那么，能不能用一些具有特殊表达式的效用曲线来近似地表达决策者的效用函数呢？答案是肯定的。我们依据决策者对风险的态度，将决策者的效用曲线分为以下几个类型：

(1) 风险中性型。风险中性型的曲线斜率为常数。表明决策者在每增加1单位产出时所得到的满足感都是相同的，而每减少1单位产出时的失望也是相同的，如图9-4中 C_2 所示。

(2) 风险厌恶型。风险厌恶型的曲线的斜率在差的产出水平比好的产出水平大。说明摆脱差的产出带给决策者的欢乐程度比放弃好的产出带给决策者的痛苦程度大，如图9-4中 C_1 所示。

(3) 风险偏好型。风险偏好型的曲线的斜率在好的产出水平比差的产出水平大。说明决策者更关心方案的结果较好时其结果的变化。如图9-4中 C_3 所示。

还有一些由基本类型组合而成的类型，如S形效用曲线（见图9-5）。

L-A模拟法就是根据上面的假设，即假设决策者的效用函数符合某种特殊类型的曲线，得出的一种简便的得到决策者效用曲线的方法。其基本思想是：根据假设的效用函数类型，通过得到几个效用函数点，确定其函数的参数。

例如，若假设 $u(\theta)=a(\theta-b)^{c}$，已知（$\theta_0$）~（$\theta^{*}$，$\theta_{*}$；$p$），则由三个点（$\theta^{*}$，1），

$(\theta_*, 0)$, (θ_0, p) 可定出 a, b, c。其中，$c>1$ 时决策者为风险厌恶型，$c<1$ 时决策者为风险偏好型，$c=1$ 时决策者为风险中性型。

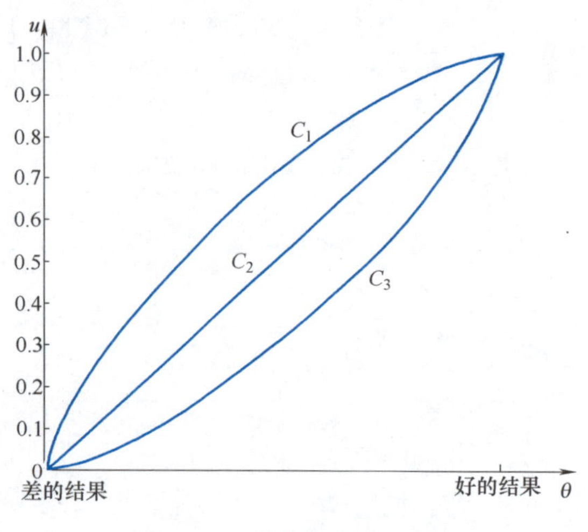

图 9-4　三种类型的效用曲线

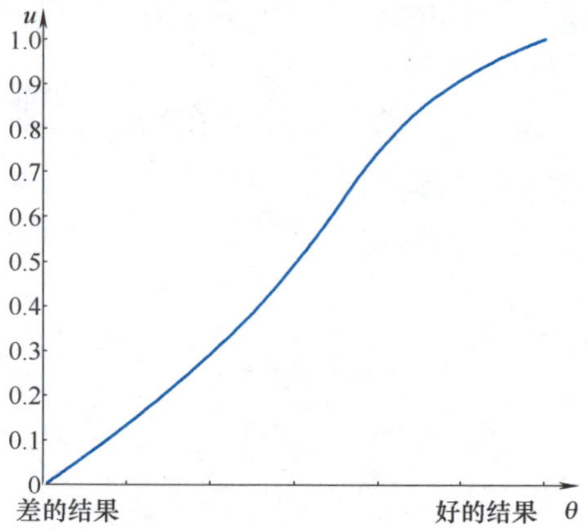

图 9-5　S 形效用曲线

此外还有其他一些类型的效用函数，如：

幂函数表达式：$u(x)=a(x+b)^c-ab^c$

对数函数表达式：$u(x)=c+b\ln(x+a)$，其中 x 为 θ 的归一化结果，即 $x=(\theta-\theta_*)/(\theta^*-\theta_*)$。

例 9-8　火灾保险

某企业欲将价值为 A 元的厂房设备申报火灾保险。如参加投保，明年要付保险金 i 元，明年内如发生火灾，所有损失将全部赔偿；如不参加投保，一旦发生火灾，则损失 B 元 $(B<A)$。试决定是否参加投保。

由题得出如下两个事态体：

T_0：$(A-i)$，即如企业参加投保，缴纳保险金 i 元，此时企业财产价值为 $A-i$ 元。

T_1：$(A-B, p_1; A)$，即如企业不参加投保，则企业面临两种情况：一是火灾以概率 p_1 发生，则企业会损失 B 元的财产，此时财产价值为 $A-B$ 元；二是火灾不发生的概率为 $1-p_1$，此时企业财产不受损失，仍为 A 元。

火灾保险问题的决策树如图 9-6 所示。依期望收益值，若决定投保，则需

$$A-i \geqslant p_1(A-B)+(1-p_1)A \Rightarrow p_1 \geqslant \frac{i}{B}$$

即当火灾发生的概率大于保险金和火灾损失之比时，以参加保险为优。如 500 万元财产，保险金 1 万元，$p_1 \geqslant 1/500=0.002$，即明年火灾发生的概率大于 0.002 时才值得投保。

但事实并非如此，即使概率小于此数，人们还是愿意保险。人们总是力求万无一失，而愿意付出比期望收益值准则算出的保险金要高得多的费用。这可以用效用函数来得到明确解释。如图 9-7 所示，依期望效用值，有

$$u(A-i) \geqslant p_2 u(A-B)+(1-p_2)u(A)$$

$$p_2 \geqslant \frac{u(A)-u(A-i)}{u(A)-u(A-B)}=\frac{CE}{CF}=\frac{GE}{MF}$$

$$=\frac{i-IG}{B}=\frac{i}{B}-\frac{IG}{B}$$

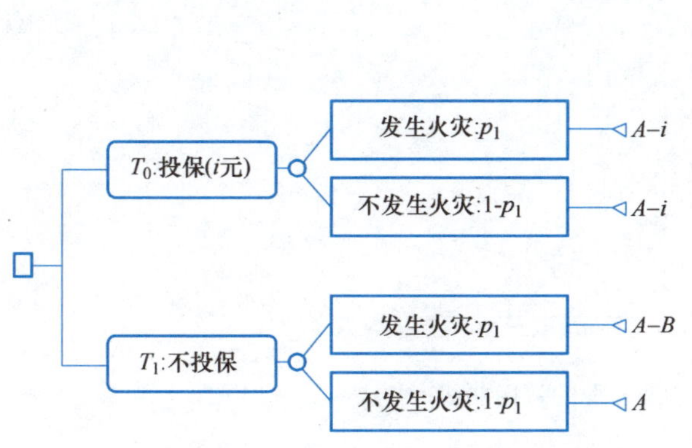

图 9-6 火灾保险问题的决策树

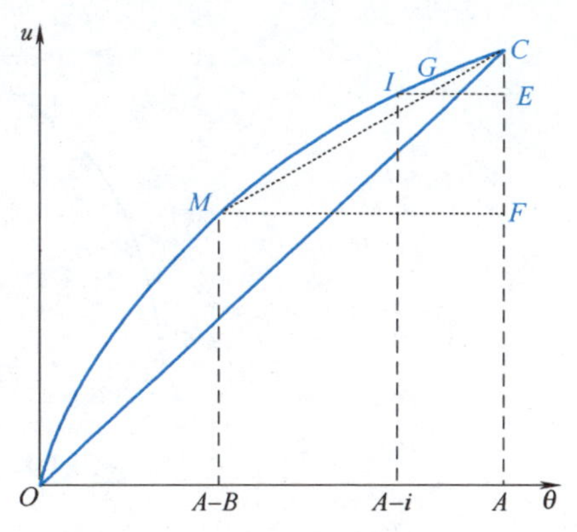

图 9-7 火灾保险的效用曲线

不妨取等号。显然，$p_1>p_2$。同样数目的保险金，人们愿意在低于火灾发生的客观概率即 p_1 的条件下投保。保险公司本可在收保险金 $i'=Bp_2$ 即可收支相抵的条件下而收取用户 $i=Bp_1$ 元，$\Delta i=i-i'$ 即被保险公司赚进，用作管理费用或盈利。

例如某企业在 $p_1=0.001$ 的条件下，投保 500 万元财产，交保险金 0.001×500 万元 $=0.5$ 万元即可使保险公司收支相抵。为简单计，如若发生火灾，假设财产完全损失，即 $B=A$。实际上，企业却愿按高于 p_1 值如 $p_2=0.002$ 交付，$i'=0.002\times500$ 万元 $=1$ 万元，此时保险公司将盈利 1 万元 -0.5 万元 $=0.5$ 万元，而投保户同样感到满意。保险业务在互利情况下得到发展。

例 9-9 某公司计划开发某种新产品，现有 A，B，C 三种设计方案，市场的未来预测有畅销、平销、滞销三种可能，在每种自然状态下各方案的收益如表 9-1 所示。求依期望效用最大的原则所作出的决策。

表 9-1 开发新产品的三种方案的收益值

市场状态 / 收益 / 方案	畅销 概率 0.3	平销 概率 0.5	滞销 概率 0.2
A	25	15	−10
B	20	16	0
C	8	6	5

求解步骤如下：

首先，我们将各收益值归一化，令 $x_{ij}=\dfrac{\theta_{ij}-\theta_*}{\theta^*-\theta_*}$，如 $x_{11}=\dfrac{\theta_{11}-(-10)}{25-(-10)}=1$，假设决策者的效用曲线的模式为 $u(x)=c+b\ln(x+a)$，依此得出方案可能的结果值所对应的效用值，如图 9-8 所示。

各收益值所对应的效用值如表 9-2 所示。

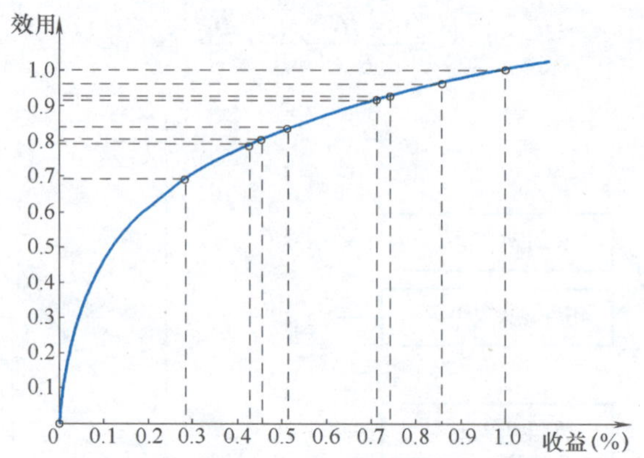

图 9-8 新产品开发的效用曲线

表 9-2 各收益值所对应的效用值

收益	-10	0	5	6	8	15	16	20	25
x	0	0.29	0.43	0.46	0.51	0.71	0.74	0.86	1
u	0	0.69	0.79	0.81	0.84	0.92	0.93	0.96	1

根据表中数据及期望效用值的定义 $E(A_i)=\sum_{j=1}^{n}u_{i,j}p_j(i=1,2,3)$，各个方案的期望效用值为

$$u(A)=u(25)\times 0.3+u(15)\times 0.5+u(-10)\times 0.2=0.7582$$
$$u(B)=0.89$$
$$u(C)=0.81$$

所以，方案 B 为最优。从本案例可以看出，该决策者属于风险厌恶型，其决策较为保守，对损失更加敏感，倾向于稳妥的方案。

9.4 主观期望效用值理论

关于概率的处理，是期望效用值理论中一个引起争论的问题。这主要涉及主观概率与客观概率。

9.4.1 主观概率与客观概率

概率的定义可分为两类：主观概率和客观概率。客观概率是指建立在等可能性基础上的古典概率和建立在大量重复试验基础上的统计概率。古典概率建立在“等可能性”这个比较原始概念的基础之上，如果一个事件 A 可以划分为 M 个后果而这些都属于 n 个两两互不相容且等可能的事件所构成的完备事件组，则事件 A 的概率等于 $p(A)=M/n$。概率的统计定义是从大数实验中事件出现的频率出发的，在不变的条件下重复进行实验，观察事件 A 的发生或不发生，这样可看出事件 A 的发生是服从某种稳定规律的。如 n 表示在 N 次独立重复实验中事件 A 的发生次数，频率值 n/N 在 N 充分大时几乎保持固定的数值。实验次数越多，观察到的偏差越小，事件 A 出现的频率即可视为概率，即

$$p(A)=\lim_{N\to\infty}\frac{n}{N}$$

客观概率在自然科学和工程技术领域应用非常广泛，但也有它的一些缺陷：

（1）古典定义在考虑复杂问题时会遇到困难。许多场合能否符合等可能性就成问题。

（2）对于统计定义：

1）概率是频率的“极限”，很难估计一个精确值。

2）所采用的样本常不清楚。如开车出现车祸的概率，指哪一时间段？哪一地域？哪种类型的车？

3）精确重复的概念有问题。如掷硬币真正是完全重复，那么它应产生同样的结果。这就引出了不确定源的问题。到底是来自内部世界还是外部世界，答案和每个人的世界观密切相关。有人认为存在不可避免的不确定性，有人则排斥真正的随机性。

拉姆斯、菲拉迪、萨维奇等提出了和客观概率相对应的主观概率的概念，认为概率所反映的是主观心理对事件发生所抱有的“信念程度”（Degree of Beliefs），它既适应于重复事件，也适应于像战争是否爆发这类单一事件。大量的研究成果说明，概率主观估算不仅有效，而且比没有这种估算要更可取得多。因此，主观概率应同客观概率一样被应用，尤其在经济决策、项目决策等问题上，主观概率有其用武之地。

主观概率和人们对此不确定事件的认识（知识）有关，概率的确定相当于其知识状态的反映。如甲乙两人做游戏，拿一长一短两根火柴，甲每次出一根，乙猜这根火柴是长还是短。如已进行过6次，第一次为短，其余均为长，第七次出短的概率为多少？尽管第七次出长出短理应独立于前六次的结果，但乙会根据对甲性格的了解以及前五次甲出长的结果估计下一次出短的概率应大于0.5。在这种场合，人们对事件实际发生的概率作出符合他们对事件发生可能性认识的直觉判断，称为主观概率。

人们常常根据长期积累的经验以及对预测与决策事件的了解，从而对事件发生的可能性大小作主观估计。不同的人员对同一事件发生的可能性有不同的相信程度，因此，主观概率出现的答案可能会多种多样。

主观概率与客观概率一样，必须满足概率的三条基本公理。设$p(A_i)$为事件A_i发生的主观概率，则它们满足：

（1）$0\leqslant p(A_i)\leqslant 1$。

（2）$p(\Omega)=1$，Ω为样本空间。

（3）若$A_i\cap A_j=\varnothing$，$i\neq j$，i，$j=1$，2，…，即A_i，A_j为互斥事件，则

$$p\left(\sum_{i=1}^{\infty}A_i\right)=\sum_{i=1}^{\infty}p(A_i)$$

主观概率与客观概率的主要区别是，主观概率无法用实验或统计的方法来检验它的正确性。例如，在某项投标中，一个投标者认为他提出的报价中标的可能性是90%，失标的可能性为10%；而另一个投标者，在完全相同的情况下，则认为中标的可能性为70%，失标的可能性为30%。对于这两种主观概率估计是无法断言哪个正确的，即使中标了也如此。尽管二者的含义不同，但在实用中两者仍有密切联系。按古典概率和统计概率定义求得的客观概率可以作为判定主观概率的基础。如根据统计数据，4000次火警中有1000次错报，则消防人员判断火警错报的主观概率可能就据此定为0.25，即使上述猜火柴长短的情况，判

断第 7 次出长的可能性较大，但仍然考虑到客观概率为 0.5 这个“等可能性”的情况。如果有两根长火柴，一根短火柴，则可能作出另一种判断。可以说，客观概率是判断主观概率所依据的重要知识。

主观概率虽不具有客观概率那样的可检验性，但在许多经济项目的预测和决策中，又是不可缺少的一种常用方法，特别是在历史资料既不齐全又不适用的条件下，常常采用主观概率法进行预测和决策。

9.4.2 主观概率的判断

为了使主观概率的概念能够实用，萨维奇提出了参考事态体的概念以判断事件的主观概率。以例说明：

问题：产品 A 下季度销售量大于 3000 台的概率是多少？

设计两个事态体：

L_1：产品 A 下季度销量≥3000 台，盈利 1 万元；销量 < 3000 台，盈利 2000 元。

L_2：一个袋子里有 100 只球，设其中有红球 50 只，白球 50 只。摸出红球，得 1 万元，摸出白球，得 2000 元。此即参考事态体。

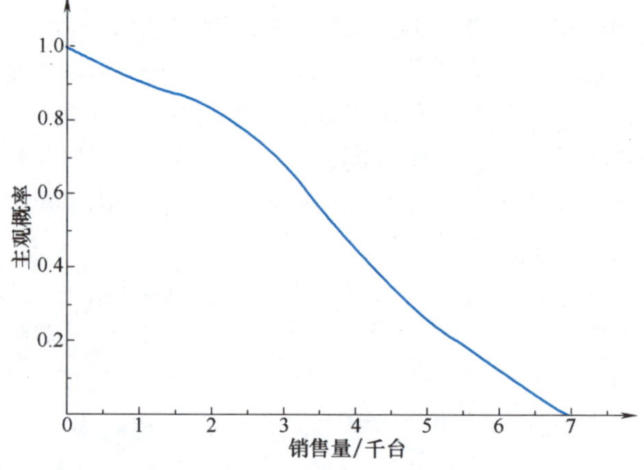

图 9-9 主观概率分布曲线

判断者在这两种事态体之间进行辨优，并作出抉择。如果此人根据已掌握的销售情况，相信有 50% 以上的可能性销售量会大于 3000 台，那他将会选择事态体 L_1。此时，我们下一步变动红白球的组成，如 80 只红球，20 只白球，形成新的参考事态体。这时，判断者可能会选择 L_2，意味着他认为销售量大于 3000 台的概率不会超过 80%。然后减少红球的数目，直到出现一种参考事态体，判断者认为和事态体 L_1 等价。设此时红球数为 r，表明 $r+1$ 个红球时判断者将选择 L_2，$r-1$ 个红球时将选择 L_1，在两事态体等价时红球出现概率为 $r/100$，即反映了判断者对于现实生活中出现该事件的相信程度，此即主观概率。

在本例中，如选定的参考事态体由 70 只红球，30 只白球组成，则表示判断者认为下季度产品 A 的销量大于 3000 台的概率为 0.7。这个过程可以继续下去，以判断销售量超出其他数量的概率，如按同样步骤得出销量超过 1000 台、2000 台、4000 台、5000 台的主观概率分别为 0.9，0.85，0.45，0.25，则可绘出如图 9-9 所示的概率分布曲线。

除上述方法外，还有一种估计主观概率的方法，称为专家咨询法。这种方法类似于 Delphi 法，即把要估计的概率和相关资料，聘请有经验的专家进行评估，填写有关表格。待专家评估后，再作适当的数据处理，即可得到主观概率的估计值。

此时，主观期望效用值表达式为

$$\sum_{i=1}^{n} f(p_i)u(x_i) \tag{9-9}$$

$f(p_i)$ 为主观概率。

这样，我们把决策准则从期望收益值推广到期望效用值，再推广到了主观期望效用值。

9.5 前景理论

前景理论（Prospect Theory）也称展望理论或KT理论，是由诺贝尔经济学奖获得者卡尼曼（D. Kahneman）与特沃斯基（A. Tversky）于20世纪70年代提出的解决风险决策问题的分析方法。KT理论挑战了传统的期望效用理论关于市场的各参与主体在不确定条件下进行决策时，以期望效用最大化为准则的理论假设，指出在心理因素的影响下，人在面对不确定性进行决策时，往往会出现系统性错误而偏离经济学的最优行为假定模式。因而，人在面对未来不确定性进行决策时并不总是理性的。他们通过实验说明，人们在有风险的前景下作出的选择，与期望理论的基本原则并不一致。从而给出了“前景理论”体系分析人们的实际决策过程，其中“前景”指的是各种风险结果。

9.5.1 期望理论与实际决策的不一致

传统经济学一直以“理性人”为理论基础，通过一个个精密的数学模型构筑起完美的理论体系，期望效用理论也不例外。这些模型没有从人自身的心理特质、行为特征出发，去揭示影响选择行为的非理性心理因素。因此，期望效用值准则进行决策往往与实际决策相背离。卡尼曼、特沃斯基、奚恺元、萨勒等教授通过大量实验证明了这一点，并给出了风险决策下多数人的实际决策行为。

一个人如果对于确定的期望（x）和任意期望值为 x 的风险前景更倾向于前者的话，那么他是风险厌恶的。在期望效用理论中，风险厌恶等同于效用函数中凸的部分。在通常忽视风险性决策的情况下，风险厌恶是普遍的。这使得以前18世纪时的决策理论中认为，效用是金钱的凸函数，这个思想在现在的研究中仍被保留。在下面的部分中，我们通过列举一些实验，从确定效果、反射效果和分离效果三个方面说明实际决策是如何违背期望理论决策问题准则的。

1. 确定效果

在决策过程中，人们的一些没有经过深思熟虑就得到的结果，可能往往仅是通过与已知的确定事件的结果相比较而得到的。这种偏好叫做确定效果（Certainty Effect），它导致了在确定收益下的风险厌恶和确定损失下的寻求风险。

实验1：

Case Ⅰ有两个选择：A. 有33%的机会得到2500元，66%的机会得到2400元，另外1%的机会什么都没有；B. 确定得到2400元。你会选择哪一个呢?

实验结果：有82%的受访者选择B。

Case Ⅱ有两个选择：C. 有33%的机会得到2500元，67%的机会什么都没有；D. 有34%的机会得到2400元，66%的机会什么都没有。你会选择哪一个呢?

实验结果：83%的受访者选择C。

比较以上两个问题可知，根据期望效用理论，Case Ⅰ的偏好为 $u(2400)>0.33u(2500)+0.66u(2400)$ 或 $0.34u(2400)>0.33u(2500)$，其中 $u(.)$ 为效用函数。Case Ⅱ的偏好却是

0.34u(2400)<0.33u(2500)，这明显违反预期效用理论。

2. 反射效果

若考虑损失，可以发现个人对收益和损失的偏好刚好相反，称为反射效果（Reflection Effect）。个人在面对损失时，有风险偏好的倾向，对于收益则有风险厌恶的倾向。这和期望效用理论并不一致，可以看出个人注重的是相对于某个参考点的财富变动而不是最终财富值的预期效用。

实验2：

Case Ⅰ有两个选择：A. 肯定赢450元；B. 50%的可能性赢1000元，50%的可能性一无所得。你会选择哪一个呢？

实验结果：大部分人选择A，即人们表现为风险厌恶。

Case Ⅱ有两个选择：C. 肯定损失450元；D. 50%的可能性损失1000元，50%的可能性没有损失。你会选择哪一个呢？

实验结果：大部分人选择D，即人们表现为风险偏好。

人在面临获得时，往往小心翼翼，不愿冒风险；而在面对损失时，人人都成冒险家了。因此并不一定按照期望效用值的准则进行决策。

3. 分离效果

人们通常会忽视在考虑过程中所有预期的组成要素。这种偏好叫做分离效果（Isolation Effect），它导致了在不同情况下相同选择结果的不一致。

实验3：在赌局的第一个阶段，有75%的概率得不到任何奖品而出局，只有25%的概率可以进入第二阶段。到了第二阶段又有两个选择：一个选择是有80%的概率得到4000元，另外一个选择是确定得到3000元。从整个赌局来看，有20%（25%×80%）的概率得到4000元，有25%的概率得到3000元。对于这个两阶段赌局的问题，有78%的受访者选择得到3000元。但现在的问题是：20%的概率得到4000元和25%的概率得到3000元，大部分人会选择前者。由此可知，在两阶段的赌局当中，人们会忽略第一个阶段而只考虑第二个阶段的选择，即有短视（Myopia）的现象。在此情况下，人们面临的是一个不确定的前景（Prospect）和一个确定前景。若只考虑最后的结果和概率，人们面临的则是两个不确定的前景。虽然这两种情况的预期值相同，但是由于各人不同的分解方式，会得到不同的偏好。

9.5.2 前景理论框架

卡尼曼和特沃斯基提出的前景理论更注重对收益和损失的价值分配，而不是对最终资产价值的分配，因此用价值函数来表示效用的概念，并用决策权重取代事件的概率。

前景理论将个人风险决策过程分为两步，先是编辑阶段，之后是评价阶段。编辑阶段是对所给前景的简单分析，产生一个前景描述。第二阶段，评价编辑过的前景，然后选择最大有效值的前景。之后对编辑阶段进行概括，提出一个评价的基本模型。其中，前景理论中的前景是指某个决策面临的自然状态的概率及对应的收益值，其实就是9.2节中的事态体，不同之处是：前景的表示方式更为简洁，体现了风险决策的特点。即，前景$T=(\theta_1, p_1; \theta_2, p_2; \cdots; \theta_n, p_n)$和事态体$T=(\theta_1, p_1; \theta_2, p_2; \cdots; \theta_n, p_n; 0, q)$是一样的，其中$q=1-\sum_{i=1}^{n} p_i$。

也就是说，在解决风险型决策问题的前景理论中，为了表示方便，后果值为0及后果值为0的概率不在前景中体现。比如，事态体（300，0.8；100，0.1；0，0.1）用前景（300，0.8；100，0.1）来表示，更为简洁。

1. 编辑阶段

编辑阶段将给定前景的后果值和概率进行转化，主要步骤如下：

（1）编码（Coding）。编码是为了确定前景中的 θ_i 的值。人们通常关注的是收益和损失，而不是财务或福利的最终状态。收益和损失的定义与选择的参考点有关。参考点通常对应的是当前的资产值，即真实获得或付出的收益或损失。然而，参考点的位置及（根据此位置进行的）编码与所选择的前景的形式和决策者的期望有关。

（2）组合。简化前景，例如（200，0.25；200，0.25）可简化为（200，0.5），然后用这个形式进行评价。

（3）分离。在编辑过程中，一些前景中毫无风险的因素会被有风险的因素所分离对待。前景（300，0.8；100，0.2）可自然地分解为一个确定的收益100和一个有风险的前景（100，0.8）。同样的，前景（-400，0.4；-100，0.6）可直接看做一个确定的损失100和一个前景（-300，0.4）。

上述步骤适用于每个独立的前景，而下面的步骤适用于一组或者更多的前景。

（4）简化。为了简化选择，人们通常会忽视选项中共同的部分，专注于它们之间的不同。即，对于给定前景中相同的部分会被人们所忽视，因此可删除掉前景中共同的部分。比如，通过删除前景（200，0.20；100，0.50；-50，0.30）和（200，0.20；150，0.50；-100，0.30）中相同的部分，决策问题可简化为（100，0.50；-50，0.30）和（150，0.50；-100，0.30）间的选择。

有时还需通过对概率或结果的取整对前景进行简化。例如，前景（101，0.49）可以被记做（100，0.50）。简化中的重要一步还包括对基本上不可能产生的后果值的排除。还有一个可能需要的步骤是通过过滤给定的前景，从那些没有得到进一步评价就被拒绝的前景中发现优势备选方案。

2. 评价阶段

编辑阶段之后，决策者需要从编辑后的前景中选出有最高值的一项，这个过程称为评价阶段。该理论由两个主要部分组成：即“概率权重函数” π 和“价值函数” v，π 和 v 共同决定了常规前景的所有价值。

首先，设一个编辑过的前景的总价值为 V（V 可用 π 和 v 来表示）。用 $\pi(p)$ 来表示对于概率为 p 的简单事态体，其决策权重为 $\pi(p)$，它反映了 p 在期望总值上的影响。其次，对于每个结果 x，用 $v(x)$ 来反映结果的主观价值。大家知道结果的确定与参考点有关，这个点相当于权值中的零点。因此，v 用来衡量收益和损失与参考点之间的差距。

将前景形式（x，p；y，q；0，$1-p-q$）简写为（x，p；y，q），即一个人以概率 p 获得 x，以概率 y 获得 q，以 $1-p-q$ 获得0，$p+q \leqslant 1$。当结果全部为正时，即 x，$y>0$ 且 $p+q=1$ 时，一个给定的前景严格为正的。当结果全部为负时，前景也是严格为负的。当前景既不是严格为正的，也不是严格为负的时候，那么这个前景是常规的。

如果（x，p；y，q）是一个常规前景（也就是说，$p+q<1$，或 $x \geqslant 0 \geqslant y$，或 $x \leqslant 0 \leqslant y$），那么这个前景的价值为

$$V(x,p;y,q)=\pi(p)v(x)+\pi(q)v(y) \tag{9-10}$$

其中，$v(0)=0$，$\pi(0)=0$，$\pi(1)=1$。在效用理论中，V 是定义在前景上的，而 v 是定义在结果上的。当 $V(x,\ 1)=V(x)=v(x)$ 时，这两个值同时出现在确定前景中。

如果放宽期望准则（Expectation principle）条件，等式（9-10）可推导出期望效用理论。对于这个问题公理性的分析可参考 K T 理论的相关文献，其中说明了保证等式（9-10）成立的 π 存在且唯一的条件以及 v 存在的条件。

严格正和严格负的前景的等式遵循另一个规则。在编辑阶段，这种前景被分解为两部分：①无风险部分，即确定的最小收益或者损失；②风险部分，即实际风险中额外的收益或损失。对于这类前景的评价，用下面这个等式来计算

如果 $p+q=1$ 且 $x>y>0$ 或 $x<y<0$，那么

$$V(x,p;y,q)=v(y)+\pi(p)[v(x)-v(y)] \tag{9-11}$$

上式说明，一个严格正的或严格负的前景等于无风险的部分加上结果的价值差乘以更极端结果的权重。例如，

$$V(400,0.25;100,0.75)=v(100)+\pi(0.25)[v(400)-v(100)]$$

等式（9-11）的基本特征是，$v(x)-v(y)$ 这个差值有一个决策权重，它代表了前景中的风险部分，但是 $v(y)$ 并没有权重，它代表了无风险部分。我们注意到，等式（9-11）的右边等于 $\pi(p)v(x)+[1-\pi(p)]v(y)$。因此，如果 $\pi(p)+\ \pi q=1$，那么等式（9-11）可以被简化成等式（9-10）。

下面详细分析式（9-10）中价值函数 $v(x)$ 和概率权重函数 $\pi(p)$。

（1）价值函数。价值函数反映了一个最早由马科维茨（1952）提出的观点，即认为结果的效用不依赖于结果的绝对财富水平，而依赖于该结果究竟是收益还是损失。Edwards 提出用更普通的权重替代概率，这个模型在许多实证研究中都有所涉及。Fellner 也提出过类似的模型，他用决策权重的概念解释了人们对模糊不确定的规避与厌恶。Dam 曾经尝试按比例规定决策权重。其他对期望效用理论的评价分析和替代性的选择模型，可参考 Allais，Coombs，Fishburn 和 Hansson 的相关文献。前景理论则用价值函数来表示效用的概念，此价值函数不是财富的函数，而是收益或损失的函数，或者说主观价值的载体是财富的变化，并且这种变化依赖于与参考点的偏离程度。这一假设是前景理论的核心。

应该从两个方面来考虑价值，一方面是资产价值被当做参考点，另一方面是参考点变动的大小。打个比方，一个人对于钱的态度可以用一本书来描述。书的每一页代表价值函数对于特定点的变化：随着资产的增长，它们会变得更线性。但是，前景的选择并不会因为资产点很小甚至微弱的变化而产生巨大的转变。例如，对大多数人来讲，在一个很宽的资产值的范围内，前景（1000，0.5）等价于 300 到 400。因此，价值用函数表达，函数在通常情况下给出的是一个符合条件的近似值。

上述关于价值函数形状的假设是基于无风险情景下人们对收益的反应得到的。我们猜想风险决策与上述价值函数也有共同点，用下面两个实验来说明。其中 N 表示被试者（受访者）总数，第一个［］中的数表示选择第一个方案的被试者的比例（%），第二个［］中的数表示选择第二个方案的被试者的比例（%）。

实验 4：（6000，0.25）和（4000，0.25；2000，0.25）

$N=68$　　　[18]　　　[82]

实验4′：(-6000, 0.25) 和 (-4000, 0.25; -2000, 0.25)

$N=64$ [70] [30]

应用式（9-10），对于多数人而言，可得 $\pi(0.25)v(6000)<\pi(0.25)[v(4000)+v(2000)]$ 和 $\pi(0.25)v(-6000)>\pi(0.25)[v(-4000)+v(-2000)]$，得出 $v(6000)<v(4000)+v(2000)$ 和 $v(-6000)>v(-4000)+v(-2000)$。这个选择结果与价值函数的假设相一致，即函数中收益的部分是凸的，损失的部分是凹的。

对待福利态度中的一个明显特征是，损失带来的影响比获益要大。一个人经历损失一大笔钱所带来的痛苦值要比赢得相同数目的钱带来的快乐值要大。事实上，大多数人发现，同样的形式 $(x, 0.5; -x, 0.5)$ 的赌注明显地不吸引人。比外，对于对称平等的赌注的厌恶增加了下注值。就是说，如果 $x>y\geqslant 0$，那么 $(y, 0.5; -y, 0.5)$ 要优于 $(x, 0.5; -x, 0.5)$。代入等式（9-10）中，有 $v(y)+v(-y)>v(x)+v(-x)$ 和 $v(-y)-v(-x)>v(x)-v(y)$。如果 $y=0$，则 $v(x)<-v(-x)$。我们可推导出，当 y 趋近于 x 时有 $v'(x)<v'(-x)$（$v'(x)$ 是对 $v(x)$ 求导，这个公式可以从 $v(x)<-v(-x)$ 中推导出来，假如 $v'(x)$ 存在的话）。因此，价值函数对于损失的部分要比收益部分更陡峭。

总之，我们提出价值函数有如下特征：①定义为相对于某个参考点的偏离程度；②通常对于收益是凸的，对于损失时凹的；③损失比收益部分更陡峭。图9-10显示了一个满足上述条件的价值函数。我们注意到，设想的S形的价值函数在参考点最陡，这与Markowitz在效用函数中推导出的那一点是浅而平的形成鲜明对比。

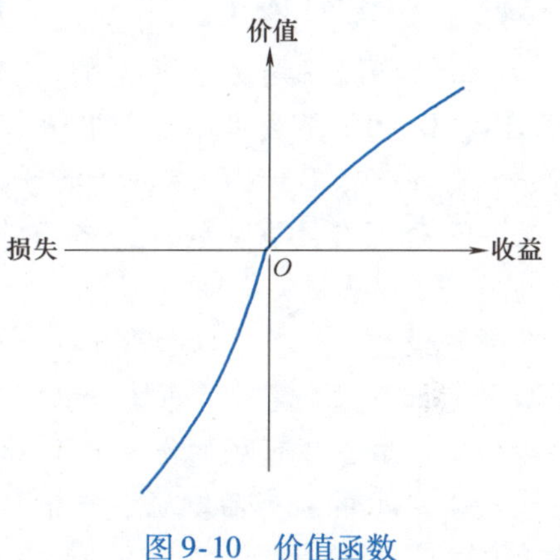

图9-10 价值函数

前景理论在实际中的衡量远比效用理论要复杂得多，因为其中还要涉及决策的权重，称其为概率权重函数，简称为权重函数。例如，即便价值函数是线性的，权重函数也可以产生风险厌恶和风险偏好。

（2）概率权重函数。

其一，概率的权重水平是反映人们风险态度的一种方式（如果你讨厌赌博，那么你会对任何获胜机会都赋予一个较小的权重）。

其二，$\pi(p)$ 与给定概率 p 相关联。π 是 p 的增函数，$\pi(0)=0$，$\pi(1)=1$。这就是说，一个不可能发生的事件的结果被忽略了。

其三，$\pi(p)$ 在低概率下通常有着过高的权重。这就是说，对于小的 p 来说，$\pi(p)>p$。考虑下面的选择问题。

实验5：(5000, 0.001) 或 (5)

$N=72$ [72]* [28]

实验5′：(-5000, 0.001) 或 (-5)

$N=72$ [17] [83]*

可以注意到，在实验5中，人们更倾向于彩票实际生效的值，而不是彩票的期望值。另一方面，在实验5′中，人们更倾向于一个较小的损失，这可以被看做所付的保险费，而不倾向于小概率的较大损失。在当前的这个理论中，实验5的彩票的选择显示出 $\pi(0.001)v$

(5, 000) > v(5)。因此，假设价值函数是收益的凸函数，$\pi(0.001) > v(5)/v(5,000) > 0.001$。在假设价值函数是损失的凹函数时，实验 5′中愿意支付的保险同样可以得出相同的结论。

其四，$\pi(p)$ 在区间（0，1）上的斜率用来反映人们对概率变化的敏感程度。人们在概率范围的边界上，即在 0 与 1 附近的概率变化，要比在中间位置上更为敏感，那么曲线 $\pi(p)$ 就会提高低概率的权重并降低高概率的权重，如图 9-11 所示。

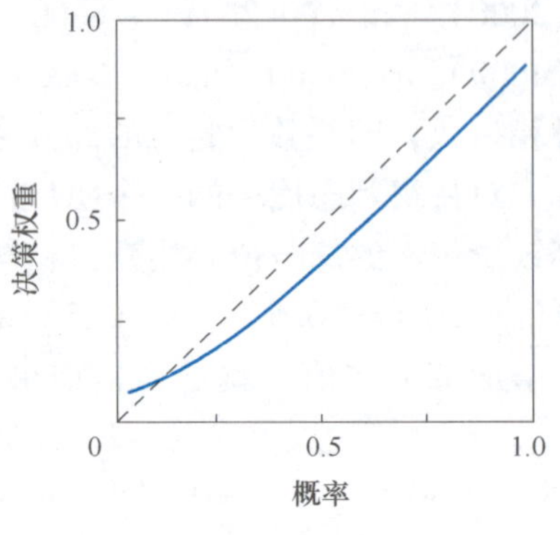

图 9-11　权重函数

图 9-11 说明，人们倾向于高估低概率事件和低估高概率事件，而在中间阶段人们对概率的变化不敏感。也就是说，人们对那些在很大程度上不可能发生的事情赋予了很多的权重，人们的行为好像夸大了概率；而对那些很有可能发生的事情却赋予了低权重，人们的行为好像又低估了概率。

【案例 9-1】　收购 DSOFT 公司

Polar 和 ILEN 是两个最大的生产和销售数据库软件的公司，他们一直都在谈判收购 DSOFT。DSOFT 是数据库软件市场中排名第三的大公司。Polar 拥有的世界数据库软件的市场份额为 50%，ILEN 拥有的市场份额为 35%，DSOFT 拥有的市场份额为 10%，还有其他几个小公司拥有数据库软件的市场份额为 5%。Polar 的金融和市场分析员估计 DSOFT 的市值为净值 3 亿美元。

通过最初的谈判，DSOFT 已经表明他们将不会接受 3 亿美元以下的价格转让。Polar 的 CEO 雅各布·普拉特（Jacob Pratt）认为，收购 DSOFT 将使 Polar 成为数据库软件行业的主导者，并使数据库市场的份额达到 60%。此外，雅各布知道，DSOFT 一直在开发一个具有巨大利润潜力的新产品。雅各布估计这个新产品将对 DSOFT 的市值净增加 3 亿美元的可能性为 0.50，市值净增加 1.5 亿美元的可能性为 0.30，或者对净值增加没有任何影响的可能性为 0.20。

为了使事物简单化，雅各布决定考虑三种有关可能购买 DSOFT 的策略选择：①出 4 亿美元的“高价格”；②出 3.2 亿美元的“低价格”；③根本不予以考虑。如果他追求第三种策略（不购买），那么，雅各布肯定 ILEN 将收购 DSOFT。如果 Polar 打算收购 DSOFT（要么“高价格”，要么“低价格”）。雅各布认为 ILEN 会进一步增加价格。他不确定在这种情况下，ILEN 将会出何种价格收购 DSOFT，但他作出了以下几个可能结果的最佳估计。ILEN 将会增加 Polar 出价的 10%，其可能性为 0.30，出价 20% 的可能性为 0.40，出价 30% 的可能性为 0.30。如果 ILEN 打算以这种价格收购 DSOFT，那么雅各布需要决定他是否将出最终的价格收购 DSOFT。他的想法是在 ILEN 出了一个数目以后，Polar 要么退出竞争，要么出价参与竞争，要么高于 ILEN 所出价格 10% 的最终价格。如果 Polar 和 ILEN 所出价格相同，雅各布估计 DSOFT 接受 Polar 最终价格的可能性为 0.40；然而，如果 Polar 所出的价格数目高于 ILEN 所出数目的 10%，那么雅各布估计 DSOFT 将会接受 Polar 提供的最终价格的可能性为 0.60。

问题：求解 Polar 的最优决策策略。

（资料来源：Bertsimas D, Freund R M. 数据，模型与决策［M］. 李新中，译. 北京：

中信出版社，2004：39-40）

本章小结

1. 期望收益值　期望收益值成为决策分析发展过程中提出最早和应用最广泛的一种准则。收益值往往采用货币单位。当然，也可采用货币以外的定量单位。期望收益值为标准的决策方法，适用于如下几种情况：①概率的出现具有明显的客观性质，而且比较稳定；②决策不是解决一次性问题，而是解决多次重复的问题；③决策的结果不会对决策者带来严重后果，即决策的风险较小时可用。

2. 事态体　具有两种或两种以上的可能结果的方案（行为）称为事态体，其中的各种可能结果为依一定概率出现的随机事件。

3. 效用　方案的某个后果值对决策主体所能提供的作用或价值称为效用，强调决策主体主观的满意程度，因此，同样的后果对不同的决策者自然可以有不同的效用。即使是同一决策者，在不同的环境下对同一结果的主观体验也可能不同。

4. 主观概率　人们对事件实际发生的概率作出符合它们对事件发生可能性认识的直觉判断，称为主观概率。

5. 前景理论决策步骤　前景理论将个人风险决策过程分为两步，先是编辑阶段，之后是评价阶段。编辑阶段是对所给前景的简单分析，产生一个前景描述。第二阶段，评价编辑过的前景，然后选择最大有效值的前景。之后对编辑阶段进行概括，提出一个评价的基本模型。

6. 价值函数　展望理论中的价值函数为S形，其中收益的部分是凹的，损失的部分是凸的。价值函数的特征有：①定义在参考点的偏差；②通常对于收益是凹的，对于损失时凸的；③损失比收益部分更陡。

7. 权重函数　展望理论认为，概率的权重水平是反映人们风险态度的一种方式；权重函数的曲率反映了人们对概率差异的敏感程度。如果人们在概率范围的边界上——在0和1附近的概率变化——要比在中间位置上更为敏感，那么权重函数曲线就会提高低概率的权重并降低高概率的权重。

思考与练习

1. 概念题：

（1）无差关系；（2）偏好关系；（3）效用函数；（4）事件的事态体表示

2. 期望收益值作为决策的准则有什么不足？试以例说明。

3. 什么是效用函数？试叙述如何确定效用函数。

4. 试以购买彩票为例来解释假设9-2（连续性）。

5. 某零售商准备外出组织货源，有关资料经预测列于表9-3。通过对该零售商的提问得：$u(3250)=1$，$u(2050)=0$，$u(2200)=0.5$，并基本确定其效用函数为

$$u(x)=\alpha+\beta\ln(x+\theta)$$

（1）用期望收益值准则求行动方案。

（2）求解该零售商对此决策问题的效用函数。

（3）用期望效用值准则求行动方案。

（4）对两种准则的决策结果进行对比分析。

表 9-3　某零售商采购数据表

方案＼状态	S1	S2	S3	S4
	0.2	0.4	0.3	0.1
A1	2500	2500	2500	2500
A2	2350	2750	2750	2750
A3	2200	2600	3000	3000
A4	2050	2450	2850	3250

6. 设某甲面临一种事态体：先付60元进行一次掷硬币的博弈，若出现正面则赢160元，若出现反面则一无所获，即有事态体（100，－60；0.5）。设甲依期望效用值准则行事，且其效用函数为

$$u_A(x)=\begin{cases}4x+60 & x<-20\\ x & x\geqslant -20\end{cases}$$

乙也依期望效用值准则行事，其效用函数为

$$u_B(x)=\begin{cases}3x+60 & x<-30\\ x & x\geqslant -30\end{cases}$$

其中 x 为收益。

（1）试分析两人是否会参加此项博弈。

（2）假设甲愿意承担此项博弈费用的40%，乙愿承担余下的60%。若赢，甲得64元，乙得96元。此时双方是否会联合参加此项博弈？

7. 某人的经济收益在－50元与300元之间。为了测定他的效用曲线，特进行了如下对话：

问："如果有两个方案 a_1 与 a_2，方案 a_1 为以0.5的概率获300元收益和0.5的概率获－50元收益（即亏损50元），方案 a_2 为以1的概率获125元的收益。请问你喜欢哪一种方案？"

答："喜欢选择 a_1 方案。"

问："把方案 a_2 改为以1的概率获多少元收益时，你认为方案 a_1 与 a_2 等价？"

答："195元。"

问："如果方案 a_1 为以0.75的概率获300元收益和0.25概率获－50元收益，方案 a_2 为以1的概率获多少元收益时，你认为方案 a_1 与 a_2 等价？"

答："255元。"

问："如果方案 a_1 改为以0.25的概率获300元收益和0.75的概率获－50元收益，方案 a_2 为以1的概率获多少元收益时，你认为方案 a_1 与 a_2 等价？"

答："方案 a_2 为以1的概率获125元收益时，方案 a_1 与 a_2 等价。"

问："如果方案 a_1 为以 p 的概率获300元收益和 $1-p$ 的概率获－50元收益，方案 a_2 为不盈不亏。如果 $p=0.05$，你喜欢方案 a_1 还是方案 a_2？"

答："选择方案 a_1。"

问："如果 $p=0.01$ 呢？"

答："选择方案 a_2。"

问："如果 $p=0.03$ 呢？"

答："选择方案 a_1。"

问："如果 $p=0.02$ 呢？"

答："选择方案 a_1 与 a_2 均可。"

问："如果方案 a_1 为以0.5的概率获125元收益和0.5概率不盈不亏；那么方案 a_2 为以1的概率获多少元收益时，方案 a_1 与 a_2 等价?"

答："80元。"

假定 $u(300)=1$，$u(-50)=0$。

（1）根据上述对话，你能求出效用曲线上的哪些点？画出它的效用曲线。

（2）根据所作出的效用曲线找出150元的效用值。多少元的收益其效用值为0.6?

（3）该决策者是属于保守型还是冒险型?

第10章 单目标决策分析

决策目标只有一个的决策问题称为单目标决策。按照对自然状态发生概率的了解程度的不同，可将单目标决策分为风险型决策、非确定型决策和概率排序型决策等。

风险型决策问题的自然状态有两种或两种以上，各自然状态出现的可能性（概率）是已知的（即可以通过某种方法确定下来）；非确定型决策问题的自然状态也有两种或两种以上，但各自然状态出现的概率是完全未知的；概率排序型决策则介于上述两者之间，其特征是：各自然状态的出现概率并非完全已知，亦非完全未知，而是知道关于各自然状态出现概率的大小排序这一信息。

【案例 10-1】

设某厂已决定生产一种新产品，有下列三个方案可供选择：A_1——建立新车间大量生产；A_2——改造原有车间，达到中等产量；A_3——利用原有设备，小批试产。市场对该产品的需求情况存在如下四种可能：①需求量很大因而畅销；②需求量偏好；③需求稍差；④需求量很小因而滞销。各自然状态下的后果值（每月利润，单位：万元）如表 10-1 所示。

表 10-1 某厂新产品开发后果值表

方案	市场需求情况			
	畅销 p_1	偏好 p_2	稍差 p_3	滞销 p_4
A_1	85	40	-2	-43
A_2	54	37	11	-14
A_3	24	24	12	0

情况一：若上述四个自然状态出现的概率 p_1，p_2，p_3，p_4 是已知的，则属于风险型决策问题；

情况二：若上述四个自然状态出现的概率 p_1，p_2，p_3，p_4 是完全未知的，则属于非确定型决策问题；

情况三：若上述四个自然状态出现的概率 p_1，p_2，p_3，p_4 是未知的，但知道各自然状态出现的概率大小排序，比如 $p_2 \geqslant p_3 \geqslant p_1 \geqslant p_4$，则属于概率排序型决策问题。

对于上述三种不同的单目标决策问题应如何进行决策？显然，由于所掌握的信息不同，所以会有不同的解决办法。本章首先给出对一般决策问题进行分析的思路，然后在此基础上进一步介绍风险型决策、非确定型决策和概率排序型决策问题的具体求解方法。

10.1　风险型决策分析

10.1.1　风险型决策分析的基本思想

风险型决策问题的分析思想可以遵循如图 10-1 所示的分析步骤。

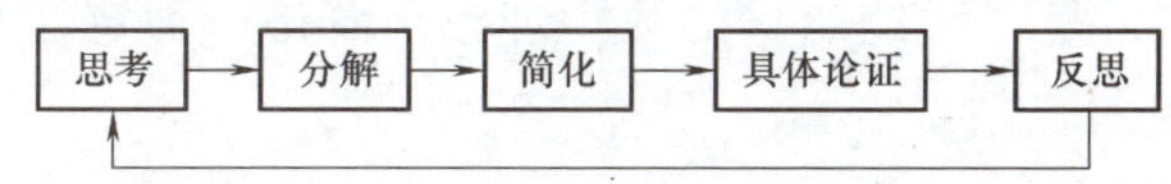

图 10-1　风险型决策问题分析步骤

在决策的实践中，决策者都要进行两类工作：对决策信息的收集和处理工作以及对决策问题的思考工作。许多决策者往往把大部分时间和精力放在对决策信息的收集和处理上，缺乏对问题本质的思考，使得决策的效果很差。所谓对决策问题的思考，就是考虑决策问题的性质和结构，掌握决策工作的正确方向，确保对问题始终能做到心中有数。在此基础上，先考虑收集什么信息，如何进行处理，最后再去进行信息的收集和处理，这将会收到事半功倍的效果。

分解和简化是具体论证工作的基础，对最终决策结论的有效性有至关重要的影响，不妨统称为对问题的分析。分析问题的一般程序是：

（1）将问题分解为若干要素，包括备选方案、可能的后果、可能后果对于决策者的效用等，分解的详细程度应根据问题的规模和分析的要求而定。

（2）对各要素进行逐一的研究和探索，弄清楚每一个要素的内容。

（3）将分解的各个要素重新综合起来，从相互之间的联系中再进行研究和探索，尤其是要研究要素间的主要联系，在此基础上弄清楚问题的来龙去脉。在分解问题时，应当抓住问题中的主要的要素和要素间的主要联系，这就是简化问题。在决策问题中，主要的要素包括：备选方案、可能发生的不确定性后果、不同后果对决策者的效用等。

具体论证是分解和简化工作的必要补充，它是在上述工作基础上进行的。其内容是对前面工作所拟定的、有限的和最重要的备选方案及其可能的后果对于决策者的主观效用进行具体论证，以便对各个方案作出符合决策主体目的的排序。具体论证可分为若干轮来进行。第一轮称为一次分析，此时决策者仅对最重要的备选方案和可能的结果进行具体论证。若第一轮分析结果尚不够满意，决策者可根据时间和信息收集的可能性来决定是否进行第二轮分析。在二次分析中，将次重要的备选方案和可能的结果考虑进来进行分析。如果二次分析的结果还不够满意，根据条件还可进行三次分析、四次分析等，直至找到相对满意的结果为止。

在上述四个阶段的工作完成之后，决策的结论已初步形成。但在某种程度上，决策的结论依赖于决策者对可能后果的主观的预测和判断，也依赖于收集到的信息的质量。所以，决策者回过头来对决策问题以及自己已做的工作进行反思也是非常必要的。这包括：①找出分析过程中不符合逻辑思维规律的环节。②根据手头新掌握的信息来修正原来的一些预测结论。③确定下一步分析工作的重点。实际上，反思工作不论在论证工作终了之时、在各轮论证之间，还是在对问题的思考和分析中都是非常必要的，它能把整个决策分析过程有机地结合起来，使之成为一个逐步深入的循环往复的过程，其成效如何对于决策结论的合理性、有效性有着重要影响。反思越是细致和严谨，决策的结论就越能经得起时间的考验。

总之，决策分析是由简至繁、由浅入深、逐步完成的一个多轮分析的过程。每一轮分析都依赖于前一轮分析的结果，分析的细致和广泛程度取决于分析结果的满意程度、时间和信息收集的可能性，因此决策分析是一种动态分析。同时，决策分析强调决策者的经验和思考、认知的心理过程等一些主观因素在决策过程中的作用和影响，并有意识地纠正认知过程中的不良因素，因此它不是一种纯定量的数学理论，而是一种定性与定量相结合的分析方法。

10.1.2 风险型决策问题的数学模型

设有 m 个备选方案 A_1，A_2，…，A_m，n 种自然状态 S_1，S_1，…，S_n，其相应的出现概率记为 p_1，p_2，…，p_n，方案 A_i 在自然状态 S_j 下的后果值为 θ_{ij}，则这 m 个备选方案可用事态体表示

$$A_i=(\theta_{i1},\cdots,\theta_{in};p_1,\cdots,p_n),i=1,2,\cdots,m$$

对此风险型决策问题，下面主要分析采用期望值准则和最大可能性准则进行决策。

1. 期望值准则决策方法

由于各种方案在不同的自然状态下后果值不同，所以决策者必须考虑各种不同结果对决策带来的影响。期望值准则决策的基本方法为：首先根据后果值表及各自然状态出现的概率计算不同方案的期望收益值，然后从期望收益值中选择最大的值所对应的方案即为所选方案。各方案的期望收益值计算公式为

$$E(A_i)=\sum_{j=1}^{n}p_j\theta_{ij},i=1,2,\cdots,m$$

其中，$E(A_i)$ 为第 i 个方案的期望收益值，m 个备选方案中期望收益值最大的方案即为最终的决策方案。

若在决策中除了考虑期望收益值外，进一步考虑决策者对风险的态度，还可采用期望效用值准则来进行决策，即

$$E(H_i)=\sum_{j=1}^{n}p_jq_{ij},i=1,2,\cdots,m$$

式中，$E(H_i)$ 表示第 i 个方案的期望效用值；$q_{ij}=u(\theta_{ij})$，其中 $u(\cdot)$ 为该决策者的效用函数，q_{ij} 表示对应于后果值 θ_{ij} 的效用值。

根据期望值准则，$E(H_i)$ 最大的方案即为最终的决策方案。

例如在引例中，若已知 $p_1=0.4$，$p_2=0.35$，$p_3=0.15$，$p_4=0.10$，则可计算出各方案的期望收益值为

$$E(A_1)=0.4\times85\text{ 万元}+0.35\times40\text{ 万元}+0.15\times(-2)\text{ 万元}+0.1\times(-43)\text{ 万元}=43.4\text{ 万元}$$

$$E(A_2)=0.4\times54\text{ 万元}+0.35\times37\text{ 万元}+0.15\times11\text{ 万元}+0.1\times(-14)\text{ 万元}=34.8\text{ 万元}$$

$$E(A_3)=0.4\times24\text{ 万元}+0.35\times24\text{ 万元}+0.15\times12\text{ 万元}+0.1\times0\text{ 万元}=19.8\text{ 万元}$$

根据期望值准则，方案 A_1 即为所选方案。

2. 最大可能性准则决策方法

最大可能性准则是以概率论知识为基础，即认为事件发生的概率越大，在一次试验中出现的可能性就越大，因此选择概率最大的自然状态进行决策，也就是说，在决策中将其他概

率较小的自然状态予以忽略，然后比较各方案在概率最大的自然状态下的收益值，收益值最大的方案即为所选方案。

仍以案例10-1为例，因为自然状态畅销出现的概率 $p_1=0.4$ 最大，而在畅销的状态下，方案 A_1 的收益值（85万元）最大，所以根据最大可能性准则，选择方案 A_1。

需要说明的是：如果在一组自然状态中，某一状态出现的概率显著高于其他自然状态出现的概率，而收益值差别又不很大时，采用最大可能性准则决策方法效果较好。但如果自然状态较多，各自出现的概率相差不大，不同方案的收益值差别又较大时，采用这一准则就不一定能取得好的效果，有时甚至会导致严重失误，这时还需视具体情况作具体分析。

以上即为单目标风险型决策问题的数学模型及基本求解思路，但在具体的决策实践中，怎样合理地应用此模型并在有限的条件下得到最理想的方案才是决策的关键和难点。在实际问题到数学模型的转化过程中，特别需要注意以下几个问题：

（1）应该考虑多少种自然状态？或者说，应该考虑哪些影响方案结果不确定性的因素。

（2）如何得到各自然状态的概率 p_j？

（3）如果涉及的决策问题不是简单的一次性决策，而是多次决策，那么复杂的多级决策问题如何解决？

10.1.3 风险型决策问题的分析方法

1. 一次分析

一个一般的决策问题有 m 个备选方案和 n 种自然状态，其中最为常见、最为简单的是称之为“基本决策问题”的一类问题。在这类问题中，决策者只需在如下两个方案中作出选择：一个是确定型方案（即其实施的结果是确定的），另一个是风险型方案。例如，某企业打算开发一项新产品，企业经理面临的是这样一种选择：是开发新产品还是继续生产原有产品？继续生产原有产品的方案基本上是确定性的方案，其盈利数是一笔确定的收入；而开发新产品则具有风险性，它可能会成功，从而给企业带来高额利润，但也可能失败，造成企业赔本甚至破产。这就是一个基本决策问题。

下面我们通过一个具体的例子来给出解决该类问题的思路。

例10-1 某公司预测市场上将要流行一种新产品，公司决定进入该市场。现在有两种方案供选择：

方案 A_1：直接购买某国外品牌的零部件，组装后贴牌生产。

方案 A_2：自行研发该产品。

试确定应该选择哪种方案。

对方案的初步分析表明，影响决策最重要的因素是：方案 A_1 是购买成熟的零部件，不需自行研发，风险较小，但成本较高；方案 A_2 由于自己持有知识产权，成本较低，可获得较大的收益，但却要承担产品研发失败的风险。在这样的考虑下，分析人员进一步得到以下信息：

（1）若选择方案 A_1，三年内将稳获收益1000万元，是确定型方案。

（2）对于方案 A_2，新产品开发成功的概率为 $p=0.7$，扣除开发费用，三年内可获得收益3800万元；但也有可能开发失败，投资的1000万元开发费用将付诸东流。

该问题可通过决策树来进行分析。决策树的一般图形如图10-2所示。图中方框表示决策节点；由决策节点向右端引出的若干条直线称为方案枝，每条直线代表一个方案；在方案枝的末端有一个圆圈，称为状态节点；由状态节点向右端引出的若干条直线称为概率枝，每条直线代表一个自然状态及其可能出现的概率；概率枝末端连接的三角形称为结果节点，用来表示不同自然状态下的损益值。

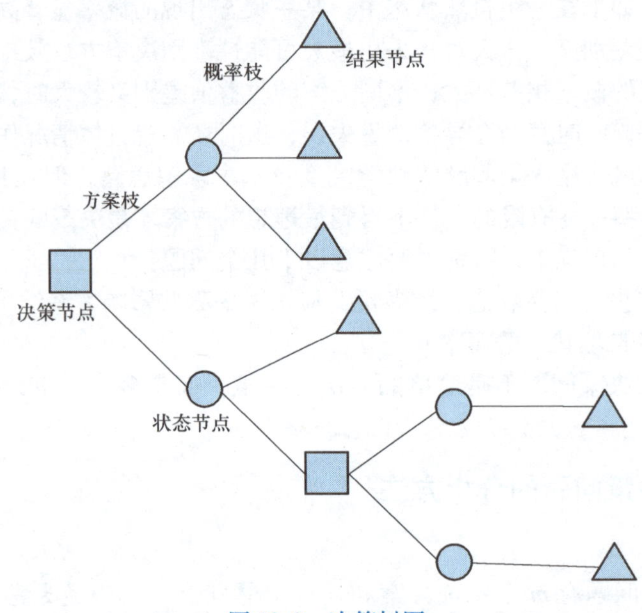

图 10-2　决策树图

利用决策树进行分析时，是按照从右向左的顺序逐步展开，根据右端的期望收益值（或期望损失值）的大小对不同的方案进行选择，在删除的方案枝上画上“//”，最后留下的方案即为最优方案。下面结合例 10-1 来说明决策树的具体应用。

首先根据例 10-1 的相关资料可绘制如图 10-3 所示的决策树。

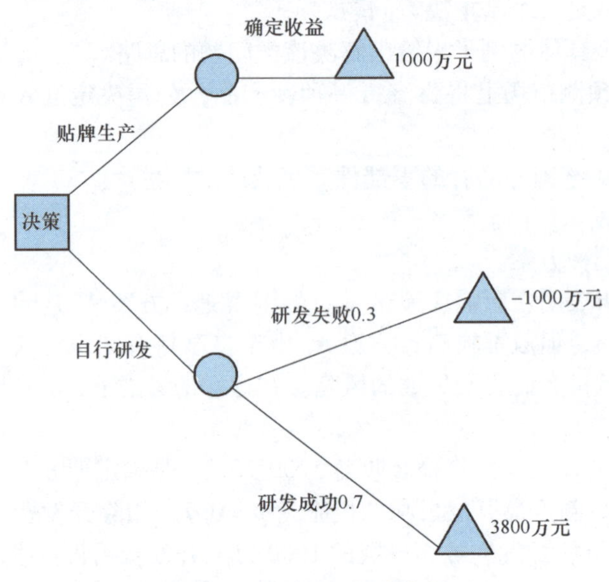

图 10-3　例 10-1 的决策树

方案 A_1 只有一种确定的自然状态，是一个确定型方案，其收益值 $\theta_1=1000$ 万元。方案 A_2 的结果是不确定的，有两个可能的情况发生（即两种自然状态）：研发成功和研发失败。这两种自然状态发生的概率分别为 $p=0.7$ 和 $1-p=0.3$，各自然状态下的后果值分别为 $\theta_{21}=3800$ 万元，$\theta_{22}=-1000$ 万元。如果以期望收益值作为决策准则，则

$$E(A_1)=1000\text{ 万元}$$

$$E(A_2)=0.3\times(-1000)\text{万元}+0.7\times3800\text{ 万元}=2360\text{ 万元}$$

显然应选择方案 A_2。

如果以期望效用值作为决策准则，此处，假设该决策者是风险偏好型（见9.3节），则对于方案 A_2，其两个后果值3800万元和 -1000万元分别为最好及最差，按照上一章中效用函数的定义，显然其效用值分别为1和0，即 $U(\theta_{21})=1$，$U(\theta_{22})=0$。对于方案 A_1，后果值 θ_1 的效用值较小，不妨假设 $q_1=u(\theta_1)=0.22$，则有

$$E(H_1)=0.22$$

$$E(H_2)=0.3\times0+0.7\times1=0.7$$

显然还是应选择方案 A_2。

这里再次指出，q 的选择和求得从形式上看是主观的产物，但它却是基于一系列客观因素之上的。首先，q 的大小同贴牌生产所获得的利润额的高低有关。一般来讲，此利润额越高，q 的值也越大。但两者并非绝对地按正比例变化，因为 q 的值还受其他因素影响。其次，如果企业目前的经营状况良好，研发能力较强，则贴牌生产的迫切性就较小，此时即使 q 较高，决策者也未必会接受贴牌生产方案。反之，当企业面临环境压力（如市场竞争等）较大，q 值较低时决策者也可能会接受贴牌生产方案。因此，随着决策者所处环境（产品、市场、企业经营状况、资源等）的变化，其无差概率也在不断变化。

从以上的一次分析中不难看出，所作的分析还是非常笼统的，决策者仅是对最基本的决策要素进行了分析，简化了许多不确定的因素。在一次分析工作结束之后，决策者应对本阶段的工作进行一番反思，重点是对 p 和 q 的检验。要考虑一下这两者是否合理，是否符合客观实际。如果答案是肯定的，则一次分析的结果便可得到确立。

2. 二次分析

如果时间和信息收集工作允许的话，决策者还可以考虑将更多的因素纳入到分析之中，即对决策问题进行二次分析，尤其是当此项决策工作比较重要的时候。例如，在一次分析中我们假定产品的销售不成问题，但实际情况并不总是如此。任何产品在进入市场后都会有畅销、滞销等可能性。若将销售因素考虑到决策问题之中，便得到了例10-1的二次分析。

假设经过信息收集，决策者又得到以下信息：

（1）该产品上市后有可能遇到两种市场反应：产品畅销，概率为0.8；市场滞销，概率为0.2。

（2）对于方案 A_1，若产品畅销，可获利1000万元；若产品滞销，可获利800万元。

（3）对于方案 A_2，如果开发成功，产品上市后畅销时可获利3800万元，而产品滞销时也可获利2500万元。但如果开发失败，公司将丧失进入该市场的机会，并且损失1000万元的开发成本。

在一次分析的基础上，我们将这些信息画在决策树中，如图10-4所示。

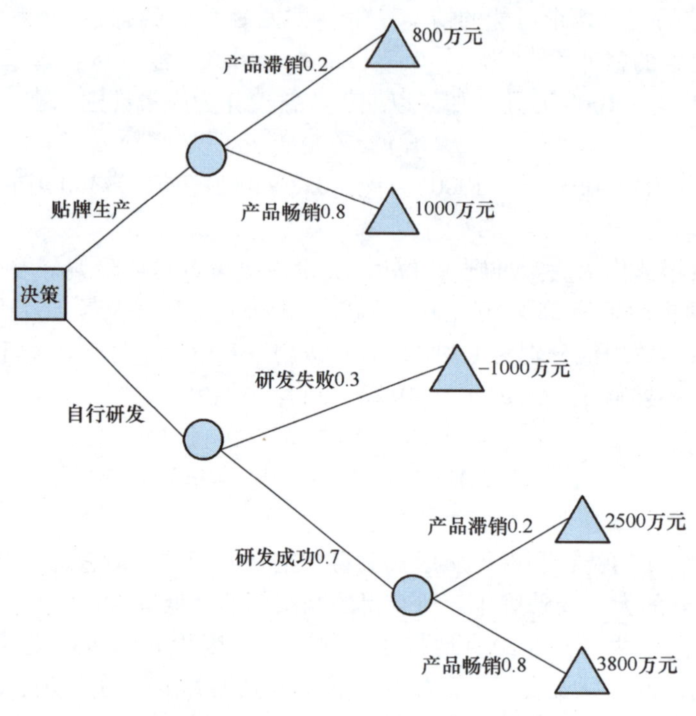

图 10-4　例 10-1 二次分析的决策树

此时，两个方案均是不确定的风险型方案，共有五个可能的后果值。如果以期望收益值作为决策准则，则有

$$E(A_1)=0.2\times800\text{ 万元}+0.8\times1000\text{ 万元}=960\text{ 万元}$$

$$E(A_2)=0.3\times(-1000)\text{万元}+0.7\times(0.8\times3800\text{ 万元}+0.2\times2500\text{ 万元})=2178\text{ 万元}$$

注意：在方案 A_2 中最终自然状态的发生概率是根据概率论中的乘法定理得到的，如自行研发成功后遇到产品畅销的市场的概率为 0.7×0.8。

如果以期望效用值作为决策准则，与一次分析时相同，利用上一章中的方法，假设得到其效用值分别为

$$u(-1000)=0,\ u(800)=0.2,$$

$$u(1000)=0.22,\ u(2500)=0.5,\ u(3800)=1$$

则有

$$H(A_1)=0.2\times0.2+0.8\times0.22=0.216$$

$$H(A_2)=0.3\times0+0.7\times(0.8\times1+0.2\times0.5)=0.63$$

两种准则下，均应选择方案 A_2，这也肯定了在第一次分析中的结论。这说明第一次分析中考虑的研发因素的确是影响方案至关重要的因素。实际上，本例中若设产品畅销的概率为 p，则

$$E(A_1)=(1-p)\times800\text{ 万元}+p\times1000\text{ 万元}=(800+200p)\text{万元}$$

$$E(A_2)=0.3\times(-1000)\text{万元}+0.7\times[p\times3800\text{ 万元}+(1-p)\times2500\text{ 万元}]=(910p+1450)\text{万元}$$

因为 $p\in(0,1)$，显然对任意 p 均有 $910p+1450>800+200p$，换句话说，在任何市场状况

下方案 A_2 均优于方案 A_1。实际上，采用期望效用准则也可以得到同样的结论，这进一步表明一次分析中考虑的因素是决定性的。

但有时二次分析的结论也可能与一次分析相违背，这说明在一次分析中考虑的因素并不是影响决策的决定性因素，或者我们对问题的简化并不合理，此时应以二次分析的结论为准。例如，如果国家政策有可能禁止销售次品（如排放超标的汽车），则一次分析中如果忽略此因素显然是不合适的。这时应重新进行一次分析，否则二次分析中包含的此因素将导致其与一次分析矛盾。

而且，如果一次分析、二次分析的结论还不令人满意，遵循前述步骤，在时间和信息允许的条件下，将更多的因素纳入考虑的范围，还可以进行三次分析、四次分析等，直到找出相对满意的方案。

以上讨论的是两个方案的情形，对于有多个方案的决策问题，如双风险方案多中间结果的决策问题等，其基本的分析方法是相同的。

10.1.4　多级决策问题的分析方法

决策问题中还有一类常见的是本节要讨论的多级决策问题。所谓多级决策问题，是指在决策者面临的备选方案中，某一个或几个方案的条件结果值有一部分为未知，尚待另一个决策作出之后才能知道，而这另一个决策可能又依赖于别的决策……这种一个决策依赖于一个决策的决策问题我们称之为多级决策问题。

从原理上讲，多级决策问题的分析并无更多和更新的内容，只不过是以单个决策问题的分析方法为基础并将它们组合在一起而已。它在很大程度上取决于决策问题的具体特征。下面仅用一个简单的例子来说明其基本思路。

例 10-2　企业在参加一项工程的招标时所面临的两项决策如下：

第一项决策：是否参加工程招标单位的第一轮初选？这时有两个方案：

（1）不参加初选，这样自然对企业没有任何影响。

（2）参加初选，其结果是落选或中选。如落选，则除了花费一笔投标的准备费用外没有产生任何结果；如中选，决策者又面临着第二项决策。

第二项决策：为了在第二轮投标中取胜，企业需要为招标单位提供比竞争对手更优惠的服务。考虑到企业目前的备用生产能力不足以压倒竞争对手，就有必要从正在进行日常生产的那部分生产能力中抽出一部分来为招标服务。这样做的结果是两方面的，其一是使中标的概率增大，其二是企业完不成生产任务，需要废除一部分已签订的合同，从而带来损失。因此，第二项决策也有两个备选方案：①废除一部分合同，这时的两个可能的结果是：或者在第二轮中中标，从而可用承包工程所得收益补偿退货损失；或者在第二轮不中标，其损失包括退货损失和准备费用的损失。②不退货，两个可能的结果是：或者在第二轮中中标，这样既可取得承包工程的收益，又避免了退货损失；或者在第二轮中不中标，此时企业没有退货损失，只是花费了准备费用而已。自然，不退货时中标的概率将小于退货时中标的概率。

我们将该决策问题各个方案的损失和收益总结如下：

R_0：企业按原计划生产可获得的收益；

R_W：企业获得承包合同可获得的收益；

C_1，C_2：企业在第一、第二轮中参选所需的费用；

C_3：企业废除原生产计划的一部分合同所导致的损失。

将上述信息画在决策树中，如图 10-5 所示。

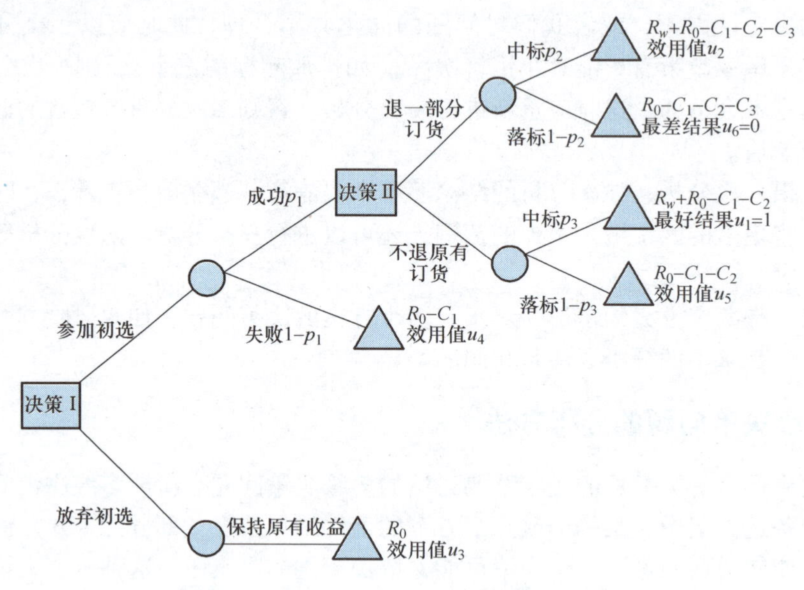

图 10-5　例 10-2 二级决策问题的决策树

该决策问题中包含了两个相互影响的决策：投标决策（决策 I）和退货决策（决策 II）。前者近似于基本决策问题，只是原来的最好结果节点由退货决策节点所代替。后者是个双风险决策问题，其中退货方案的风险较大。显然，只有当 $p_2 > p_3$ 时才有研究的必要。

显然，初选成功，并且在不退原有订货的情况下最终中标是最理想的结果，将获得最大收益 $R_W + R_0 - C_1 - C_2$；而参加初选成功且退一部分原有订货之后却在最终的投标中落选是最差的结果，其收益仅为 $R_0 - C_1 - C_2 - C_3$；其他中间结果收益情况如图 10-5 所示。因为决策者的目的是收益的最大化，各个可能后果值的效用值显然有以下关系

$$u_1 > u_2 > u_3 > u_4 > u_5 > u_6,\ u_1 = u(\theta^*) = 1, u_6 = u(\theta_*) = 0$$

效用值的计算不再赘述，此处假定 $u_2 = 0.9$，$u_3 = 0.65$，$u_4 = 0.6$，$u_5 = 0.2$，且分析人员经过研究得出 $p_1 = 0.6$，$p_2 = 0.76$，$p_3 = 0.65$。

决策 I 的备选方案所包含的一个可能后果依赖于决策 II。决策 II 是一个典型的一次性风险型决策，“退一部分订货”与“不退原有订货”两个方案的期望效用值分别为

$$E(H_{21}) = u_2 p_2 + u_6(1 - p_2) = 0.684$$

$$E(H_{22}) = u_1 p_3 + u_5(1 - p_3) = 0.72$$

显然我们应选择不退原有订货参加第二轮招标的方案。此时，决策 II 拥有了一个具有“确定”的期望效用的“后果”，其期望效用值为 $E(H_{22}) = 0.72$。将相关结果反映在决策树中，如图 10-6 所示。

这样，多级决策问题转化成了基本决策问题。从图 10-6 中可以看出：参加初选的期望

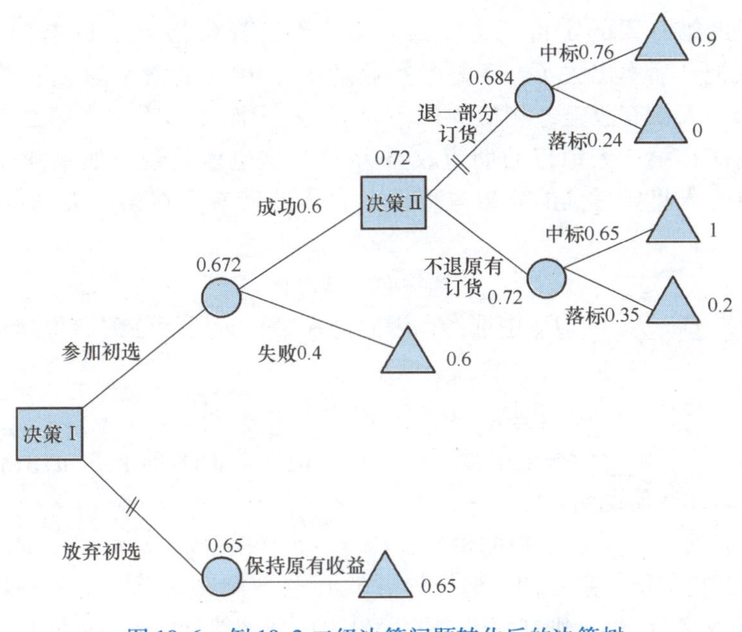

图 10-6 例 10-2 二级决策问题转化后的决策树

效用值为0.672，大于放弃初选的效用0.65。所以本多级决策问题的结论是：参加初选，当初选成功时，不退原订货继续参加第二轮投标。另外，从图中可以看出，本决策问题实际上是一个动态的决策过程，所以在对多级决策问题进行分析时，需要有动态的分析思想。

需要指出的是：在上述分析过程当中，中间结果效用值 u_2，u_5 和概率 p_1，p_2 的确定是根据问题开始之前（即决策Ⅰ开始时）所掌握的信息来进行估计的。随着时间的推移，当决策Ⅱ成为现时决策而需要决策者作出选择时，决策者可以而且也应该根据新的情况重新估计 u_2，u_5，p_1，p_2 并作出新的决策。

我们再来讨论一个产品定价方面的例子。

例 10-3 假定某人有一件商品要在两天之内出售，他在每一天的早上需要确定当天的产品价格，即需要两次确定价格；价格的范围是 $P_1 < P_2 < \cdots < P_N$。如果价格为 P_k，那么一天中能卖出此件商品的概率为 λ_k，于是此人的任务是要确定该商品第一天、第二天的价格各是多少，以使他能得到的收益（为简单计，此处不考虑成本）最大。

读者容易画出此问题的决策树，此处不再画出。

与前面的原理相同，先考虑第二天的定价问题。如果商品已在第一天卖出，第二天就不存在定价问题了。假定商品在第一天没有卖出去，持有人在第二天确定的价格是 P_k，有两种可能：一是卖出去了，其概率为 λ_k，相应的收益为 P_k；二是没有卖出去，其概率为$1-\lambda_k$，相应的收益为0。于是他的期望收益为 $\lambda_k P_k$。而持有人可以在价格 P_1，P_2，$\cdots$，P_N 中选择，因此他在第二天所面临的定价问题也就是下面的极值问题

$$V_2 \overset{\text{def}}{=\!=} \max_{k=1,2,\cdots,N} \{\lambda_k P_k\}$$

这样，比较这 N 个值，选择其中的最大者即可。

现在再来考虑第一天的定价问题。如果第一天选择价格 P_k，则有两种可能的结果：第一种是第一天把产品卖出去了，于是获得收益 P_k，相应的概率为 λ_k；第二种是第一天没有卖出去，第一天没有收益，相应的概率为 $1-\lambda_k$，而商品需要在第二天再卖。由上面的分析可知，商品在第二天销售的期望收益为 V_2，这也就是说，如果商品在第一天没有卖出去，那么持有人将要得到的期望盈利为 V_2。因此持有人在第一天确定价格 P_k 的期望盈利为

$$\lambda_k P_k + (1-\lambda_k)V_2$$

而持有人可在价格 P_1，$P_2 \cdots$，P_N 中选择，因此他在第一天所面临的定价问题也就是以下的极值问题

$$V_1 \underline{\underline{\text{def}}} \max_{k=1,2,\cdots,N}\{\lambda_k P_k + (1-\lambda_k)V_2\}$$

尽管以上的极值问题比前一个稍微复杂一点，但在前面求得了 V_2 的值后，也就容易求解了。下面给出具体数值说明。

假设此持有人有三个可供选择的价格：$P_1=5$ 元/件，$P_2=8$ 元/件，$P_3=10$ 元/件，通过市场调查分析获得如下信息：如果选择价格 5 元/件，则在一天中能卖出去的概率为 $\lambda_1=0.8$；如果选择价格 8 元/件，则在一天中能卖出去的概率为 $\lambda_2=0.6$；如果选择价格 10 元/件，则在一天中能卖出去的概率为 $\lambda_3=0.4$。

此时第二天的决策问题为

$$\begin{aligned} V_2 &= \max\{\lambda_1 P_1, \lambda_2 P_2, \lambda_3 P_3\} \\ &= \max\{5\times 0.8, 8\times 0.6, 10\times 0.4\} \\ &= \max\{4, 4.8, 4\} = 4.8 \end{aligned}$$

应选择第二个价格 $P_2=8$ 元/件，相应的期望收益是 4.8 元。

而第一天的决策问题为

$$\begin{aligned} V_1 &= \max_{k=1,2,3}\{\lambda_k P_k + (1-\lambda_k)V_2\} \\ &= \max\{5\times 0.8+4.8\times 0.2, 8\times 0.6+4.8\times 0.4, 10\times 0.4+4.8\times 0.6\} \\ &= \max\{4.96, 6.72, 6.88\} \\ &= 6.88 \end{aligned}$$

因此第一天的最优价格为第三个价格 $P_3=10$ 元/件。

于是，持有人的最优策略是：第一天定为最高价 10 元/件，如果第一天没有卖出去，则在第二天定为中间价格 8 元/件。在这样的策略下，他能获得的期望收益为 6.88 元。

上面的最优策略中，第二天的价格比第一天的低。实际上，一般来说商品的价格随着时间的推移，总是越来越低的。有兴趣的读者可以考虑，对于上面的一般的问题来说，在什么样的条件下，第一天的价格高于第二天的价格。

上面考虑的是一个简单的定价问题，下面的考虑稍微复杂一点。假定持有人拥有三件同样的商品，他要在两天之内把它们卖出去。每天能卖出去的商品的数量是不确定的，且与价格有关。经过市场调查，他获得在价格 P_k 下一天能卖出 j 件商品的概率为 λ_{kj}，如表 10-2 所示。如表中 $P_1=5$ 元/件这一行右边的四个数据分别表示在价格为 5 元/件的条件下，每天能卖出 0 件、1 件、2 件、3 件的概率分别为 0.1，0.3，0.5，0.1。

表 10-2 不同定价下商品售出的概率

价格 (P_k)/(元/件) \ 概率 (λ_{kj})	λ_{k0}	λ_{k1}	λ_{k2}	λ_{k3}
$P_1=5$	0.1	0.3	0.5	0.1
$P_2=8$	0.2	0.5	0.3	0.0
$P_3=10$	0.6	0.4	0.0	0.0

容易想象，对于第二天的定价问题，我们所定的价格应与手头还剩余的商品数量 i 有关，而由于第一天中所能卖出的商品数量是不确定的，第二天手头的商品数量可以是 0，1，2，3 中的任何一个。如果手头的商品数量为 i 选择价格为 P_k，则期望收益为 $\sum_{j=0}^{i} jP_k\lambda_{kj}$ 。

由于卖出的商品数量不能超过第二天手头剩余的商品数量，于是所面临的决策问题是以下极值问题

$$V_2(i) \overset{\text{def}}{=\!=} \max_{k=1,2,\cdots,N} \sum_{j=0}^{i} jP_k\lambda_{kj}$$

因为期望收益与所拥有的商品数量 i 有关，所以要用一个与 i 有关的记号 $V_2(i)$ 来表示第二天拥有 i 件商品时的最大期望收益。

代入相应的数据，即可求得拥有不同商品数量时的最优价格。如 $i=2$，则

$$\begin{aligned} V_2(2) &= \max_{k=1,2,3}\{P_k\lambda_{k1}+2P_k\lambda_{k2}\} \\ &= \max\{5\times0.3+2\times5\times0.5, 8\times0.5+2\times8\times0.3, 10\times0.4\} \\ &= \max\{6.5, 8.8, 4\} \\ &= 8.8 \end{aligned}$$

第二天拥有 2 件商品时的最优价格为 $P_2=8$ 元/件。同理，可计算得到当 $i=1$ 时的最优价格为 $P_2=8$ 元/件或者 $P_3=10$ 元/件，相应的最大期望收益为 $V_2(1)=4$ 元；当 $i=3$ 时的最优价格为 $P_2=8$ 元/件，相应的最大期望赢利为 $V_2(3)=8.8$ 元。

类似地，可以得到第一天的定价决策问题为

$$V_1(i) \overset{\text{def}}{=\!=} \max_{k=1,2,\cdots,N} \sum_{j=0}^{i} [jP_k\lambda_{kj} + (1-\lambda_{kj})V_2(i-j)]$$

式中和式的一般项表示，如果定价为 P_k，则卖出 j 件的概率为 λ_{kj}，此时的收益为 jP_k，还剩下 $i-j$ 件商品留给第二天卖，其期望的收益是 $V_2(i-j)$。

代入数据计算可以得到

$$\begin{aligned} V_1(3) &= \max_{k=1,2,3}\{(1-\lambda_{k0})V_2(3)+P_k\lambda_{k1}+(1-\lambda_{k1})V_2(2)+ \\ &\quad 2P_k\lambda_{k2}+(1-\lambda_{k2})V_2(1)+3P_k\lambda_{k3}\} \\ &= \max\{24.08, 23.04, 16.8\} \\ &= 24.08 \end{aligned}$$

所以，当第一天拥有三件商品时的最优价格为 $P_1=5$ 元/件。.

类似地，可以得到

$$V_1(2)=\max\{17.22, 17.84, 9.92\}=17.84$$

$$V_1(1)=\max\{4.1, 7.2, 5.6\}=7.2$$

于是当第一天拥有两件或一件商品时的最优价格均为 $P_2=8$ 元/件。

直观地来说，拥有的商品越多，所定的价格就应该越低。

无论在实际工作还是理论研究中，产品的定价决策问题还常常与商品的存储问题、促销（广告）、供应链管理等问题结合起来考虑，那就更为复杂了。

10.2 非确定型决策

非确定型决策问题是指，对于决策方案实施后可能遇到的自然状态，虽然能够对其类型进行估计，但由于种种原因无法知道每一类型出现的概率。在此条件下，要求对几种可行方案进行对比分析，选出最终决策方案。一方面，这类问题在社会和经济活动中常常会遇到，有其实际意义；另一方面，在一般情形下，各自然状态出现的概率往往是相当不确定的，人们希望检验不掺杂任何对概率预测的决策。这样，需要单独制定一套分析方法和原则，使这种本来不可能精确求解的问题可以获得相对比较可靠的结论。

非确定型决策问题区别于风险型决策问题之处在于：在风险型决策问题中，各自然状态的出现概率是已知的，而在非确定型决策问题中，自然状态的出现概率是完全未知的。本节介绍非确定型决策问题的分析方法和原则。

在非确定型决策问题的研究中，主要是确定衡量方案优劣的准则。准则一旦确定，问题便不难得到解决。从不同的角度出发，可以确定不同的决策准则，从而得到不同的决策方法，其决策结果也不见得一致。至于具体应该选用哪一种准则，要视具体情况和决策者的态度而定。

设有一非确定型决策问题如下：有 m 个备选方案 A_i，$i=1$，$2\cdots$，m；自然状态有 n 个，分别为 S_1，S_2，$\cdots$，S_n。当出现的自然状态为 S_j 时，采用方案 A_i 的后果值为 θ_{ij}，$i=1$，2，$\cdots,m$；$j=1$，$2\cdots n$，θ_{ij}可以是实际后果值，也可以是后果值的效用值。各方案可表示为 $A_i(\theta_{i1}\theta_{i2},\cdots\theta_{in})$，$i=1$，$2\cdots$，$m$，试确定这 m 个方案何者为最优。

我们将介绍五种决策准则来处理这类非确定型决策问题。

10.2.1 悲观准则

这种准则是指决策者考虑由于决策失误可能造成重大的经济损失，因此在进行决策时就比较小心谨慎，对方案的选择持保守态度，决策者设想采取任何一个方案都是收益最小的状态发生，然后再从这些最小收益值中选出最大者，与这个最后选出的最大收益值相对应的方案便是决策者选定的方案。也称最小最大准则。

若用 $f(A_i)$ 表示采取方案 A_i 时的最小收益，即

$$f(A_i)=\min\{\theta_{i1},\theta_{i2},\cdots,\theta_{in}\},i=1,2,\cdots,m$$

则满足

$$f(A_*)=\max_{1\leqslant i\leqslant m}f(A_i)$$

的方案 A_* 为最终方案。

例 10-4 某企业有三种扩大生产方案，产品的市场需求量有高、中、低之分，其收益情况（单位：万元）如表 10-3 所示。

表 10-3　三种方案在不同自然状态下的收益情况

扩大生产方案	自然状态（市场需求量）		
	高	中	低
扩建	10	8	−2
新建	14	5	−4
转包	6	3	1

由于企业资金较少，担当不起大风险，宜采用较稳妥的方针，故决定采用最小最大准则决策，决策结果为选择转包方案。

需要说明的是，表 10-3 中给出的是收益值，如果实际给出的是损失值，则应采用“最大最小准则”，即首先在各种自然状态下选出每种方案的最大损失值，然后再从这些最大损失值中选择最小者，与这个最后选出的最小损失值相对应的方案便是决策者选定的方案。

例 10-5　某机械厂拟对其生产的某种机器是否明年改型以及怎样改型作出决策。有三个方案可供选择，方案 A：机芯、机壳同时改型；方案 B：机芯改型、机壳不改型；方案 C：机壳改型、机芯不改型；改型后的机器面临的市场需求有高、中、低之分，其损失费用（单位：万元）如表 10-4 所示。

表 10-4　三种方案在不同自然状态下的损失值

改型方案	自然状态		
	高需求	中需求	低需求
方案 A	0	16.5	21.5
方案 B	22.5	0	13.5
方案 C	27.5	17.5	0

由于竞争厂家较多，因此决策者对该机器的销售采取谨慎态度，采用悲观准则进行决策，根据“最大最小准则”，应选择方案 A。

悲观准则是从最坏处着眼的带有保守性质的一种决策方法，虽然比较稳妥保险，但往往会失去获取更大收益的机会。它反映了决策者的悲观情绪，适用于企业规模不大、资金薄弱、经不起较大风险的场合。

10.2.2　乐观准则

这种准则是指决策者决不放弃任何一个可获得最好结果的机会，以争取好中之好的乐观态度来选择他的决策方案。决策者设想采取任何一个方案都是收益最大的状态发生，然后再从这些最大收益值中选出最大者，与这个最后选出的最大收益值相对应的方案便是决策者选定的方案。这种准则也称最大最大准则。

若用 $g(A_i)$ 表示采取方案 A_i 时的最大收益，即

$$g(A_i)=\max\{\theta_{i1},\theta_{i2},\cdots,\theta_{in}\},i=1,2,\cdots,m$$

则满足

$$g(A_*) = \max_{1 \leqslant i \leqslant m} g(A_i)$$

的方案 A_* 为最终方案。

若实际给出的是损失值，则应采用“最小最小准则”。

乐观准则是从最好情况着眼的带有冒险性质的一种决策方法，由于决策者总是考虑最理想的状态，并以此为依据进行决策，因此风险性较大，必须慎重选择。乐观准则反映了决策者的乐观情绪，当决策者估计出现最好状态的可能性甚大，而且即使出现最坏状态损失也不十分严重时可以采用这一决策原则。

10.2.3 赫威兹准则

上面两种准则实际上是最保守以及最冒险的准则，有时决策者在决策时既不过于乐观也不过于悲观，而是采用一种折中的态度。赫威兹准则就是在这种情况下产生的介于上述两者之间的一种判别方案优劣的准则。

赫威兹准则可以这样表述：首先指定一个用于表征决策者乐观程度的系数，称为乐观系数，用 α 表示，$0 \leqslant \alpha \leqslant 1$。决策者对状态的估计越乐观，$\alpha$ 就越接近于1；越悲观就越接近于0。如果认定情况完全乐观，则 α 为1；如果认为情况完全悲观，则 α 为0。其决策方法如下：

令

$$H(A_i) = \alpha(\max_j \theta_{ij}) + (1-\alpha)(\min_j \theta_{ij}), i = 1, 2, \cdots, m$$

其中 $0 \leqslant \alpha \leqslant 1$，则满足

$$H(A_*) = \max_{1 \leqslant i \leqslant m} H(A_i)$$

的方案 A_* 为赫威兹准则下的最优方案。这种准则也称为 α 准则。

对于不同的乐观系数，决策结果可以不同。所以，乐观系数指定的是否合适，对决策结果影响甚大。α 究竟取何值有赖于决策者对具体情况和条件的判断。

例 10-6 某企业准备生产一种新型童车，根据市场需求分析和估计，产品销路可分为三种状态：销路好、销路一般、销路差。可供选择的方案也有三种：大批量生产、中批量生产、小批量生产。相关的收益值（单位：万元）如表 10-5 所示。

表 10-5 三种方案在不同自然状态下的收益值

自然状态 / 收益值/万元 / 方案	销路好	销路一般	销路差
A：大批量生产	30	23	-15
B：中批量生产	25	20	0
C：小批量生产	12	12	12

试用 α 准则进行决策。

根据实际情况，决定取 $\alpha = 0.6$，则三个方案的收益值分别为：

$$\begin{aligned} H(A) &= \alpha(\max_j \theta_{ij}) + (1-\alpha)(\min_j \theta_{ij}) \\ &= [0.6 \times (\max(30, 23, -15)) + 0.4 \times (\min(30, 23, -15))] \text{万元} \\ &= [0.6 \times 30 + 0.4 \times (-15)] \text{万元} \end{aligned}$$

$$
\begin{aligned}
&= 12 \text{ 万元} \\
H(B) &= \alpha(\max_j \theta_{ij}) + (1-\alpha)(\min_j \theta_{ij}) \\
&= [0.6 \times (\max(25,20,0)) + 0.4 \times (\min(25,20,0))] \text{万元} \\
&= [0.6 \times 25 + 0.4 \times 0] \text{万元} \\
&= 15 \text{ 万元} \\
H(C) &= \alpha(\max_j \theta_{ij}) + (1-\alpha)(\min_j \theta_{ij}) \\
&= [0.6 \times (\max(12,12,12)) + 0.4 \times (\min(12,12,12))] \text{万元} \\
&= (0.6 \times 12 + 0.4 \times 12) \text{万元} \\
&= 12 \text{ 万元}
\end{aligned}
$$

所以，当 $\alpha = 0.6$ 时的最终选择为方案 B，即中批量生产。

10.2.4　后悔值准则

在非确定型决策中，虽然各种自然状态出现的概率无法估计，但决策一经作出便会付之于行动并处于实际出现的某种自然状态中，因此如果决策者所选方案不是在此自然状态下的最好方案，他便会感到后悔。所谓后悔值（也称遗憾值），就是所选方案的收益值与实际出现的自然状态下最优方案的收益值之差。显然，后悔值越小，所选方案就越接近最优方案。

后悔值准则（也称沙万奇（Savage）准则）就是通过计算各种方案的后悔值来选择决策方案的一种方法。具体做法为：先计算出各备选方案在不同自然状态下的后悔值，然后分别找出各备选方案对应不同自然状态中那组后悔值中的最大者，最后将各备选方案的最大后悔值进行比较，它们之中最小值对应的方案即为最优方案。

设在自然状态 S_j 下各方案的最大收益值为

$$\theta_j^* = \max_{1 \leqslant i \leqslant m} \theta_{ij}, \ j = 1, 2, \cdots, n$$

于是，第 i 个方案 A_i 在各自然状态下的后悔值分别为

$$\theta_1^* - \theta_{i1}, \ \theta_2^* - \theta_{i2}, \ \cdots, \ \theta_n^* - \theta_{in}$$

每一个方案在不同的自然状态下有不同的后悔值，其最大者称为该方案的最大后悔值，即

$$R(A_i) = \max_j \{\theta_j^* - \theta_{ij}\}$$

m 个最大后悔值中的最小者，即 $\min_i R(A_i)$ 所对应的方案，就是“最小的最大后悔值”决策的最优方案。

如对于例 10-6，根据后悔值准则，首先计算各方案在不同自然状态下的最大后悔值，分别为

$$
\begin{aligned}
R(A) &= \max\{30-30, 23-23, 12-(-15)\} = 27 \text{ 万元} \\
R(B) &= \max\{30-25, 23-20, 12-0\} = 12 \text{ 万元} \\
R(C) &= \max\{30-12, 23-12, 12-12\} = 18 \text{ 万元}
\end{aligned}
$$

然后取以上三个后悔值最小的后悔值，其所对应的方案即为最终所选方案，即方案 B。

后悔值准则实际是由最小最大准则演变而来的，因此也带有保守性质和悲观情绪，但程度要比最小最大准则轻微。

10.2.5　等概率准则

等概率准则是 19 世纪由数学家拉普拉斯（Laplace）提出的，该准则基于这样一个思

想：既然不确定型决策问题对每个自然状态出现的可能性一无所知，那么就假定各自然状态发生的概率都彼此相等，然后再求各方案的期望收益值。

假设有 n 个自然状态，则 n 个自然状态发生的概率均视为 $1/n$，自然状态为 S_j 时，采用方案 A_i 的后果值为 θ_{ij}，$(i=1, 2, \cdots, m; j=1, 2, \cdots n)$，据此可计算出每种方案的期望收益值，即

$$E(A_i) = \frac{1}{n}\sum_{j=1}^{n}\theta_{ij}, i = 1,2,\cdots,m$$

具有最大期望收益值的方案，便是等概率准则下的最优方案。

等概率准则克服了赫威兹原则没有充分利用收益函数所提供的全部信息这一缺点，也就克服了由此产生的一系列缺点。但此准则也有明显的不足，即按此准则决策，决策结果会受到自然状态 S 的分类的影响。

例 10-7 某公司考虑是否建造一个工厂生产某种产品。这种产品的销路如何，决定于另外 A、B、C 三家公司是否生产该种产品。据经验估计，这三家公司至多有一家生产这种产品。如果这三家公司都不生产该种产品，则该公司可获利润 20 万元；否则，由于竞争力不如这三家公司，该公司将亏损 10 万元。那么，按等概率准则，该公司应如何决策？

分别用 A_1，A_2表示该公司生产与不生产该种产品这两个方案。如果状态 S_1表示这三家公司都不生产该种产品，S_2表示这三家公司中有一家生产该种产品，则收益矩阵如表 10-6 所示。

表 10-6 两种自然状态下的收益

	自然状态	
	S_1	S_2
A_1生产	20	-10
A_2不生产	0	0

这样，按等概率准则决策，A_1，A_2在各状态下的期望收益分别为

$$E(A_1) = \frac{(20-10)\text{万元}}{2} = 5\text{ 万元}$$

$$E(A_2) = 0$$

故最优方案为 A_1。

但如果把自然状态分为 4 个：S_1仍表示这三家公司都不生产该种产品，S_2表示只有 A 公司生产该种产品，S_3表示只有 B 公司生产该种产品，S_4表示只有 C 公司生产该种产品，则各方案在四种不同的自然状态下的收益如表 10-7 所示。

表 10-7 四种自然状态下的收益

	自然状态			
	S_1	S_2	S_3	S_4
A_1生产	20	-10	-10	-10
A_2不生产	0	0	0	0

按等概率准则进行决策，这时由于

$$E(A_1)=\frac{(20-10\times 3)\text{万元}}{4}=-2.5\text{ 万元}$$

$$E(A_2)=0$$

故最优方案为 A_2。

直观上看，对于一个好的决策准则，应该要求不管自然状态采取何种分类方式，决策结果都应该相同。等概率准则的这一不足，只有按客观资料或主观经验指定状态参数 S_j 的概率分布，把不确定型决策问题转化为风险型决策问题，才能得到彻底解决。

10.2.6　五种决策准则的比较

对于解决不确定型决策问题，要想从理论上来证明哪一种评选标准是最合理的，显然是不可行的。在实际工作中究竟采用哪一种决策方法，主要还是看决策者自己的主观判断，以及决策问题所处的情景。一般来说，如果要比较上述各决策准则，那么，"悲观准则"主要被那些比较保守稳妥并害怕承担较大风险的决策者所采用，"乐观准则"主要被那些对有利情况的估计比较有信心的决策者所采用，"α 准则"主要被那些对形势判断既不过于乐观也不太悲观的决策者所采用，"后悔值准则"主要被那些对决策失误的后果看得较重的决策者所采用，"等概率准则"主要在决策者对未来出现的自然状态的发生概率信息掌握较少的时候采用。

不同的决策准则会导致不同的最优方案。那么，在具体决策时应根据什么来选择决策准则呢？决策准则的选择固然与决策者的主观意志有关，但是又不完全取决于决策者的主观意志，而应该以决策问题所处的客观条件为基础。以下通过一个具体的实例来说明决策方法的选择。

例 10-8　某汽车股份有限公司根据2008年重型汽车和中型汽车的需求量预测，制定了以下三个车身开发目标方案：

（1）全面引进技术，进口设备。

（2）全部依靠自己的力量改造生产线，实现决策目标。

（3）自行改造为主，技术引进为辅。

该厂首先对三个方案进行了定性分析，并认为：①采用第一方案的优点是技术先进，可以生产多品种的优质产品并提高生产能力；缺点是耗资大，并且不利于本厂产品的发展。②采用第二方案的优点是费用少；缺点是周期长，受技术条件限制，开发后的产品不易达到国际先进水平。③采用第三方案的优点是关键技术和设备可达到世界先进水平，周期短，投资不多，而且本厂有强大的技术团队，设计、制造、安装力量都较强，可以承担自行改造为主的任务；缺点是生产能力没有第一方案大。

定量分析是定性分析的深化，是决策过程中不可缺少的环节，因此公司管理者在定性分析后，进一步进行了定量分析。

根据该公司的有关资料，得到了如表10-8所示的损益矩阵表。

表 10-8　某汽车股份有限公司损益矩阵表

利润/万元　自然状态 方案	高需求	中需求	低需求
全面引进（方案 1）	44040	37592	31300
全部自制（方案 2）	36450	35450	34500
引进与改造相结合（方案 3）	43840	40592	34300

方案的选择过程如下：

（1）如果按照“悲观准则”决策方法，则 34500 万元是决策目标值，所对应的自然状态是低需求，为方案 2，即全部自制。但是，我国汽车工业的发展是乐观的，低需求出现的可能性很小。同时，采用全部自制方案将造成生产能力缺乏潜力，产品质量很难达到国际先进水平，难以打入国际市场。因此，不适合按照“悲观准则”决策方法进行决策。

（2）如果按照“乐观准则”决策方法，则最高利润为 44040 万元，所对应的自然状态是高需求，方案为第一种方案，即全面引进。但是，根据当前国家政策和国民经济发展的形势，最近 3 年内车身产品销路不会出现最高需求峰值。另外，全面引进需要 4600 万美元外汇，该厂不具备这种条件。因此，该问题也不能按照“乐观准则”决策方法进行决策。

（3）如果按照“α 准则”决策方法，则根据预测资料以及汽车工业发展的前景和该汽车股份有限公司的客观条件，该公司认为：决策因素中既有乐观的一面，也有悲观的一面，且乐观因素大于悲观因素。因此，经过分析，取乐观系数为 $\alpha=0.7$，则 $1-\alpha=1-0.7=0.3$。其计算过程和结果如下

$$
\begin{aligned}
H(A_1) &= \{0.7\times[\max(44040,37592,31300)]+0.3\times[\min(44040,37592,31300)]\}\text{万元}\\
&= \{0.7\times 44040+0.3\times 31300\}\text{万元}\\
&= 40218\text{ 万元}
\end{aligned}
$$

$$
\begin{aligned}
H(A_2) &= \{0.7\times[\max(36450,35450,34500)]+0.3\times[\min(36450,35450,34500)]\}\text{万元}\\
&= \{0.7\times 36450+0.3\times 34500\}\text{万元}\\
&= 35865\text{ 万元}
\end{aligned}
$$

$$
\begin{aligned}
H(A_3) &= \{0.7\times[\max(43840,40592,34300)]+0.3\times[\min(43840,40592,34300)]\}\text{万元}\\
&= \{0.7\times 43840+0.3\times 34300\}\text{万元}\\
&= 40978\text{ 万元}
\end{aligned}
$$

这些利润值中的最大者为

$$H(d_*)=[\max(40218,35865,40978)]\text{万元}=H(A_3)=40978\text{ 万元}$$

计算结果表明，如果按照“α 准则”决策方法，则适合采用方案 3，即引进与改造相结合的方案。

（4）由于“α 准则”中 α 的取值带有一定的主观性，因此决定再用“后悔值准则”决策方法对所选方案进行验证。

根据“后悔值准则”，各方案的最大后悔值为

$$
\begin{aligned}
R(A_1) &= [\max(44040-44040,40592-37592,34500-31300)]\text{万元}\\
&= [\max(0,3000,3200)]\text{万元}=3200\text{ 万元}
\end{aligned}
$$

$$R(A_2)=[\max(44040-36450,40592-35450,34500-34500)]\text{万元}$$

$$= [\max(7590, 5142, 0)]\text{万元} = 7590\text{ 万元}$$

$$R(A_3) = [\max(44040 - 43840, 40592 - 40592, 34500 - 34300)]\text{万元}$$
$$= [\max(200, 0, 200)]\text{万元} = 200\text{ 万元}$$

进一步求各方案最大后悔值的最小值为

$$\min_{i=1,2,3} R(A_i) = [\min(3200, 7590, 200)]\text{万元} = 200\text{ 万元} = R(A_3)$$

计算结果表明，按“后悔值准则”决策方法，其最小值200万元所对应的是方案3，因此，引进与改造相结合的方案为最佳方案。这个结论与用“α法准则”决策方法所得出的结论一致。

(5) 最后再用“等概率准则”决策的方法，得到各方案的期望收益值为

$$E(A_1) = \frac{1}{3} \times (44040 + 37592 + 31300)\text{万元} = 37644\text{ 万元}$$

$$E(A_2) = \frac{1}{3} \times (36450 + 35450 + 34500)\text{万元} = 35466.7\text{ 万元}$$

$$E(A_3) = \frac{1}{3} \times (43840 + 40592 + 34300)\text{万元} = 39577.3\text{ 万元}$$

取各方案期望收益值的最大值为39577.3万元，其所对应的方案仍为方案3。最后，该汽车股份有限公司决定采用引进与改造相结合的方案。

10.3 概率排序型决策

前面所讨论的风险型决策问题是各自然状态的出现概率完全已知的情形，而非确定型决策是各自然状态的出现概率完全未知的情形。显然，这是问题的两种极端，更一般的，应该是介于这两者之间的一类决策问题，即决策者对各自然状态的出现概率有些了解，但所掌握的信息又不足以确定各概率的准确数值，也就是所谓部分已知、部分未知的情形。这类决策问题称为信息不完全型决策问题。

概率排序型决策是信息不完全型决策问题中的一种类型，它是指：决策者只知道各自然状态出现概率的相对大小，即 n 个自然状态出现概率的大小顺序，如 $p_1 \geqslant p_2 \geqslant \cdots \geqslant p_n$，或 $p_j - p_{j+1} \geqslant M_j$，$j=1, 2, \cdots, n-1$，其中 M_j非负，但不知各个 p_j 的具体数值。本节介绍此类问题的求解方法。

10.3.1 期望后果值的极值

在概率排序型决策问题中，由于各自然状态出现的概率未知，因而无法求出各方案准确的期望后果值，但却可以求出期望后果值的最大值和最小值，并以此作为决策的依据。

1. 概率弱排序

概率弱排序是指各自然状态出现概率的相对大小已知，即各自然状态的出现概率满足如下条件

$$p_1 \geqslant p_2 \geqslant \cdots \geqslant p_n，\text{或 } p_j - p_{j+1} \geqslant 0，j=1, 2, \cdots, n-1$$

假设对于某个方案 A，它在自然状态 S_j下的后果值为 θ_j（也可考虑 θ_j 已是效用值的情形）。于是，该方案的期望后果值为 $E(A) = \sum_{j=1}^{n} p_j\theta_j$，而在概率弱排序下求期望后果值的最

大或最小值的问题归结为求如下的线性规划问题

$$\max E(A) = \sum_{j=1}^{n} p_j\theta_j \tag{10-1a}$$

或

$$\min E(A) = \sum_{j=1}^{n} p_j\theta_j \tag{10-1b}$$

约束条件为：$p_j - p_{j+1} \geqslant 0$，$\sum_{j=1}^{n} p_j = 1, p_j \geqslant 0$。它可用一般的线性规划方法来求解。但我们有更简单的办法可用。

若令

$$y_j = \theta_1 + \theta_2 + \cdots + \theta_j$$

$$q_j = p_j - p_{j+1}, j = 1, 2, \cdots, n-1; q_n = p_n$$

则不难证明

$$\theta_1 = y_1,\ \theta_j = y_j - y_{j-1},\ j = 2,\ 3,\ \cdots,\ n$$

上述问题可变换为如下线性规划问题（其中 y_j 为变量）

$$\max E(A) = \sum_{j=1}^{n} q_j y_j \tag{10-2a}$$

或

$$\min E(A) = \sum_{j=1}^{n} q_j y_j \tag{10-2b}$$

约束条件为

$$\sum_{j=1}^{n} jq_j = 1, q_j \geqslant 0$$

不难验证式（10-1）与式（10-2）等价。这是一个特殊的线性规划，它只有一个约束方程。按线性规划中关于基解的结论可知，此线性规划如果存在有限的最优解，则必存在一个基解为最优解。由于式（10-2）的约束区域有界，它必存在有限的最优解。故此只需在基解中寻找最优解。而上述问题的基解为：某个 q_k 非零，其余 $q_j (j \neq k)$ 均为零，则根据式（10-2）中的约束条件可知，$q_k = 1/k$，其相应的目标函数值为

$$E(A) = \frac{y_k}{k} = \frac{\theta_1 + \theta_2 + \cdots + \theta_k}{k} = \bar{\theta}_k \tag{10-3}$$

称为**第 k 个局部平均数**。因此，为求期望后果值的最大值或最小值，我们只需求出后果值的 n 个局部平均数，找出其中的最大值或最小值即可。

求局部平均数时，有如下的递推公式

$$\bar{\theta}_{k+1} = \frac{k\bar{\theta}_k + \theta_{k+1}}{k+1} \tag{10-4}$$

例 10-9 （已知信息见案例 10-1 内容）由于是开发新产品，无过去销售经验可谈，因此市场需求情况无法预先作出判断。但根据各方面情况的综合研究以及市场需求分布的一般规律，可以认为需求偏好的可能性最大，其次是需求稍差，第三是畅销，可能性最小的是滞销。这样，为方便起见，将后果值按出现概率从大到小的顺序重新排列，见表 10-9 中的第 6 ~9 列。

表10-9 某厂新产品开发后果值表及概率大小排列 （单位：万元）

方案	市场需求情况				按概率大小排列			
	畅销 p_1	偏好 p_2	稍差 p_3	滞销 p_4	偏好 p_1	稍差 p_2	畅销 p_3	滞销 p_4
A_1	85	40	-2	-43	40	-2	85	-43
A_2	54	37	11	-14	37	11	54	-14
A_3	24	24	12	0	24	12	24	0

现在来求期望收益值的极值。对方案 A_1，其 y_k 和局部平均数 $\bar{\theta}_k$ 的值如下

$$y_1=40\text{ 万元},y_2=(40-2)\text{万元}=38\text{ 万元},y_3=(38+85)\text{万元}=123\text{ 万元},$$

$$y_4=(123-43)\text{万元}=80\text{ 万元}$$

$$\bar{\theta}_1=40\text{ 万元},\bar{\theta}_2=19\text{ 万元},\bar{\theta}_3=41\text{ 万元},\bar{\theta}_4=20\text{ 万元}$$

于是，$\max E(A_1)=41$ 万元，$\min E(A_1)=19$ 万元。类似地，可求得其他两个方案期望收益值的极值，见表10-10中概率弱排序一栏。

表10-10 局部平均数和期望值极值 （单位：万元）

	$\bar{\theta}_1$	$\bar{\theta}_2$	$\bar{\theta}_3$	$\bar{\theta}_4$	概率弱排序		概率严排序	
					max $E(A)$	min $E(A)$	max $E(A)$	min $E(A)$
A_1	40	19	41	20	41	19	27.65	22.15
A_2	37	24	34	22	37	22	29.2	25.45
A_3	24	18	20	15	24	15	20.4	18.15

2. 概率严排序

当决策者所拥有的关于自然状态的信息比较丰富的时候，他不仅可以判断各自然状态出现概率的大小顺序，而且还可以判断出相邻两概率之差的下限值，这时称为概率严排序，即能确定 $M_j \geqslant 0$，使得 $p_j-p_{j+1}\geqslant M_j$。且 M_1，M_2，…，M_{n-1} 中至少有一个大于0。M_j 的值越大，说明决策者对各自然状态出现的概率了解越深；反之，对其了解越浅，越接近于概率弱排序。

概率严排序下各方案的期望值的极值可类似求得。这仍然是一个线性规划问题

$$\max E(A)=\sum_{j=1}^{n} p_j\theta_j \tag{10-5a}$$

或

$$\min E(A)=\sum_{j=1}^{n} p_j\theta_j \tag{10-5b}$$

约束条件为

$$p_j-p_{j+1}\geqslant M_j, j=1,2,\cdots,n-1$$

$$\sum_{j=1}^{n} p_j=1, p_j\geqslant 0\text{。}$$

引入变量 $r_j=p_j-p_{j+1}-M_j, j=1,2,\cdots,n-1$，其中 $r_n=p_n, M_n=0$，则

$$E(A)=\sum_{j=1}^{n} p_j\theta_j=\sum_{j=1}^{n} r_jy_j+C \tag{10-6}$$

$$\sum_{j=1}^{n} p_j=\sum_{j=1}^{n} jr_j+\sum_{j=1}^{n} jM_j=\sum_{j=1}^{n} jr_j+D=1 \tag{10-7}$$

上式中的 $C=\sum_{j=1}^{n-1}M_jy_j, D=\sum_{j=1}^{n-1}jM_j$ 均为常数。于是，式（10-5）等价于如下线性规划问题

$$\max E(A)=\sum_{j=1}^{n}r_jy_j+C \tag{10-8a}$$

或

$$\min E(A)=\sum_{j=1}^{n}r_jy_j+C \tag{10-8b}$$

约束条件为：$r_1+2r_2+3r_3+\cdots+nr_n=1-D$，$r_j\geqslant0$。

此线性规划也只有一个约束方程，约束区域有界，从而其求解可与式（10-2）同样进行。对于只有第 j 个分量非零的基解来说，其第 j 个分量 $r_j=(1-D)/j$，相应的目标函数值为

$$E(A)=\frac{(1-D)y_j}{j}+C=(1-D)\bar{\theta}_j+C \tag{10-9}$$

于是，对 $j=1$，2，…，n，求出对应的（$1-D$）$\bar{\theta}_j+C$，取其最小、最大即可。注意这里

$$C=\sum_{j=1}^{n}M_jy_j, D=\sum_{j=1}^{n}jM_j$$

由式（10－7）知，$D\leqslant1$。可以证明，当 $D=1$ 时，p_j 可唯一确定，问题成为风险型决策问题。故不妨假设 $D<1$。

由于上式中的 C 和 D 都是常数（对不同的方案来说 C 是不同的），所以严排序下的期望值的极值是弱排序下极值的修正，也即有以下结论

$$\begin{matrix}\max\\\min\end{matrix}E(A)(\text{严})=(1-D)\begin{matrix}\max\\\min\end{matrix}E(A)(\text{弱})+C \tag{10-10}$$

例 10-10（续例 10-9） 现在假定决策者对于概率排序有了更进一步的认识，估计出概率之间有严排序

$$p_1-p_2\geqslant0.15，p_2-p_3\geqslant0.30，p_3-p_4\geqslant0 \tag{10-11}$$

此时的 $D=0.75<1$ 满足要求。由式（10- 10）以及在弱排序下的结论即可求得在严排序下三个方案期望值的极值。如对于方案 A_1，相应的 C 值为

$$C_1=(0.15\times40+0.3\times38)\text{万元}=17.4\text{ 万元}$$

从而

$$\max E(A_1)=(0.25\times41+17.4)\text{万元}=27.65\text{ 万元}$$
$$\min E(A_1)=(0.25\times19+17.4)\text{万元}=22.15\text{ 万元}$$

对方案 A_2 和 A_3 的极值可类似求得，见表 10-9 中概率严排序一栏。可以看出，概率严排序下的最大值要小于概率弱排序下的最大值，而最小值则要大于弱排序下的最小值。也就是说，概率严排序下期望后果值的可能范围比概率弱排序下的可能范围缩小了。实际上这一性质可从式（10－10）得到证明。

10.3.2 利用期望值极值进行决策

风险型决策问题是以期望效用值为标准来进行决策的。在不确定型决策问题中，由于对各自然状态出现的概率一无所知，从而各方案的期望效用值也不能确定，只能依靠主观的标准进行决策。对于概率排序型的决策问题，由于所知信息比不确定型决策问题要多，能求出

期望值的取值范围，这个取值范围无疑要远远小于不确定型决策问题中的取值区间。因此，基于这个取值范围的决策自然更为可靠。仍以案例10-1说明如何进行分析。

例10-11（续例10-9） 首先假设决策者完全不知道市场需求情况，即本问题是一个不确定型决策问题，于是只好按10.2节中介绍的方法来求解。

如果决策者是个保守的人，他会采用悲观准则，从最差的情况考虑选择一个相对较好的方案。在本例中，最差情况是滞销，而在滞销的情况下只有小量试产的第三个方案才不亏本。因此，决策者的最优方案是方案A_3。

再假设决策者作了一定的调查研究之后，发现各自然状态的出现概率如表10-9所示的概率弱排序。由于滞销是概率最小的状态，所以三种方案下期望值必然大于滞销情况下的值。此时，再保守的决策者也不会仅仅依据滞销的情况来作决策，而会改为依据各方案的最小期望值来作决策。由表10-10中可知，此时方案A_3是最差的方案，最优方案是A_2。如果决策者确定了概率严排序，如$p_1-p_2\geqslant 0.15$，$p_2-p_3\geqslant 0.3$，则从表10-10中可以看出，最优方案仍是A_2。

假如决策者是一个富于冒险精神的人，那么，当他完全不知道市场需求情况时，会采用乐观准则。其最好的情况是畅销，最优方案是A_1。但当已知有表10-9中的弱排序时，畅销仅是概率第三大的情况，因此，这三个方案的利润期望值不可能达到畅销时那么高的利润。这样，最冒险的决策者也会感到仅仅从畅销一种情况出发去选择方案是不现实的，不如从各方案的最大期望值的比较中选择最大者，这样既符合冒险决策者乐于采用的乐观准则，又切合客观的现实情况。从表10-10中可知，最优方案是A_1。虽然所选结果与不确定时的结果相同，但不仅两者的根据不同，而且可以看出A_1对A_2的优势也不同：在不确定型决策中，A_1对A_2的优势是85∶54，约高57%；而在概率弱排序的情形，A_1对A_2优势是41∶37，仅高11%，优势已不明显。在这样的情况下，为了使决策更加可靠，最好是再补充一些信息，使得对各自然状态出现的概率分布有更深的认识，即确定严排序。假定所确定的严排序为$p_1-p_2\geqslant 0.15$，$p_2-p_3\geqslant 0.3$，从表10-10中可知，按乐观准则，最优方案成为A_2。可见，即使对于富于冒险精神的决策者来说，同样按乐观准则，概率排序型决策问题中根据期望值的最大值来选择也比不确定型决策问题中按最好的极端情况去选择要有效得多。

同样，我们也可按照10.2节中介绍的等概率准则、α准则、后悔值准则等来进行决策。

从上述分析过程中不难发现其中所包含的由简至繁、从浅入深的动态分析思想。在这里，我们也是通过对状态概率信息的逐步加深了解，从完全未知到概率弱排序，从弱排序到严排序，同时在严排序中还可进一步加深严格的程度，以达到逐步缩小期望值的可能取值范围，使决策选择的准确性逐步得到提高。

10.3.3 优势条件

上面是以期望值的最大值或最小值的大小来判别方案的优劣的。例如，在概率弱排序下，$\max E(A_1)>\max E(A_2)$，但$E(A_1)$究竟是否必大于$E(A_2)$呢？从上面的讨论可知并非如此，因为在严排序下有$\max E(A_1)<\max E(A_2)$。本节提出判别$E(A_1)\geqslant E(A_2)$的条件，称为优势条件。

优势条件有两种：严优势条件和弱优势条件。假设有两个方案A_1和A_2，在自然状态S_i

下的后果值分别为 θ_{1i} 和 θ_{2i}。记

$$q_j = p_j - p_{j+1},\ j = 1,\ 2,\ \cdots,\ n-1;\ q_n = p_n$$

$$y_{1j} = \sum_{k=1}^{j} \theta_{1k},\quad y_{2j} = \sum_{k=1}^{j} \theta_{2k}, j = 1,2,\cdots,n$$

定义一个新的方案 D 如下（记为 $D = A_1 - A_2$）：它在自然状态 S_i 下的后果值 $\theta_i = \theta_{1i} - \theta_{2i}$，则

$$y_j \underline{\underline{\text{def}}} \sum_{k=1}^{j} \theta_k = y_{1j} - y_{2j}, j = 1,2,\cdots,n$$

从而

$$E(D) = E(A_1) - E(A_2) = \sum_{j=1}^{n} q_j(y_{1j} - y_{2j}) \tag{10-12}$$

严优势条件：$E(A_1) \geqslant E(A_2)$ 的充要条件是

$$\min E(A_1 - A_2) \geqslant 0$$

证明：
$$\begin{aligned} E(A_1) - E(A_2) &= \sum_{j=1}^{n} p_j\theta_{1j} - \sum_{j=1}^{n} p_j\theta_{2j} \\ &= \sum_{j=1}^{n} q_j y_{1j} + \sum_{j=1}^{n} M_j y_{1j} - \sum_{j=1}^{n} q_j y_{2j} - \sum_{j=1}^{n} M_j y_{2j} \\ &= \sum_{j=1}^{n} q_j(y_{1j} - y_{2j}) + \sum_{j=1}^{n} M_j(y_{1j} - y_{2j}) \end{aligned}$$

由于 $q_j \geqslant 0$，$M_j \geqslant 0$，只要 $y_{1j} - y_{2j}$ 对所有的 $j = 1,\ 2,\ \cdots,\ n$ 均大于0，则方案 A_1 对 A_2 具有严优势。以上推导反过来也成立。

令 $M_j = 0$，即为弱排序情形。证毕。

弱优势条件：对于方案 $D = A_1 - A_2$ 和 $D' = A_2 - A_1$，如果 $\max E(D) > \max E(D')$，即

$$\max\{E(A_1) - E(A_2)\} > \max\{E(A_2) - E(A_1)\} \tag{10-13}$$

则称方案 A_1 对于方案 A_2 具有弱优势。

上式表明，从期望意义上来说，方案 A_1 优于方案 A_2 的最大程度要大于方案 A_2 优于方案 A_1 的最大程度。

弱优势条件比严优势条件要优越，它把严优势条件看做弱优势条件的一个特例，而且当严优势条件下不能用的时候，给决策选择增加了一个新的辅助手段。

例 10-12（续例 10-9）　我们仍回到新产品决策的例子。对于 A_1 和 A_2，记 $D_1 = A_1 - A_2$，$D_2 = A_2 - A_3$，$D_3 = A_1 - A_3$，这三个补充方案的后果值以及在弱排序和在式（10-11）的严排序下期望值的极值见表 10-11。

表 10-11　D_i 的后果值以及在弱排序和严排序下的期望值极值

	后果值				局部平均数				弱排序		严排序（式（10-11））	
	p_1	p_2	p_3	p_4	$\bar\theta_{i1}$	$\bar\theta_{i2}$	$\bar\theta_{i3}$	$\bar\theta_{i4}$	$\max E(D_i)$	$\min E(D_i)$	$\max E(D_i)$	$\min E(D_i)$
D_1	3	−13	31	−29	3	−5	7	−2	7	−5	−0.80	−3.80
D_2	13	−1	30	−14	13	6	14	7	14	6	9.05	7.05
D_3	16	−14	61	−43	16	1	21	5	21	1	8.25	3.25

从表中可以看出，在概率严排序下，$\min E(D_2) > 0$，$\min E(D_3) > 0$，从而，方案 A_1 和 A_2 都

对 A_3 具有严统计优势，可以淘汰 A_3。另外，$\max E(D_1)$ 为负数，从而 $\min E(A_2-A_1)=-\max E(D_1)>0$，因此，方案 A_2 对 A_1 也具有严优势，可淘汰 A_1。这样，最优方案就是 A_2，它具有最大的期望值。其最优的把握程度已经与风险型决策问题中相同。

在概率弱排序下，可以判别 $E(A_2)>E(A_3)$，方案 A_3 可以淘汰，但从表中可以看出，方案 A_1 和 A_2 之间则没有严的优势。如果按上一节中所介绍的方法，就要加上决策者对风险的主观态度，才能在两者之间作出选择。而弱优势条件的使用给我们增加了一个客观的辅助选择标准。在本例中，方案 A_1 对 A_2 具有弱优势（请大家给出证明），因此，最优方案是 A_1，这与概率严排序下的结论不同。

需要指出的是，弱优势条件并不具有传递性，从而在多个方案的比较时，不能用弱优势条件作为淘汰方案的标准，除非对于给定方案，所有其余方案都对它有弱优势时，才能淘汰该方案。一般情形下，需要通过其他途径来作进一步选择。如可以用如下方法。

设 m 个方案 A_1，$A_2\cdots$，A_m 两两之间均具有弱优势，称

$$\sum_{j\neq i}[\max E(A_i-A_j)-\max E(A_j-A_i)]=\sum_{j\neq i}[\max E(A_i-A_j)+\min E(A_i-A_j)]$$

为方案 A_i(相对于其他 $m-1$ 个方案)的优势程度,则优势程度最大的方案为这 m 个方案中的最好方案。

例 10-13 设某企业从三个新产品(A、B、C)中选择一个作为推销对象,这三种产品在影响销售的三个不同状态下的销售利润见表 10-12(单位:万元)。假定调查后确认有 $p_1\geqslant p_2\geqslant p_3$，我们来确定它们的优势。

表 10-12 三种产品的销售利润

	S_1	S_2	S_3
A	8	2	7
B	0	12	11
C	3	-3	35

经计算得到如下结果

$\max E(A-B)=8$ 万元,$\max E(B-A)=2$ 万元,$\max E(B-C)=6$ 万元,

$\max E(C-B)=4$ 万元,$\max E(A-C)=5$ 万元,$\max E(C-A)=6$ 万元

由计算结果可见，任何两个方案之间都不具有严优势，但有弱优势：A 优于 B，B 优于 C，而 C 又优于 A，此时就可考虑各方案的优势程度。三个方案的优势程度可分别算得为：5，-4，-1，所以最优方案为 A。

对于排序型决策问题，还可以去研究敏感性分析、混合策略、方差分析等。

本章小结

本章介绍了单目标决策分析的理论与方法。单目标决策即决策目标只有一个的决策问题。按照对自然状态发生概率的了解程度的不同，可将单目标决策分为风险型决策、非确定型决策和概率排序型决策等。

1. 风险型决策问题的自然状态有两种或两种以上，各自然状态出现的可能性（概率）

是已知的（即可以通过某种方法确定下来）。风险型决策问题可以采用期望值准则和最大可能性准则进行决策，但是注意：当自然状态较多且各自出现的概率相差不大，同时不同方案的收益值差别又较大时，不适合采用最大可能性准则。

2. 风险型决策问题可通过决策树来进行分析。决策树由决策节点、方案枝、状态节点、概率枝、结果节点等组成，利用决策树进行分析时，是按照从右向左的顺序逐步展开，根据右端的期望收益值（或期望损失值）的大小对不同的方案进行选择。

3. 非确定型决策问题的自然状态也有两种或两种以上，但各自然状态出现的概率是完全未知的。非确定型决策问题的解决方法主要有：悲观准则、乐观准则、α 准则、后悔值准则、等概率准则五种。

4. 对于同一个非确定型决策问题，采用不同的决策方法会导致不同的最优方案。在具体决策时应根据决策问题所处的客观条件，将定量分析与定性分析相结合，最终选择合适的方案。

5. 概率排序型决策问题是介于风险型决策和非确定型决策之间的决策问题，其主要特征是：各自然状态的出现概率并非完全已知，亦非完全未知，而是知道关于各自然状态出现概率的大小排序这一信息。若仅知道各自然状态出现概率的大小排序，则称为概率弱排序；若不仅知道各自然状态出现概率的大小排序，而且知道相邻概率的差值，则称为概率严排序。

6. 概率排序型决策问题根据各方案期望后果值的最大值和最小值，利用严优势条件和弱优势条件进行决策。

思考与练习

1. 试述处理单目标非确定型决策问题的几种决策准则及其特点。

2. 风险型决策、非确定型决策、概率排序型决策有什么不同？

3*. 双风险决策问题中，通常以各方案的期望收益值大小来比较方案的优劣。如果同时还要考虑各方案的方差，则方差越小，方案越好。试问同时考虑方案的期望和方差时，如何选择最优方案？试举例说明。

4. 某杂志零售商店对《汽车》杂志每月的销售量进行统计，得到该杂志不同销售状态下的概率估计，如表 10-13 所示。这种杂志每本零售价为 26 元，每本批进价为 20 元。试问：

表 10-13 《汽车》杂志每月销售量下的概率估计表

每月销售量/千本	1	2	3	4	5
概率	0.10	0.15	0.30	0.25	0.20

（1）若卖不出去的杂志可以按批进价退回，该店每月应订购多少本《汽车》？

（2）若卖不出去的杂志不能退回，但下月可以按零售价对折即按每本 13 元出售，这样，该店每月应订购多少本《汽车》？

5. 某工程队承担一座桥梁的施工任务。由于施工地区夏季多雨，需停工三个月。在停工期间该工程队可将施工机械搬走或留在原处。如果搬走，需搬运费 1800 元；如果留在原处，一种方案是花 5000 元筑一护堤，防止河水上涨发生高水位的侵袭。若不筑护堤，发生高水位侵袭时将损失 10000 元。如果下暴雨发生洪水时，则不管是否筑护堤，施工机械留在原处都将受到 60000 元的损失。根据历史资料，该地区夏季出现洪水的概率为 2%，出现高水位的概率为 25%，出现正常水位的概率为 73%，试用决策树法为该施工队作出最优决策。

6. 某企业从事石油钻探工作。企业准备与某石油公司签订合同，钻探一片可能产油的勘探点。该企业可供选择的方案有两种：一是先做地震试验，看试验结果如何，再决定是否要钻井；二是不做地震试验，只凭经验决定是否要钻井。做试验要花3千元，钻井要花1万元。如钻出石油可获得5万元（即公司付给企业5万元）；若钻不出石油，则企业没有收入。

根据历史资料的分析估计：做地震试验其结果良好的概率为0.6，不好的概率为0.4；经地震试验为良好时，钻井出油的概率为0.85，钻井不出油的概率为0.15；经地震试验为不好时，钻井出油的概率为0.1，钻井不出油的概率为0.9；不经地震试验而钻井时，出油的概率为0.55，不出油的概率为0.45。试用决策树法为该企业做出最优方案。

7*. 某厂因某项工艺不够先进，生产成本较高，现计划将该项工艺加以改进。取得新工艺有两种途径：一种是自行研究，投资额270万元，估计成功的可能性是0.6；一种是购买专利引进技术，投资额300万元，估计成功的可能性是0.8。无论自行研究还是引进技术成功，其主要设备寿命期均为5年，生产规模都考虑两种方案：其一是生产量不变；其二是增加产量。如果自行研究和购买专利都失败，则仍采用原工艺进行生产，并保持原产量不变。根据市场预测，估计今后5年内这种产品降价的可能性是0.1，保持原价的可能性是0.5，涨价的可能性是0.4，各状态下的损益值如表10-14所示。试确定最佳方案。

表10-14　某厂工艺改进损益值表

	按原工艺生产	购买专利成功（0.8）		自行研究成功（0.6）	
		产量不变	增加产量	产量不变	增加产量
价格低落（0.1）	-100	-200	-300	-200	-300
价格中等（0.5）	0	50	50	0	-250
价格高涨（0.4）	100	150	250	200	600

8. 我国某机器厂与美国一家公司签署明年生产经营合同。如果该厂承担Q型机床的生产，则在该年度可稳获利润800万元；如果承担另一种J型采掘机的生产，所获利润就有三种可能性：如果国外某公司在澳大利亚开采铁矿完全成功，急需J型采掘机，便可大大获利2500万元；如果只开采出澳大利亚南部的两个分矿，可推销出大部J分型机，能获利900万元；但若铁矿开采失败，就要因该采掘机滞销积压而亏损500万元。我厂方据各方面获悉的情报，预测出澳大利亚铁矿完全开采成功的可能性为0.3，南部二分厂开采成功的可能性为0.4，完全开采失败的可能性为0.3。尽管前两种可能性加起来可达0.7，厂方领导人还是认为：鉴于工厂经不起亏损，应当避开亏损500万元的风险，故打算放弃生产J型机。这时美方又提出，如生产另一种最新型号的S型采矿机，即使澳大利亚矿完全开采失败，也可稍加改制后当做其他机器售出而获利120万元，而在前两种情况下却可获利1500万元（完全开采成功）或850万元（部分开采成功）。在上述三种方案中，除了第一个方案外，后两种方案都有可能获得较大的利润，尤其是第三个方案又不承担亏损的风险，所以工厂有可能接受S型采矿机的生产。

试利用决策分析方法进行抉择。假定其效用函数为

$$u(\theta) = -0.168 + 1.192\sqrt{0.02 + \frac{\theta - \theta_*}{\theta^* - \theta_*}}$$

其中θ为后果值，$\theta^* = 2500$万元，$\theta_* = -500$万元。

9. 某建筑安装公司对当前形势进行分析之后，提出了三种生产方案A，B，C。预计有三种自然状态θ_1，θ_2，θ_3会出现，其出现的概率无法确定。通过估算对应的费用（单位：万元）情况如表10-15所示。该公司决策者对前途充满自信，持乐观态度，决定采用乐观准则决策，那么应选择哪一种

方案？

表 10-15　三种生产方案在三种自然状态下的费用情况

状态/费用/方案	θ_1	θ_2	θ_3
A	32	40	29
B	21	28	45
C	38	42	27

10. 国内某生产企业产品全部销往东南亚等地。最近，该企业拟定了今后 5 年内的三种扩大再生产方案。①建设一个新厂；②对所属各厂进行技术改造；③扩建部分工厂。经过分析认为，今后 5 年之内可能遇到四种市场需求状况：高需求、中需求、低需求、无需求，并估算了 5 年之内三种方案在不同的需求状况下的损益值，如表 10-16 所示。

表 10-16　某企业扩大生产损益矩阵表　（单位：万元）

状态/损益值/方案	高 需 求	中 需 求	低 需 求	无 需 求
建设新厂	160	70	-65	-130
技术改造	100	45	-5	-40
扩建原厂	125	60	-50	-95

若采用悲观准则、乐观准则、$\alpha=0.60$ 为乐观系数的赫尔威兹准则分别进行决策，最优方案分别是何种方案？

11. 在上题中，如果四种需求状态出现的机会均等，采用等概率准则进行决策，那么该企业应选择哪一个方案？

12. 某企业为了扩大生产经营业务，准备生产一种新产品，生产这种新产品有三个可行方案：A_1——改造本企业原有的生产线；A_2——从国外引进一条高效自动生产线；A_3——按专业化协作组织生产。对未来几年内市场需求状况只能大致估计有高需求、中等需求和低需求三种可能，每个方案在各需求状况下的收益估计值如表 10-17 所示。

表 10-17　某企业产品开发收益估计表　（单位：万元）

方　案	需求状况		
	高 需 求	中等需求	低 需 求
A_1	180	115	50
A_2	240	140	35
A_3	120	90	70

（1）试用乐观准则进行决策。

（2）试用悲观准则进行决策。

（3）试用折中决策准则进行决策。

（4）试用后悔准则进行决策。

（5）试用等可能性准则进行决策。

13. 有一个 n 个自然状态的决策问题，这 n 个自然状态出现的概率分别为 p_1，p_2，$\cdots p_n$，，假如已知 p_1，p_2 的值，而关于 p_3，p_4，$\cdots$，p_n 的值我们只知道 $p_j - p_{j+1} \geqslant M_j$（$j=3$，$\cdots$，$n$），其中 M_j 为非负常数，$p_{n+1}=0$。现有一方案 S，它对应于 n 个自然状态的收益分别为 X_1，X_2，$\cdots$，X_n。试求 S 的期望获得的极值。

14. 根据案例 10-1 的数据，见表 10-1。

试就以下情况确定最佳方案：

（1）各市场需求状况下的概率均未知，试用不同的决策准则确定方案。

（2）由于是开发新产品，无过去销售经验可谈，因此市场需求情况无法预先作出判断。但根据对各方面情况的综合研究以及市场需求分布的一般规律，可以认为需求偏好的可能性最大，其次是畅销，第三是需求稍差，可能性最小的是滞销。

（3）根据对各方面情况的综合研究以及市场需求分布的一般规律，已知畅销的概率是 0.2，而在其他三者中需求偏好的概率最大，其次是需求稍差，可能性最小的是滞销。

第 11 章 多目标决策分析

【案例 11-1】 如何选房子？

某人准备在西安购买一套住房。经过大量咨询、调研，认为选房应该从以下八个方面去考虑：

（1）地段。主要关注轨道交通、商业氛围、优质的稀缺资源等。

（2）户型。房间要布局合理、动静分区明晰、私密性好。

（3）价格。要读懂楼盘的价格（开盘价、均价、销售均价、成交均价、最高价、清盘价等），耐心地了解本市及区域价格水平、楼盘的历史价格变化，并对所有相中的楼盘进行价格比较。

（4）公摊。要注意公摊面积是否合理。高层一般在 18% ~26% 之间，而多层则在 11% ~16% 之间。

（5）隔音。要检查门窗密闭效果是否良好，上下楼板是否有合乎标准的隔音性能及相邻的分户墙隔音好不好等施工质量问题；住宅应与居住区中的噪声源如学校、农贸市场等保持一定的距离；住宅内的卧室不能紧邻电梯布置，以防噪声干扰。

（6）配套。要观察配套是否能满足日常生活的便利性。

（7）物业管理。物业管理包括住宅小区的安全、维修、清洁、绿化等许多方面，是居住生活的重要保障，好的物业管理能使物业的品质保持长久。

（8）小区交通。小区内的交通分为人车分流和人车混行两类。小区内交通的合理性对于居住安全和环境的静谧性是比较关键的，这也是在看房时容易忽略的问题。

目前初步确定了位于不同地段的三套住房备选。最终该选择购买哪套住房呢？

（资料来源：http：//www. taofw. cn/news/view_news_OTk4MjU =. html）

单目标决策问题在第 10 章已经进行了较为详细的探讨。从合理行为假设引出的效用函数，提供了对这类问题进行合理分析的方法和程序。但在实际中所遇到的决策分析问题，却常常要考虑多个目标。这些目标有的相互联系，有的相互制约，有的相互冲突，因而形成一种异常复杂的结构体系，使得决策问题变得非常复杂。

多目标优化问题最早是在 19 世纪末由意大利经济学家帕累托（V. Pareto）从政治经济学的角度提出来的，他把许多本质上不可比较的目标，设法变换成一个单一的最优目标来进行求解。到了 20 世纪 40 年代，冯 · 诺曼等人从对策论的角度提出在彼此有矛盾的多个决策人之间如何进行多目标决策问题。19 世纪 50 年代初，考普曼（T. C. Koopmans）从生产和分配的活动分析中提出多目标最优化问题，并引入了帕累托最优的概念。19 世纪 60 年代初，查纳斯（A. Charnes）和库伯（W. W. Cooper）提出了目标规划方法来解决多目标决策问题。目标规划是线性规划的修正和发展，这一方法不只是对一些目标求得最优，而是尽量使求得的最优解与原定的目标值之间的偏差为最小。19 世纪 70 年代中期，基尼（R. L. Keeney）和莱福（H. Raiffa）用比较完整的描述多属性效用理论来求解多目标决策问题。19 世纪 70 年代末，萨蒂（T. L. Saaty）提出了影响广泛的 AHP（Analytical Hierarchy Process）法，并在 19 世纪 80 年代初撰写了有关 AHP 法的专著。自 19 世纪 70 年代以来，有关研究和讨论多目标决策的方法也随之出现。

总之，多目标决策问题正越来越多地受到人们的重视，尤其是在经济、管理、系统工程、控制论和运筹学等领域中得到了更多的研究和关注。

11.1 基本概念

多目标决策和单目标决策的根本区别在于目标的数量。单目标决策，只要比较各待选方案的期望效用值哪个最大即可，而多目标问题就不如此简单了。

例 11-1 房屋设计

某开发商计划建造一栋商品住宅楼。在已经确定地址及总建筑面积的前提下，做出了三个设计方案，现要求根据以下五个目标综合选出最佳的设计方案：

（1）造价（每平方米造价不低于 600 元，不高于 1000 元）。

（2）抗震性能（抗震设防烈度不低于 6 度不高于 9 度）。

（3）建造时间（越快越好）。

（4）结构合理（单元划分、生活设施及使用面积比例等）。

（5）造型美观（评价越高越好）。

三种房屋设计方案的目标值如表 11-1 所示。

表 11-1 三种房屋设计方案的目标值

具体目标	方案 1（A_1）	方案 2（A_2）	方案 3（A_3）
造价/(元/m^2)	700	900	800
抗震性能（烈度）	8	7	8
建造时间/年	2	1.5	1
结构合理（定性）	中	优	良
造型美观（定性）	良	优	中

由表 11-1 可见，可供选择的三个方案各有优缺点。某一个方案对其中一个目标来说是最优者，从另一个目标角度来看就不见得是最优，可能是次优。比如从造价这个具体目标出发，则方案 1 较好；如从合理美观的目标出发，方案 2 就不错；但如果从牢固性看，显然方案 3 最可靠，等等。

1. 多目标决策问题的基本特点

例 11-1 就是一个多目标决策问题。类似的例子可以举出很多。多目标决策问题除了目标不止一个这一明显的特点外，最显著的有以下两点：目标间的不可公度性和目标间的矛盾性。

目标之间的不可公度性。目标之间的不可公度性是指各个目标没有统一的度量标准，因而难以直接进行比较。例如房屋设计问题中，造价的单位是元/m^2，建造时间的单位是年，而结构、造型等则为定性指标。

目标之间的矛盾性。目标之间的矛盾性是指如果选择一种方案以改进某一目标的值，可能会使另一目标的值变坏。如房屋设计中造型、抗震性能的提高可能会使房屋建造成本提高。

2. 多目标问题的三个基本要素

一个多目标决策问题一般包括目标体系、备选方案和决策准则三个基本因素。

目标体系是指由决策者选择方案所考虑的目标组及其结构。

备选方案是指决策者根据实际问题设计出的解决问题的方案。有的备选方案是明确的、有限的，而有的备选方案不是明确的，还有待于在决策过程中根据一系列约束条件解出。

决策准则是指用于选择的方案的标准。通常有两类，一类是最优准则，可以把所有方案依某个准则排序；另一类是满意准则，它牺牲了最优性使问题简化，把所有方案分为几个有序的子集。如“可接受”与“不可接受”；“好的”、“可接受的”、“不可接受的”与“坏的”。

3. 几个基本概念

（1）多目标问题的解集

劣解：方案 A 的各目标均劣于另一方案 B 的各目标，则方案 A 可以直接舍去。这样的方案 A 称为劣解。

非劣解：既不能立即舍去，又不能立即确定为最优的方案称为非劣解。非劣解在多目标决策中起着非常重要的作用。

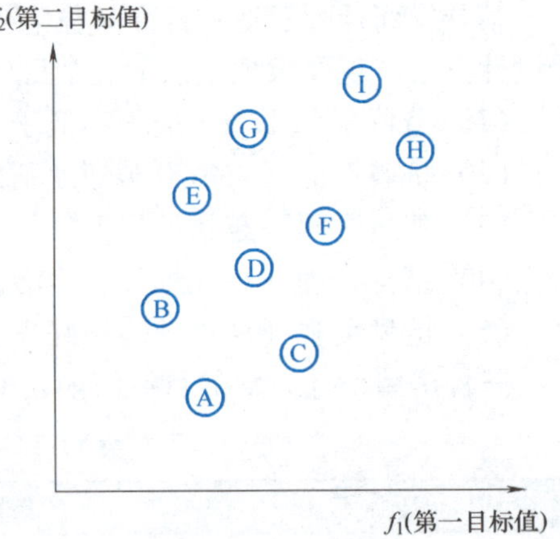

图 11-1　劣解与非劣解

单目标决策问题中的任意两个方案都可比较优劣，但在多目标时任何两个解不一定都可以比较出其优劣。如图 11-1，希望 f_1 和 f_2 两个目标越大越好，则方案 A 和 B、方案 D 和 E 相比就无法简单定出其优劣。但是方案 E 和方案 I 比较，显然 E 比 I 劣。而对方案 I 和 H 来说，没有其他方案比它们更好。而其他的解，有的两对之间无法比较，但总能找到令一个解比它们优。I、H 这一类解就叫非劣解，而 A、B、C、D、E、F、G 叫做劣解。

如果能够判别某一解是劣解，则可淘汰之。如果是非劣解，因为没有别的解比它优，就无法简单淘汰。倘若非劣解只有一个，当然就选它。问题是在一般情况下非劣解远不止一个，这就有待于决策者选择，选出来的解叫选好解。

对于 m 个目标，一般用 m 个目标函数 $f_1(x)$，$f_2(x)$，…，$f_m(x)$ 表示，其中 x 表示方案，而 x 的约束就是备选方案范围。

最优解：设最优解为 x^*，它满足

$$f_i(x^*) \geq f_i(x) \qquad i=1, 2, \cdots, n \tag{11-1}$$

（2）选好解。在处理多目标决策时，先找最优解，若无最优解，就尽力在各待选方案中找出非劣解，然后权衡非劣解，从中找出一个比较满意的方案。这个比较满意的方案就称为选好解。

单目标决策主要是通过对各方案两两比较，即通过辨优的方法求得最优方案。而多目标决策除了需要辨优以确定哪些方案是劣解或非劣解外，还需要通过权衡的方法来求得决策者认为比较满意的解。权衡的过程实际上就反映了决策者的主观价值和意图。

11.2 决策方法

解决多目标决策问题的方法目前已有不少，本节主要介绍以下三种：化多目标为单目标的方法、重排次序法、分层序列法。决策的一般步骤为：第一步，判断各个方案的非劣性，从所有方案中找出全部非劣方案，即满意方案；第二步，在全部非劣方案中寻找最优解或选好解。

11.2.1 化多目标为单目标的方法

由于直接求多目标决策问题比较困难，而单目标决策问题又较易求解，因此就出现了先把多目标问题转换成单目标问题然后再进行求解的许多方法。下面介绍几种较为常见的方法：

1. 主要目标优化兼顾其他目标的方法

设有 m 个目标 $f_1(x)$，$f_2(x)$，…，$f_m(x)$，$x \in R$ 均要求为最优，但在这 m 个目标中有一个是主要目标，例如为 $f_1(x)$，并要求其为最大。在这种情况下，只要使其他目标值处于一定的数值范围内，即

$$f'_i \leqslant f_i(x) \leqslant f''_i，\ i=2，3，\cdots，m$$

就可把多目标决策问题转化为下列单目标决策问题

$$\begin{aligned} &\max_{x \in R'} f_1(x) \\ &R' = \{x \mid f'_i \leqslant f_i(x) \leqslant f''_i，\ i=2，3，\cdots，m；\ x \in R\} \end{aligned} \tag{11-2}$$

例 11-2 设某厂生产 A、B 两种产品以供应市场的需要。生产两种产品所需的设备台时、原料等消耗定额及其质量和单位产品利润等如表 11-2 所示。在制订生产计划时工厂决策者考虑了如下三个目标：第一，计划期内生产产品所获得的利润为最大；第二，为满足市场对不同产品的需要，产品 A 的产量必须为产品 B 的产量的 1.5 倍；第三，为充分利用设备台时，设备台时的使用时间不得少于 11 个单位。

表 11-2 产品消耗、利润表

资源 \ 消耗定额 \ 产品	A	B	限制量
设备台时/h	2	4	12
原料/t	3	3	12
单位利润/千元	4	3.2	

显然，上述决策问题是一个多目标决策问题，如果将利润最大作为主要目标，则后面两个目标只要符合要求即可。这样，上述问题就可变换成单目标决策问题，并可用线性规划进行求解。

设 x_1 为产品 A 的产量，x_2 为产品 B 的产量，则以上述利润最大作为主要目标，其他两个目标可作为约束条件，其数学模型为

$$\max z = 4x_1 + 3.2x_2$$
$$\text{s.t.}\begin{cases} 2x_1 + 4x_2 \leqslant 12 \text{（设备台时约束）} \\ 3x_1 + 3x_2 \leqslant 12 \text{（原料约束）} \\ x_1 - 1.5x_2 = 0 \text{（目标约束）} \\ 2x_1 + 4x_2 \geqslant 11 \text{（目标约束）} \\ x_1,\ x_2 \geqslant 0 \end{cases} \tag{11-3}$$

（线性规划问题及后面所介绍的目标规划问题的求解过程请参阅运筹学方面的有关书籍。）

2. 线性加权和法

设有一多目标决策问题，共有 $f_1(x)$，$f_2(x)$，…，$f_m(x)$ 等 m 个目标，则可以对目标 $f_i(x)$ 分别给以权重系数 $\lambda_i(i=1, 2, \cdots, m)$，然后构成一个新的目标函数如下

$$\max F(x) = \sum_{i=1}^{m} \lambda_i f_i(x) \tag{11-4}$$

计算所有方案的 $F(x)$ 值，从中找出最大值的方案，即为最优方案。

在多目标决策问题中，或者由于各个目标的量纲不同，或者有些目标值要求最大而有些要求最小，则可以首先将目标值变换成效用值或无量纲值，然后再用线性加权和法计算新的目标函数值并进行比较，以决定方案取舍。

3. 平方和加权法

设有 m 个目标的决策问题，现要求各方案的目标值 $f_1(x)$，$f_2(x)$，…，$f_m(x)$ 与规定的 m 个满意值 f_1^*，f_2^*，…，f_m^* 的差距尽可能小，这时可以重新设计一个总的目标函数并使其最小

$$\min F(x) = \sum_{i=1}^{m} \lambda_i [f_i(x) - f_i^*]^2 \tag{11-5}$$

其中 λ_i 是第 $i(i=1, 2, \cdots)$ 个目标的权重系数。

4. 乘除法

当有 m 个目标 $f_1(x)$，$f_2(x)$，…，$f_m(x)$ 时，其中目标 $f_1(x)$，$f_2(x)$，…，$f_k(x)$ 的值要求越小越好，目标 $f_k(x)$，$f_{k+1}(x)$，…，$f_m(x)$ 的值要求越大越好，并假定 $f_k(x)$，$f_{k+1}(x)$，…，$f_m(x)$ 都大于0。于是可以采用如下目标函数

$$F(x) = \frac{f_1(x) f_2(x) \cdots f_k(x)}{f_{k+1}(x) f_{k+2}(x) \cdots f_m(x)} \tag{11-6}$$

并要求 $\min F(x)$。

5. 功效系数法

设有 m 个目标 $f_1(x)$，$f_2(x)$，…，$f_m(x)$，其中 k_1 个目标要求最大，k_2 个目标要求最小。赋予这些目标 $f_1(x)$，$f_2(x)$，…，$f_m(x)$ 以一定的功效系数 $d_i(i=1, 2, \cdots, m)$，$0 \leqslant d_i \leqslant 1$。当第 i 个目标达到最满意时 $d_i=1$，最不满意时 $d_i=0$，其他情形 d_i 则为 0，1 之间的某个

值。描述 d_i 与 $f_i(x)$ 关系的函数叫做功效函数，用 $d_i = F(f_i)$ 表示。

不同性质或不同要求的目标可以选择不同类型的功效函数，如线性功效函数、指数型功效函数等。图 11-2 所示为线性功效函数的两种类型。图 11-2a 所示为要求目标值越大越好的一种类型，即 f_i 值越大，d_i 也越大。图 11-2b 为要求目标值越小越好的一种类型，即 f_i 越小，d_i 越大。

记 $\max f_i(x) = f_{i\max}$，$\min f_i(x) = f_{i\min}$，若要求 $f_i(x)$ 越大越好，则可设 $d_i(f_{i\min}) = 0$，$d_i(f_{i\max}) = 1$，第 i 个目标的功效系数 d_i 的值为

$$d_i[f_i(x)] = \frac{f_i(x) - f_{i\min}}{f_{i\max} - f_{i\min}} \tag{11-7}$$

若要求 $f_i(x)$ 越小越好，则可设 $d_i(f_{i\min}) = 1$，$d_i(f_{i\max}) = 0$，第 i 个目标的功效系数 d_i 的值为

$$d_i[f_i(x)] = 1 - \frac{f_i(x) - f_{i\min}}{f_{i\max} - f_{i\min}} \tag{11-8}$$

同理，对于指数型功效函数的两种类型，亦可类似地确定 d_i 的取值。

当求出 n 个目标的功效系数后，即可设计一个总的功效系数，设以

$$D = \sqrt[m]{d_1 d_2 \cdots d_m} \tag{11-9}$$

作为总的目标函数，并使 $\max D$。

从上述计算 D 的公式可知，D 的数值介于 0，1 之间。当 $D=1$ 时，方案为最满意，$D=0$ 时，方案为最差。另外，当某方案第 i 目标的功效系数 $d_i=0$ 时，就会导致 $D=0$，这样也就不会选择该方案了。

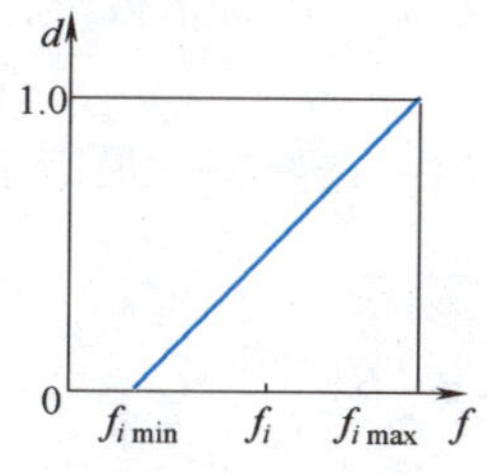

a) 目标值越大越好的类型

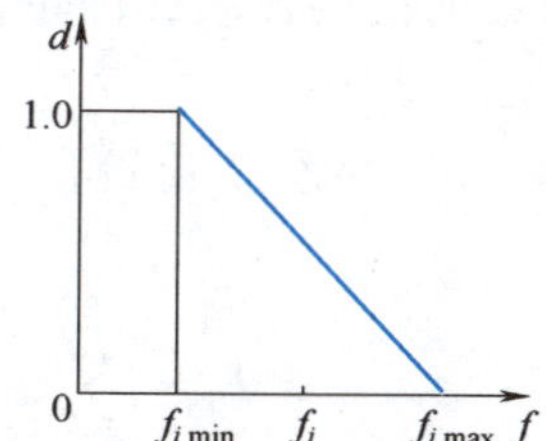

b) 目标值越小越好的类型

图 11-2　线性功效函数

11.2.2　重排次序法

重排次序法是直接对多目标决策问题的待选方案的解重排次序，然后决定解的取舍，直到最后找到选好解。下面举例说明重排次序法的求解过程。

例 11-3　设某新建厂选择厂址共有 n 个方案 m 个目标。由于对 m 个目标重视程度不同，事先可按一定方法确定每个目标的权重系数。若用 f_{ij} 表示第 i 方案第 j 目标的目标值，则可列表如表 11-3 所示。

(1) 无量纲化。为了便于重排次序，可先将不同量纲的目标值 f_{ij} 变成无量纲的数值 y_{ij}。变换的方法是：对目标 f_j，如要求越大越好，则先从 n 个待选方案中找出第 j 个目标的最大值确定为最好值，而其最小值为最差值。即

表 11-3　n 个方案的 m 个目标值

目标 (j) / 方案 (i)	f_1	f_2	…	f_j	…	f_{m-1}	f_m
λ_i	λ_1	λ_2	…	λ_j	…	λ_{m-1}	λ_m
1	f_{11}	f_{12}	…	f_{1j}	…	$f_{1,m-1}$	$f_{1,m}$
2	f_{21}	f_{22}	…	f_{2j}	…	$f_{2,m-1}$	$f_{2,m}$
⋮	⋮	⋮		⋮		⋮	⋮
i	f_{i1}	f_{i2}	…	f_{ij}	…	$f_{i,m-1}$	$f_{i,m}$
⋮	⋮	⋮		⋮		⋮	⋮
n	f_{n1}	f_{n2}	…	f_{nj}	…	$f_{n,m-1}$	$f_{n,m}$

$$\max_{1\leqslant i\leqslant n} f_{ij}=f_{i_bj},\quad \min_{1\leqslant i\leqslant n} f_{ij}=f_{i_wj}$$

并相应地规定

$$f_{i_bj}\rightarrow y_{i_bj}=100$$
$$f_{i_wj}\rightarrow y_{i_wj}=1$$

而其他方案的无量纲值可根据相应的 f 的取值用线性插值的方法求得。

对于目标 f_i，如要求越小越好，则可先从 n 个方案中的第 j 个目标中找最小值为最好值，而其最大值为最差值。可规定 $f_{i_bj}\rightarrow y_{i_bj}=1$，$f_{i_wj}\rightarrow y_{i_wj}=100$。其他方案的无量纲值可类似求得。这样就能把所有的 f_{ij} 变换成无量纲的 y_{ij}。

（2）通过对 n 个方案的两两比较，即可从中找出一组“非劣解”，记做 $\{B\}$，然后对该组非劣解作进一步比较。

（3）通过对非劣解 $\{B\}$ 的分析比较，从中找出一选好解，最简单的方法是设一新的目标函数

$$F_i=\sum_{j=1}^{m}\lambda_i y_{ij},\quad i\in\{B\} \tag{11-10}$$

若 F_i 值为最大，则方案 i 为最优方案。

11.2.3　分层序列法

分层序列法是把目标按照重要程度重新排序，将重要的目标排在前面，例如已知排成 $f_1(x)$，$f_2(x)$，…，$f_m(x)$。然后对第 1 个目标求最优，找出所有最优解集合，用 R_1 表示，接着在集合 R_1 范围内求第 2 个目标的最优解，并将这时的最优解集合用 R_2 表示，依此类推，直到求出第 m 个目标的最优解为止。将上述过程用数学语言描述，即

$$\begin{aligned} f_1(x^{(1)}) &= \max_{x\in R_0} f_1(x)\\ f_2(x^{(2)}) &= \max_{x\in R_1} f_2(x)\\ &\vdots\\ f_m(x^{(m)}) &= \max_{x\in R_{m-1}} f_m(x)\end{aligned} \tag{11-11}$$

$$R_i=\{x\,|\min f_i(x),\ x\in R_{i-1}\},\ i=1,\ 2,\ \cdots,\ m-1;\ R_0=R$$

这种方法有解的前提是 R_1，R_2，…，R_{m-1} 等集合非空，并且不止一个元素。但这在解决实际问题中很难做到。于是又提出了一种允许宽容的方法。所谓“宽容”是指，当求解后一目标最优时，不必要求前一目标也达到严格最优，而是在一个对最优解有宽容的集合中寻找。这样就变成了求一系列带宽容条件的极值问题，也就是

$$\begin{aligned} f_1(x^{(1)}) &= \min_{x \in R'_0} f_1(x) \\ f_2(x^{(2)}) &= \min_{x \in R'_1} f_2(x) \\ &\vdots \\ f_m(x^{(m)}) &= \max_{x \in R'_{m-1}} f_m(x) \end{aligned} \tag{11-12}$$

$$R'_i = \{x \mid f_i(x) < a_i \max f_i(x),\ x \in R'_{i-1}\} \quad i=1,\ 2,\ \cdots,\ m-1,\ R'_0 = R$$

而 $a_i > 0$ 是一个宽容限度，可以事前给定。

11.3　多目标风险决策分析模型

多目标风险决策分析模型可表述为：假设有 n 个目标，m 个备选方案（A_1，A_2，…，A_m），第 i 个备选方案 A_i 面临 l_i 个自然状态，这 l_i 个自然状态发生的概率分别为 p_{i1}，p_{i2}，…，p_{il_i}。方案 A_i 在其第 k 个自然状态下的 n 个后果值分别为 $\theta_{ik}^{(1)}$，$\theta_{ik}^{(2)}$，…，$\theta_{ik}^{(n)}$。该模型可表述为图 11-3。

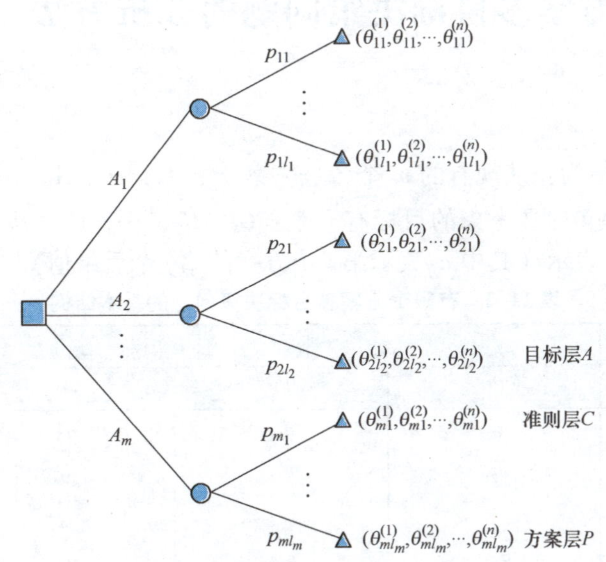

图 11-3　多目标风险型决策模型

各方案在各个目标的期望收益值分别为

$$E(A_1)=\boldsymbol{P}_1\boldsymbol{a}_1=(p_{11}\cdots p_{1l_1})\begin{pmatrix}\theta_{11}^{(1)} & \theta_{11}^{(2)} & \cdots & \theta_{11}^{(n)}\\ \theta_{12}^{(1)} & \theta_{12}^{(2)} & \cdots & \theta_{12}^{(n)}\\ \vdots & \vdots & & \vdots\\ \theta_{1l_1}^{(1)} & \theta_{1l_1}^{(2)} & \cdots & \theta_{1l_1}^{(n)}\end{pmatrix}$$

$$\cdots \qquad (11\text{-}13)$$

$$E(A_m)=\boldsymbol{P}_m\boldsymbol{a}_m=(p_{m1}\cdots p_{ml_m})\begin{pmatrix}\theta_{m1}^{(1)} & \theta_{m1}^{(2)} & \cdots & \theta_{m1}^{(n)}\\ \theta_{m2}^{(1)} & \theta_{m2}^{(2)} & \cdots & \theta_{m2}^{(n)}\\ \vdots & \vdots & & \vdots\\ \theta_{ml_m}^{(1)} & \theta_{ml_m}^{(2)} & \cdots & \theta_{ml_m}^{(n)}\end{pmatrix}$$

这样，便把有限个方案的多目标风险型决策问题转化成为有限方案的多目标确定型决策问题：

$$E(A)\overset{\text{def}}{=}\begin{pmatrix}E(A_1)\\ E(A_2)\\ \vdots\\ E(A_m)\end{pmatrix}=\begin{matrix}A_1\\ A_2\\ \vdots\\ A_m\end{matrix}\begin{pmatrix}a_{11} & a_{12} & \cdots & a_{1n}\\ a_{21} & a_{22} & \cdots & a_{2n}\\ \vdots & \vdots & & \vdots\\ a_{m1} & a_{m2} & \cdots & a_{mn}\end{pmatrix}_{m\times n} \qquad (11\text{-}14)$$

11.4 有限个方案多目标决策问题的分析方法

11.4.1 基本结构

我们的问题可表述为：从现有的 m 个备选方案 A_1，A_2，…，A_m 中选取最优方案（或最满意方案），决策者决策时要考虑的目标有 n 个：G_1，G_2，…，G_n。决策者通过调查评估得到的信息可用表 11-4 表示（其中 a_{ij} 表示第 i 个方案的第 j 个后果值）。

表 11-4 有限个方案多目标决策问题的基本结构

方 案	目 标			
	G_1	G_2	…	G_n
A_1	a_{11}	a_{12}	…	a_{1n}
A_2	a_{21}	a_{22}	…	a_{2n}
⋮	⋮	⋮		⋮
A_m	a_{m1}	a_{m2}	…	a_{mn}

显然这一表式结构可用矩阵表示为

$$\begin{pmatrix}a_{11} & a_{12} & \cdots & a_{1n}\\ a_{21} & a_{22} & \cdots & a_{2n}\\ \vdots & \vdots & & \vdots\\ a_{m1} & a_{m2} & \cdots & a_{mn}\end{pmatrix} \qquad (11\text{-}15)$$

这个矩阵称为决策矩阵，它是大多数决策分析方法进行决策的基础。

决策准则为

$$E(A_i) = \sum_j \lambda_j a_{ij} \tag{11-16}$$

其中 λ_j 为第 j 个目标的权重。

11.4.2 决策矩阵的规范化

在决策矩阵中如果使用原来的目标值，往往不便于比较各目标。这是因为各目标采用的单位不同，数值可能有很大的差异，因此最好把矩阵中的元素规范化，即把各目标值都统一变换到［0，1］范围内。规范化的方法很多，常用的有以下几种：

1. 向量规范化

令

$$b_{ij} = \frac{a_{ij}}{\sqrt{\sum_{i=1}^{m} a_{ij}^2}} \tag{11-17}$$

这种变换把所有目标值都化为无量纲的量，且都处于［0，1］范围内。但这种变换是非线性的，变换后各属性的最大值和最小值并不是统一的，即最小值不一定为0，最大值不一定为1，有时仍不便比较。

2. 线性变换

如目标为效益（目标值越大越好），可令

$$b_{ij} = \frac{a_{ij}}{\max_i \{a_{ij}\}} \tag{11-18}$$

显然 $0 \leqslant b_{ij} \leqslant 1$。

如目标为成本（目标值越小越好），令

$$b_{ij} = 1 - \frac{a_{ij}}{\max_i \{a_{ij}\}} \tag{11-19}$$

同样有 $0 \leqslant b_{ij} \leqslant 1$。

这种变换是线性的，变换后的相对数量与变换前相同。

3. 效用值法

把每一目标的各后果值转化为效用值。

4. 其他变换

在决策矩阵中如果既有效益目标又有成本目标，采用上述变换产生了困难，因为它们的基点不同。这就是说变换后最好的效益目标和最好的成本目标有不同的值，不便于比较。如果把成本目标变换修改为

$$b_{ij} = \frac{1/a_{ij}}{\max_i \{1/a_{ij}\}} = \frac{\min_i \{a_{ij}\}}{a_{ij}} \tag{11-20}$$

这样基点就可以统一起来了。

一种更复杂的变换是，对于效益，令

$$b_{ij}=\frac{a_{ij}-\min\limits_{i}\{a_{ij}\}}{\max\limits_{i}\{a_{ij}\}-\min\limits_{i}\{a_{ij}\}} \tag{11-21}$$

对于成本，令

$$b_{ij}=\frac{\max\{a_{ij}\}-a_{ij}}{\max\limits_{i}\{a_{ij}\}-\min\limits_{i}\{a_{ij}\}} \tag{11-22}$$

这种变换的好处是，变换后把目标的最大值统一为 0 和 1，但是这种变种不是成比例的。

11.4.3 确定权的方法

在多目标决策问题中，决策者所考虑的多个目标对决策的重要程度并不是相同的，相对来说，总有一定的差别。目前大部分的多目标决策方法都通过赋予各目标一定的权重进行决策，以权重表示各目标的重要程度，权重越大，其对应的目标越重要。确定权重的方法很多，现介绍几种常用的方法。

1. 老手法

这是一种凭借经验评估并结合统计处理来确定权重的方法。

首先，选聘一批对所研究的问题有充分见解的 L 个老手（即专家或有丰富经验的实际工作者），请他们各自独立地对 n 个目标 $G_i(i=1，2，\cdots，n)$ 给出相应的权重。设第 j 位老手所提供的权重方案为

$$w_{1j}，w_{2j}，\cdots，w_{nj}，j=1，2，\cdots，L \tag{11-23}$$

它们满足 $w_{ij}\geqslant 0$，$(i=1，2，\cdots，n)$，$\sum\limits_{i=1}^{n}w_{ij}=1$，则汇集这些方案可列出如表 11-5 所示的权重方案表。

表 11-5 老手法所得到的权重方案表

老手 \ 权重 \ 目标	G_1		G_i		G_n	偏　差
1	w_{11}	…	w_{i1}	…	w_{n1}	D_1
⋮	⋮		⋮		⋮	⋮
j	w_{1j}	…	w_{ij}	…	w_{nj}	D_j
⋮	⋮		⋮		⋮	⋮
L	w_{1L}	…	w_{iL}	…	w_{nL}	D_L
均　值	w_1	…	w_i	…	w_n	

其中

$$w_i=\frac{1}{L}\sum_{j=1}^{L}w_{ij}\qquad i=1，2，\cdots，n \tag{11-24}$$

$$D_j=\frac{1}{n-1}\sum_{i=1}^{n}(w_{ij}-w_i)^2，\quad j=1，2，\cdots，L \tag{11-25}$$

设给定允许 $\varepsilon>0$，检验由上式确定的各方差估值。如果上述各方差估值的最大者不超过规定的 ε，即若

$$\max_{1\leq j\leq L} D_j \leq \varepsilon$$

则说明各老手所提供的方案没有显著的差别，因而是可接受的。此时，就以 w_1，w_2，…，w_n 作为对应各目标 G_1，G_2，…，G_n 的权重。如果上式不满足，则需要和那些对应于方差估值大的老手进行协商，充分交换意见，消除误解（但不交流各老手所提出的权重方案），然后，让他们重新调整权重，并将其再列入权重方案表。重复上述过程，最后得到一组满意的权重均值作为目标的权重。

这种方法比较实用，但一般要求老手的人数不能太少。

2. 环比法

这种方法先随意把各目标排成一定顺序，接着按顺序比较两个目标的重要性，得出两目标重要性的相对比率——环比比率，然后再通过连乘把此环比比率换算为都以最后一个目标基数的定基比率，最后再归一化为权重。设某决策有五个目标，下面按顺序来求其权重，见表11-6。

表11-6　用环比法求权重

目　标	按环比计算的重要性比率	换算为以E为基数的重要性比率	权　重
A	2.0	4.5	0.327
B	0.5	2.25	0.164
C	3.0	4.50	0.327
D	1.5	1.50	0.109
E	—	1.00	0.073
合计		13.75	1.000

表11-6第二列是各目标重要性的环比比率，是按顺序两两对比而求得的，则可以通过向决策者或专家咨询而得到。例如该列第一个数值为2，它表示目标A对决策的重要性相当于目标B的2倍；第2个数字为0.5，它表明目标B对决策的重要性值相当于目标C的一半，其余类推。第三列的数据是通过第二列计算得到的，即以目标E（排在最后的目标）对决策的重要性为基数，令其重要性为1，由于目标D的重要性相当于E目标的1.5倍，所以换算为定基比率仍是1.5，即1×1.5=1.5，由于目标C的重要性相当于目标D的3倍，所以目标C的重要性相当于目标E的4.5倍，其余类推。把各目标的重要性比率换算为以E目标为基数的定基比率后，求得这些比率的总和为13.75，即第三列的合计数，然后把第三列中各行的数据分别除以这个合计数13.75就得到了归一化的权重值，列于表11-6最后一列。

值得注意的是上述方法的前提是，决策者对于各目标间相对重要性的认识是完全一致的，没有矛盾，可实际上决策者对各目标相对重要性的认识有时不完全一致，此时这种方法便不适用，一般可改用权的最小平方法或下面的其他方法。

3. 权的最小平方法

这种方法也是把各目标的重要性作成对比较，如把第 i 个目标对第 j 个目标的相对重要性的估计值记做 $a_{ij}(i, j=1, 2, \cdots, n)$，并近似地认为就是这两个目标的权重 w_i 和 w_j 的比 w_i/w_j。如果决策人对 $a_{ij}(i, j=1, 2, \cdots, n)$ 的估计一致，则 $a_{ij}=w_i/w_j$，否则只有 $a_{ij}\approx w_i/$

w_j，即 $a_{ij}w_j - w_i \neq 0$。可以选择一组权 $\{w_1, w_2, \cdots, w_n\}$，使

$$Z = \sum_{i=1}^{n}\sum_{j=1}^{n}(a_{ij}w_j - w_i)^2$$

为最小，其中 w_i（$i=1, 2, \cdots, n$）满足 $\sum_{i=1}^{n} w_i = 1$，且 $w_i > 0$。

如用拉格朗日乘子法解此有约束的优化问题，则拉格朗日函数为

$$L = \sum_{i=1}^{n}\sum_{j=1}^{n}(a_{ij}w_j - w_i)^2 + 2\lambda\left(\sum_{i=1}^{n} w_i - 1\right) \tag{11-26}$$

将上式对 w_k 求偏导，并令其为 0 得到

$$\frac{\partial L}{\partial w_k} = \sum_{i=1}^{n}(a_{ik}w_k - w_i)a_{ik} - \sum_{j=1}^{n}(a_{kj}w_j - w_k) + \lambda = 0,\ k = 1, 2, \cdots, n \tag{11-27}$$

式（11-27）和 $\sum_{i=1}^{n} w_i = 1$ 构成了 $n+1$ 个非齐次线性方程组，有 $n+1$ 个未知数，可求得一组唯一的解。式（11-27）也可写成矩阵形式

$$\boldsymbol{B}\boldsymbol{w} = \boldsymbol{m} \tag{11-28}$$

式中

$$\boldsymbol{w} = (w_1, w_2, \cdots, w_n)^{\mathrm{T}},\ \boldsymbol{m} = (-\lambda, -\lambda, \cdots, -\lambda)^{\mathrm{T}}$$

$$\boldsymbol{B} = \begin{pmatrix} \sum_{i=1}^{n} a_{i1}^2 - n - 2a_{11} & -(a_{12} + a_{21}) & \cdots & -(a_{1n} + a_{n1}) \\ -(a_{21} + a_{12}) & \sum_{i=1}^{n} a_{i2} - n - 2a_{22} & \cdots & -(a_{2n} + a_{n2}) \\ \vdots & \vdots & & \vdots \\ -(a_{n1} + a_{1n}) & (-a_{n2} + a_{2n}) & & \sum_{i=1}^{n} a_{in} - n - 2a_{nn} \end{pmatrix}$$

4. 强制决定法

此法要求把各个目标两两进行对比。两个目标比较，重要者记 1 分，次要者记 0 分。现举一例以说明之。

例 11-4 考虑一个机械设备设计方案决策，设其目标有：灵敏度、可靠性、耐冲击性、体积、外观和成本共六项，首先画一个棋盘表格计算机械设备设计方案选优决策中的权重如表 11-7 所示。其中打分所用列数为 15（如目标数为 n，则打分所用列数为 $n(n-1)/2$）。在每个列内只打两个分，即在重要的那个目标行内打 1 分，次要的那个目标行内打 0 分。该列的其余各行任其空着。

表中总分列为各目标所得分数之和，修正总分列是为了避免使权系数为 0 而设计的，其数值由总分列各数分别加上 1 得到，权重为各行修正总分归一化的结果。

表 11-7 机械设备设计方案选优决策中权重的计算

目　标	重要性得分															总　分	修正总分	权　重
灵敏度	0	0	1	1	1											3	4	0.129
可靠性	1					1	1	1	1							5	6	0.286

（续）

目　标	重要性得分															总　分	修正总分	权　重
耐冲击性		1				0				1	1	1				4	5	0.048
体积			0				0			0			1	0		1	2	0.143
外观				0				0			0		0		0	0	1	0.095
成本					0				0			0		1	1	2	3	0.238
合计																15	21	1.000

11.5　层次分析法（AHP）

层次分析法（Analytic Hierarchy Process，AHP）是20世纪70年代由美国学者萨蒂（Thomas L. Satty）最早提出的一种多目标评价决策法。它本质上是一种决策思维方式，基本思想是把复杂的问题分解成若干层次和若干要素，在各要素间简单地进行比较、判断和计算，以获得不同要素和不同备选方案的权重。

应用层次分析法的步骤如下：

（1）对构成决策问题的各种要素建立多级递阶的结构模型。

（2）对同一等级（层次）的要素以上一级的要素为准则进行两两比较，根据评定尺度确定其相对重要程度，并据此建立判断矩阵。

（3）确定各要素的相对重要度。

（4）综合相对重要度，对各种替代方案进行优先排序，从而为决策者提供科学决策的依据。

11.5.1　多级递阶结构

用层次分析法分析的系统，其多级递阶结构一般可以分成三层，即目标层、准则层和方案层。目标层为解决问题的目的，是想要达到的目标。准则层为针对目标评价各方案时所考虑的各个子目标（因素或准则），可以逐层细分。方案层即解决问题的方案。

层次结构往往用结构图形式表示，图上标明上一层次与下一层次元素之间的联系。如果上一层的每一要素与下一层所有要素均有联系，称为完全相关结构（见图11-4）。如上一层每一要素都有各自独立的、完全不相同的下层要素，称为完全独立性结构。也有由上述两种结构结合的混合结构。

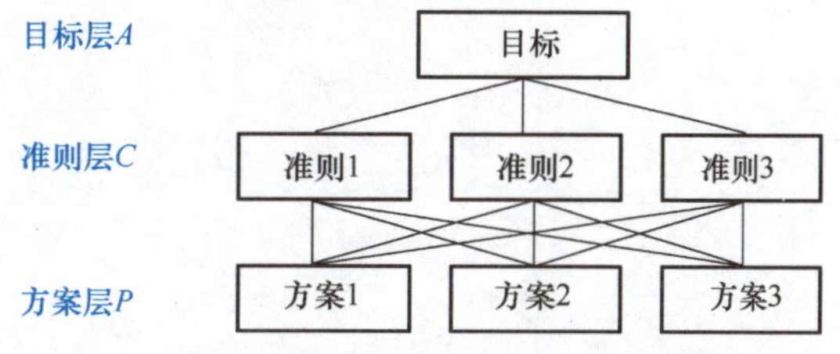

图11-4　具有完全相关结构的递阶层次结构

例11-5　某城市闹市区域的某一商场附近，由于顾客过于稠密，常常造成车辆阻塞以及各种交通事故。市政府决定改善闹市区的交通环境。经约请各方面专家研究，制定出三种可供选择的方案：

A1——在商场附近修建一座天桥，供行人横穿马路。

*A*2——在商场附近修建一条地下通道。

*A*3——搬迁商场。

试用决策分析方法对三种备选方案进行选择。这是一个多目标决策问题。在改变闹市区交通环境这一总目标下，根据当地的具体情况和条件，制定了以下五个分目标作为对备选方案的评价和选择标准：

*C*1——通车能力。

*C*2——方便过往行人及当地居民。

*C*3——新建或改建费用不能过高。

*C*4——具有安全性。

*C*5——保持市容美观。

其层次结构如图 11-5 所示。

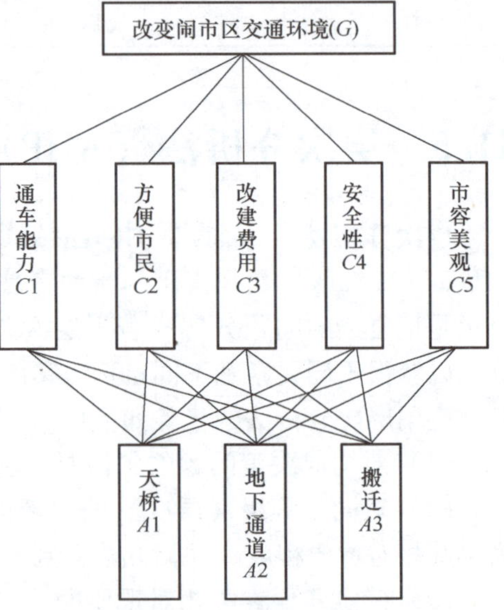

图 11-5　改善市区交通环境的层次结构

递阶层次结构建立得合适与否，对于问题的求解起着关键的作用。但这在很大程度上取决于决策者的主观判断。这就要求决策者对问题的本质、问题所包含的要素以及相互之间的逻辑关系要有比较透彻的理解。

11.5.2　判断矩阵

判断矩阵是层次分析法的基本信息，也是计算各要素权重的重要依据。

1. 建立判断矩阵

设对于准则 H，其下一层有 n 个要素 A_1，A_2，…，A_n。以上一层的要素 H 作为判断准则，对下一层的 n 个要素进行两两比较来确定矩阵的元素值，其形式如下：

H	A_1	A_2	…	A_j	…	A_n
A_1	a_{11}	a_{12}	…	a_{1j}	…	a_{1n}
A_2	a_{21}	a_{22}	…	a_{2j}	…	a_{2n}
⋮	⋮	⋮		⋮		⋮
A_i	a_{i1}	a_{i2}	…	a_{ij}	…	a_{in}
⋮	⋮	⋮		⋮		⋮
A_n	a_{n1}	a_{n2}	…	a_{nj}	…	a_{nn}

a_{ij}表示以判断准则 H 的角度考虑要素 A_i 对 A_j 的相对重要程度。若假设在准则 H 下要素 A_1，A_2，…，A_n 的权重分别为 w_1，w_1，…，w_n，即 $\boldsymbol{W}=(w_1, w_2, \cdots, w_n)^{\mathrm{T}}$，则 $a_{ij}=w_i/w_j$。矩阵

$$A=\begin{pmatrix} a_{11} & a_{12} & \cdots & a_{1n} \\ a_{21} & a_{22} & \cdots & a_{2n} \\ \vdots & \vdots & & \vdots \\ a_{n1} & a_{n2} & \cdots & a_{nn} \end{pmatrix} \tag{11-29}$$

称为**判断矩阵**。

2. 判断尺度

判断矩阵中的元素 a_{ij} 是表示两个要素的相对重要性的数量尺度，称做**判断尺度**，其取值如表 11-8 所示。

表 11-8　判断尺度的取值

判断尺度	定　义	判断尺度	定　义
1	对 H 而言，A_i 和 A_j 同样重要	7	对 H 而言，A_i 比 A_j 重要得多
3	对 H 而言，A_i 比 A_j 稍微重要	9	对 H 而言，A_i 比 A_j 绝对重要
5	对 H 而言，A_i 比 A_j 重要	2，4，6，8	介于上述两个相邻判断尺度之间

由表 11-8 可知，若 A_i 比 A_j 重要，则 $a_{ij}=w_i/w_j=5$；反之，若 A_j 比 A_i 重要，则 $a_{ij}=1/a_{ji}=1/5$。

11.5.3　相对重要度及判断矩阵的最大特征值 $\lambda_{\max}$ 的计算

在应用层次分析法进行系统评价和决策时，需要知道 A_i 关于 H 的相对重要度，也就是 A_i 关于 H 的权重。问题归结为：

已知

$$A=(a_{ij})_{n\times n}=(w_i/w_j)_{n\times n}=\begin{pmatrix} w_1/w_1 & w_1/w_2 & \cdots & w_1/w_n \\ w_2/w_1 & w_2/w_2 & \cdots & w_2/w_n \\ \vdots & \vdots & & \vdots \\ w_n/w_1 & w_n/w_2 & \cdots & w_n/w_n \end{pmatrix}$$

求 $W=(w_1, w_2, \cdots, w_n)^{\mathrm{T}}$。

由

$$\begin{pmatrix} w_1/w_1 & w_1/w_2 & \cdots & w_1/w_n \\ w_2/w_1 & w_2/w_2 & \cdots & w_2/w_n \\ \vdots & \vdots & & \vdots \\ w_n/w_1 & w_n/w_2 & \cdots & w_n/w_n \end{pmatrix}\begin{pmatrix} w_1 \\ w_2 \\ \vdots \\ w_n \end{pmatrix}=n\begin{pmatrix} w_1 \\ w_2 \\ \vdots \\ w_n \end{pmatrix}$$

知 W 是矩阵 A 的特征值为 n 的**特征向量**。

当矩阵 A 的元素 a_{ij} 满足

$$a_{ii}=1,\ a_{ij}=\frac{1}{a_{ji}},\ a_{ij}=\frac{a_{ik}}{a_{jk}} \tag{11-30}$$

时，A 具有唯一的非零**最大特征值 $\lambda_{\max}$**，且 $\lambda_{\max}=n\left(\sum\limits_{i=1}^{n}\lambda_i=\sum\limits_{i=1}^{n}a_{ii}=n\right)$。

由于判断矩阵 A 的最大特征值所对应的特征向量即为 W，为此，可以先求出判断矩阵的最大特征值所对应的特征向量，再经过归一化处理，即可求出 A_i 关于 H 的相对重要度。

求法：

（1）用计算方法中的乘幂法等方法求。

（2）用方根法求

$$w_i = \left(\prod_{j=1}^{n} a_{ij}\right)^{\frac{1}{n}} \quad i = 1, 2, \cdots, n$$

然后对 $W = (w_1, w_2, \cdots, w_n)^T$ 进行归一化处理，即

$$w_i^{(0)} = \frac{w_i}{\sum_{j=1}^{n} w_j}$$

其结果就是 A_i 关于 H 的相对重要度。最大特征值 λ_{max} 为

$$\lambda_{max} = \sum_{i=1}^{n} \frac{(AW)_i}{nw_i}$$

其中 $(AW)_i$ 为向量 AW 的第 i 个元素。

（3）用和积法求。首先，将判断矩阵每一列归一化。其次，列归一化后的判断矩阵按行相加得

$$\overline{W} = (\overline{w}_1, \overline{w}_2, \cdots, \overline{w}_n)^T$$

再对其进行归一化处理即可。λ_{max} 的求法同方根法。

11.5.4 相容性判断

由于判断矩阵的三个性质中的前两个容易被满足，第三个“一致性”则不易保证。如果所建立的判断矩阵有偏差，则称为不相容判断矩阵，这时就有

$$AW = \lambda_{max} W$$

若矩阵 A 完全相容，则有 $\lambda_{max} = n$，否则 $\lambda_{max} \neq n$。这就提示我们可以用 $\lambda_{max} - n$ 的大小来度量相容的程度。

度量相容性的指标为一致性指标 C. I. （Consistence Index）

$$\text{C. I.} = \frac{\lambda_{max} - n}{n-1} \tag{11-31}$$

一般情况下，若 C. I. ≤0. 10，就可认为判断矩阵 A 有相容性，据此计算的 W 是可以接受的，否则重新进行两两比较判断。

判断矩阵的维数 n 越大，判断的一致性将越差，故应放宽对高维判断矩阵一致性的要求，于是引入修正值 R. I.，见表 11-9，并取更为合理的 C. R. 作为衡量判断矩阵一致性的指标。

$$\text{C. R.} = \frac{\text{C. I.}}{\text{R. I.}} \tag{11-32}$$

表 11-9 相容性指标的修正值

维数	1	2	3	4	5	6	7	8	9
R. I.			0. 58	0. 96	1. 12	1. 24	1. 32	1. 41	1. 45

11.5.5 综合重要度的计算

在计算了各层次要素对其上一级要素的相对重要度以后，即可自上而下地求出各层要素关于系统总体的综合重要度（也叫做系统总体权重）。其计算过程如下：

设有目标层A、准则层C、方案层P构成的层次模型（对于层次更多的模型，其计算方法相同），准则层C对目标层A的相对权重为：

$$\overline{\boldsymbol{w}}^{(1)}=(w_1^{(1)},\ w_2^{(1)},\ \cdots,\ w_k^{(1)})^{\mathrm{T}} \tag{11-33}$$

方案层 n 个方案对准则层的各准则的相对权重为

$$\overline{\boldsymbol{w}}_l^2=(w_{l1}^{(2)},\ w_{l2}^{(2)},\ \cdots,\ w_{lk}^{(2)})^{\mathrm{T}} \quad l=1,\ 2,\ \cdots,\ n \tag{11-34}$$

这 n 个方案对目标而言，其相对权重是通过权重 $\overline{\boldsymbol{w}}^{(1)}$ 与 $\overline{\boldsymbol{w}}_l^{(2)}$（$l=1,\ 2,\ \cdots,\ n$）组合而得到的，其计算可采用表格式进行（见表11-10）。

表11-10 综合重要度的计算

权重 \ C层 / P层	因素及权重 $C_1\ C_2\cdots C_k$ $w_1^{(1)}w_2^{(1)}\cdots w_k^{(1)}$	组合权重 ($\boldsymbol{V}^{(2)}$)
P_1	$w_{11}^{(2)}w_{12}^{(2)}\cdots w_{1k}^{(2)}$	$v_1^{(2)}=\sum_{j=1}^{k}w_j^{(1)}w_{1j}^{(2)}$
P_2	$w_{21}^{(2)}w_{22}^{(2)}\cdots w_{2k}^{(2)}$	$v_2^{(2)}=\sum_{j=1}^{k}w_j^{(1)}w_{2j}^{(2)}$
⋮	⋮	⋮
P_n	$w_{n1}^{(2)}w_{n2}^{(2)}\cdots w_{nk}^{(2)}$	$v_n^{(2)}=\sum_{j=1}^{k}w_j^{(1)}w_{nj}^{(2)}$

这时得到 $\boldsymbol{V}^{(2)}=(v_1^{(2)},\ v_2^{(2)},\ \cdots,\ v_n^{(2)})^{\mathrm{T}}$ 为 P 层各方案的相对权重。若最低层是方案层，则可根据 v_i 选择满意方案；若最低层是因素层，则根据 v_i 确定人力、物力、财力等资源的分配。

11.5.6 算例

假设某高校正在进行教师的评优工作，需考虑的指标有学识水平、科研能力和教学工作。学识水平主要通过发表论文的级别和数量来评价；科研能力通过在研项目和已完成项目的情况进行评判；教学工作分两种情况，任课教师根据教学工作量和学生反映情况打分，非任课老师从日常工作量和质量方面评估。

现应用层次分析法对待评教师的综合素质进行评价。整个层次结构分为三层，最高层即问题分析的总目标，要评选出优秀教师；第二层是准则层，包括上述的三种指标；第三层是方案层，即参加评优的教师，假设对五位候选教师进行评优，其中 P_2，P_3 和 P_4 为任课教师，需要从学识水平、科研能力和教学工作三方面评估其综合素质，教师 P_5 是科研人员，学校对其没有教学任务，故只需从前两个方面衡量，教师 P_1 是行政人员，没有科研任务，只需从学识水平和教学工作两方面衡量。各位教师在三个指标上表现不同，建立这种层次结构后，问题分析归结为各位教师相对于总目标的优先次序。

第一步，建立递阶层次结构，如图 11-6 所示。

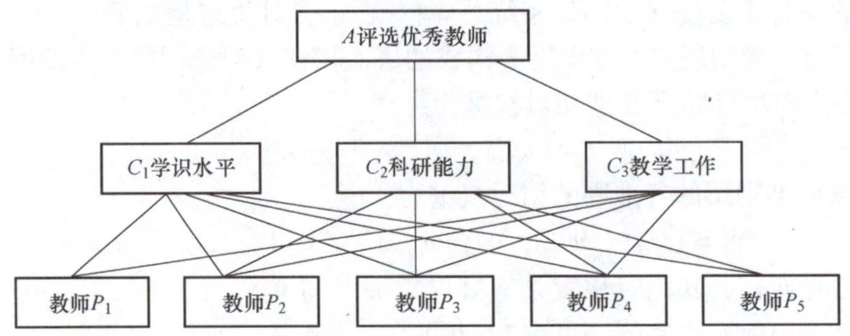

图 11-6　教师评优的递阶层次结构

第二步，建立判断矩阵。就层次结构中的各种因素两两进行判断比较，建立判断矩阵。

(1) 判断矩阵 **A/C**（相对于总目标各指标间的重要性比较）：

A	C_1	C_2	C_3
C_1	1	1/5	1/3
C_2	5	1	3
C_3	3	1/3	1

(2) 判断矩阵 C_1/P（各教师的学识水平比较）：

C_1	P_1	P_2	P_3	P_4	P_5
P_1	1	3	5	4	7
P_2	1/3	1	3	2	5
P_3	1/5	1/3	1	1/2	2
P_4	1/4	1/2	2	1	3
P_5	1/7	1/5	1/2	1/3	1

(3) 判断矩阵 C_2/P（各教师的科研能力比较）：

C_2	P_2	P_3	P_4	P_5
P_2	1	1/7	1/3	1/5
P_3	7	1	5	2
P_4	3	1/5	1	1/3
P_5	5	1/2	3	1

(4) 判断矩阵 C_3/P（各教师的教学工作比较）：

C_3	P_1	P_2	P_3	P_4
P_1	1	1	3	3
P_2	1	1	3	3
P_3	1/3	1/3	1	1
P_4	1/3	1/3	1	1

第三步，相对重要度及判断矩阵的最大特征值的计算。

（1）A-C（各指标相对于总目标的相对权重）：

$$\boldsymbol{\omega}=\begin{pmatrix}0.105\\0.637\\0.258\end{pmatrix}\qquad \lambda_{\max}=3.038$$

（2）C_1-P（各教师相对于学识水平的相对权重）：

$$\boldsymbol{\omega}=\begin{pmatrix}0.495\\0.232\\0.085\\0.137\\0.051\end{pmatrix}\qquad \lambda_{\max}=5.079$$

（3）C_2-P（各教师相对于科研能力的相对权重）：

$$\boldsymbol{\omega}=\begin{pmatrix}0.057\\0.523\\0.122\\0.298\end{pmatrix}\qquad \lambda_{\max}=4.069$$

（4）C_3-P（各教师相对于教学工作的相对权重）：

$$\boldsymbol{\omega}=\begin{pmatrix}0.375\\0.375\\0.125\\0.125\end{pmatrix}\qquad \lambda_{\max}=4$$

第四步，相容性判断。

（1）A-C：C. I. =0.019，R. I. =0.58，C. R. =0.033。

（2）C_1-P：C. I. =0.020，R. I. =1.12，C. R. =0.018。

（3）C_2-P：C. I. =0.023，R. I. =0.96，C. R. =0.024。

（4）C_3-P：C. I. =0，C. R. =0。

第五步，综合重要度的计算，见表11-11。

表11-11　算例中综合重要度的计算

C \ P	C_1	C_2	C_3	层次 P 总排序 V
	0.105	0.637	0.258	
P_1	0.495	0	0.375	0.149
P_2	0.232	0.057	0.375	0.157

（续）

P \ C	C_1	C_2	C_3	层次 P 总排序 V
	0.105	0.637	0.258	
P_3	0.085	0.523	0.125	0.374
P_4	0.137	0.122	0.125	0.124
P_5	0.051	0.298	0	0.192

层次总排序一致性检验：

$$\text{C. I.} = \sum_{i=1}^{3} C_i(\text{C. I.}) = 0.105 \times 0.020 + 0.637 \times 0.023 + 0.258 \times 0 = 0.017$$

$$\text{R. I.} = \sum_{i=1}^{3} C_i(\text{R. I.}) = 0.105 \times 1.12 + 0.637 \times 0.96 + 0.258 \times 0.90 = 0.977$$

$$\text{C. R.} = \frac{\text{C. I.}}{\text{R. I.}} = \frac{0.017}{0.977} = 0.017$$

通过上述五步的分析和计算，可以得出每一位教师的优势都不同，但最终结果是教师P_3排在第一位，然后依次是P_5，P_2，P_1和P_4。

11.6 网络分析法（ANP）

在11.5节中我们对层次分析法（AHP）进行了较为详细的介绍与分析。虽然层次分析法在解决多目标决策问题上已得到较为广泛的应用，但在实际应用过程中，人们发现它仍存在着一定的局限，如下例。

例11-6 随着经济全球化的加速，供应商的选择对每个企业都有着重要的意义。假设某企业经过相关调查，计划从3家候选供应商中选择一家进行长期合作，为企业长期供货。这三家供应商分别为：供应商1(s_1)，供应商2(s_2)，供应商3(s_3)。企业经过考虑，决定主要根据以下几个指标对供应商进行评价：产品质量（b_1），产品价格（b_2），交货情况（b_3），技术水平（b_4），售后服务（b_5），市场影响度（b_6）。从而制定出对企业最为合理的方案。

如果对上述问题应用层次分析法来解决，可以构造出问题的层次结构，它将问题所包含的因素划分为若干层次：目标层、准则层、方案层。可以用框图具体说明层次的递阶结构与因素间的从属关系。供应商选择方案的层次结构如图11-7所示。

层次结构模型建立之后，可以对同一层次上相互独立的要素进行两两比较，进而建立判断矩阵，确定各要素的相对重要度，最终综合相对重要度，确定供应商的选择方案。

应用了层次分析法，以上问题貌似得到了合理的解决。然而当我们进一步思考后不难发现，在层次分析法中只侧重描述了上下层次中元素间的联系，而忽略了其他的一些重要关系。如在本例中，各性能指标之间实际上还存在着相互依赖的关系，如价格的高低将受到产品质量与售后服务等因素的影响，而质量也会受到企业技术水平的影响。如果忽略了这些关系，就会导致对问题描述的不准确与不全面，最终自然会对决策结果的准确性产生不利的影响。

为了解决层次分析法的局限性的问题，萨蒂在1996年较为系统地提出了网络分析法（Analytic Network Process，ANP）的理论与具体方法。

网络分析法的决策原理与层次分析法基本相同，不同的是前者建立的是网络结构模型，而后者建立的是层次结构模型。在层次分析法中，元素之间是按照层级结构排列的，并假设同层元素之间是相互独立的，而且元素之间不存在反馈关系。但是在现实的复杂决策问题中，这一假设往往不能被满足，因而也妨碍了层次分析法的应用。网络分析法取消了这一假设，它以一种网络化的方式表达元素之间的相互关系，允许元素之间存在相互依赖关系和反馈关系，因而与现实决策问题更为接近，可以较为全面地分析有关问题。因此，ANP 更为深刻地描述了复杂的决策系统，而 AHP 可以看做 ANP 的一个特例。

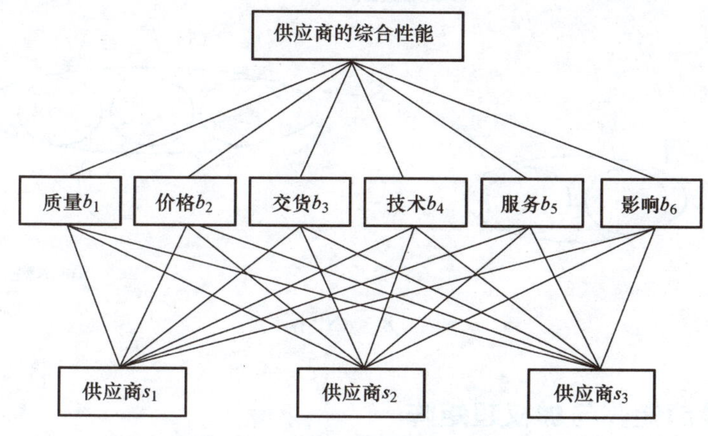

图 11-7　供应商选择的递阶层次结构模型

网络分析法的具体步骤如下：

（1）确定目标、准则，构建网络结构模型。

（2）构造无权重超矩阵，进而构造加权超矩阵。

（3）求得极限超矩阵。

（4）综合相对重要度，依据各备选方案的权重值进行排序。

11.6.1　网络结构

应用网络分析法时，首先需将系统元素划分为两大部分，第一部分称为控制因素层，包括问题目标及决策准则。所有的决策准则均被认为是彼此独立的，且只受目标元素的支配。控制因素中可以没有决策准则，但至少有一个目标。控制层中每个准则的权重均可用传统 AHP 方法获得。第二部分为网络层，网络层反映了元素或元素组是如何相互影响的，这体现了 ANP 与 AHP 在结构形式上的差异。图 11-8 就是一个典型的 ANP 结构。

由图 11-8 可见，网络结构是由元素组（C_i）以及连接元素组之间的影响关系组成的，元素组又由多个元素（e_{ij}）组成，所以形式上元素组就是一个由元素所组成的集合。此外，元素之间也可以存在相互影响，一个元素组的元素可以与本元素组内的元素发生相互影响关系，也可以与另外一个元素组的元素发生相互影响关系。各种相互影响关系均用“→”来表示，而“$A \to B$”表示元素组 A 受元素组 B 的影响，或者元素组 B 影响元素组 A。

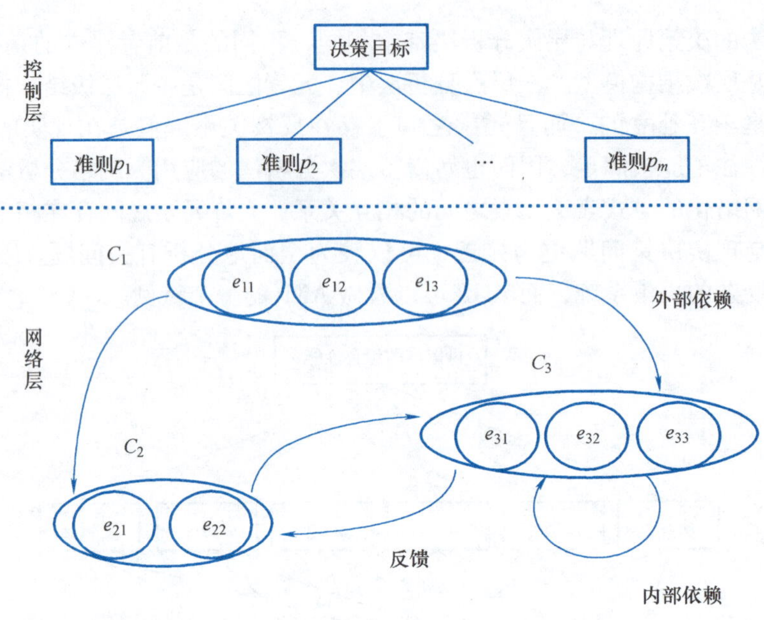

图 11-8　ANP 网络

11.6.2　无权重超矩阵与加权超矩阵

ANP 中的网络结构可以用两种形式来表示，一种是图形形式，另一种是矩阵形式。图形形式可以定性地表示组成网络的各个成分之间的相互影响关系，而矩阵形式则可以定量地表示这种相互影响的程度和大小。

1. 无权重超矩阵

与层次分析法类似，在网络分析法中，一个元素组中各个元素对系统中其他元素的影响也是利用判定矩阵这个工具来进行的，应用两两比较的方法对元素进行两两比较，通过间接地对比获得权重。

设 ANP 的控制层中有元素 p_1，p_2，…，p_m，在控制层下的网络层有元素组 C_1，C_2，…，C_N，其中 C_i中有元素 e_{i1}，e_{i2}，…，e_{in_i}，$i=1$，2，…，N。首先，将构建网络时选取的准则 $p_s(s=1,\ 2,\ \cdots,\ m)$ 作为主准则，以该网络中某一元素组 C_j中的元素 e_{jl}（$l=1$，2，…，n_j）作为次准则，元素组 C_i中元素按其对 e_{jl}的影响力大小进行间接优势度比较，即，构造主准则 p_s下的判断矩阵。

e_{jl}	e_{i1}	e_{i2}	…	e_{in_i}	归一化特征向量
e_{i1}					$w_{i1}^{(jl)}$
e_{i2}		*			$w_{i2}^{(jl)}$
⋮					⋮
e_{in_i}					$w_{in_i}^{(jl)}$

由此得到排序向量（$w_{i1}^{(jl)}$，$w_{i2}^{(jl)}$，…，$w_{in_i}^{(jl)}$）^{T}，$l=1$，2，…，n。

在 p_s准则下，如果 C_j中存在 n_j个元素，则可能需要构建 n_j个判断矩阵进行运算，形成 n_j个排序向量。可见这些计算量是十分巨大的，手工运算很难完成。

将排序向量汇总，得到矩阵 $\boldsymbol{W}_{ij}$

$$\boldsymbol{W}_{ij}=\begin{pmatrix} w_{i1}^{(j1)} & w_{i1}^{(j2)} & \cdots & w_{i1}^{(jn_j)} \\ w_{i2}^{(j1)} & w_{i2}^{(j2)} & \cdots & w_{i2}^{(jn_j)} \\ \vdots & \vdots & & \vdots \\ w_{in_i}^{(j1)} & w_{in_i}^{(j2)} & \cdots & w_{in_i}^{(jn_j)} \end{pmatrix}$$

这里 $\boldsymbol{W}_{ij}$的列向量就是第 i 个元素组中每个元素对第 j 个元素组中某个元素影响程度的排序向量。若 C_j中的元素不受 C_i中元素的影响，则 $\boldsymbol{W}_{ij}=\boldsymbol{0}$。

在 ANP 结构中，往往存在着多个元素组，则需要重复以上步骤，从而确定每个元素组中元素之间的影响关系。

这样最终可以获得准则 p_s下的无权重超矩阵 $\boldsymbol{W}$

$$\boldsymbol{W}=\begin{matrix} 1 \\ \vdots \\ n_1 \\ 1 \\ \vdots \\ n_2 \\ \vdots \\ 1 \\ \vdots \\ n_N \end{matrix}\begin{pmatrix} \boldsymbol{W}_{11} & \boldsymbol{W}_{12} & \cdots & \boldsymbol{W}_{1N} \\ \boldsymbol{W}_{21} & \boldsymbol{W}_{22} & \cdots & \boldsymbol{W}_{2N} \\ \vdots & \vdots & & \vdots \\ \boldsymbol{W}_{N1} & \boldsymbol{W}_{N2} & \vdots & \boldsymbol{W}_{NN} \end{pmatrix}$$

同理，以其他准则为主准则，分别构造无权重超矩阵，共有 m 个，它们都是非负矩阵。其中，超矩阵的子块 $\boldsymbol{W}_{ij}$是列归一化的。

2. 加权超矩阵

$\boldsymbol{W}$ 被称为无权重超矩阵，主要是由于它本身不是列归一矩阵（尽管其各个子块 $\boldsymbol{W}_{ij}$为列归一），因而该超矩阵还不能最终显示各元素的优先权，还需要对元素组进行成对比较，以使得无权重超矩阵转化成为权重超矩阵。

以 p_s为主准则，以元素组 C_j为次准则，对元素组进行成对比较，构造判断矩阵，并对求得的特征向量进行归一化处理，得归一化特征向量（a_{1j}，a_{2j}，…，a_{Nj}）^{T}。

即，在准则 p_s下，

C_j	C_1	$\cdots$	C_N	归一化特征向量
C_1				a_{1j}
$\vdots$		*		$\vdots$
C_N				a_{Nj}

其中，$j=1, 2, \cdots, N$，与C_j无关的元素组对应的归一化特征向量（排序向量）分量为零，由此可以获得在某一准则下反映元素组间关系的权重矩阵 $\boldsymbol{A}$

$$\boldsymbol{A}=\begin{pmatrix} a_{11} & \cdots & a_{1N} \\ \vdots & \ddots & \vdots \\ a_{N1} & \cdots & a_{NN} \end{pmatrix}.$$

对无权超矩阵 $\boldsymbol{W}$ 的元素进行加权

$$\overline{\boldsymbol{W}}_{ij}=a_{ij}\boldsymbol{W}_{ij} \quad i, j=1, 2, \cdots, N \tag{11-35}$$

由此可得到加权超矩阵$\overline{\boldsymbol{W}}$，其每一列的和均为 1，称为列随机矩阵。为简单起见，以下所提到的超矩阵都是加权超矩阵，并仍用符号 $\boldsymbol{W}$ 表示。

11.6.3 极限超矩阵

在 AHP 方法中，元素之间相互独立，判断元素的优先权只需对两元素直接比较即可确定。但是在 ANP 方法中，由于引入了反馈、相互依赖关系，元素间存在着间接影响或者反作用，这使得元素优先权的确定过程变得复杂。

设（加权）超矩阵 $\boldsymbol{W}$ 的元素为 w_{ij}，$\boldsymbol{W}$ 中的两个元素既可以进行直接比较，也可以进行间接比较，如可以用 w_{ij}反映元素 i 与元素 j 的直接比较关系（称为元素 i 对元素 j 的一步优势度），可以用$\sum_{k=1}^{N} w_{ik}w_{kj}$反映元素 i 与元素 j 的间接比较关系（称为二步优势度，它是 $\boldsymbol{W}^2$的元素，而 $\boldsymbol{W}^2$仍是列归一化的），并且元素 i 与元素 j 的复杂间接关系还可以通过超矩阵的迭代反映出来。于是，$\boldsymbol{W}^t$ 给出了决策者的 t 次间接影响程度的价值偏好度量。当 $\boldsymbol{W}^{\infty}=\lim\limits_{t\to\infty}\boldsymbol{W}^t$ 存在时，$\boldsymbol{W}^{\infty}$ 的第 j 列就是 p_s下网络层中各元素对于元素 j 的极限相对排序向量。因而，在 ANP 中，要通过求极限超矩阵的方法确定稳定的元素优先权。

实际上，求极限超矩阵的过程是一个反复迭代、趋稳的过程，相当于一个 Markov 过程。因网络中的元素相互作用的形式不同，极限超矩阵可能出现两种结果：一种是矩阵的所有列数值是一样的，那么我们就把这个收敛结果作为综合权重；另一种是分块的极限循环矩阵，我们就取平均作为综合权重。这样的计算是相当复杂的，需要相关的软件来完成。

11.6.4 ANP 应用软件—超级决策软件（SD）

通过以上介绍可以看出，网络分析法的运算过程十分复杂，在运用 ANP 方法时，往往需要借助相关软件来完成。目前在工程实践中，超级决策软件（Super Decisions）已经成为解决 ANP 问题的主要工具。该软件基于 ANP 理论，将 ANP 的计算程序化，为 ANP 方法的推广奠定了基础。

SD 软件可以计算任何 ANP 模型，并能完整地表达计算结果。当然如果不输入元素之间的相关关系，则该软件也完全可以用来计算 AHP 模型。运用 SD 软件进行决策的基本步骤如下：

（1）对决策问题进行分析，将一个复杂问题分解成各个元素组和元素。同时在程序中选择相应按键，逐个输入元素组（C）和元素（E）。输入方式有三种：三层结构模板，二层结构模板，或者不用模板自行设计。SD 软件提供的标准模板是将任何一个决策问题归结为从利益（Benefits）、机会（Opportunities）、成本（Costs）、风险（Risks）四个准则来考虑，即可以将决策问题转化为 BOCR 四个方面去评价。在每个准则之下，可分别构造子网络、子子网络，网络内部有元素组，元素组内有元素。自行设计的模板应将任一 ANP 模型在程序中表示出来。

（2）按支配关系将各个元素组和元素聚类形成网状结构，确定元素组之间和元素之间的关系。主要判断元素层次是否内部独立，是否有依存和反馈关系存在。按照比例标度经过人们的判断，针对某一目标，对元素组之间和元素之间进行逐一比较，构成两两比较矩阵。在输入方式上，可采用矩阵式、百分比式、问卷式、口头方式，也可以直接以文件形式输入数据。凡是相互之间存在依存和反馈关系的，都应进行两两比较。当同一层元素之间相互独立时，就转化为 ANP 模型的特例——AHP 模型。

以上两部分构成了 SD 软件的输入部分。

（3）计算分析部分。根据上述输入，SD 软件就可以构造超矩阵、加权超矩阵、极限超矩阵，最终可得综合优势度。另外还可以进行灵敏度分析。改变两两对比矩阵、优势度的数值，可分别分析计算其灵敏度变化情况。超矩阵、加权超矩阵、极限超矩阵的数据可以在 EXCEL 表格中打开，最终优势度数据和灵敏度可用图表表示。

11.6.5 算例

为了使读者能够更为好地掌握网络分析法的原理，熟悉 SD 软件的应用，我们对本节的例 11-6 进行求解，也可以使读者比较 ANP 与 AHP 两种方法的区别。

在例 11-6 中，“最合理的方案”是希望达到的最高目标。分析各因素间的关系，例中各选择标准之间实际上存在着相互依赖的关系，如价格的高低将受到产品质量与售后服务等因素的影响，而质量也会受到企业技术水平的影响。除此之外，方案与选择标准之间也存在着反馈关系，所以供应商选择问题的网络结构模型如图 11-9 所示。

应用 SD 软件，首先在程序中选择相应按键，逐个输入元素组和元素，如图 11-10 所示。

在已建立的元素组与元素的基础上，构建元素间的依赖关系，建立供应商选择问题的网络结构，如图 11-11 所示。

依据所建立的网络结构关系，针对某一目标，对元素间或元素组间进行逐一比较，构造相关的判断矩阵，如图 11-12 所示。判断矩阵表达方式的选择如图 11-13 所示。

值得注意的是：SD 软件提供了多种录入方式，如矩阵式与百分比式等，同时对矩阵式方法也进行了一定的改进，减少了不必要的重复工作。

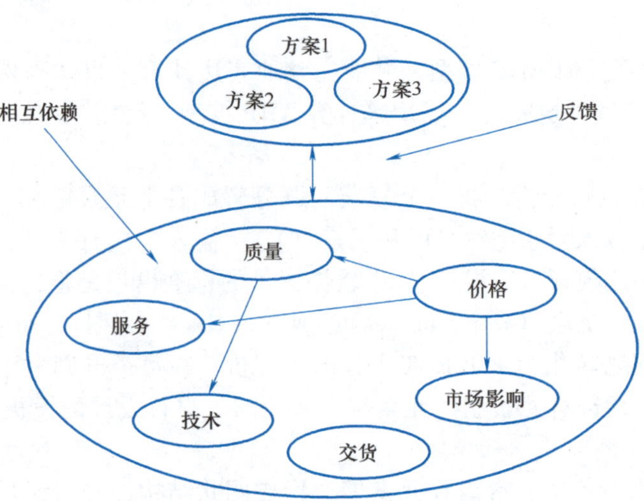

图 11-9　供应商选择问题的网络结构模型

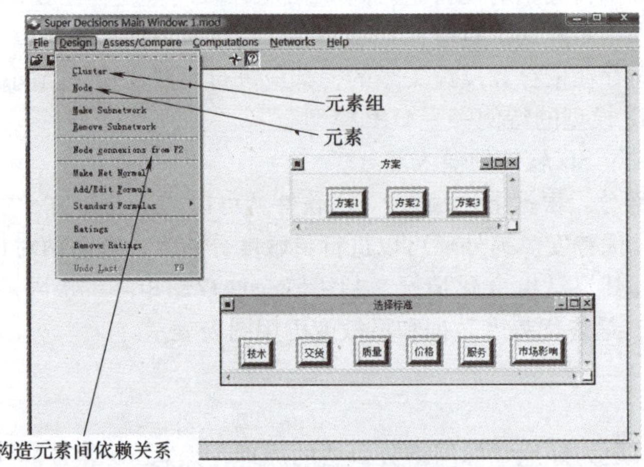

图 11-10　元素组和元素的输入

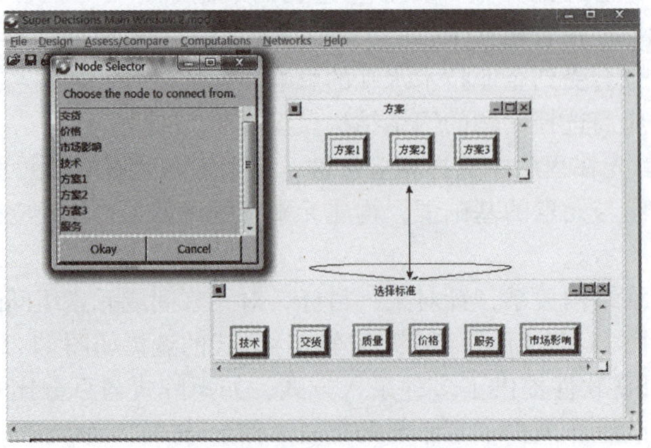

图 11-11　网络结构关系的建立

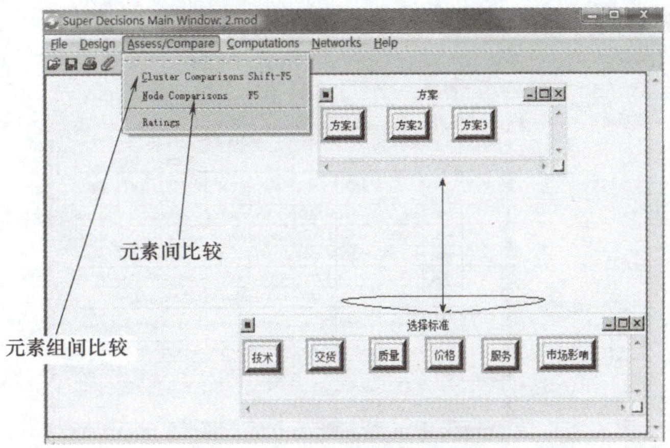

图 11-12　判断矩阵的构建

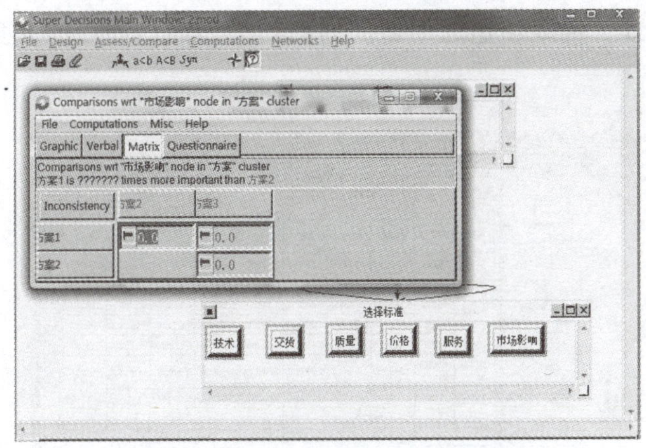

图 11-13　判断矩阵表达方式的选择

根据上述的数据输入，SD 软件就可以构造无权超矩阵、加权超矩阵，并进行矩阵运算，从而得到极限超矩阵，如图 11-14 所示。

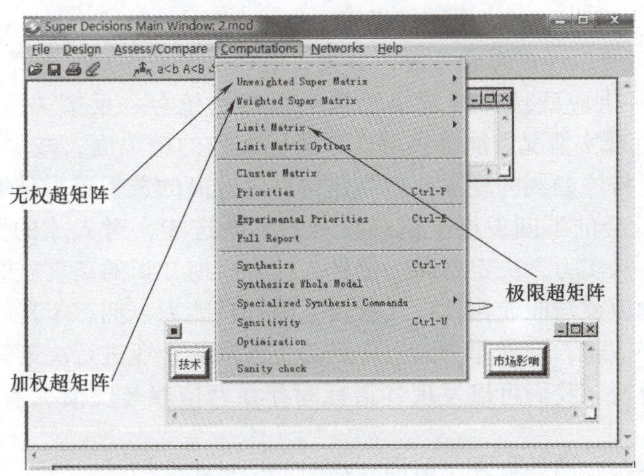

图 11-14　结果的计算

加权超矩阵中每列都是归一化的，其具体结果如图 11-15 所示。

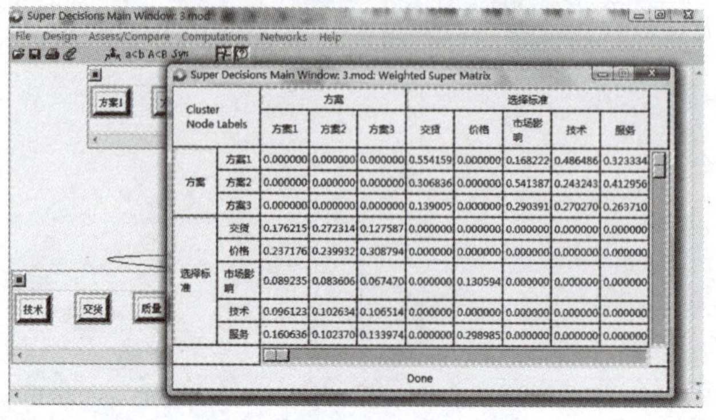

图 11-15　输出的加权超矩阵

通过观察不难发现，极限超矩阵中每一列的结果相同且归一，其具体结果如图 11-16 所示。

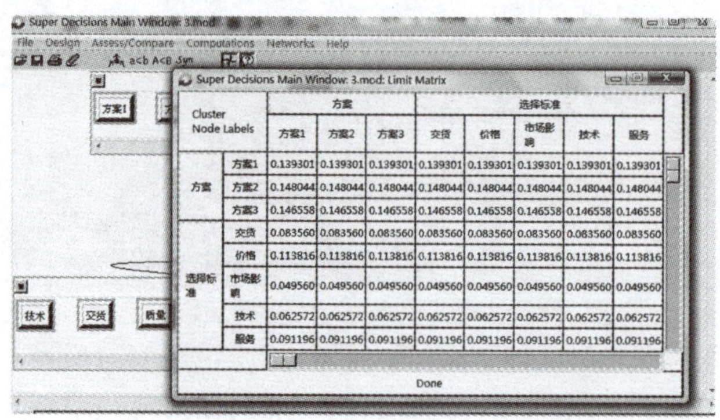

图 11-16　输出的极限超矩阵

从极限超矩阵可以看出，各方案的优先排序为：方案 2（0.148004）、方案 3（0.146558）、方案 1（0.139301）。所以经过综合考虑，方案 2 应该是企业的最优选择。

通过 ANP 方法将供应商选择问题描述为一个具有依存、反馈关系的网络，该方法与 AHP 方法相比更接近现实情况，能提高可选方案优先权的精确度，减少因 AHP 局限性带来的排序误差大，甚至排序颠倒的现象，最终使得对供应商的选择更为科学。

例 11-6　随着社会的不断发展、信息技术的不断进步，对人才的要求也在不断更新。某企业为增强企业自身实力，决定招聘一位具备较为广博知识的高素质综合人才。所招聘的人才应该具备良好的道德与职业作风，具备较强的管理能力，拥有丰富的相关专业知识。现在有四名应聘者前来应聘，请你作为人力资源部主管来为企业进行决策。

通过对问题的分析，我们可以发现各指标间存在着依赖与反馈关系，所以应用 ANP 方法解决问题。

首先，建立人才招聘的网络结构模型，如图 11-17 所示。

然后，应用 SD 软件，输入元素组与元素，建立相关关系，最终形式如图 11-18 所示。

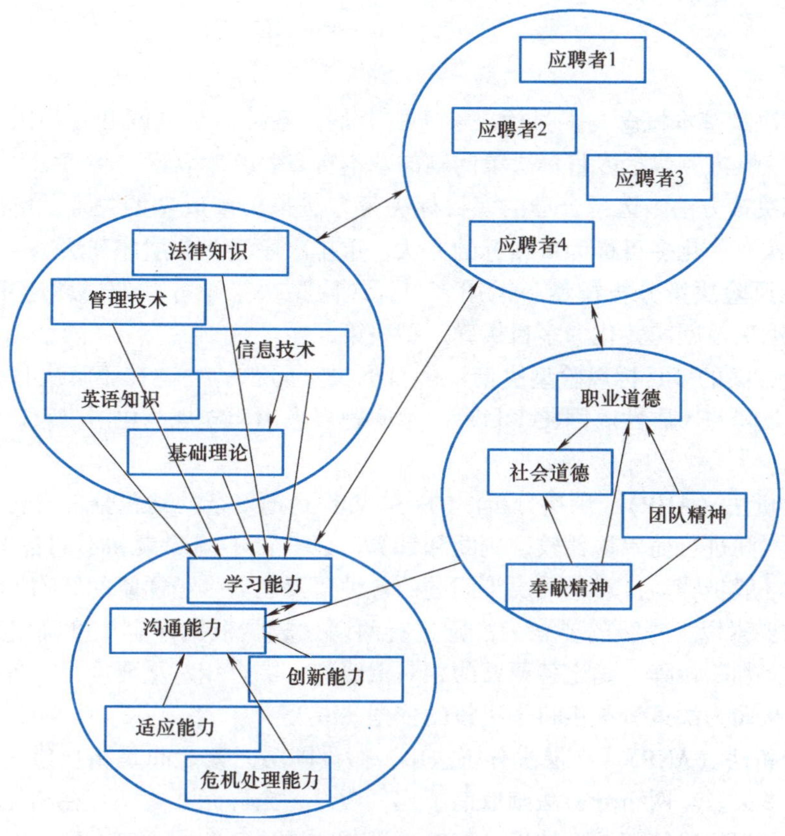

图 11-17　人才招聘的网络结构模型

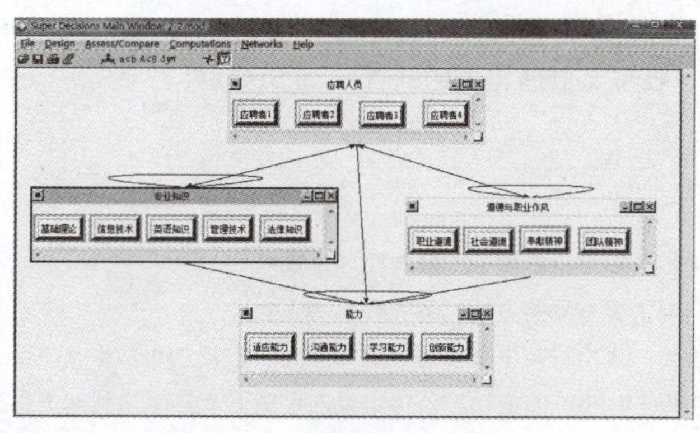

图 11-18　利用 SD 软件所建立的网络结构关系

最后，在 SD 软件中输入相关数据，得到相应的加权超矩阵与极限超矩阵，从而对应聘者进行选择。由于篇幅的限制，以上详细的计算过程请读者自己完成。

由以上两例我们可以看出，网络分析法的计算过程相对较为复杂，在大部分情况下只有依靠相关软件才能完成相关的运算，所以读者能够熟练地运用相关软件也是十分必要的。

本章小结

1. 多目标决策基本概念 多目标决策实质上是在各种目标之间和各种限制之间求得一种合理的妥协。其内容包括多目标决策问题的基本特点、基本要素、解集等。

2. 多目标决策方法 选择合理的多目标决策方法是决策成功的关键。解决多目标决策问题的基本方法有：化多目标为单目标的方法、重排次序法、分层序列法。

3. 多目标风险决策分析模型 运用多目标风险型决策矩阵和效用理论建立分析模型，将多目标风险型决策问题转化为多目标确定型决策问题。

4. 有限个方案的多目标风险型决策 多目标决策问题的关键在于解决目标之间的不可公度性和目标之间的矛盾性。因此多目标决策问题多采用建立规范化的决策矩阵和目标赋权的分析方法。

5. 层次分析法（AHP） 层次分析法的基本思想是把复杂的问题分解成若干层次和若干要素，在各要素间进行简单地比较、判断和计算，以获得不同要素和不同备选方案的权重。层次分析法的一般步骤为：对构成决策问题的各种要素建立多级递阶的结构模型；对同一等级（层次）的要素以上一级的要素为准则进行两两比较，根据评定尺度确定其相对重要程度，并据此建立判断矩阵；确定各要素的相对重要度；综合相对重要度，对各种替代方案进行优先排序，从而为决策者提供科学决策的依据。

6. 网络分析法（ANP） 在层次分析法中，假设同层元素之间是相互独立的，而且元素之间不存在反馈关系。网络分析法则取消了这一假设，允许元素之间存在相互依赖关系和反馈关系，因而与现实决策问题更接近，能够更深刻地描述复杂的决策系统。网络分析法的具体步骤为：确定目标、准则，构建网络结构模型；构造无权重超矩阵，进而构造加权超矩阵；求得极限超矩阵；综合相对重要度，依据各备选方案的权重值进行排序。网络分析法的计算过程比较复杂，一般需要借助相关的软件（如SD软件）来完成。

思考与练习

1. 什么是多目标决策？处理多目标决策问题有哪些准则？

2. 解决多目标决策问题主要有哪些方法？各有什么特点？

3. 某单位经销两种货物，售出每吨甲货物可盈利202元，乙货物可盈利175元。各种货物每吨占用流动资金683元，货物经销中有8.48%的损耗。公司负责人希望下个月能达到如下目标：

（1）要求盈利5.03万元以上。

（2）要求经销甲货物5000t以上，经销乙货物18000t以上。

（3）要求流动资金占用在1200万元以上。

（4）要求经销损耗在1950t以下。

问：单位负责人的目标是否有办法完全达到？如果无法完全达到应如何经销才能使单位负责人最为满意？

4. 试述层次分析法的基本思想与步骤。

5. 设因素 A_1，A_2，A_3 对上一层次某因素 C 两两比较其相对重要性后的判断矩阵为

$$B=\begin{pmatrix}1 & 3 & 6\\ 1/3 & 1 & 4\\ 1/6 & 1/4 & 1\end{pmatrix}$$

求 A_1，A_2，A_3 的权重和判断矩阵 $\boldsymbol{B}$ 的最大特征根 $\lambda_{\max}$。

6. 如图 6-19 所示，设第一层总目标 Z 为“合理使用今年企业利润留成，以促进企业发展”；第二层，为了衡量总目标能否实现，提出以下三个标准（子目标）：C_1 为提高企业技术水平，C_2 为改善职工物质文化生活状况，C_3 为调动职工劳动积极性。第三层，为了实现 C_1，C_2，C_3 子目标，企业采取以下五个措施：办技校（A_1），增加集体福利（A_2），发奖金（A_3），购置新设备（A_4），建图书馆（A_5）。

试用层次分析法分析该企业领导应如何使用这笔留成资金。

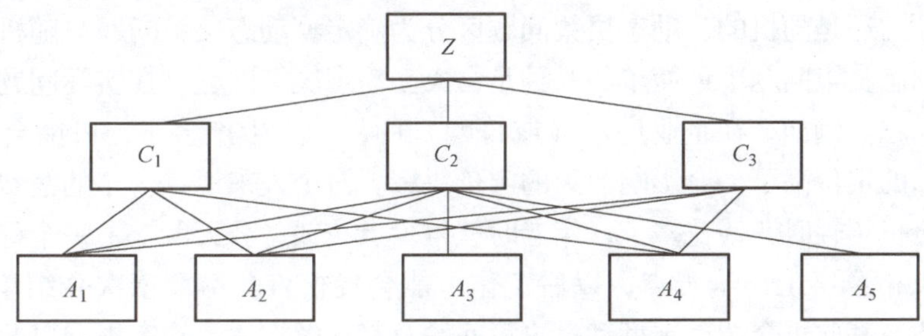

图 11-19 某企业目标层次结构

第12章 动态决策分析

动态决策问题是指多个决策，它们在时间上有先后次序，前面的决策影响后面的决策。依据影响是确定性的还是随机的，动态决策问题区分为确定型动态决策问题与随机型动态决策问题。而随机型动态决策问题中最简单的一种是马氏型动态决策问题。在实际问题中，存在着大量的动态决策问题。例如，在企业生产（或订购）中，今天生产多了，可能会减小明天的生产量；今天产品的定价高了，会影响明天的定价决策。对个人来说，今年的消费多了，会减少明年的可用资金；年轻时花钱花多了，年老时就得少点花钱；今天考上了一个好的大学，以后工作可能会好点；今年工作辛苦点，以后工作可能会轻松点。本章依次介绍单阶段（静态）决策的一类表述，基此再介绍确定型动态决策问题及其求解方法：动态规划以及马氏型动态决策问题及其求解方法——马氏决策过程。最后，我们讨论实际中的一些动态决策问题。

12.1 单阶段决策的表述

本节考虑单阶段决策问题，所谓单阶段，就是一次性的决策，所以也称之为静态决策问题。我们先来考虑以下进入一个新产品市场的问题。

例12-1 某公司预测市场上将要流行一种新产品，公司决定进入该市场。经过研究发现公司有以下两种方案可供选择：

方案Ⅰ：直接购买某国外品牌的零部件，组装后贴牌生产。

方案Ⅱ：自行研发该产品。

初步分析表明，影响公司决策最重要的因素是：方案Ⅰ是购买成熟的零部件，不需自行研发，风险较小，但成本较高；方案Ⅱ由于自己持有知识产权，成本较低，可获得较大的收益，但却要承担产品研发可能失败的风险。在这样的考虑下，分析人员进一步得到以下信息：

若选择方案Ⅰ，公司在三年内将稳获收益1000万元，因此这是一个确定性的方案。若选择方案Ⅱ，公司前期需要投资1000万元于新产品的开发。新产品开发成功的概率为$p=0.7$，三年内可获得收益4800万元；但也有可能开发失败，失败的概率为$1-p=0.3$，失败时投资的1000万元开发费用将付诸东流。

假定公司确定用各方案的期望利润来比较方案的优劣，则方案Ⅰ是确定性方案，其利润为1000万元。而方案Ⅱ是不确定性方案，其期望利润为其期望收益减去成本，即为

$$p\times4800\text{万元}+(1-p)\times0\text{万元}-1000\text{万元}=0.7\times4800\text{万元}-1000\text{万元}=2360\text{万元}$$

显然，方案Ⅱ的期望利润高于方案Ⅰ的期望利润，因此方案Ⅱ为优。

在以上问题中，公司在进行决策时，有两个方案供其选择，每个方案下可能出现的结果可能不止一个（如方案Ⅱ下有两个可能的结果：开发成功与开发失败）。不同方案在不同结

果下的收益是不同的。

具有以上特征的决策问题，在实际中大量存在。如本科生在决定是考研还是不考研而直接找工作；公司在对产品定价时，是涨价，是降价，还是保持不变；公司是否寻找机会与别的公司合并，等等。

具有以上特征的决策问题，一般地，由以下两个部分组成

$$\{A,\ (r(a),\ a\in A)\} \tag{12-1}$$

其中，$A=\{A_1,\ A_2,\ \cdots,\ A_m\}$ 表示决策（方案）集；$r(a)$ 表示决策 a 下的收益（或者利润、报酬等），它可能是问题中直接给定的，如上例中方案Ⅰ下的利润，也可能是需要进行计算得到的，如上例中方案Ⅱ下的期望利润。此类决策问题的目标是选择利润最大的方案，即

$$\max_{a\in A} r(a)$$

我们再来看以下设备更新问题。

例 12-2　设有同学承包了一台复印机的复印业务，每年年初在进行预算时要考虑是否换一台新的复印机。显然，在考虑是否更新时，需要考虑此复印机的新旧程度。为简单起见，我们以其使用的役龄来表示其新旧程度。一台新的复印机的价格设为 w，而在复印机役龄为 i 时，使用一年的运行费（包括维护费、修理费等）为 c_i，产生的收益为 r_i，而如果将其转让（转卖给别人），则转让价为 w_i。试问，每年年初时应该如何考虑？

这个问题与例 12-1 中的问题不同之处在于，每年年初的决策依赖于当年复印机的役龄。如果年初时复印机的役龄已知，如为某个 i，那么这个决策问题与例 12-1 中的就相同：方案集包含两个方案，一个是更新（记为 R）；另一个是不更新，继续使用（记为 O）。若更新，则转让可得 w_i，而购买一台新的复印机需要支付 w，更新后，一台新的复印机（其役龄为 0）在一年中的收益为 r_0，而其运行费为 c_0。因此更新时，一年的利润为

$$r(i,\ \mathrm{R})=w_i-w+r_0-c_0$$

若继续使用，则一年中的收益为 r_i，而其运行费为 c_i，故一年的利润为

$$r(i,\ \mathrm{O})=r_i-c_i$$

于是比较 $r(i,\ \mathrm{R})$ 和 $r(i,\ \mathrm{O})$ 的大小，就可以得到最优决策。

显然，年初复印机的役龄不同时，最优决策可能也是不同的。

一般地，这一类决策问题由以下三个部分组成

$$\{S,\ (A(i),\ i\in S),\ r(i,\ a)\} \tag{12-2}$$

其中

(1) 状态集 S。状态表示决策者采取决策的依据。如在设备更换问题中，是否更换设备，要依据设备的老化程度（如役龄）。状态的全体称为状态集。假定设备的状态集为 $S=\{0,\ 1,\ 2,\ 3\}$，0 表示新设备，数字越大，老化程度越高，状态 3 表示设备老化程度严重，必须更换了。

(2) 决策集 A。可用的决策集也可能与所处的状态有关，在状态 i 处可用的决策集记有 $A(i)$。在设备更换中考虑的决策通常有两个：“更换”与“继续运行”，分别记为 R 与 O，于是决策集与状态无关，为 $A=\{\mathrm{R},\ \mathrm{O}\}$。

(3) 报酬函数 $r(i,\ a)$。在不同的状态采取不同的决策，将产生不同的报酬（或效益、费用等）。$r(i,\ a)$ 是在状态 i，选择决策 a 时的期望报酬。报酬也可能是不确定性的，例如设备

一周中所生产产品中的次品率可能是不确定的，从而产生的效益也是不确定的。又如在市场营销中，一个周期中能销售出去多少产品是不确定的，农作物的收成在收获之前也是不确定的。

实际中可能有各种各样的方法来计算报酬函数，例如在设备更换问题中，假定设备的使用是依据产品市场销售量的大小来安排使用的。显然，市场的需求大，那么生产量大些；相反，则少生产些。假定市场的销售量分大、中、小三类，概率分别为 0.5，0.25，0.25。自然，设备在不同的老化程度下所生产的产量及次品率也都是不同的，从而利润也是不同的。比如说在三种销售情况下用新设备进行生产时相应的利润分别为 10 万元，6 万元，1 万元，则使用新设备时的期望利润为 10 万元 ×0.5 +6 万元 ×0.25 +1 万元 ×0.25 =6.75 万元。

决策问题（12-2）与（12-1）相比，增加了状态集，同时决策集也可与所处的状态有关。当状态集为单点集时，（12-2）就成为了（12-1），从而决策问题（12-1）是（12-2）的特例。

决策问题（12-2）的目标通常是使所得的报酬达到最大[㊀]，即

$$V(i)=\max_{a\in A(i)} r(i,\ a),\quad i\in S$$

我们称取到上述最大值的决策 $a_i^*\in A(i)$ 为在状态 i 处的最优决策。定义一个从状态集 S 到决策集 $A=\bigcup_{i\in S}A(i)$ 的映射（也称函数）f^* 如下

$$f^*(i)=a_i^*,\quad i\in S$$

我们称f^*是决策问题（12-2）的一个最优决策函数，它告诉决策者：如果状态是 i，那么就应该选择决策 $f^*(i)$。称 $V(i)$ 是决策问题在状态 i 处的最优值，称 V 为决策问题的最优值函数。

如果状态是事先已知的，那么以上的优化问题只需要对特定的状态来求解即可，从而三元组（12-2）成为二元组（12-1）。

如果决策者事先知道一个状态概率分布，如处于状态 i 的概率为 q_i（满足 $q_i\geqslant 0$，$\sum_{i\in S} q_i=1$），则考虑采取决策 a 的期望报酬为

$$r(a)=\sum_{i\in S} q_i r(i,\ a)$$

要注意这时我们要求决策集 $A(i)=A$ 与状态 i 无关。从而问题（12-2）亦成为二元组（12-1），其目标是

$$V=\max_{a\in A} r(a)$$

在实际应用中，最关键的是如何刻画问题的状态，如何设计决策集，报酬函数又如何计算。一旦这些确定了，求解最优决策函数，如上所述，则是简单的。

12.2　确定型动态决策

确定型动态决策问题是指有多个阶段（或周期），每个阶段都有一个决策问题。自然，如果多个阶段的决策是互不相关的，那就是多个单阶段决策问题，对这样的问题我们就不用再讨论了。通常在说到动态（多阶段）决策问题时，我们是指不同阶段的决策问题之间是

㊀ 在决策分析中，还常将报酬转换成效用。在本章中，也可以采用效用：求一个策略使效用达到最大。此时，相应的方法与下面的讨论相同。有关效用函数，请参见相关文献。

相互关联的，其中最简单的一类问题是：本阶段的状态与决策仅影响下一阶段的状态，这有点像链条那样，一环套一环。

我们再来看复印机更换的例子。

例 12-3 继例 12-2，前面我们已经考虑了一台复印机在一年中的最优更换问题。现在我们考虑一台新的复印机，承包者初步估算至少会开业五年，经理现在需要确定在这未来五年中复印机的最优更换计划，其目标是使得五年的总利润达到最大。

每一年的决策，如果单独考虑，那么就是上一节中所考虑的单阶段决策问题，五年，就是五个单阶段决策问题。但实际上，各年的决策是相互关联的，比如，今年如果选择决策“更换”，那么明年年初设备的役龄是1。而如果今年选择决策“继续运行”，那么明年年初的役龄则是今年的役龄加1。这就是说，今年的状态（役龄）与决策影响明年的状态。

在这样的问题中，每个阶段都有一个单阶段的决策问题，而每个阶段的状态与选择的决策将影响下一阶段决策问题的状态。

正式地，设共有 $N+1$ 个阶段，我们标记为 $n=0, 1, \cdots, N$，其中将开始阶段标记为0。设阶段 n 的决策问题（与一单阶段决策问题类似的）为

$$\{S_n,\ (A_n(i),\ i\in S_n),\ r_n(i,\ a)\}$$

其中各元有下标 n，表示是阶段 n 的。各相邻阶段决策问题之间的关系如下：

当系统在阶段 n 处于状态 $i\in S_n$，选择决策 $a\in A_n(i)$ 时，系统除了在该阶段获得报酬 $r_n(i,\ a)$ 之外，还影响系统下一阶段的状态，设系统在阶段 $n+1$ 时的状态为 $T_n(i,\ a)\in S_{n+1}$（称 T_n 为 n 时的状态转移函数）。因此动态决策问题有五个组成部分

$$\{S_n,\ (A_n(i),\ i\in S_n),\ r_n(i,\ a),\ T_n(i,\ a),\ n=1,\ 2,\ \cdots,\ N,\ V\} \tag{12-3}$$

其中目标函数 V 的常见情形是使各个阶段的报酬之和达到最大，其正式的定义将在稍后再给出。

我们也常称以上的式（12-3）为一个动态规划模型。

这里的问题是要确定各个阶段应该选择什么样的决策，而决策的依据是状态，所以我们期望有一个“在任何时候、在任何状态都能告诉决策者应该选择什么决策”的一种规则，我们称之为策略。通俗地说，不论何时（哪个阶段），不论何地（处于哪个状态），都能告诉决策者该怎么办（采用哪个决策）。这也就是所谓的“审时度势”。正式地，定义阶段 n 时的决策函数为映射

$$f:S_n\to A_n:=\bigcup_{i\in S_n}A_n(i) \tag{12-4}$$

且满足条件 $f(i)\in A_n(i)$，$i\in S_n$。阶段 n 时的决策函数全体记为 F_n。$f\in F_n$ 的含义是：在阶段 n，若系统处于状态 i，则选择决策 $f(i)$。所以，这是在阶段 n 时“在任何状态都能告诉决策者选择什么决策”的一种规则。

于是一个策略就是一个决策函数序列

$$\pi=(f_0,\ f_1,\ \cdots,\ f_N),\quad f_n\in F_n,\ n=0,\ 1,\ \cdots,\ N \tag{12-5}$$

对 $n=0, 1, \cdots, N$，f_n 在阶段 n 时使用。使用策略 π 是指：若系统在阶段 n 处于状态 $i(i\in S_n)$，则决策者选择决策 $f_n(i)(\in A_n(i))$。记策略的全体为 Π。

如果我们使用策略 $\pi\in\Pi$，而初始状态为 $i_0\in S_0$，则各个阶段的状态 i_n 与所选择的决策 a_n 也就都确定了，它们由下述式子递推得到

$$i_{n+1}=T_n(i_n,\ a_n),\quad a_{n+1}=f_{n+1}(i_{n+1}),\quad n=0,\ 1,\ \cdots,\ N-1 \tag{12-6}$$

从而阶段 n 的报酬 $r_n(i_n,\ a_n)$ 也就确定了，进而各个阶段的报酬之和（称之为总报酬）也就确定了。由于这个总报酬只依赖于所选择的策略，以及初始状态，因此，我们记之为 $V(\pi,\ i_0)$，即

$$V(\pi,\ i_0)=\sum_{n=0}^{N}r_n(i_n,\ f_n(i_n)) \tag{12-7}$$

它只与所使用的策略 π 及初始状态 i_0 有关。我们称 $V(\pi,\ i_0)$ 为系统在策略 π 下从初始状态 i_0 出发时的总报酬。定义

$$V(i)=\max_{\pi\in\Pi}V(\pi,\ i),\quad i\in S_0 \tag{12-8}$$

它表示初始状态为 i 时，所可能获得的最大总报酬。我们称 V 为动态决策问题的最优值函数。自然，我们称策略 π^* 是最优策略，如果

$$V(\pi^*,\ i)=V(i),\quad i\in S_0$$

要指出的是，这里要求对所有的初始状态 $i\in S_0$ 都成立，也即取到式（12-8）中的上确界。

我们还是再来看设备更换的例子。

例 12-4 继例 12-3，由于周期 n 是从 0 开始计数的，故 $N=4$，阶段 $n=0,\ 1,\ 2,\ 3,\ 4$。由于开始时复印机是新的，其役龄为 0。显然，此复印机最大的役龄也不会超过 4（如果在未来的五年中不作任何更换的话，役龄也只是达到 4）。因此，周期 n 时的状态集可取为 $S_n=S=\{0,\ 1,\ 2,\ 3,\ 4\}$。而对于周期 n 时的决策集 $A_n(i)$，不失一般性，我们假定当役龄达到 4 时，必须更换，于是 $A_n(i)=\{\mathrm{R},\ \mathrm{O}\}$（若 $i<4$），$A_n(4)=\{\mathrm{R}\}$（若 $i=4$）；报酬函数由例 12-2 知为

$$r_n(i,\ \mathrm{O})=r_i-c_i,\quad r_n(i,\ \mathrm{R})=r_0-c_0-w+w_i$$

状态转移函数如下

$$T_n(i,\ \mathrm{O})=i+1,\quad T_n(i,\ \mathrm{R})=1,\quad \forall i$$

注意：在更换后，设备为新，役龄为 0，但下周期时役龄变为 1，因此，动态更换问题的模型为

$$\{S,\ A(i),\ r(i,\ a),\ T(i,\ a),\ n=1,\ 2,\ 3,\ 4,\ V\}$$

显然，以上各元素均与周期 n 无关。

现在我们顺着时间的进展来看看动态决策问题是怎样进展的。在开始时刻，$n=0$，动态决策问题是从阶段 0 至阶段 N 的；经过一个阶段之后，我们到达阶段 1，从而，问题是从阶段 1 至阶段 N 的……由此，将阶段 0 至阶段 N 分为两部分：一是阶段 0 的部分，二是从阶段 1 至阶段 N 的部分。在阶段 0，若状态是 $i\in S_0$，选择的决策是 $a\in A_0(i)$，则系统在本阶段获得报酬 $r_0(i,\ a)$，同时系统在下一阶段处于状态 $i_1:=T_0(i,\ a)$，于是系统在第二部分的初始状态是 i_1。显然，从阶段 1 至阶段 N，也是一个动态决策问题。我们称为原动态决策问题的一个子问题。类似地，这个子问题也可以分为两部分：阶段 1，以及从阶段 2 至阶段 N，如此等等。

基于以上分析，我们引入动态规划（12-3）的 n-子问题。注意到模型（12-3）是从阶段 0 到阶段 N 的。如果我们只是考虑从阶段 n 到阶段 N，即

$$\{S_k,\ (A_k(i),\ i\in S_k),\ r_k(i,\ a),\ T_k(i,\ a),\ k=n,\ n+1,\ \cdots,\ N,\ V_n\}$$

其目标函数记为 V_n。显然，这也是一个动态决策问题，我们称之为（12-3）的 n-子问题。

另一方面，策略 $\pi=(f_0, f_1, \cdots, f_N)$ 从 n 开始的部分 $\pi'=(f_n, f_{n+1}, \cdots, f_N)$ 刚好是 n-子问题的一个策略，我们称之为 π 的 n-子策略。类似地，n-子问题的目标函数与最优值函数分别定义如下

$$V_n(\pi, i_n) = \sum_{k=n}^{N} r_k(i_k, f_k(i_k)), \quad i_n \in S_n, \pi \in \Pi, n \geqslant 0 \tag{12-9}$$

$$V_n(i_n) = \sup_{\pi \in \Pi} V_n(\pi, i_n), \quad i_n \in S_n, n \geqslant 0 \tag{12-10}$$

现在我们来看各子问题之间的关系。从式（12-9）不难看出有

$$V_n(\pi, i) = r_n(i, f_n(i)) + V_{n+1}(\pi, T_n(i, f_n(i))), \quad i \in S_n, n \geqslant 0 \tag{12-11}$$

以上是 n-子问题与 $n+1$-子问题的目标函数之间的关系。下面我们进一步来看二者的最优值函数之间的关系。

$V_n(i)$ 是在阶段 n 时处于状态 i 的条件下，从阶段 n 至阶段 N 的最大的总报酬。系统在阶段 n 处于状态 i 时，将选择一个决策，若选择 $a \in A_n(i)$，则系统在阶段 n 时的报酬为 $r_n(i, a)$，而在阶段 $n+1$ 时转移到状态 $T_n(i, a)$，它从阶段 $n+1$ 至阶段 N 的最大的总报酬为 $V_{n+1}(T_n(i, a))$。因此，系统在 n 时选择决策 a，在之后按最优策略选择决策的条件下，它从阶段 n 至阶段 N 所得的最大的总报酬为

$$r_n(i, a) + V_{n+1}(T_n(i, a))$$

现在，决策 $a \in A_n(i)$ 是可选择的，其最大可能的值为

$$\sup_{a \in A_n(i)} \{r_n(i, a) + V_{n+1}(T_n(i, a))\}$$

显然，它应该等于 $V_n(i)$，即

$$V_n(i) = \sup_{a \in A_n(i)} \{r_n(i, a) + V_{n+1}(T_n(i, a))\}, \quad i \in S_n, n=0, 1, \cdots, N \tag{12-12}$$

这也是各子问题的最优值函数 V_n 之间所应满足的一个方程，我们称之为最优方程（Optimality Equation）。进而，我们约定

$$V_{N+1}(i) = 0, \quad \forall i$$

称之为边界条件。此时，方程（12-12）对 $n=N$ 也就成立了。

最优方程的求解可以采用递推的算法，即先求 $\{V_N(i), i \in S\}$，然后由最优方程再求 $\{V_{N-1}(i), i \in S\}$，依次，最后可求得 $\{V_0(i), i \in S\}$。此递推法称为动态规划的递推算法。

基于最优方程（12-12），我们有以下称之为最优性原理的结论，它是动态规划的创始人 Bellman 所首先提出来的。

定理 12-1（Bellman 最优性原理） 设对 $n=0, 1, \cdots, N$，f_n^* 取到最优方程（12-12）中相应的上确界，则策略 $\pi^*=(f_0^*, f_1^*, \cdots, f_N^*)$ 是最优策略，而且

$$V_n(\pi^*, i) = V_n(i), \quad i \in S_n, n=0, 1, \cdots, N$$

以上定理说明，π^* 不仅是最优的，即从阶段 0 至阶段 N 是最优的，而且对于从阶段 n 出发至阶段 N 的 n-子问题来说也是最优的，这就是通常所谓的最优性原理。最优性原理还有以下形式：

定理 12-2（最优性原理Ⅱ） 设 $\pi^*=(f_0^*, f_1^*, \cdots, f_N^*) \in \Pi$，$i_0^*$ 为初始状态，各中间状态分别为

$$i_{n+1}^* = T_n(i_n^*, f_n(i_n^*)), \quad n=0, 1, \cdots, N$$

则 π^* 为从初始状态 i_0^* 出发的最优策略，即 $V(\pi^*, i_0^*) = V^*(i_0^*)$ 的充要条件是对任一 $n=$

0，1，…，N，$\pi_n^* = (f_n^*, f_{n+1}^*, \cdots, f_N^*)$ 是阶段 n 从 i_n^* 出发的 n-子问题的最优策略，即 $V_n(\pi_n^*, i_n^*) = V_n(i_n^*)$。

我们再来看设备更换问题的例子。

例 12-5 继例 12-4，将相应的数据代入最优方程（12-12），即可得到设备更换问题的最优方程如下

$$V_n(i) = \max\{r_n(i, \mathrm{O}) + V_{n+1}(T_n(i, \mathrm{O})), r_n(i, \mathrm{R}) + V_{n+1}(T_n(i, \mathrm{R}))\}$$
$$= \max\{r_i - c_i + V_{n+1}(i+1), r_0 - c_0 - w + w_i + V_{n+1}(1)\}, \quad i<4$$
$$V_n(4) = r_0 - c_0 - w + w_0 + V_{n+1}(1), \quad n=0, 1, 2, 3, 4$$
$$V_5(i) = 0$$

设备参数 r_i，c_i，w_i的值如表 12-1 中的第 2 行至第 4 行所示，而 $w=5$。

表 12-1 设备更换问题中的参数

i	0	1	2	3	4
r_i	4	3.8	3.4	3.0	2.5
c_i	0.5	0.6	0.7	0.9	1.2
w_i	4	3.5	3.0	2.4	1.0
$r_i - c_i$	3.5	3.2	2.7	2.1	1.3
$u_i := r_0 - c_0 - w + w_i$	2.5	2	1.5	0.9	-0.5

首先，注意到 $w_0 < w$，即处理一台新设备所得的价值低于新设备本身的价值。显然这是合理的。由此，我们来计算 $V_n(0)$，不难看出

$$V_n(0) = r_0 - c_0 + V_{n+1}(1), \quad f_n(0) = \mathrm{O}, \quad n=0, 1, 2, 3, 4$$

所以我们下面只需要计算 $i=1, 2, 3, 4$ 时的 $V_n(i)$。进而，注意到在最优方程中，有项“$r_i - c_i$”和“$r_0 - c_0 - w + w_i$”，我们将之计算，列在表 12-1 中的最后两行。

我们逆推来计算最优值函数 $V_n(i)$ 和最优决策函数 $f_n(i)$。

(1) $n=4$。由于 $V_5(i)=0$，所以可以计算得到

$$V_4(0) = r_0 - c_0 + V_5(1) = 3.5$$
$$f_4(0) = \mathrm{O}$$
$$V_4(1) = \max\{r_1 - c_1 + V_5(2), u_1 + V_5(1)\} = \max\{3.2, 2\} = 3.2$$
$$f_4(1) = \mathrm{O}$$
$$V_4(2) = \max\{r_2 - c_2 + V_5(3), u_2 + V_5(1)\} = \max\{2.7, 1.5\} = 2.7$$
$$f_4(2) = \mathrm{O}$$
$$V_4(3) = \max\{r_3 - c_3 + V_5(4), u_3 + V_5(1)\} = \max\{2.1, 0.9\} = 2.1$$
$$f_4(3) = \mathrm{O}$$
$$V_4(4) = u_4 + V_5(1) = -0.5$$
$$f_4(4) = \mathrm{R}$$

将以上计算结果列于表 12-2 中，见其中的第 2 行（括号中的项是 f_4）。

(2) $n=3$。由上面计算得到的 $V_4(i)$ 的值，可以计算 $V_3(i)$ 的值如下

$$V_3(0) = r_0 - c_0 + V_4(1) = 3.5 + 3.2 = 6.7$$

$$f_3(0) = O$$

$$V_3(1) = \max\{r_1 - c_1 + V_4(2),\ u_1 + V_4(1)\} = \max\{3.2 + 2.7,\ 2 + 3.2\} = 5.9$$

$$f_3(1) = O$$

$$V_3(2) = \max\{r_2 - c_2 + V_4(3),\ u_2 + V_4(1)\} = \max\{2.7 + 2.1,\ 1.5 + 3.2\} = 4.8$$

$$f_3(2) = O$$

$$V_3(3) = \max\{r_3 - c_3 + V_4(4),\ u_3 + V_4(1)\} = \max\{2.1 - 0.5,\ 0.9 + 3.2\} = 4.1$$

$$f_3(3) = R$$

$$V_3(4) = u_4 + V_4(1) = -0.5 + 3.2 = 2.7$$

$$f_3(4) = R$$

将以上计算的结果列于表12-2中，见其中的第3行（括号中的项是f_3）。

（3）$n=2$，1，0，可类似地计算得到，见表12-2中的第4行至第6行，其中的$f_1(2)=$ O，R，表示阶段1在状态2处决策O与R都是最优的。

表12-2 设备更换问题的最优值函数与最优策略

i	0	1	2	3	4
V_4 (f_4)	3.5 (O)	3.2 (O)	2.7 (O)	2.1 (O)	−0.5 (R)
V_3 (f_3)	6.7 (O)	5.9 (O)	4.8 (O)	4.1 (R)	2.7 (R)
V_2 (f_2)	9.4 (O)	8 (O)	7.4 (R)	6.8 (R)	5.4 (R)
V_1 (f_1)	11.5 (O)	10.6 (O)	9.5 (O, R)	8.9 (R)	7.5 (R)
V_0 (f_0)	14.1 (O)	12.8 (R)	12.1 (R)	11.5 (R)	10.1 (R)

由题设，我们求一台新设备的五年使用计划。由表12-2中所给的数据，可推得各阶段的状态和选择的决策。

阶段$n=0$时的设备为新，故状态为0，从而决策为$f_0(0)=$ O，因此，阶段0时的设备是新的，最优决策是O，即继续运行。

阶段1时的状态为$T_0(0,\ \text{O})=1$，而$f_1(1)=$ O，阶段1时的最优决策仍是O。

阶段2时的状态为$T_1(1,\ \text{O})=2$，由$f_2(2)=$ R，阶段2时的最优决策为R。

阶段3时的状态为$T_2(2,\ \text{R})=1$，由$f_3(1)=$ O，最优决策为O。

阶段4时的状态为$T_3(1,\ \text{O})=2$，由$f_4(2)=$ O知，最优决策为O。

上述可用图12-1表示。

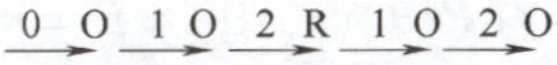

$0 \xrightarrow{O} 1 \xrightarrow{O} 2 \xrightarrow{R} 1 \xrightarrow{O} 2 \xrightarrow{O}$

图12-1 设备更换问题最优策略下的路径

从表12-2中还可以求得初始状态为任一状态时的各阶段的最优决策。请读者考虑。

仔细观察表12-2，我们能够发现若干性质。例如，最优值函数$V_n(i)$随n下降，随i下降。这说明，随着剩余阶段数的减少，所能获得的期望总利润下降；随着状态的老化程度的提高，所能获得的期望总利润也下降。显然，这是合理的。从表12-2中，我们还发现关于最优策略，存在数i_n^*使得：当且仅当n时的状态$i \leqslant i_n^*$时，最优决策是O：$f_n^*(i)=$ O。显然，在阶段n，若在某个状态i_0处继续运行是最优的，那么比i_0更好的状态$i \leqslant i_0$处，继续运行也应该是最优的；同理，若在某个状态i_0处更换是最优的，那么比i_0更老化的状态$i \geqslant i_0$处，更换也应该是最优的。于是就存在这样的一个状态i_n^*，我

们称之是 n 时的控制限，称 f_n^* 是控制限决策函数，而称 $\pi=(f_0^*, f_1^*, \cdots, f_N^*)$ 是控制限策略。其实，在最优更换/维修问题的研究中，典型的研究内容是讨论在什么条件下有控制限策略是最优的。读者可以考虑在例 12-2 中，在什么样的条件下能保证控制限最优策略的存在。

最后，请读者总结一下本节讨论动态决策问题的思路（或者步骤），下节我们要将此思路推广到马氏型动态决策的研究之中。

12.3 马氏型动态决策

上节讨论的确定型动态决策问题中，前后阶段的决策问题之间的关系是确定性的：已知阶段 n 时的状态 i 及所选择的决策 a，则下一阶段的状态为 $T_n(i, a)$，它是 S_{n+1} 中一个确定的状态。本节讨论如下动态决策问题：下一阶段的状态是 S_{n+1} 中的一个随机变量。

12.3.1 马氏决策过程模型

在上节讨论的动态规划中，如果本阶段的状态与选择的决策对下阶段状态的影响不是确定性的，而是随机的，也即 $T_n(i, a)$ 不是 S_{n+1} 中的一个确定的状态，而是 S_{n+1} 中的一个随机变量，这时的动态决策问题就是马氏型动态决策，常用马尔可夫决策过程（Markov Decision Processes，MDP，简称马氏决策过程）来描述这类问题。

例 12-6 我们继续考虑设备更换问题。继例 12-5，对于复印机，还可用已经复印的页数来表示状态。对这样定义的状态，两相邻阶段间的状态转移就不再是确定性的了，而是随机的，它依赖于机器当年的状态及当年复印量。现在状态并不是役龄，而是表示设备的老化程度，如某项主要性能指标的老化程度。我们仍假定状态集 $S=\{0, 1, 2, 3, 4\}$，状态值越大，老化的程度越大；0 表示新设备，4 表示必须更换了。与之前不同的是，如果设备在某个阶段的状态为 i，则运行一个阶段后（即下阶段）的状态并不是确定的，而是一个随机变量，它等于 j 的概率为 p_{ij}（称之为从状态 i 转移到状态 j 的转移概率）。我们称 $P=(p_{ij})$ 为设备运行时的状态转移概率矩阵，也常称之为自然状态转移概率阵。其他假定同前。

这里，在状态 i 处运行一个阶段，则下阶段的状态 $T_n(i, \mathrm{O})$ 是随机的，其概率分布为 $P\{T_n(i, \mathrm{O})=j\}=p_{ij}$，$j\in S$；而若采取决策“更换”，则下阶段的状态 $T_n(i, \mathrm{R})$ 的概率分布为 $P\{T_n(i, \mathrm{R})=j\}=p_{0j}$，$j\in S$（更换后的状态为 0，由之转移到状态 j）。

正式地，如果系统在 n 时的状态为 $i\in S_n$，选择的决策是 $a\in A_n(i)$，则阶段 $n+1$ 时的状态 $T_n(i, a)$ 是在集合 S_{n+1} 上的一个随机变量。设 $S_{n+1}=\{1, 2, 3, \cdots\}$，阶段 $n+1$ 时状态 $T_n(i, a)$ 是个离散型随机变量，其概率分布记为

$$p_{ij}^n(a)=P\{T_n(i, a)=j\}, \quad j\in S$$

显然它应该满足条件

$$p_{ij}^n(a)\geqslant 0, \sum_{j\in S_n} p_{ij}^n(a)=1$$

将上式中的“$=1$”换成“$\leqslant 1$”，并不影响以下所有的讨论。这相当于说当系统在阶段 n 处于状态 i 选择决策 a 时以概率 $1-\sum\limits_{j\in S_n} p_{ij}^n(a)$ 终止。

于是我们得到了一个马氏决策过程模型

$$\{S_n, (A_n(i), i\in S_n), r_n(i, a), p_{ij}^n(a), n=1, 2, \cdots, N, V\} \tag{12-13}$$

目标函数 V 是各阶段的期望报酬之和，称之为期望总报酬，具体的定义将在下面给出。

不难看出，MDP 是上节中所引入的动态规划的推广：状态转移从确定性的推广为这里随机性的，其余各元素均相同。据此特点，我们尝试将上节中讨论动态规划的方法来研究 MDP。

首先，我们在上节中引入的决策函数以及策略，只与状态集和决策集有关，因此，这二者也完全适用于这里的 MDP，不用作任何改变。

记系统在 n 时的状态为 X_n，则 $\{X_0, X_1, \cdots, X_N\}$ 不再是确定的了，而是一个随机序列，其概率分布与所用策略及初始状态有关。为方便起见，记 $P_{\pi,i}\{.\}=P_\pi\{.|X_0=i\}$ 表示在策略 π 下从初始状态 i 出发的概率分布，记 $E_{\pi,i}\{.\}=E_\pi\{.|X_0=i\}$ 为在策略 π 下从初始状态 i 出发的数学期望。

为记号简单起见，对 $n\geqslant 1$，$i\in S_n$，$f\in F_n$，我们记

$$r_n(i, f)=r_n(i, f(i)), \quad p_{ij}^n(f)=p_{ij}^n(f(i))$$

分别表示阶段 n 处于状态 i 并按决策函数 f 选择决策时的报酬函数和状态转移概率。再记 $\boldsymbol{r}_n(f)$ 是第 i 个分量为 $r_n(i, f)$ 的列向量，$\boldsymbol{P}_n(f)$ 是第 (i, j) 元为 $p_{ij}^n(f)$ 的矩阵。

我们有以下显然的结论。

引理 12-1 给定策略 $\pi=(f_0, f_1, \cdots, f_N)$ 及初始状态 $X_0=i_0$，随机序列 $\{X_0, X_1, \cdots, X_N\}$ 的联合概率分布为

$$P_{\pi,i_0}\{X_1=i_1, \cdots, X_N=i_N\}=p_{i_0i_1}^0(f_0)p_{i_1i_2}^1(f_1)\cdots p_{i_{N-1}i_N}^{N-1}(f_{N-1})$$

于是，对任一 n，X_n 的概率（即边际概率分布）为

$$\begin{aligned}P_{\pi,i_0}\{X_n=i_n\} &= \sum_{i_1\in S_1}\sum_{i_2\in S_2}\cdots\sum_{i_{n-1}\in S_{n-1}} p_{i_0i_1}^0(f_0)p_{i_1i_2}^1(f_1)\cdots p_{i_{n-1}i_n}^{n-1}(f_{n-1}) \\ &= [\boldsymbol{P}_0(f_0)\boldsymbol{P}_1(f_1)\cdots\boldsymbol{P}_{n-1}(f_{n-1})]_{i_0i_n}, \quad i_n\in S_n\end{aligned}$$

因此，在概率的意义下，给定一个策略及初始状态，系统的进程也就完全确定了（这与上节所讨论的动态规划相同，只是所谓的“确定”的含义有稍微的区别）。

在策略 π 下，若初始状态为 $i\in S_0$，则 n 时的状态变量 X_n 是随机的，从而阶段 n 时所得的报酬函数 $r_n(X_n, f_n)$ 也是一个随机变量，其数学期望可求得为

$$\begin{aligned}E_{\pi,i}r(X_n, f_n) &= \sum_{j\in S_n}P_{\pi,i}(X_n=j)r_n(j, f_n) \\ &= \sum_{j\in S_n}[\boldsymbol{P}_0(f_0)\boldsymbol{P}_1(f_1)\cdots\boldsymbol{P}_{n-1}(f_{n-1})]_{ij}r_n(j, f_n) \\ &= [\boldsymbol{P}_0(f_0)\boldsymbol{P}_1(f_1)\cdots\boldsymbol{P}_{n-1}(f_{n-1})\boldsymbol{r}_n(f_n)]_i\end{aligned}$$

称之为策略 π 下从初始状态 i 出发在阶段 n 时的期望报酬。

于是从阶段 0 到阶段 N 的期望报酬之和，定义为在策略 π 下从初始状态 i 出发从阶段 0 至阶段 N 的期望总报酬，记为 $V_0(\pi, i)$，即

$$V_0(\pi, i)=\sum_{n=0}^{N}E_{\pi,i}r_n(X_n, f_n)$$

在通常的条件下（如报酬函数一致有界时），它也等于各阶段报酬之和$\left(\sum_{n=0}^{N}r_n(X_n, f_n)\right.$是一

个随机变量）的期望值

$$V_0(\pi, i) = E_{\pi,i}\sum_{n=0}^{N} r_n(X_n, f_n)$$

定义最优值函数为

$$V_0(i) = \sup_{\pi\in\Pi} V_0(\pi, i), \quad i\in S_0$$

$V_0(i)$ 表示从初始状态 i 出发在阶段 0 至阶段 N 中所获得的最大期望总报酬。如果

$$V_0(\pi^*, i) = V_0(i), \quad \forall i\in S_0$$

称策略 π^* 是最优策略。

注意，在上面的定义中，要求对所有的初始状态 $i\in S_0$ 成立。

与上一节中讨论动态规划时一样，我们引入阶段 n 至阶段 N 的期望总报酬函数如下

$$\begin{aligned} V_n(\pi,i) &= E_\pi\left\{\sum_{k=n}^{N} r_k(X_k, f_k) \mid X_n = i\right\} \\ &= \sum_{k=n}^{N} E_\pi\{r_k(X_k, f_k) \mid X_n = i\} \\ &= \sum_{k=n}^{N} [\boldsymbol{P}_n(f_n)\boldsymbol{P}_{n+1}(f_{n+1})\cdots\boldsymbol{P}_{k-1}(f_{k-1})\,\boldsymbol{r}_k(f_k)]_i, \quad i\in S_n,\ \pi\in\Pi,\ n\geqslant 0 \end{aligned}$$

相应的最优值函数定义为

$$V_n(i) = \sup_{\pi\in\Pi} V_n(\pi, i), \quad i\in S_n \tag{12-14}$$

如果

$$V_n(\pi^*, i) = V_n(i), \quad \forall i\in S_n$$

称策略 π^* 是 n-最优策略。

12.3.2 最优方程与最优策略

现在我们讨论有限阶段 MDP 的一些理论结果，主要是关于最优方程与最优策略的。

与前面所讨论的确定型动态规划中完全类似的，称从阶段 n 到阶段 N 的问题为原问题的 n-子问题；对策略 $\pi = (f_0, f_1, \cdots, f_N)$ 及 $n\leqslant N$，称 $\pi_n = (f_n, f_{n+1}, \cdots, f_N)$ 为策略 π 的 n-子策略；记 $V_n^*(i)$ 为 n-子问题的最优值函数。

参照上节中的思路。在阶段 n，处于状态 i 时，若选择决策 $a\in A(i)$，则本阶段获得报酬 $r_n(i, a)$，下阶段处于状态 j 的概率为 $p_{ij}^n(a)$，并从下阶段开始可获得的最优值为 $V_{n+1}(j)$。于是，选择决策 a 的期望总报酬是 $r_n(i, a) + \sum_{j\in S_{n+1}} p_{ij}^n(a)V_{n+1}(j)$。显然，我们选择的 a 是使其达到最大的，这就是应该是在阶段 n 处于状态 i 时的最优值 $V_n(i)$。即有以下定理，它也是确定型动态规划中的定理 12-1 与定理 12-2 的推广。

定理 12-3

（1）最优值函数满足以下最优方程

$$V_n(i) = \sup_{a\in A_n(i)}\{r_n(i, a) + \sum_{j\in S_{n+1}} p_{ij}^n(a)V_{n+1}(j)\}, \quad i\in S_n,\ n = 0, 1, \cdots, N \tag{12-15}$$

$V_{n+1}(i) = 0$

（2）设对 $n=0, 1, \cdots, N$，f_n^* 取到最优方程（12-15）中相应的上确界，则策略 $\pi^*=$

(f_0^*，f_1^*，…，f_N^*）是最优策略，而且

$$V_n(\pi^*, i) = V_n(i), \quad i \in S_n, \ n = 0, 1, \cdots, N$$

以上的定理（2）说明，取到最优方程中上确界的策略不仅对 $n=0$ 是最优的，而且对任一 n-子问题也都是最优策略。

当状态集为区间时，如 $S=[0, \infty)$，若系统在阶段 n 处于状态 $s \in S_n$ 时选择决策 $a \in A_n(s)$，则下阶段系统的状态 $T_n(s, a)$ 是在 S_{n+1} 上的一个连续型随机变量，记其分布函数为 $F_n(\cdot \mid s, a)$。此时，最优方程为

$$V_n(s) = \sup_{a \in A_n(s)} \{ r_n(s, a) + \int_{S_{n+1}} V_{n+1}(y) dF_n(y \mid s, a) \}, \quad s \in S_n, \ n = 0, 1, \cdots, N \tag{12-16}$$

$$V_{n+1}(s) = 0$$

上述方程中的积分项与式（12-15）中的求和项，可统一地写为 $EV_{n+1}(T_n(s, a))$。

在应用中，常会遇到模型中的各个参数与阶段数 n 无关的情况，如前面所讨论的设备更换问题。此时，我们称之为**时齐 MDP**，其模型为

$$\{S, (A(i), i \in S), r(i, a), p_{ij}(a), V_n, \quad n = 0, 1, \cdots, N\} \tag{12-17}$$

其中 V_n 仍与阶段 n 有关。对时齐 MDP，常将最优值函数 $V_n(i)$ 定义为还剩 n 个阶段时从状态 i 出发的最优期望总报酬。或者等价地说，n 表示还剩余的阶段数，而不是前面的阶段序数。此时，最优方程将成为

$$V_n(i) = \sup_{a \in A(i)} \{ r(i, a) + \sum_{j \in S} p_{ij}(a) V_{n-1}(j) \}, \quad i \in S, \ n = 0, 1, \cdots, N \tag{12-18}$$

$$V_0(i) = 0$$

比较方程（12-18）与原最优方程（12-12）可知，唯一的区别是最优方程右边项的 V_{n+1} 改为了 V_{n-1}，而边界条件 $V_{N+1}(i)=0$ 改为 $V_0(i)=0$。若记 $f_n(i)$ 表示取到最优方程（12-18）中右边上确界的决策 a，则 $f_n(i)$ 表示系统在还剩 n 个阶段，所处的状态为 i 时的最优决策。

例 12-4（续）（设备更换问题）对于前面所给出的设备更换问题，易知是一个时齐 MDP

$$\{S, (A(i), i \in S), r(i, a), p_{ij}(a), V\},$$

其中 S，$A(i)$，$r(i, a)$ 同前，而状态转移概率为 $p_{ij}(\mathrm{O}) = p_{ij}$，$p_{ij}(\mathrm{R}) = p_{0j}$（因为在状态 i 处更换，则设备立即为新设备，运行一个周期后状态为 j 的概率是 p_{0j}）。若将 i 解释为复印机已经复印的数量，则 p_{ij} 可解释为已复印的数量为 i 时，一年中再复印 $j-i$ 的概率。

假定设备在运行时的状态转移概率矩阵 $\boldsymbol{P}=(p_{ij})$ 如下

$$\boldsymbol{P} = \begin{pmatrix} 0.8 & 0.1 & 0.05 & 0.05 & 0 \\ 0 & 0.7 & 0.2 & 0.1 & 0 \\ 0 & 0 & 0.6 & 0.3 & 0.1 \\ 0 & 0 & 0 & 0.5 & 0.5 \\ 0 & 0 & 0 & 0 & 1 \end{pmatrix}$$

上述的 $\boldsymbol{P}$ 是个上三角矩阵（即对角线元素以下均为 0），它表示设备不可能越用越好，设备的状态只会更加老化。设备的运行费仍如表 12-1 中所示，新设备的价格 $w=5$，我们将表 12-1 中的最后两行重写如表 12-3 所示。

表 12-3 设备更换问题中的参数

i	0	1	2	3	4
$r_i - c_i$	3.5	3.2	2.7	2.1	1.3
$u_i := r_0 - c_0 - w + w_i$	2.5	2	1.5	0.9	-0.5

记 n 表示阶段 n，则最优方程为

$$V_n(i) = \max\{r_n(i, \mathrm{O}) + \sum_j p_{ij}(\mathrm{O})V_{n+1}(j),\quad r_n(i, \mathrm{R}) + \sum_j p_{ij}(\mathrm{R})V_{n+1}(j)\}$$

$$= \max\{r_i - c_i + \sum_j p_{ij}V_{n+1}(j),\quad u_i + \sum_j p_{0j}V_{n+1}(j)\},\quad i < 4, n \leqslant 4$$

$$V_n(4) = r_n(4, \mathrm{R}) + \sum_j p_{4j}(\mathrm{R})V_{n+1}(j) = u_4 + \sum_j p_{0j}V_{n+1}(j),\quad n \leqslant 4$$

$$V_5(i) = 0$$

现在我们来计算最优值函数和最优决策函数。注意到在以上最优方程中，有一共同项，记之为

$$\delta_{n+1} := \sum_{j=0}^{3} p_{0j}V_{n+1}(j) = 0.8V_{n+1}(0) + 0.1V_{n+1}(1) + 0.05V_{n+1}(2) + 0.05V_{n+1}(3)$$

计算如下：

（1）$n = 4$，$\delta_5 = 0$

$$V_4(0) = \max\{r_0 - c_0 + \delta_5,\quad u_0 + \delta_5\} = \max\{3.5, 2.5\} = 3.5$$

$$f_4(0) = \mathrm{O}$$

$$V_4(1) = \max\{r_1 - c_1 + 0.7V_5(1) + 0.2V_5(2) + 0.1V_5(3),\quad u_1 + \delta_5\} = \max\{3.2, 2\} = 3.2$$

$$f_4(1) = \mathrm{O}$$

$$V_4(2) = \max\{r_2 - c_2 + 0.6V_5(2) + 0.3V_5(3) + 0.2V_5(4),\quad u_2 + \delta_5\} = \max\{2.7, 1.5\} = 2.7$$

$$f_4(2) = \mathrm{O}$$

$$V_4(3) = \max\{r_3 - c_3 + 0.5V_5(3) + 0.5V_5(4),\quad u_3 + \delta_5\} = \max\{2.1, 0.9\} = 2.1$$

$$f_4(3) = \mathrm{O}$$

$$V_4(4) = u_4 + \delta_5 = -0.5$$

$$f_4(4) = \mathrm{R}$$

我们将以上计算结果列于表 12-3 中的第 2 行。

（2）$n = 3$。首先，由以上计算得到的 $V_4(i)$，可计算得 $\delta_4 = 0.8V_4(0) + 0.1V_4(1) + 0.05V_4(2) + 0.05V_4(3) = 3.36$。从而

$$V_3(0) = \max\{r_0 - c_0 + \delta_4,\quad u_0 + \delta_4\} = 6.86$$

$$f_3(0) = \mathrm{O}$$

$$V_3(1) = \max\{r_1 - c_1 + 0.7V_4(1) + 0.2V_4(2) + 0.1V_4(3),\quad u_1 + \delta_4\} = 6.19$$

$$f_3(1) = \mathrm{O}$$

$$V_3(2) = \max\{r_2 - c_2 + 0.6V_4(2) + 0.3V_4(3) + 0.2V_4(4),\quad u_2 + \delta_4\} = 4.86$$

$$f_3(2) = \mathrm{R}$$

$$V_3(3) = \max\{r_3 - c_3 + 0.5V_4(3) + 0.5V_4(4),\quad u_3 + \delta_4\} = 4.26$$

$$f_3(3) = \mathrm{R}$$

$$V_3(4) = u_4 + \delta_4 = 2.86$$

$$f_3(4) = \text{R}$$

将以上计算结果列于表 12-4 中的第 3 行。

(3) $n=2, 1, 0$。此时的结果可类似计算得到，见表 12-4 中的第 4 行至第 6 行。

表 12-4 设备更换问题（随机）的最优值函数与最优策略

i	0	1	2	3	4
$V_4(f_4)$	3.5 (O)	3.2 (O)	2.7 (O)	2.1 (O)	−0.5 (R)
$V_3(f_3)$	6.86 (O)	6.19 (O)	4.86 (R)	4.26 (R)	2.86 (R)
$V_2(f_2)$	9.4 (O)	8.4 (O,R)	7.9 (R)	7.3 (R)	5.9 (R)
$V_1(f_1)$	11.9 (O)	11.1 (O)	10.4 (R)	9.8 (R)	8.4 (R)
$V_0(f_0)$	14.6 (O)	13.6 (O,R)	13.1 (R)	12.5 (R)	11.1 (R)

与表 12-2 中类似，这里的最优值函数 $V_n(i)$ 也是随 n 单调下降，也随老化程度 i 单调下降；最优策略也是控制限策略：存在控制限状态 i_n^* 使得当且仅当阶段 n 时的老化程度超过 i_n^* 时更换设备。在系统更换/维修问题的研究中，常常需要研究何时存在控制限策略是最优策略。

有兴趣的读者可以比较表 12-4 与确定型设备更换问题的计算结果（见表 12-2）。

12.4 应用

本节中我们介绍若干马氏型动态决策问题的应用，可用马氏决策过程来求解它们。

12.4.1 产品定价

假定某人有一件商品要在两天之内出售，他在每一天的早上需要确定当天的产品价格，价格的范围是 $p_1 \geq p_2 \geq \cdots \geq p_n$。如果价格为 p_k，那么当天中能卖出此件商品的概率为 λ_k。于是此人要确定该商品第一天、第二天的价格各是多少，以使他能得到的收益（为简单计，此处不考虑成本）最大。

此产品定价问题的阶段有两个：第一天与第二天。每天的决策是要从 $p_1, p_2, \cdots, p_n$ 选择一个，故决策集是 $A=\{p_1, p_2, \cdots, p_n\}$。决策的依据是出售的商品是否还在，故状态集为 $S=\{0, 1\}$，其中状态 0 表示此商品已经出售，而 1 则表示此商品还未能出售。基此，期望报酬函数与状态转移概率如下

$$r(1, p_k) = \lambda_k p_k, \quad p_{10}(p_k) = \lambda_k, \quad p_{11}(p_k) = 1 - \lambda_k$$
$$r(0, p_k) = 0, \quad p_{00}(p_k) = 1$$

记 $V_n(i)$ 表示还剩 n 天且状态为 i 时的最优值函数，则 $V_n(0)=0$，而 $V_n(1)$ 满足以下最优方程

$$V_2(1) = \max_{k=1,2,\cdots} \{\lambda_k p_k + (1-\lambda_k) V_1(1)\}$$
$$V_1(1) = \max_{k=1,2,\cdots} \{\lambda_k p_k\}$$

下面我们来看一个例子。

例 12-5 设某人有一房产需要出售，每平方米的价格范围如下

$p_1 = 11000$ 元/m², $p_2 = 10500$ 元/m², $p_3 = 10000$ 元/m², $p_4 = 9500$ 元/m², $p_5 = 9000$ 元/m²

而相应的售出概率为

$$\lambda_1=0.5,\ \lambda_2=0.6,\ \lambda_3=0.7,\ \lambda_4=0.8,\ \lambda_5=0.9$$

我们先计算 $\lambda_k p_k$ 的值如下

$$\lambda_1 p_1=5500,\ \lambda_2 p_2=6300,\ \lambda_3 p_3=7000,\ \lambda_4 p_4=7600,\ \lambda_5 p_5=8100$$

于是由前述最优方程即得

$$V_1(1)=\max_k \lambda_k p_k=8100,\quad f_1(1)=p_5=9000$$

从而

$$\begin{aligned}V_2\ (1)\ &=\max\{5500+0.5\times8100,\ 6300+0.4\times8100,\ 7000+0.3\times8100\\&\quad 7600+0.2\times8100,\ 8100+0.1\times8100\}\\&=\max\{9550,\ 9540,\ 9430,\ 9220,\ 8910\}=9550\end{aligned}$$

而 $f_2(1)=p_1=11000$ 元/m^2。因此，此人的最优策略是第一天（还剩 2 天时）出最高价 $p_1=11000$ 元/m^2，而在第二天（还剩 1 天时）出最低价 $p_5=9000$ 元/m^2。在此策略下，他的期望收益能达到最大，为 9550 元/m^2。

以上讨论的只是一个十分简单的产品定价问题，实际中的问题可能远为复杂，例如，商品的出售时限不只两天，价格的选择范围可能是一个连续的区间，商品持有人可以做广告以吸引更多的顾客，商品的数量可能是多件，甚至可以订购，等等。

这个问题在前面讨论过，简单的动态决策问题可用 MDP 求解，也可以用决策树来求解，但对复杂的动态决策问题，用决策树求解就难了。

12.4.2 体育比赛

在体育比赛中，教练员水平高低的一个重要标志是他是否能在比赛中针对比赛对手的情况，调整其策略。

来看一个象棋比赛的例子。棋手胡荣和吕亲将进行 N 局象棋比赛。比赛的规则是，每局中，获胜者得 1 分，平局得 0.5 分，输者得 0 分。N 局比赛后得分高者为冠军，但若二人得分相同，则继续比赛，直至其中有人赢得一局为止，此时，赢者为冠军。假定胡荣在每局比赛中可以使用进攻策略或者防守策略，策略不同，此局比赛的结果也不同。若胡荣使用进攻策略，则他赢得此局比赛的概率为 0.45，输掉比赛的概率为 0.55，不会平局。若胡荣使用防守策略，则他输掉此局比赛的概率为 0.10，平局的概率为 0.90，不会获胜。胡荣的目标自然是想获得冠军，归结为数学可表达的，那么他的目标是使其获胜的概率达到最大。试问他的最优策略是什么？在最优策略下，获胜的概率有多大？获胜概率是否能够超过 0.5？

下面我们用马氏决策过程来描述与求解胡荣的最优比赛策略。记 $V_n(i)$ 表示还剩 n 局比赛、目前的积分为 i 时胡荣的最大获胜概率。

我们要指出的是，由式（12-15）给出的最优方程中，其相应的目标函数是使各阶段的期望报酬之和达到最大。而现在的目标是使获胜的概率达到最大，比赛中间各个阶段不能决定最终的胜负，所以每个阶段的报酬是没有的，每个阶段只是影响选手的积分。只有当比赛结束时，才能决定是否获胜。

所以，$V_n(i)$ 满足的最优方程如下

$$V_n(i)=\max\begin{Bmatrix}0.45V_{n-1}(i+1)+0.55V_{n-1}(i)\\0.90V_{n-1}(i+0.5)+0.10V_{n-1}(i)\end{Bmatrix},\quad i\in S_n,\ n\geqslant1 \tag{12-19}$$

其中右边括号中的第1项表示胡荣在当前局采用进攻策略下的最终获胜概率：以概率0.45赢得比赛，从而积分增加1，达到$i+1$，故未来的获胜概率是$V_{n-1}(i+1)$；以概率0.55输掉比赛，从而积分不变，仍为i，故未来的获胜概率是$V_{n-1}(i)$；这两部分相加，即为胡荣在当前局采用进攻策略下的最大获胜概率。类似地，上式括号中的第2项表示胡荣在当前局采用防守策略下的最大获胜概率。二式取最大，即为$V_n(i)$。注意到当比赛结束时，即$n=0$时，得分高者为胜者。由于每局比赛的总得分（二人的得分之和）恒为1，故N局比赛的总得分为N，有一人的得分超过$N/2$时，即获胜，于是此时的边界条件为

$$V_0(i)=0,\ i<N/2,\qquad V_0(i)=1,\ i>N/2$$

而当二人的得分均为$N/2$时，需要继续比赛，直到有人赢得某一局的比赛。于是，与式(12-19)类似地，可推得此时的边界条件为

$$\begin{aligned}V_0(N/2)&=\max\{0.45\times1+0.55\times0,\ 0.90\times V_0(N/2)+0.10\times0\}\\&=\max\{0.45,\ 0.90V_0(N/2)\}=0.45\end{aligned}$$

上式是说，当比赛结束时若二人打平（即得分相同均为$N/2$），胡荣的最优策略就是在此后的每局比赛中采用“进攻策略”。

下面来求解两局比赛中（$N=2$），胡荣能赢得比赛的最大概率及其相应的最优策略。此时，$V_0(1)=0.45$。

对$n=1$，此时，已经进行了一局比赛，胡荣的得分可能值是0，0.5，1，故计算i取此三个值时的$V_1(i)$如下：

在剩下一局时，胡荣的最优决策是：如已有1分，则采用防守策略；否则（已有0.5分或0分），采用进攻策略。

$$\begin{aligned}V_1(0)&=\max\{0.45V_0(1)+0.55V_0(0),\ 0.90V_0(0.5)+0.10V_0(0)\}\\&=\max\{0.45\times0.45,\ 0\}=0.2025\end{aligned}$$

$$\begin{aligned}V_1(0.5)&=\max\{0.45V_0(1.5)+0.55V_0(0.5),\ 0.90V_0(1)+0.10V_0(0.5)\}\\&=\max\{0.45,\ 0.90\times0.45\}=0.45\end{aligned}$$

$$\begin{aligned}V_1(1)&=\max\{0.45V_0(2)+0.55V_0(1),\ 0.90V_0(1.5)+0.10V_0(1)\}\\&=\max\{0.6975,\ 0.945\}=0.945\end{aligned}$$

在剩下一局时，胡荣的最优决策是：如已有1分，则采用保守策略；否则（已有0.5分或者0分），采用大胆进攻策略。

对$n=2$，此时还没有进入比赛，胡荣的和分为0，从而

$$\begin{aligned}V_2(0)&=\max\{0.45V_1(1)+0.55V_1(0),\ 0.90V_1(0.5)+0.10V_1(0)\}\\&=\max\{0.45\times0.945+0.55\times0.2025,\ 0.90\times0.45+0.10\times0.2025\}\\&=\max\{0.536625,\ 0.42525\}=0.536625\end{aligned}$$

于是，胡荣在开局的最优决策是进攻策略。

因此，我们得到胡荣在两局比赛中的最优策略为：在开局选择进攻策略，若胜，则在第二局比赛中选择防守策略；若败，则在第二局中继续采用进攻策略。在此最优策略下，胡荣获胜的概率达到0.536625，超过一半。

对于两局比赛，请读者画出此问题的决策树，运用决策树可求得胡荣的最优策略。但在实际比赛中，比赛的局数可能会比较多，此时就难以画出一个清晰的决策树了。借助计算

机，运用 MDP 是一个比较简洁的方法。

【思考】从上面的介绍来看，胡荣的水平显然不如吕亲，但他在最优策略下的获胜概率却大于吕亲的。试问这是为什么？反常吗？

12.4.3 最优选择

假定要从 N 名备选对象中选择一个最优者，备选者是一个一个到达的。决策者待备选者到达后要决定是接受（从而整个选择过程结束），还是拒绝。一旦拒绝，就永远失去了这个备选对象。假定每位备选对象到达时我们所能知道的仅仅是此备选者与前面已被拒绝的各备选者相比的相对等级。N 个备选对象的到达次序共有 $N!$ 种，假定它们出现的可能性是相同的。我们的目标是使接受到最优备选对象的概率达到最大。

我们把这个问题看做一个序贯决策过程，其中的阶段是每一次面试一位备选者；决策有两个，一是接受她，二是拒绝她。由于我们的目的是使得接受到最优者的概率达到最大，故若一位备选者与之前各位备选者相比，都不是最优的，那么接受她显然使接受到最优者的概率为零。因此，我们只需要考虑与之前相比是最优的备选者。于是，我们定义状态 i 表示目前的是第 i 位备选对象且是前 i 位备选对象中最优秀者（称这样的备选者是较优者）。记 $V(i)$ 为处于状态 i 时，接受到最优秀者的最大概率，于是最优方程为

$$V(i)=\max\{P(i),\ H(i)\},\quad i=1,\ 2,\ \cdots,\ N \tag{12-20}$$

其中 $P(i)$ 为处于状态 i 且我们接受第 i 位备选者时我们接受到了最优秀者的概率，于是

$$\begin{aligned}P(i)&=P\{\text{接受到最优秀者}\mid\text{接受到的是前 } i \text{ 位中的最优中的}\}\\&=\frac{1/N}{1/i}=\frac{i}{N}\end{aligned}$$

而 $H(i)$ 表示拒绝第 i 位备选者时能接受到最优秀者的最大概率值，于是

$$V(i)=\max\left\{\frac{i}{N},\ H(i)\right\},\quad i=1,\ 2,\ \cdots,\ N$$

容易看出，$H(i)$ 就是当拒绝前 i 位备选者时接受到最优秀者的最大概率值。由于前 i 位被拒绝这种情况至少与前 $i+1$ 位被拒绝一样好，所以 $H(i)$ 是下降的。

由于 i/N 对 i 上升，$H(i)$ 对 i 下降，于是存在 j，使得

$$\frac{i}{N}\leqslant H(i),\quad \text{若 } i\leqslant j;\qquad \frac{i}{N}>H(i),\quad \text{若 } i>j$$

因此最优策略的形式为：存在 $j\leqslant N-1$，拒绝前 j 位备选者，从第 $j+1$ 位开始，一旦有比前面所有被拒绝的备选者均优的备选者（我们称之为较优者）时，则接受。同时我们用 j 来表示这一策略。

拒绝得越多，剩下得越少，能录用到最优者的概率也就越小。

对 $j<n$，记 P_j^* 为在上述这样的策略下接受到最优秀者的概率，所以寻求最优策略也就是寻求使 P_j^* 达到最大的那个 j。而

$$\begin{aligned}P_j^*=\sum_{i=1}^{N-j}&P_j\{\text{录用了最优秀者}\mid\text{第 } i+j \text{ 位为第一个较优者}\}\\&\times P_j\{\text{第 } i+j \text{ 位为第一个较优者}\}\end{aligned}$$

其中的

P_j {录用了最优秀者|第 $i+j$ 位为第一个较优者} $=\dfrac{1/N}{1/(i+j)}=\dfrac{i+j}{N}$

P_j {第 $i+j$ 位为第一个较优者}

=P{前 j 位中的最优者也就是前 $i+j-1$ 位中的最优者，

第 $i+j$ 位为前 $i+j$ 位中的最优者}

=P{前 j 位中的最优者也就是前 $i+j-1$ 位中的最优者}

×P{第 $i+j$ 位为前 $i+j$ 位中的最优者}

$=\dfrac{j}{i+j-1}\times\dfrac{1}{i+j}$

因此

$$P_j^* = \frac{j}{N}\sum_{i=1}^{N-j}\frac{1}{i+j-1} = \frac{j}{N}\sum_{k=j}^{N-1}\frac{1}{k} \approx \frac{j}{N}\int_j^{N-1}\frac{1}{x}\mathrm{d}x$$

$$= \frac{j}{N}\ln\frac{N-1}{j} \approx \frac{j}{N}\ln\frac{N}{j}$$

令 $g(x)=(x/N)\ln(N/x)$，则由

$$g'(x)=\frac{1}{N}\ln\frac{N}{x}+\frac{1}{N}=0$$

可推知 $\ln(N/x)=1$，从而 $x=N/\mathrm{e}\approx 0.37N$。由于 $g(N/\mathrm{e})=1/\mathrm{e}$，因此当 N 足够大时，最优策略为：大约拒绝前 N/e 位备选者，然后接受之后的第一位较优者。此策略下接受到最优者的概率约为 $1/\mathrm{e}\approx 0.37$。

以上问题是：有若干个备选者，一个一个地到达，每到达一个，决策者对其进行了解。若接受所到达的备选者，则过程结束；否则，决策者再等待下一个备选者。依此，直到接受某一个备选者，或者没有新的备选者到达。我们在这里假定：决策者将永远失去所拒绝的备选者。

具有以上特征，或者近似地具有以上特征的问题有很多。比如大学生在毕业前，会有很多公司来学校招聘；对大学生来说，这些来招聘的公司是备选者。

同时，对于公司来说，如果它知道学生所会采用的策略，那么，它就不应该在开始时去学校，应该稍迟一些。

在本小节的最后，我们提出如下问题请读者考虑。

【思考】我们在上面假定备选者总数是给定的，而在实际中，可能会有这样的问题：公司要在三个月之内聘请到合适的财务主管者。请问这一问题能用 MDP 来考虑吗？与上面所考虑的问题有何关系？

12.4.4 一个期权执行问题

设有一只股票（证券），记 S_n 为股票在第 $n(\geqslant 0)$ 天的价格，假定价格满足以下随机游动模型

$$S_{n+1} = S_n + X_{n+1} = S_0 + \sum_{k=1}^{n+1} X_k,\quad n \geqslant 0$$

其中 X_1，X_2，…互相独立同分布 F（具有有限的均值 μ_F），且与初始价格 S_0 也相互独立。

现在假定你拥有一份期权：可以以固定价格 c 购买一股股票并在 N 天内的任一天执行，你也可以不执行。若在价格为 s 时执行，那么你的获利是 $s-c$。你该如何做，能使你的期望利润达到最大？

首先，确定阶段、状态与决策。显然，阶段为天，记 n 表示还剩下 n 天。这个问题中的决策是“是否执行期权”，因此有两个决策：执行期权与不执行期权，分别记为 P，O，于是决策集 $A=\{P, O\}$。决策的依据显然是股票的价格，因此定义状态 s 表示股票的价格。

再来看报酬函数与状态转移。当股票价格为 s 时，若执行期权，则获得收益 $r(s, P)=s-c$，过程结束；若不执行期权，则没有收益（$r(s, O)=0$），下阶段的状态（即明天的股票价格）为今天的股票价格加上一随机变量 X，它具有分布函数 F，即状态转移函数为

$$T(s, O)=s+X$$

是一个随机变量。

注意到，在这里的问题中，阶段数并非与前所述的那样是一个确定的数 N。这里的阶段数与决策有关：如果选择“执行期权”，那么问题就结束了。为了描述在执行期权后过程结束这一现象，我们引入状态∞：$p_{s,\infty}(P)=1$。同时，在状态∞，只有一个决策 O：“不执行期权”，在此决策下股票价格将永远停留在此，而且没有收益。即 $A(\infty)=\{O\}$，$p_{\infty,\infty}(O)=1$，$r(\infty, O)=0$。

记 $V_n(s)$ 表示股票的价格为 s，且还剩下 n 天可以执行你的期权时所能获得的最大期望利润。由于过程一旦进入状态∞，它将永远停留在此，且永远没有收益。因此，$V(\infty)=0$。由此，对有限的股票价格 s，$V_n(s)$ 满足最优方程（12-18），即

$$V_n(s)=\max\left\{s-c, \int_{-\infty}^{\infty} V_{n-1}(s+x)\mathrm{d}F(x)\right\}, \quad n \geqslant 1, \tag{12-21}$$

边界条件为

$$V_0(s)=\max\{s-c, 0\}$$

它表示当天必须执行股票期权（还剩的阶段数为 0）时，只需要比较购买并执行的收益 $s-c$，与不购买的收益 0。

当分布函数 F 给定，如果是均匀分布时，由以上的最优方程就可以求得 $V_n(s)$ 及最优策略。请读者求解 $V_1(s)$ 与 $V_2(s)$。

一般地，要求得 $V_n(s)$ 的解析表达式是困难的。但通常可以尝试讨论最优策略的一些性质。下面的数学推导，没有兴趣的读者可以忽略。

由最优方程（12-21）可知，在还剩 n 个阶段、价格为 s 时，以“执行期权”为优当且仅当 $s-c-\int_{-\infty}^{\infty} V_{n-1}(s+x)\mathrm{d}F(x) \geqslant 0$。同时，我们注意到，若在还剩 n 个阶段、价格为 s 时，以“执行期权”为优，那么，价格更高时，亦以“执行期权”为优。也就是说，存在一个数 s_n，使得当且仅当 $s \geqslant s_n$，“执行期权”为优。为此，我们计算

$$\begin{aligned} s-c-\int_{-\infty}^{\infty} V_{n-1}(s+x)\mathrm{d}F(x) &= \int_{-\infty}^{\infty}[s+x-(x+c)-V_{n-1}(s+x)]\mathrm{d}F(x) \\ &= \int_{-\infty}^{\infty}[s+x-V_{n-1}(s+x)]\mathrm{d}F(x)-(\mu_F+c) \end{aligned} \tag{12-22}$$

由此可以推知，若 $s-V_n(s)$ 随 s 单调上升，那么以上的 s_n 就存在。这样，就得到了最优策略的一个控制限结构。以下引理说明这是成立的。

引理 12-2　对任一 n，$s-V_n(s)$ 是 s 的上升函数。

证明　用数学归纳法来证明引理。显然，$n=0$，$s-V_0(s)$ 对 s 上升。假设某 $n\geqslant 1$，$s-V_{n-1}(s)$ 对 s 上升，则由方程（12-21）知

$$s-V_n(s)=\max\left\{c,\int_{-\infty}^{\infty}[s+x-V_{n-1}(s+x)]\mathrm{d}F(x)-\mu_F\right\}$$

其中 μ_F 表示 F 的均值。由归纳假设，任一 x，$(s+x)-V_{n-1}(s+x)$ 对 s 上升，从而由上式可知 $s-V_n(s)$ 对 s 上升。由数学归纳法知引理成立。

以上引理说明，如果导数 $V_n'(s)$ 存在，则 $V_n'(s)\leqslant 1$，即最优值函数 $V_n(s)$ 随价格上升的速度低于价格本身上升的速度。

记

$$s_n=\min\{s\,|\,V_n(s)-s=-c\}$$

其中约定当上面的集合是空集时，取 s_n 为无穷大。则由以上的引理，及其之前的分析可知，有以下的性质：

命题 12-1　最优策略具有以下形式：存在递增的数 $s_1\leqslant s_2\leqslant\cdots\leqslant s_n\leqslant\cdots$，使得当还剩下 n 天时，立即执行期权当且仅当目前股票的价格 $s\geqslant s_n$。

证明　用数学归纳法来证明本命题中控制限策略的最优性。$n=0$ 时，显然；归纳假设命题对 $n-1\geqslant 0$ 成立。对 n，由引理 12-2 可知，$s-V_n(s)$ 是 s 的上升函数，故由引理 12-2 前的分析可知命题也成立。故以 s_n 为控制限的策略是最优策略。

最后，由 $V_n(s)$ 对 n 递增可知 s_n 是递增的。

s_n 的递增性说明随着剩余天数的增加，执行期权的价格也越高。

在运用马氏决策过程于实际问题中，我们常常需要用数学归纳法来证明最优值函数或者最优策略满足一些特殊的性质。如上面所讨论的，即有更简洁的性质，在这里，最优策略由一列递增的数 s_n 所刻划。显然，求解这一列数要比求解最优策略来得更为简单。

本章小结

本章从单阶段决策，推出多阶段（确定型）动态决策，再推出马氏型动态决策。

在单阶段决策中，从实际问题总结出其要素是决策集、收益（报酬），而在更一般的单阶段决策问题中，还包括状态集。所以单阶段决策问题包括三要素：状态集、决策集、报酬。最优决策可用一个决策函数来表示。

多阶段（确定型）动态决策由多个单阶段决策组成，但前一决策问题的状态与决策影响下一阶段的决策（用状态转移函数来描述）。对此，我们用一分为二（将当前阶段与之后的阶段区分开来）的方法推得最优方程，最优策略就是在最优方程中取到上确界者。

在多阶段（确定型）动态决策中，如果状态转移函数是随机的，就得到了马氏型动态决策。由确定型动态决策中的最优方程、最优策略，就可推得马氏型动态决策的最优方程、最优策略。

实际中，广泛存在动态决策问题，本章中涉及如下问题：设备最优更换维修、产品定价、体育比赛、秘书选择（也是工作搜寻、员工招聘）、期权的执行与定价。

思考与练习

1. 52 张扑克牌一张一张地翻过来，在翻过来之前，你有机会猜测这张牌是否是梅花 A。假定只能猜一次，目标是使得猜中的概率达到最大。

（1）建立此问题的动态规划模型。

（2）最优策略是什么。

（3）如果可以猜 n 次，试求此时的最优策略。

（4）如果是猜梅花牌（不仅仅是梅花 A），则最优策略又是怎样的？

2. 质量控制模型。一台机器有两种状态：好与坏，机器在每天生产产品，此产品可能是好的（如果机器处于“好”状态），也可能是坏的（如果机器处于“坏”状态）。假定机器坏了之后就一直坏着，但在处于“好”状态时在第二天以概率 γ 变成坏的。

进而，假定当产品生产出来时，可以选择检测或者不检测。检测能精确地发现产品是好的还是坏的，若是坏的，则将机器更换为新的。检测一次的费用是 I，更换机器的费用是 R，生产一个坏产品的损失是 C。

问题的目标是使期望总费用达到最小。试建立此问题的马氏决策过程模型，并写出最优方程。

3. 假定某投资者有一笔资金 S_0 元。在周期 n，$n \geqslant 0$，他需要将他所拥有的资金 S_n 分配到以下几个方面：①消费 C_n 元；②将 I_n 元存入银行，一周期的利率是 r；③将 J_n 元的资金投资于一风险事业，他在周期末时得到的报酬为 Z_nJ_n，其中 Z_n 是一随机变量，分布函数为 F。当然，他在分配他的资金时，应该满足条件 $C_n + I_n + J_n = S_n$。投资者消费 c 元的效用是 $u(c)$，他的目标是使他的期望效用达到最大：$\max \sum_{n=0}^{N} \beta^n u(C_n)$。试建立此问题的一个马氏决策过程模型，并写出最优方程。

4. 选举美国总统候选人奥巴马有 D 元资金可用于 50 个州的竞选。如果他将 d 元用于第 t 个州的竞选，则他获胜的概率是 $p_t(d)$，并获得该州所有 s_t 张选举人票。奥巴马总共需要 K 张选举人票才能在大选中获胜。试问他应该如何使用他的竞选资金？

5. 电视中有一流行节目叫 Tired of Fortune，在分发资金的一轮比赛中，需要回答 4 个问题。答对每一个问题，都可以赢得一定数量的奖金。但是，如果答错一个问题，那么将失去先前赢得的所有的奖金，并且游戏结束。而在答对了几个问题之后，参与者可以选择不回答，那么游戏结束，并获得先前赢得的奖金。这些问题，能正确回答的概率，以及相应的奖金数，如表 12-5 所示。

表 12-5　Tired of Fortune 的游戏规则

问　题	答对问题的概率	所赢得的奖金数/元
1	0.6	100
2	0.5	200
3	0.4	300
4	0.3	400

（1）设参与者的目标是获得的奖金数达到最大，试问他的最优策略是什么？

（2）你是否熟悉与此类似的电视节目，如果有，那么与这里的问题是否类似？如果没有，请讨论之。

第 13 章 决策方法拓展、选择与评价

目前决策科学呈现出明显的以下发展方向：从定性决策向定量与定性相结合发展，从单目标决策向多目标综合决策发展，从个人决策向群体决策发展，从结构化决策向非结构化决策和半结构化决策方向发展。据此，本章拓展几种新的决策方法加以介绍，包括模糊决策法、群决策法、决策支持系统等。其次，对各种决策方法的适用条件、优缺点，以及决策方案的评价与实施等问题进行了简要分析，以期推动决策方法的正确选择与决策方案的有效实施。

13.1 决策方法的拓展

13.1.1 模糊决策法

在客观世界中，存在着大量的模糊概念和模糊现象。模糊数学可用来描述这类模糊概念和模糊现象。模糊决策则是以模糊数学为基础、应用模糊关系合成的原理，考虑多个因素，对备选方案的隶属等级状况进行综合评价，从而作出决策。

1. 模糊现象

美国著名自动控制专家扎德（L. A. Zadeh）教授于 1965 年发表了一篇《模糊集合》的论文，开创了模糊数学的先河。当有一个概念与其对立的概念无法划出一条明确的分界，例如，美与丑、年老与年轻、讲课好与讲课不好、学习好与学习不好等，这种没有确切界限的对立概念称为模糊概念。凡涉及模糊概念的现象称为模糊现象。在自然界和社会界中，诸多事物表现出既不会完全属于一个集合，又不完全不属于一个集合，我们称这些事物集合具有模糊性（Fuzzy）。模糊性是事物本身状态的不确定性，或边界的不清楚性，这种特性不是由于人们主观认识达不到客观实际所造成的，而是事物的一种客观属性，是事物的差异之间存在着中间过渡过程的结果。

2. 隶属度

若对论域（研究的范围）X 中的任一元素 x，都有一个数 $A(x)\in[0,1]$ 与之对应，则称 A 为 X 上的模糊集，$A(x)$ 称为 x 对 A 的隶属度。当 x 在 X 中变动时，$A(x)$ 就是一个函数，称为隶属函数。隶属度 $A(x)$ 越接近于 1，表示 x 属于 A 的程度越高，$A(x)$ 越接近于 0，表示 x 属于 A 的程度越低。用取值于区间 $[0,1]$ 的隶属函数 $A(x)$ 表征 x 属于 A 的程度高低。

设某班级有 n 个学生：x_1，x_2，…，x_n，这 n 个成员构成了一个论域，即

$$X=\{x_1, x_2, \cdots, x_n\}$$

这些学生属于“优秀生”模糊事物集合 A 的程度可以用［0，1］闭区间上的一个值 $A(x_i)$ 表示，称之为 x_i 对 A 的隶属度。若该隶属度 $A(x_i)$ 比较接近于 0，则相应的成员 x_i 属于“优秀生”集合 A 的程度较小，即该学生不怎么优秀；若 $A(x_i)$ 比较接近于 1，则该学生 x_i 属于“优秀生”集合 A 的程度较大。

隶属度函数的确立目前还没有一套成熟有效的方法，大多数系统的确立方法还停留在经验和实验的基础上。对于同一个模糊概念，不同的人会建立不完全相同的隶属度函数，尽管形式不完全相同，只要能反映同一模糊概念，在解决和处理实际模糊信息的问题中仍然殊途同归。目前，使用较多的隶属度函数确定方法有以下三种：

（1）统计法。一般可采用等级比重法和频率法确定隶属度。r_{ij} 表示从因素 u_i 着眼，被评价对象能被评为 v_j 的隶属度，即第 i 个因素 u_i，在第 j 个评语 v_j 上的频率分布。一般将其归一化处理，这样 $\boldsymbol{R}$ 矩阵本身就没有量纲。采用等级比重法时，一是评价者不能太少，这样才能使等级比重趋于隶属度；二是评价者对被评价事物相当了解，特别是技术性的问题。

对于客观和定量指标，可以采用频率法，先划分指标值在不同等级的变化区间，然后以指标值的历史资料在各等级变化区间出现的频率作为对各等级模糊子集的隶属度。这种方法简单、方便，但是指标值的等级区间划分会影响评价结果。

（2）专家经验法。专家经验法是根据专家的实际经验给出模糊信息的处理算式或相应权系数值来确定隶属函数的一种方法。在许多情况下，经常是初步确定粗略的隶属函数，然后再通过“学习”和实践检验逐步修改和完善，而实际效果正是检验和调整隶属函数的依据。

（3）二元对比排序法。二元对比排序法是一种较实用的确定隶属度函数的方法。它通过对多个事物之间的两两对比来确定某种特征下的顺序，由此来决定这些事物对该特征的隶属函数的大小。二元对比排序法根据对比测度不同，可分为相对比较法、对比平均法、优先关系定序法和相似优先对比法等。

3. 模糊关系矩阵

设 $U=(u_1, u_2, \cdots, u_n)$ 为评价指标，即被评价对象的 n 种评价因素；$V=(v_1, v_2, \cdots, v_m)$ 为评价等级，即为刻画每一因素所处状态的 m 种判断。

例如研究“教师讲课质量”问题，则可设：$U=$(知识点熟练程度，重点突出性，语言表达能力，板书规范性)，$V=$(好，较好，一般，差)。

对于某一事物，首先着眼于某一因素 u_i 作单因素评价，从因素 u_i 的角度来看，该事物属于等级 v_j 的隶属度为 r_{ij}，该事物对于该因素的评判集为向量 $R_i=(r_{i1}, r_{i2}, \cdots, r_{im})$。

这样，对于某一事物分别从 n 个因素出发，确定 m 个评判指标，构成该事物总的评价矩阵 $\boldsymbol{R}$，即该事物从 U 到 V 的模糊关系，$\boldsymbol{R}$ 称为模糊关系矩阵

$$\boldsymbol{R}=\begin{pmatrix} r_{11} & r_{12} & \cdots & r_{1m} \\ r_{21} & r_{22} & \cdots & r_{2m} \\ \vdots & \vdots & & \vdots \\ r_{n1} & r_{n1} & \cdots & r_{nm} \end{pmatrix} \tag{13-1}$$

其中

$$0 \leqslant r_{ij} \leqslant 1, \quad i=1, \cdots, n \quad j=1, \cdots, m$$

例13-1 某高校欲对教师的讲课质量进行评价，以选择年度教学优秀教师。现在需要根据某教师的讲课情况，其中评价因素U中包括知识点熟练程度、重点突出性、语言表达能力和板书规范性四个方面，评价等级V中包括好、较好、一般和差四个等级。

经20位专家评判，对某教师评价的专家人员分布如表13-1所示。

表13-1 对某教师评价的专家人员分布

等级论域（V）/ 指标论域（U）	好（v_1）	较好（v_2）	一般（v_3）	差（v_4）
知识点熟练程度（u_1）	4	4	10	2
重点突出性（u_2）	6	8	4	2
语言表达能力（u_3）	5	9	3	3
板书规范性（u_4）	8	9	3	0

现根据专家的评价意见，采用等级比重法，即对于第 i 个因素 u_i，在第 j 个评语 v_j 上的频率分布，来确定有序对（u_i，v_j）的关系隶属度，构造出相应的模糊关系矩阵

$$\boldsymbol{R}=\begin{pmatrix}0.20 & 0.20 & 0.50 & 0.10\\ 0.30 & 0.40 & 0.20 & 0.10\\ 0.25 & 0.45 & 0.15 & 0.15\\ 0.40 & 0.45 & 0.15 & 0\end{pmatrix} \tag{13-2}$$

4. 权重确定

通常由专家凭经验主观赋权，或采用AHP法等，确定评价指标论域 $\mathbf{U}=\{u_1, u_2, \cdots, u_n\}$ 中各因素 u_i 的重要性，即各因素的权重系数 $a_i(i=1, \cdots, n)$，该系数也可看成是评价因素 u_i 对决策总目标重要性的隶属度。由此得到评价因素的权重向量

$$\boldsymbol{A}=(a_1, a_2, \cdots, a_n) \tag{13-3}$$

其中

$$0\leqslant a_i\leqslant 1, \quad i=1, \cdots, n$$

$$\sum_{i=1}^{n} a_i = 1$$

例如上例中，决策者根据主观赋权法认为因素论域U={知识点熟练程度，重点突出性，语言表达能力，板书规范性}对决策总目标（教师的讲课能力）的隶属度或权重向量为

$$\boldsymbol{A}=(0.35, 0.30, 0.20, 0.15) \tag{13-4}$$

5. 模糊合成与决策

（1）纵向因素合成。评判矩阵 R 中不同的行反映某个被评价事物从不同的单因素来看对各等级模糊子集的隶属程度，采用模糊权向量 A 将 R 按列综合，就可以得到该评价事物从总体上来看对各等级模糊子集的隶属程度，即模糊综合评价结果向量 $\boldsymbol{B}$

$$\boldsymbol{B}=\boldsymbol{A}\circ\boldsymbol{R}=(a_1, a_2, \cdots, a_n)\circ\begin{pmatrix}0.20 & 0.20 & 0.50 & 0.10\\ 0.30 & 0.40 & 0.20 & 0.10\\ 0.25 & 0.45 & 0.15 & 0.15\\ 0.40 & 0.45 & 0.15 & 0\end{pmatrix}=(b_1, b_2, \cdots, b_m) \tag{13-5}$$

其中

$$b_j = a_1 \tilde{\times} r_{1j} \tilde{+} a_2 \tilde{\times} r_{2j} \tilde{+} \cdots \tilde{+} a_n \tilde{\times} r_{nj},\ j=1,\ 2,\ \cdots,\ m \tag{13-6}$$

式中，b_j 为某评价对象（备选方案）对等级 j 的综合隶属度；$\circ$为模糊矩阵合成算子 $M=(\tilde{\times},\ \tilde{+})$，可以取不同的运算；$\tilde{\times}$为模糊积算子，可以取不同的运算；$\tilde{+}$为模糊和算子，可以取不同的运算。

其中，“模糊积”与“模糊和”的混合运算次序是，先“模糊积”后“模糊和”。常见的模糊矩阵合成算子的运算方法主要有以下四种：

1）$M=(\tilde{\times},\ \tilde{+})=M(\wedge,\ \vee)$，其中模糊积$\tilde{\times}$取“取小运算$\wedge$”，模糊和$\tilde{+}$取“取大运算$\vee$”。它们的运算规则分别是

$$a_1 \wedge a_2 \wedge \cdots \wedge a_n = \bigwedge_{i=1}^{n} a_i = \min(a_1,\ a_2,\ \cdots,\ a_n) \tag{13-7}$$

$$a_1 \vee a_2 \vee \cdots \vee a_n = \bigvee_{i=1}^{n} a_i = \max(a_1,\ a_2,\ \cdots,\ a_n) \tag{13-8}$$

于是式（13-6）可写为

$$b_j = \bigvee_{i=1}^{n} (a_i \wedge r_{ij}),\quad j=1,\ 2,\ \cdots,\ m \tag{13-9}$$

2）$M=(\tilde{\times},\ \tilde{+})=M(\times,\ \vee)$，其中模糊积$\tilde{\times}$取“实数乘法运算$\times$”，模糊和$\tilde{+}$取“取大运算$\vee$”。于是式（13-6）可写为

$$b_j = \bigvee_{i=1}^{n} (a_i \times r_{ij}),\quad j=1,\ 2,\ \cdots,\ m \tag{13-10}$$

3）$M=(\tilde{\times},\ \tilde{+})=M(\times,\ \oplus)$，其中模糊积$\tilde{\times}$取“实数乘法运算$\times$”，模糊和$\tilde{+}$取“有限和运算$\oplus$”。有限和的运算规则为

$$a_1 \oplus a_2 \oplus \cdots \oplus a_n = \min\left\{1, \sum_{i=1}^{n} a_i\right\} \tag{13-11}$$

由式（13-11）可见，有限和运算$\oplus$与普通的实数求和运算“+”很相似，即先对有限和对象进行普通求和运算，如果“和”大于1，则运算结果为1；反之，如果“和”小于等于1，则有限和运算与普通求和运算结果相同。于是式（13-11）可写为

$$b_j = \min\left\{1, \sum_{i=1}^{n} a_i \times r_{ij}\right\}\quad j = 1,2,\cdots,m \tag{13-12}$$

4）$M=(\tilde{\times},\ \tilde{+})=M(\wedge,\ \oplus)$，其中模糊积$\tilde{\times}$取“取小运算$\wedge$”，模糊和$\tilde{+}$取“有限和运算$\oplus$”。于是式（13-6）可写为

$$b_j = \min\left\{1, \sum_{i=1}^{n} a_i \wedge r_{ij}\right\}\quad j = 1,2,\cdots,m \tag{13-13}$$

上述这四种合成算法各有特点，如表 13-2 所示。在实践中，要针对不同的决策问题进行选择。不同的合成算法对运算结果的影响比较大。经过比较研究 $M=(\times,\ \oplus)$ 的准确度相对较高，另外，$M=(\wedge,\ \vee)$ 也是实践中经常使用的一种方法。

在上例中，根据式（13-2）的 $\boldsymbol{R}$ 矩阵和式（13-4）的 $\boldsymbol{A}$ 向量，分别用 $M=(\times,\ \oplus)$ 和 $M=(\wedge,\ \vee)$ 可以对模糊关系矩阵 $\boldsymbol{R}$ 进行多因素综合合成，得到模糊综合评价向量 $\boldsymbol{B}$

表 13-2 合成算子的特点

特　点	算　子			
	$M=(\wedge, \vee)$	$M=(\times, \vee)$	$M=(\times, \oplus)$	$M=(\wedge, \oplus)$
体现权数作用	不明显	明显	明显	不明显
综合程度	弱	弱	弱	强
利用 R 的信息	不充分	不充分	充分	比较充分
类型	主因素突出型	主因素突出型	加权平均型	加权平均型

$$M(\times, \oplus): \boldsymbol{B}=\boldsymbol{A}\circ\boldsymbol{R}=(0.35, 0.30, 0.20, 0.15)\circ\begin{pmatrix}0.20 & 0.20 & 0.50 & 0.10\\0.30 & 0.40 & 0.20 & 0.10\\0.25 & 0.45 & 0.15 & 0.15\\0.40 & 0.45 & 0.15 & 0\end{pmatrix}$$

$$=(0.270, 0.3475, 0.2875, 0.095)$$

$$M(\wedge, \vee): \boldsymbol{B}=\boldsymbol{A}\circ\boldsymbol{R}=(0.35, 0.30, 0.20, 0.15)\circ\begin{pmatrix}0.20 & 0.20 & 0.50 & 0.10\\0.30 & 0.40 & 0.20 & 0.10\\0.25 & 0.45 & 0.15 & 0.15\\0.40 & 0.45 & 0.15 & 0\end{pmatrix}$$

$$=(0.30, 0.30, 0.35, 0.15)$$

（2）横向等级合成。将模糊综合评价向量 $\boldsymbol{B}$ 在横向（评语等级）上进一步进行合成，得到单一的综合评价值，即评价对象对于总目标而言的最终优先度。

类似权重确定，通常采用 AHP 法、两两比较法等对模糊评价等级论域 $\boldsymbol{V}=\{v_1, v_2, \cdots, v_m\}$ 中的每一个等级进行量化，得到模糊评价等级论域的量化向量 $\boldsymbol{S}$

$$\boldsymbol{S}=(s_1, s_2, \cdots, s_m)^{\mathrm{T}} \tag{13-14}$$

设第 k 个评价对象 x_k 的模糊综合评价向量为

$$\boldsymbol{B}(x_k)=(b_{k1}, b_{k2}, \cdots, b_{km})^{\mathrm{T}} \quad k=1, 2, \cdots, P \tag{13-15}$$

则评价对象 x_k 的优先度 $N(x_k)$ 可用式（13-16）计算得出。对于多目标模糊综合评价，正向指标选取优先度最大的方案为最优方案。

$$N(x_k)=\boldsymbol{B}(x_k)^{\mathrm{T}}\cdot\boldsymbol{S}=(b_{k1}, b_{k2}, \cdots, b_{km})\cdot(s_1, s_2, \cdots, s_m)^{\mathrm{T}}, \quad k=1, 2, \cdots, P \tag{13-16}$$

$$N(x_k)^*=\max\{N(x_1), N(x_2), \cdots, N(x_p)\} \tag{13-17}$$

即，优先度 $N(x_k)$ 达到最大值的方案 x_k 为多目标决策问题的最优方案。负向指标则反之，选取优先度最小的方案为最优方案。

在上例中，假设用上述步骤得出该校两位教师 x_1 和 x_2 的模糊综合评价向量分别为

$$\boldsymbol{B}(x_1)^{\mathrm{T}}=(0.270, 0.3475, 0.2875, 0.095), \quad \boldsymbol{B}(x_2)^{\mathrm{T}}=(0.400, 0.250, 0.150, 0.200)$$

可见，教师 x_1 的讲课质量对于“较好”等级的隶属度较大，而教师 x_2 的讲课质量对于“好”等级的隶属度较大。很难仅根据两位教师 x_1 和 x_2 的模糊综合评价向量来确定哪位教师的讲课质量优，有必要根据评价结果进行进一步的合成分析。

设模糊评语论域（很好，较好，一般，差）的量化向量为

$$\boldsymbol{S}=(0.4, 0.3, 0.2, 0.1)$$

于是由式（13-16），可得

$$N(x_1)=(0.270,\ 0.3475,\ 0.2875,\ 0.095)(0.4,\ 0.3,\ 0.2,\ 0.1)^{T}=0.27925$$

$$N(x_2)=(0.400,\ 0.250,\ 0.150,\ 0.200)(0.4,\ 0.3,\ 0.2,\ 0.1)^{T}=0.285$$

$N(x_1)<N(x_2)$，所以教师 x_2 的讲课优于教师 x_1，在讲课评优中应该优先考虑教师 x_2。

（3）模糊决策。模糊评价的核心就是通过对模糊评价向量 $\boldsymbol{B}$ 的分析作出综合结论，进行模糊决策。通常，除了上述根据对模糊综合评价向量的横向等级合成，也称加权平均原则来进行决策外，还可以采用最大隶属原则进行决策。

最大隶属原则是指根据评价对象的模糊评价向量 $\boldsymbol{B}$ 中的最大隶属度对应的评价等级，确定为评价对象的最终评定等级。之后，立足评价对象的最终评定等级，进行方案的评价择优。

例如上例，对于教师 x_1，$\boldsymbol{B}(x_1)^{T}=(0.270,\ 0.3475,\ 0.2875,\ 0.095)$，其最大隶属度为 $\max(0.270,\ 0.3475,\ 0.2875,\ 0.095)=0.3475$，对应的等级为较好。

对于教师 x_2，$\boldsymbol{B}(x_2)^{T}=(0.400,\ 0.250,\ 0.150,\ 0.200)$，其最大隶属度为 0.400，对应的等级为很好，优于教师 x_1 最大隶属度对应的等级，所以可以推荐 x_2 为优秀教师。

该方法虽然简单易行，但是只考虑隶属度最大的点，其他点没有考虑，损失的信息较多。加权平均原则则综合考虑了各级评价。通常可以根据评价目的来选择，如果需要对多个方案进行排序，则选用加权平均法，如果只需要给出某事物一个总体评价结论，则可以采用最大隶属原则方法。

13.1.2 群决策方法

1. 群决策概述

前面章节我们谈论了个体决策问题，即单个决策者（利益关系一致的决策集体也视为单个决策者）从有限或无限个方案中选择一个或者多个满意方案的决策问题。然而现代社会和经济活动中，许多决策问题十分复杂，仅仅依靠单个决策者往往很难作出合理的决策，这就有必要集中群体的智慧来制定决策。此时我们不仅需要考虑每个个体决策者的偏好结构从非劣解集中选择最优方案，同时应对决策群体的个体意见进行综合，以形成群体意见。这种根据决策群体中利益关系有所差异的各个成员的意见和要求进行组合，产生群体选择的决策方法，称为群体决策，或群决策。群决策的群体决策者简称为“决策群体”、“群体”或“群”。

群决策研究的是多人如何作出统一的有效的选择，其理论研究一般具有三个前提：

自主性——各决策者有独立的选择机会，其行动不受高层权力支配，但不排除群体成员的相互影响。

共存性——决策成员都在已知的共同条件下进行选择；一部分成员未作出选择的情况下，其他成员的决策行动不能说最后完成；群体决策不能在撇开一部分成员的条件下去完成。

共意型——群作出的决策必然是所有参与者能一致接受的方案；然而，这并不意味着所有参与者都认定此方案最优；有的成员也可能持反对态度，但面临集体的最后决策而不得不作出妥协和认可。

2. 群决策的基本假设

群决策理论建立在个体决策理论基础之上，个体决策理论中对决策者理性的假设、偏好的传递性要求等均适用于群决策。但是不同决策者由于决策目的的差异性，对群决策的假设也稍有不同。一般认为群决策存在着以下几个基本假设：

假设 1：由于决策充满着风险和不确定性，任何个体决策者难以作出完美的决策，都可能会犯错误。

假设 2：至少有两名决策者共同负责该项决策。

假设 3：群决策一般来说是非结构化的复杂决策问题。由于单个决策者的知识和精力是有限的，难以作出令人满意的决策，需要集中群体决策者集体的智慧才能创造性地解决问题。

假设 4：群决策的结果应该是单个决策者的偏好形成一致或妥协之后得出的，即遵循 Pareto 原则。

假设 5：群决策质量受所采用决策规则的影响。

假设 6：群决策质量受个体和群体关系的影响。

3. 群体偏好的集结

群决策的关键是如何集结群体中每个人的偏好，以此形成群的偏好，然后根据群体偏好对备选方案进行评价择优。

（1）简单多数规则。简单多数规则是群体决策中最早并且最常用的方法。这一规则是指当群决策中个体数是奇数时，群采纳的方案是多数人赞成的方案；当决策个体是偶数时，可以运用同样的规则，在赞成和反对人数相等时，由群体负责人定夺。

例如，当备选方案只有两个时，简单多数规则容易理解。但当备选方案是三个或者三个以上时，则需要进行两两比较。例如将其中的方案 A、B 进行比较，如大多数人认为方案 A 优于方案 B，群体就认为方案 A 优于方案 B，将所有方案都作两两比较后，选取群体认为最优的方案。但是在有些情况下，这样做将会导致相悖的结果。群体同个体一样，其偏好具有传递性，即对于方案 A、B、C 而言，若认为 $A>B$，并且 $B>C$，则 $A>C$。现在，我们考虑三个个体决策者 a_1、a_2、a_3 分别对三个方案 A_1、A_2、A_3 进行排序：a_1 认为 $A_1>A_2>A_3$，a_2 认为 $A_2>A_3>A_1$，a_3 认为 $A_3>A_1>A_2$，此时群决策就出现 $A_1>A_2>A_3>A_1$ 的矛盾结论，这就是 Condorcet 悖论。Condorcet 悖论表明，即使决策群体的每一个成员的偏好都满足传递性，基于简单多数的群决策仍然会出现非传递的方案排序。

（2）Borda 规则。集结群体偏好的另一种方法就是利用 Borda 规则：如果有 K 个方案，按每个决策成员对方案排列的次序给出从高到低的分值，称为 Borda 数。排第一位的得 k 分，第二位的得 $k-1$ 分，如此下去，最后 1 位得 1 分。将不同个体对某一特定方案的评分值进行汇总，得出该方案的总得分。总得分最高的方案即为群决策方案。

由于 Borda 数法的最终结果与方案个数有关，Borda 规则也可能会出现相悖的情况。现假设决策者甲、乙、丙对方案 A、B、C 的偏好顺序如表 13-3 所示。此时方案 A、B、C 的 Borda 数均为 6，群决策应认为它们不分优劣。如引入一个方案 D，并且三人保持原先对方案 A、B、C 的偏好顺序，此时的偏好顺序如表 13-4 所示。

增加方案 D 后，方案 C 劣于 A 和 B。可见，被选方案数量的不同可能导致决策结果的差异。因此，实践中部分决策成员可能通过引入若干不相干的备选方案来达到某种目的，影响决策结果。那么是否存在一种规则能够在各种环境条件下运用而不产生悖论呢？1972 年诺贝尔经济学奖获得者阿罗（Arrow）提出了不可能定理，对此作出了否定的答复，即社会选择并不能在完全符合理性的条件下将个人偏好集结为群偏好。

表 13-3 Borda 规则的例子

决策者 \ 备选方案	A	B	C
甲	1	2	3
乙	2	3	1
丙	3	1	2
Borda 总数	6	6	6

表 13-4 增加一个方案的 Borda 数

决策者 \ 备选方案	A	B	C	D
甲	1	2	3	4
乙	3	4	1	2
丙	4	2	3	1
Borda 总数	8	8	7	7

4. 阿罗不可能定理

设群体中每个成员把所有的备选方案按照他的偏好作排序，用 R_i 表示第 i 个成员对所有备选方案的排队。由这一集所有成员的方案排序可定义一个偏好断面

$$\boldsymbol{P}=\{R_1,\ R_2,\ \cdots,\ R_n\}$$

为了使群体对方案能作出选择，需要从偏好断面 $\boldsymbol{P}$（即所有成员人的方案排队）产生群偏好关系 $\boldsymbol{R}$（即群体对所有方案的排队），即从一个 $\boldsymbol{P}$ 产生唯一的偏好关系 $\boldsymbol{R}$。从偏好断面产生群偏好关系的规则称为社会选择规则。社会选择规则实际上是偏好断面 $\boldsymbol{P}$ 的一个函数，阿罗将这一函数称为社会福利函数。

阿罗对社会选择规则施加了两个公理和五个条件。阿罗认为，无论个人偏好还是群体偏好都应该满足以下公理：

公理 1（连通性）：个人或者群体对于方案集当中的任意两个方案 A 和 B 的偏好，不是 $A \geqslant B$ 就是 $B \geqslant A$，或者二者同时成立。

公理 2（传递性）：对任意的备选方案 A、B、C，如果 $A \geqslant B$ 且 $B \geqslant C$，那么必然有 $A \geqslant C$。

阿罗还认为个人偏好和群体偏好之间的关系应满足以下五个条件：

条件 1（完全域）：社会福利函数包含每一个可能的偏好断面，每个偏好断面都会影响群偏好关系。也就是说，个人的偏好集结为群偏好关系时，没有理由排除其中任何个人的偏好。此外，要求群决策至少有三个备选方案和两个决策成员。

条件 2（无关方案的独立性）：令 H 为方案集 G 的一个子集，如果每个人对方案集 G 的偏好作了修改，但这种修改并未改变每个人对 H 中的每一个方案的偏好，那么，个人偏好修改前群对 H 中的方案的偏好应该与个人偏好修改后的群偏好相同。也就是说，备选方案的群排序仅仅取决于这些备选方案的偏好断面，而不依赖于个人对其他方案的偏好。

条件 3（群偏好和个人偏好的正的联系）：设对于一个特殊的偏好断面，群认为方案 A

优于方案 B。如果将偏好断面作如下修改：除方案 A 以外，每个人把其余方案作两两比较，其偏好不变；每个人把 A 和其余方案作两两比较，或者其偏好不变，或者修改后更偏好 A。那么，群的偏好关系仍然认为 A 优于 B。

条件 4（Pareto 原则）： 对于每对方案 A 和 B，在集结个人偏好为群偏好时，总有某些人认为 A 优于 B，这时才能使群认为 A 优于 B。

条件 5（非独裁性）： 在群中没有人有这样的权力，对于任何一对方案 A 和 B，当他认为 A 优于 B，群就认为 A 优于 B，而不管其他决策的偏好如何。

由此，阿罗提出了“不可能定理”。

定理： 没有一个社会福利函数能够同时满足以上两条公理和五个条件。

阿罗不可能定理成为群体决策研究的一个重要里程碑。阿罗指出，从个体感受转到满意的社会偏好，即根据一个个体排序集合定义社会偏好的唯一方法，是独裁或者加强。

5. 群效用函数

阿罗集结个人偏好时避开了两个重要的问题，一是个人对各个方案的偏好强度，另一个是偏好强度在人与人之间的比较。如果把阿罗集结个人排队的概念修改为集结个人的群效用函数，则阿罗的不可能定理成为可能定理，即存在集结个人效用的群效用函数，这个函数和阿罗的两条公理和五个假设条件一致。群效用函数一般可以表达为

$$U(x)=U_G(U_1(x),U_2(x),\cdots,U_n(x)),\quad x\in X \tag{13-18}$$

式中，X 为方案集；$U_i(x)$ 为决策者 i 确认的方案 x 的效用值；$U(x)$ 为方案 x 群效用函数值；U_G 为个体决策者的效用值与群效用值之间的函数关系。

为了便于构造和分析群效用函数，需要寻找一些特殊的函数关系形式。1994 年度诺贝尔经济学奖获得者海萨尼（J. C. Harsanyi）等对多人决策群体效用函数具有加法形式与乘法形式的条件进行了研究且取得了重要成果，并为群效用函数的存在提出了某些必要的条件，定义了群效用函数的加法模型和乘法模型。

（1）加法模型

条件 1： 个人效用函数和群效用函数均应满足冯 · 诺伊曼—摩根斯坦公理体系，即方案集 A 上的二元关系是完备的、传递的、独立的和连续的。

条件 2： 如果群中每个决策成员认为某两个方案是无差异的，则决策群也应认为这两个方案是无差异的。

条件 3： 个人效用函数的效用值是独立可加的。

如果上述三个条件被满足，则存在相应的加性群效用函数，它可以表示为

$$U(x)=\lambda_1U_1(x)+\lambda_2U_2(x)+\cdots+\lambda_nU_n(x)=\sum_{i=1}^{n}\lambda_iU_i(x) \tag{13-19}$$

式中，$U_i(x)$ 为第 i 个决策者的效用值；λ_i 为第 i 个决策者的效用值的权重系数。

（2）乘法模型

条件 1： 个人效用函数和群效用函数均应满足冯 · 诺伊曼—摩根斯坦公理体系，即方案集 A 上的二元关系是完备的、传递的、独立的和连续的。

条件 2： 如果群中所有的成员除第 i 个人以外对所有可能的方案都认为无差异，则群效用函数是第 i 个人个人效用的正线性变换 $U(x)=a+bU_i(x)$。也就是说，在上述情况下的群体偏好等价于个人 i 的偏好。

条件3：如果群中所有的成员除第 i 个人和第 j 个人以外，都认为所有可能的方案是无差异的，则决策群体对这些方案的偏好仅取决于第 i 个人和第 j 个人的偏好。

如果上述三个条件被满足，则存在相应的乘性群效用函数，它可以表示为

$$U(x)=\frac{1}{\lambda}\left[\prod_{i=1}^{n}(\lambda\lambda_i U_i(x)+1)-1\right] \tag{13-20}$$

式中，λ_i 为第 i 个决策者的效用值的权重系数；λ 为标度常数，$\lambda>-1$，$\lambda\neq 0$。

基尼（1974）已经证明，当 $\sum_{i=1}^{n}\lambda_i=1$ 时，群效用函数应用加法模型；当 $\sum_{i=1}^{n}\lambda_i\neq 1$ 时，群效用函数应用乘法模型。

解决群决策问题的一种思路是把解决个体决策问题的方法移植于解决群决策问题上。在移植时，关键是如何集结个人偏好形成群偏好反映到决策过程中。目前也提出了基于层次分析法的群决策方法和基于德尔菲法的群决策方法。

层次分析法可以用来解决群决策问题。对某一层次准则所支配的下层次元素的相对重要性由群体决策者分别作出判断，设群中有 n 个决策者，对准则下的元素形成 n 个判断矩阵 $\boldsymbol{A}_1$，$\boldsymbol{A}_2$，…，$\boldsymbol{A}_n$。如果能集中个体的判断矩阵形成群判断矩阵 $\boldsymbol{A}$，就可以用层次分析法来解决群决策问题。通常采用判断矩阵加权几何平均法和判断矩阵加权算术平均法，集结个体判断矩阵形成群判断矩阵，并进行相应决策。其中，加权几何平均法保持了矩阵的互反性。当所有的个体判断矩阵都是一致矩阵时，群判断矩阵也是一致矩阵。判断矩阵加权算术平均方法得到的群判断矩阵已经失去了原来判断矩阵的互反性，也无一致性而言。为了保持互反性，有人建议对上三角采取加权算术平均法，然后按照互反的原则构造剩余部分。这样虽然保证了互反性，但是带有随意性，并且也不能保证一致性。同理，该方法也可以计算标准差并将有关信息反馈给决策者，供他们修改参考，以便获得比较一致的判断矩阵。

德尔菲法作为一种专家调查方法，不仅可以用来预测研究对象的未来值，也可用来征求专家们对选择备选方案的意见。如何把这些专家换成决策群体中的各个决策者，德尔菲法就完全可直接用做群体决策。

13.1.3 决策支持系统

1. 决策支持系统的产生及其发展状况

（1）决策支持系统产生的背景。决策支持系统（Decision Support System，DSS）是在计算机技术的基础上迅速发展起来的。最初计算机主要应用于数据处理和编制报表，目标是办公自动化，通常把这一类系统所涉及的技术称为电子数据处理（Electronic Data Processing，EDP）。由于进行数据处理时需要整体分析和系统设计，从而使整个组织协调一致。随着信息技术的发展，管理信息系统（Management Information System，MIS）开始出现，并迅速发展起来。

MIS 在组织内部从事务处理和作业层面上获得数据，进行筛选与组织，并按一定的方式存放在计算机内。管理者可以按自己的需要提起或者重新组织这些信息。由于 MIS 把零碎、孤立的信息变成一个比较完整的、有组织的信息系统，大大地提高了信息的处理和使用效率。但是 MIS 只能帮助管理者对信息作表面上的组织和管理，而不能把信息的内在潜能更

深刻地挖掘出来。也就是说，它不能使信息为管理者的决策服务，即决策支持。

20 世纪 70 年代末，传统的系统分析方法对系统中人的因素考虑不够，并且 MIS 技术及方法固有的缺陷，特别是刻板的结构化系统分析方法、漫长的生命周期及信息导向的开发模式，使传统的 MIS 难以适应多变的外部及内部管理环境，对管理人员的帮助十分有限，真正为决策者采纳并付诸实施的成功案例并不多。因此，系统分析人员和信息系统本身都不应该企图取代决策者去决策，支持决策者才是他们和信息系统正确的定位。

（2）决策支持系统的发展。1971 年斯科特·摩顿（Scot Morton）在《管理决策系统》一书中第一次指出计算机对于决策的支持作用，首次提出了“决策支持系统”一词，这标志着利用计算机与信息支持决策的研究与应用进入了一个新的阶段，并形成了决策支持系统新学科。之后，从事决策支持系统研究的人逐渐增多，大部分认为决策支持系统就是交互式的计算机系统。同时，很多人都把注意力集中到如下技术设计上：有限理性（Bounded Rationality）、非结构化任务（Unstructured Tasks）、组织的信息处理（Organizational Information Processing），以及决策者的认知特征（Cognitive Characteristic of Decision makers）等。1975 年以后，决策支持系统作为一个领域的专用名词逐渐被大家承认，但人们却忽略了 DSS 研究的一个关键问题，即对人类思维和行为的模仿。

20 世纪 70 年代以来，研究开发出了许多有代表性的 DSS，下面对一些比较有代表性的系统作一简要介绍。

1）Portfolio Management System（T. P. Gerity，1971）。这个系统主要是支持投资者对顾客证券管理的日常决策，它具有股票分析、证券处理和分析等功能。其中一些工作纯属事务性的，如财务记录、历史活动汇总等，另一些工作则具有较强的技术性。美国一些银行都配备了该套系统。

2）Brandaid（John D. C. Little，1975）。这个系统主要用于产品推销、定价和广告决策。它规定了一种设计模型的准则，用户根据这种准则来优选模型，或者把模型与其他信息资源连接起来。这种准则包括鲁棒性（Robustness）、易于控制、简单和有关细节上的完备性。这个系统提供了一种结构，把商品销售和利润与经理的行动联系在一起，使经理和管理人员能快速而方便地分析战略。

3）Projector（C. L. Meador and D. N. Ness，1970）。该系统是一种交互式的 DSS，用于支持企业短期规划，帮助经理构造问题和探求可能解决方案的分析方法。Projector 的开发者认为，决策支持系统的主要特征是注重探索，系统决不提供任何“答案”，而只是帮助决策者开发他们自己的分析方法。

4）Geo-data Analysis and Display System（GADS）。这是由 IBM 研究部开发的一个试验系统（P. E. Mantey，1974），其作用是用计算机来构造和演示地图，它被用于警察巡逻路线的辅助设计、城市发展规划、学校辖区范围的安排等，特别适用于缺乏计算机专业知识的用户。

5）Capacity Information System（CIS）。该系统适用于大型卡车生产厂家的规划部。它可以迅速建立或修改产品计划，包括安排计划进度、协调部件和最终产品。但是该系统并不提出解决问题的每一细节，只能作为辅助规划决策。

6）Generalized Management Information System（GMIS，Gutentag，Louis M.，1975；Donovan，Jacoby，1975）。麻省理工学院能源实验室联合阿尔佛雷德 P. 斯隆管理学院开发了英国能源

管理信息系统（The New England Energy Management Information System，NEEMIS）(Donovan，Jacoby，1975)，取得了良好的应用效果。该系统的目标在于集成现有工具，决策者可以利用他们自己熟悉的语言和数据管理系统，即使其中某些工具相互之间不相容也不影响，由硬件和软件结合组成一种“虚拟计算机”(Virtual Machine)，它可以完成必要的转变。这个系统主要为帮助处理能源规划问题。

经过多年的发展，一个重要的变化是把人的判断力和计算机的信息处理能力有机地结合在一起，以提高决策者的效能，而又不妨碍他们的主观能动性，计算机终端称为决策者的有力助手。近年来专家系统的研究发展很快，给 DSS 注入新的活力，增强了 DSS 系统的主动功能，例如，智能决策支持系统（Intelligent DSS，IDSS）、群决策支持系统（Group DSS，GDSS）、经理信息系统（Executive Information System，EIS）或经理决策支持系统（Executive DSS，EDSS）、综合集成研讨厅（Hall for Workshop of Metasynthetic Engineering，HWME）等。但是这些系统还不成熟，离实用阶段还有相当的距离。未来 DSS 的发展必须面向实际，更多地解决实际问题，关键是如何结合目标和背景运用智能技术，而不是在计算机上开发智能技术。

2. 决策支持系统的决策支持功能

(1) 决策支持系统的定义。Keen（1987）认为：DSS 是无法定义的，但是决策支持可以定义，因为 DSS 所依赖的技术都在不断变化。对 DSS 而言，不存在一个独立的或者特定的技术基础，当一个新的工具是合适的并可以被利用时，就可以建立一种新型的 DSS。对于传统的 DSS 而言，这种新型的 DSS 可能面目全非。因此决策支持是目标，DSS 是通向目标的工具。

决策支持系统的基本含义可定位为用计算机来达到如下目的，或者说 DSS 具备如下特征（张智光，1996）：帮助决策者在半结构化或非结构化的任务中作决策；支持决策者的决策，而不是代替决策者作决策；改进决策效能（Effectiveness），而不是仅仅提高它的效率(Efficiency)。

(2) DSS 的支持等级。根据 Keen 和 Scott Morton 的观点（夏安邦，1991），从 DSS 的整体功能角度可以把 DSS 对于用户的支持级别分为四个支持等级。在一定程度上，支持的等级取决于 DSS 的结构。

1) 信息查询。DSS 最基本的支持是给用户提供检索事实和抽取信息的能力，有些文献称之为资料查询或信息服务。这是 DSS 的基本功能。很难与 MIS 区别开来，只能从接口的形式和用户提出要求的方式来作一些区分。

2) 结构化数据处理。支持的第二个级别是给数据库增加筛选和模式识别的能力。这类 DSS 有一定的数据处理研究的能力。它们不仅能够完成数据的分类、存储、检索等基本工作，而且还能作图、制表、汇兑，甚至进行时间序列分析。决策者可以利用该系统有选择地索取信息并且给它赋予一定的意义。显然，这种类型的 DSS 可以给决策者以较大的帮助。它与 MIS 有了明显的区别。这种类型的 DSS 通常包含一个模型库，一般称为 Model Bank。

3) 半结构化数据处理。如果在前面这两个级别的基础上增加一些更强有力的功能模块，就进入到 DSS 的第三等级水平。通常增加一个知识模块然后再考虑知识的利用和推理，最后把知识和模型的应用结合在一起。该系统可以为决策者提供计算、比较和推断等工作。如果能够把决策者经常使用的计算方法和习以为常的推理方式编排在系统程序内，那么这种

DSS会使他们感到得心应手，系统的支持作用能得到很好的发挥。这类系统的典型结构中往往包含有：数据库、模型库和知识库，并具有信息服务、科学计算和决策咨询等功能。

4）非结构化数据处理。决策支持的第四等级，也就是决策支持的最高水平。其追求的目标是人和机器的充分交互、取长补短共同完成非结构化的决策。目前还很难说这一等级的DSS究竟能发展到什么水平，但是有几个发展方向是明确的；数据的组织应该具有最大的灵活性，模型不是预置在系统内而是在需要时根据用户的描述生成，专家系统和人工智能技术将得到广泛的应用，自然语言成为人机交互的主要方式等。即便是在最高级别的DSS，实用性仍然是一个根本的要求。

13.2 决策方法的选择

13.2.1 决策方法选择影响因素

现实生活中，一个国家、一个企业，甚至是一个人，每年、每月、每天都要作出各种大小不同、性质不同、影响不同的众多决策。决策的核心就是通过科学决策使现有人力、物力、财力、技术、资金和信息等要素实现最佳组合。决策方法的合理选择是科学决策的重要基础。决策方法的选择主要依赖于决策情景，例如决策环境、决策目标、决策主体和决策时间。

1. 决策环境

根据决策环境，分为确定型决策、风险型决策、不确定型决策、概率排序型决策和竞争型决策。确定型决策适用于决策信息充分，决策系统所处环境明确，即各自然状态变量的未来取值能够完全确定，每一个被选方案只有一个后果的决策，确定型决策通常采用的分析方法，包括高等数学中的极值法、运筹学中的线性规划和整数规划、经济学中的盈亏平衡法等；风险型决策则是拥有部分决策信息，虽然未来事件的自然状态不能肯定，但是发生概率是已知的决策，风险型决策通常采用决策树法和基于信息的贝叶斯决策法来进行分析；不确定型决策没有或缺乏决策信息，当对未来自然状态发生的概率一无所知，一般采用乐观法、悲观法、后悔值法、折中法（乐观系数法）、等概率法（等可能法）等方法；当未来自然状态发生的概率虽然不能确切知道，但可以知道各种自然状态发生概率的大小次序时，则采用的方法为概率排序型决策。

2. 决策目标

根据决策目标数量，可划分为单目标决策和多目标决策。单目标决策适用于只有一个决策目标的决策，通常确定型决策、风险型决策和不确定型决策中所用的方法均可用于单目标决策；而实际中，众多问题考虑两个或两个以上的目标，称为多目标决策问题，通常可以采用化多为单法、序贯消元法、ε-约束法、加权法、AHP法、模糊决策法、功效系数法、目标规划法等决策方法。

3. 决策主体

根据决策主体数量，可划分为个体决策和群体决策。一个人或利益基本一致的群体决策，为个体决策；依赖众多主体的决策，则为群体决策。本书中前面章节的决策方法均可适用于个体决策，群决策有其自身的决策特点和运算规则，主要采用群效用函数、基于层次分析法的群决策方法和基于德尔菲法的群决策方法等方法。

4. 决策时间

根据决策时间可划分为静态决策和动态决策。静态决策，只考虑当前而不考虑后续的决策。静态决策又划分为确定型决策、非确定型决策、概率排序型决策和一级风险型决策，这些决策类型适用的方法均可采用；动态决策则需要考虑多次决策方案的选择过程，需考虑前后决策之间的相互影响，也可划分为确定型决策、非确定型决策和多级风险型决策，主要采用动态决策、博弈论和多级风险型决策等方法。

13.2.2 决策方法的比较评价

根据美国管理理论家赫伯特·西蒙等的决策理论，市场经济中的现代企业发展尤其需要不断提高决策的科学化程度。科学决策就是根据决策环境、选择合适的决策方法，确定合理的执行方案，实现预期的目标。现代管理中，可运用的决策方法比较多，如极值法、决策树法、AHP 法等。各种方法具有其特定的应用条件和优缺点，如表 13-5 所示，这就要求决策者根据实际情况灵活地选择和运用决策方法。

表 13-5 决策方法的比较评价

决策目标	决策主体	决策时间	决策环境	决策方法	优点	缺点
单目标决策	个体决策	静态决策	确定型决策	极值法、线性规划、整数规划、盈亏平衡分析法	简单、易行，对于未来确定的程序性生产等决策比较适用	主要考虑成本、收益或其他单方面的经济因素，没办法考虑非经济因素
			一级风险型决策	期望值法、期望效用法	综合考虑多种自然状态，计算简单，使用较为广泛	期望后果值法未考虑财富效应、负效应、极端事件等 期望效用值中效用值确定比较主观
			多级风险型决策	决策树法、贝叶斯决策分析法	决策树法分析问题清晰、明了；贝叶斯决策考虑了信息的价值	决策树法和贝叶斯决策的准确性受未来状态发生概率预测准确性的影响
			非确定型决策	乐观法、悲观法、后悔值法、折中法、等概率法	计算简单，方便	乐观法过于乐观；悲观法过于保守；折中法较为合理，但折中系数的确定较为主观；等可能性法将每种状态发生概率视为相等，与现实有一定差距
			概率排序型决策	概率严排序法、概率弱排序法	能够根据自然状态发生的概率大小，根据期望极值进行决策，决策精度高于非确定型决策	由于自然状态发生的精确概率未知，主要根据期望极值进行决策，决策精度差于风险型决策群体决策

（续）

决策目标	决策主体	决策时间	决策环境	决策方法	优　点	缺　点
单目标决策	个体决策	动态决策	确定型决策	动态规划的递推算法	能够将不同阶段决策问题相互关联，考虑了决策阶段之间的相互影响，能够对本阶段的状态与决策仅影响下一阶段的状态的问题进行分析，比较符合实际	计算比较复杂，并且仅适合用于前后阶段的决策问题之间的关系是确定性的决策问题
			多级风险型决策	马氏型动态决策	能够解决下一阶段状态是一个随机变量的动态决策问题，模型适用性更强	转移概率矩阵难以客观确定
			非确定型决策	博弈论	较好地研究了在多个个体或团队之间在特定条件制约下的对局中如何利用相关方的策略，而实施对应策略的问题。对研究具有斗争或竞争性质问题具有较强的适用性	现实中，难以抽象、建立准确的博弈论数学模型
	群体决策	静态决策	确定型决策	群效用函数、基于层次分析法和德尔菲法的群决策方法	考虑了利益不同的各个决策者的偏好结构	难以找到客观的、确定的函数集结个人偏好形成群偏好
多目标决策	个体/群决策	静态决策	确定型决策	化多为单法、序贯消元法、ε-约束法、加权法、AHP法、模糊决策法、目标规划法	方法较多，其中AHP作为一种系统的决策思维方式，因素考虑全面，定性与定量相结合，是方案选择和权重确定中较为常用的一种方法	多目标决策，工作量大，成本高，并且定性目标在定量化转化过程中存在一定的主观性

上面是我们经常采用的一些定量决策分析方法。正如预测分析方法一样，决策分析方法也分为定量决策分析方法和定性决策分析方法。对于第二章中提到的定性预测方法，如专家个人判断法、专家会议法、头脑风暴法和德尔菲法等均可用于决策分析。

总之，决策方法是决策科学化的基础。往往多种逻辑上可行的决策方法针对同一评价方案集可能得出不同的方案选择，这是我们决策中不可回避的问题，方法的优劣也成为研究的一个重要主题。然而每种决策方法都有其产生背景、适用条件，但正如任何事物都有它的两面性一样，每种方法也存在一定的局限性和不足之处，因此单纯从决策方法的机理上判断方法的好坏是不可行的，决策方法的优劣与否没有绝对的甄别标准。在实际工作中往往需要多种方法综合应用，一般在定性分析的基础上定量分析，再进行定性修正与评价，而在定量分析中通常也采用多种方法或进行多种方法的综合，扬长避短，进而确保决策的科学性、准确性。

13.3 决策方案的评价与实施

13.3.1 决策方案的评价

决策者在决策方案选择时应从系统论的基本原则出发，应用系统论的基本原理和方法，在特定的环境下选择系统内的最优方案。但是由于管理实践中，决策环境的复杂性、不确定性，往往针对新的决策，尤其是重大决策，在决策方案实施之前有必要请相关方面的专家学者（智囊团）进行进一步论证评价。

决策方案的评价主要包括两个方面：一是对方案的可行性进行评价，主要包括实施条件分析和成本分析。任何方案的实施，都要依赖一定的条件，包括技术条件、经济条件、社会条件。决策者只能选择自身具备条件或有可能创造条件的方案，也就是说决策方案必须具有技术可行性、经济可行性和社会可行性。例如一家电视机生产企业决定未来电视机生产的类型，经分析，LED 电视机利润空间较大，但技术要求较高；CRT 电视机利润最小，但技术最为成熟，技术含量低，LCD 电视机介于二者之间。从利润的角度来看，该企业认为生产 LED 电视机为最优方案，但由于企业规模较小，研发能力弱，品牌影响力较低，因此选择了 LCD 电视机的生产。此外，任何决策方案的实施都要花费一定的成本，包括人力、物力、财力和时间。方案的成本必须在企业可承受范围之内，并且方案选择应从成本和效益双重视角进行分析，尽可能选择成本最低的方案，或者效益最高的方案，或者是效益成本比最高的方案。二是对决策方案的近期和远期影响进行评价。任何一个决策方案，都处于社会大系统之中，决策实施必将对个人、企业或社会产生一定的影响。在决策方案实施之前，必须进行方案实施的近期和远期正负影响效应分析，做到心中有数，能够很好地预期未来出现的负效应，并有备而战，提前采取措施，尽可能地降低负效应或规避负效应。

13.3.2 决策方案的实施

1. 决策实施的原则

如果决策不能落到实处，一切决策都是空谈。任何事情的贯彻落实必须遵循一定的原则，决策实施通常应遵循以下四大原则：适度合理性原则、权责明确原则、资源配置原则和权变原则。

（1）适度合理性原则。制定的方案往往是满意方案，并非是最优方案，以达到预期目标为方案制定及实施成功的标准。方案的实施过程并非简单机械过程，也可以是方案的再创造过程。

（2）权责明确原则。只有明确了由谁来负责执行这项决策，以及决策实施的时间期限，决策的落实才有保障。对于重大决策方案的实施，必须引起高层管理人员的高度重视，并应当由高层管理者来统一领导，统一安排，通过责权利的合理配置与激励约束机制的建设，有效激发执行者的工作热情。

（3）资源配置原则。资源配置是企业决策实施的重要保证。决策实施过程必须根据计划中有关资源需求进行资源的合理配置，确保战略行动计划中人力、物力、财力的有效供给以及决策方案按预期目标实现。

（4）权变原则。权变的观念应当贯穿于决策实施的全过程。权变的关键在于掌握环境变化的程度，在变化的环境下，灵活调整行动规则和相应方案，主动适应变化，甚至利用变化和制造变化以提高自身竞争能力。

2. 决策实施的监督、控制与调整

决策实施的监督与控制是决策管理的一个重要环节。决策实施的监督与控制不仅是对计划执行情况的检查，更重要的是关注决策实施的有效性、决策制定前提的可靠性、决策方案修正的必要性和优化的可能性。其主要目的可归结为：一是为了保证决策方案的正确实施；二是为了检验、修订、优化原定决策方案。

为了确保决策监督与控制的有效实施，在决策方案实施之前，首先应根据方案计划，选择关键性的时间型节点、成果型节点和约束型节点，确定评价内容和评价标准。实施过程中根据事先确定的检查节点按时进行检查，评价工作业绩，及时发现问题，解决问题或修正、优化方案，更好地实现企业的预期目标。

同时，随着决策的实施，新的情况可能出现，此时原来确定的决策就需要调整，以适应新的情况。

【案例13-1】

某机械工业企业进行质量效应综合评价，包括产品质量和经济效益两大部分。其中产品质量包括性能、寿命、可靠性、安全性、经济性和用户满意度六个方面；经济效益包括给生产者带来的经济效益、给消费者带来的经济效益和给社会带来的经济效益。企业选取了企业的生产代表、长期使用该企业产品的用户代表和有关专家共计20人组成评审团，以问卷形式对上述质量效应综合评价的第二层各因素进行评价，结果如表13-6所示。

表13-6 企业质量经济效益评价调查结果

指标 \ 评价	非常满意	比较满意	一般	不太满意	很不满意
性能	2	6	8	4	0
寿命	0	2	10	7	1
可靠性	1	5	12	2	0
安全性	3	8	6	3	0
经济性	0	3	9	6	2
用户满意度	0	4	12	4	0
生产者经济效益	2	9	8	1	0
消费者经济效益	0	5	7	8	0
社会经济效益	1	4	13	2	0

根据专家评价结果，企业质量经济效益评价的分析过程如下：

(1) 根据专家意见，采用频率统计法，可以构造质量评价模糊关系矩阵 $\boldsymbol{R}_1$ 和效益评价模糊关系矩阵 $\boldsymbol{R}_2$

$$\boldsymbol{R}_1=\begin{pmatrix}0.1 & 0.3 & 0.4 & 0.2 & 0\\ 0 & 0.1 & 0.5 & 0.35 & 0.05\\ 0.05 & 0.25 & 0.6 & 0.1 & 0\\ 0.15 & 0.4 & 0.3 & 0.15 & 0\\ 0 & 0.15 & 0.45 & 0.3 & 0.1\\ 0 & 0.2 & 0.6 & 0.2 & 0\end{pmatrix}\quad \boldsymbol{R}_2=\begin{pmatrix}0.1 & 0.45 & 0.4 & 0.05 & 0\\ 0 & 0.25 & 0.35 & 0.4 & 0\\ 0.05 & 0.2 & 0.65 & 0.1 & 0\end{pmatrix}$$

(2) 采用层次分析法，得到质量评价因素权重向量 $\boldsymbol{A}_1=(0.15, 0.15, 0.15, 0.15, 0.15, 0.25)$，经济效益评价因素权重向量 $\boldsymbol{A}_2=(0.4, 0.3, 0.3)$

(3) 若采用实数运算进行模糊合成，得质量和经济效益的模糊综合评价结果向量分别为 $\boldsymbol{B}_1$ 和 $\boldsymbol{B}_2$

$$\boldsymbol{B}_1=\boldsymbol{A}_1\circ\boldsymbol{R}_1=(0.15, 0.15, 0.15, 0.15, 0.15, 0.25)\circ\begin{pmatrix}0.1 & 0.3 & 0.4 & 0.2 & 0\\ 0 & 0.1 & 0.5 & 0.35 & 0.05\\ 0.05 & 0.25 & 0.6 & 0.1 & 0\\ 0.15 & 0.4 & 0.3 & 0.15 & 0\\ 0 & 0.15 & 0.45 & 0.3 & 0.1\\ 0 & 0.2 & 0.6 & 0.2 & 0\end{pmatrix}$$

$$=(0.045, 0.23, 0.4875, 0.215, 0.0225)$$

同理可得

$$\boldsymbol{B}_2=\boldsymbol{A}_2\circ\boldsymbol{R}_2=(0.055, 0.315, 0.46, 0.17, 0)$$

(4) 再设质量与经济效益的权重分别为0.5，即 $\boldsymbol{A}=(0.5, 0.5)$，由此可得质量经济效益的综合评价向量为

$$\boldsymbol{B}=\boldsymbol{A}\circ\boldsymbol{R}=(0.5, 0.5)\circ\begin{pmatrix}0.045 & 0.23 & 0.4875 & 0.215 & 0.0225\\ 0.055 & 0.315 & 0.46 & 0.17 & 0\end{pmatrix}$$

$$=(0.05, 0.2725, 0.47375, 0.1925, 0.01125)$$

若采用最大隶属度原则进行评价，则认为该企业质量经济效益属于一般水平。

(5) 若进行单值评价。设模糊评价等级（非常满意，比较满意，一般，不太满意，很不满意）的量化向量为

$$\boldsymbol{S}=(0.4, 0.3, 0.2, 0.1, 0)$$

于是可得企业质量经济效益的综合评价值为

$$N(x)=(0.05, 0.2725, 0.47375, 0.1925, 0.01125)(0.4, 0.3, 0.2, 0.1, 0.0)^{\mathrm{T}}=0.2156$$

由此可见，质量经济效益综合评价值略高于一般水平。

因此，无论采用最大隶属度原则还是单值评价法，该企业质量经济效益水平均一般。究其原因，主要是产品寿命和经济性较差，用户的经济效益和满意度较低。企业应引起高度重视，加强产品寿命和经济性研究，有效延长寿命，降低成本，进而提高用户经济效益和满意度，增强企业竞争力。

本章小结

1. 模糊决策。模糊决策是以模糊数学为基础，应用模糊关系合成的原理，考虑多个因素，对备选方案的隶属等级状况进行综合评价，从而作出决策的方法。其内容包括模糊决策的概念、模糊决策矩阵、模糊关系合成和评价等。

2. 群决策。群决策就是根据决策群体中利益关系有所差异的各个成员的意见和要求进行组合，产生群体选择的决策方法。其内容包括群决策概念、基本假设、群体偏好集结和群效用函数等。

3. 决策支持系统。决策支持系统是以计算机为工具，应用决策科学及有关学科的理论与方法，以人机交互方式辅助决策者解决半结构化和非结构化决策问题的信息系统。其内容包括决策支持系统的产生与发展、决策支持系统的决策支持功能等。

4. 决策方法的选择。决策方法的合理选择是科学决策的重要基础。通常决策方法的选择依赖于决策情景，例如决策环境、决策目标、决策主体和决策时间等的不同而不同。其内容包括决策方法选择的影响因素、决策方法的比较评价。

5. 决策方案的评价与实施。决策的目标就是进行决策方案的合理选择并实施，进而达到预期目的。决策方案的评价与实施构成决策的一个重要环节。其内容包括决策方案的评价、决策实施的原则、决策实施的监督与控制。

本章对模糊决策、群决策和决策支持系统只是进行了简要介绍，但其内容远比这复杂而丰富，具体详细内容可参见《模糊偏好关系与决策》《群决策理论与方法实现》、《决策分析与决策支持系统》、《决策支持系统（DSS）理论．方法．案例》等文献。

思考与练习

1. 确定模糊隶属度或隶属函数的常用方法有哪些？

2. 什么是模糊关系？它与普通关系有什么区别？

3. 某企业随着业务发展的需要进行融资。可选融资方式为：股权融资、债权融资和内部融资三种。融资效率可分为｛高，低｝两个等级。融资考虑的主要因素为｛融资资金成本，融资资金规模，融资主体自由度｝，其权重集 $A=(0.50,\ 0.30,\ 0.20)$。假设三种融资方案的评价结果如表13-7所示。

表13-7　融资方式的评价结果

因　素	股权融资效率		债权融资效率		内部融资效率	
隶属度	高	低	高	低	高	低
融资资金成本	0.2	0.8	0.7	0.3	0.8	0.2
融资资金规模	0.6	0.4	0.4	0.6	0.3	0.7
融资主体自由度	0.7	0.3	0.3	0.7	0.9	0.1

设融资效率（高，低）的量化向量为：$\boldsymbol{s}=(0.8,\ 0.2)$，试采用 $M=(\times,\ \oplus)$ 合成算法进行方案评价。

(1) 若采用最大隶属度原则，应采用哪种融资方案？

(2) 若采用加权平均原则，应采用哪种融资方案？

4. 试述阿罗不可能定理的思想。

5. 论述群效用函数加法模型和乘法模型的适用条件。

6. 决策支持系统的决策支持功能主要有哪些？

附　录

附表 A　标准正态分布函数值表

$$\Phi(x) = \int_{-\infty}^{x} \frac{1}{\sqrt{2\pi}} e^{-u^2/2} \mathrm{d}u = P(X \leqslant x)$$

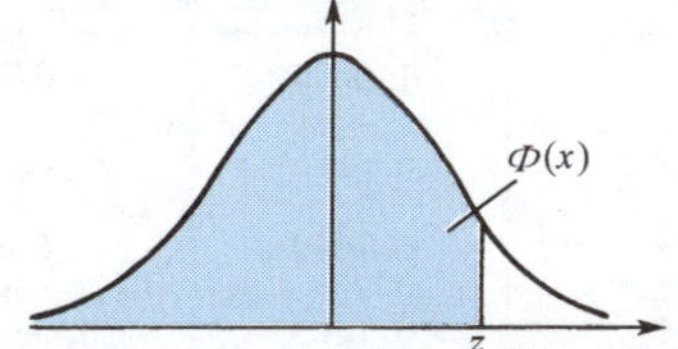

x	0	1	2	3	4	5	6	7	8	9
0.0	0.5000	0.5040	0.5080	0.5120	0.5160	0.5199	0.5239	0.5279	0.5319	0.5359
0.1	0.5398	0.5438	0.5478	0.5517	0.5557	0.5596	0.5636	0.5675	0.5714	0.5753
0.2	0.5793	0.5832	0.5871	0.5910	0.5948	0.5987	0.6026	0.6064	0.6103	0.6141
0.3	0.6179	0.6217	0.6255	0.6293	0.6331	0.6368	0.6406	0.6443	0.6480	0.6517
0.4	0.6554	0.6591	0.6628	0.6664	0.6700	0.6736	0.6772	0.6808	0.6844	0.6879
0.5	0.6915	0.6950	0.6985	0.7019	0.7054	0.7088	0.7123	0.7157	0.7190	0.7224
0.6	0.7257	0.7291	0.7324	0.7357	0.7389	0.7422	0.7454	0.7486	0.7517	0.7549
0.7	0.7580	0.7611	0.7642	0.7673	0.7703	0.7734	0.7764	0.7794	0.7823	0.7852
0.8	0.7881	0.7910	0.7939	0.7967	0.7995	0.8023	0.8051	0.8078	0.8106	0.8133
0.9	0.8159	0.8186	0.8212	0.8238	0.8264	0.8289	0.8315	0.8340	0.8365	0.8389
1.0	0.8413	0.8438	0.8461	0.8485	0.8508	0.8531	0.8554	0.8577	0.8599	0.8621
1.1	0.8643	0.8665	0.8686	0.8708	0.8729	0.8749	0.8770	0.8790	0.8810	0.8830
1.2	0.8849	0.8869	0.8888	0.8907	0.8925	0.8944	0.8962	0.8980	0.8997	0.9015
1.3	0.9032	0.9049	0.9066	0.9082	0.9099	0.9115	0.9131	0.9147	0.9162	0.9177
1.4	0.9192	0.9207	0.9222	0.9236	0.9251	0.9265	0.9278	0.9292	0.9306	0.9319
1.5	0.9332	0.9345	0.9357	0.9370	0.9382	0.9394	0.9406	0.9418	0.9430	0.9441
1.6	0.9452	0.9463	0.9474	0.9484	0.9495	0.9505	0.9515	0.9525	0.9535	0.9545
1.7	0.9554	0.9564	0.9573	0.9582	0.9591	0.9599	0.9608	0.9616	0.9625	0.9633
1.8	0.9641	0.9648	0.9656	0.9664	0.9671	0.9678	0.9686	0.9693	0.9700	0.9706
1.9	0.9713	0.9719	0.9726	0.9732	0.9738	0.9744	0.9750	0.9756	0.9762	0.9767
2.0	0.9772	0.9778	0.9783	0.9788	0.9793	0.9798	0.9803	0.9808	0.9812	0.9817
2.1	0.9821	0.9826	0.9830	0.9834	0.9838	0.9842	0.9846	0.9850	0.9854	0.9857
2.2	0.9861	0.9864	0.9868	0.9871	0.9874	0.9878	0.9881	0.9884	0.9887	0.9890
2.3	0.9893	0.9896	0.9898	0.9901	0.9904	0.9906	0.9909	0.9911	0.9913	0.9916
2.4	0.9918	0.9920	0.9922	0.9925	0.9927	0.9929	0.9931	0.9932	0.9934	0.9936
2.5	0.9938	0.9940	0.9941	0.9943	0.9945	0.9946	0.9948	0.9949	0.9951	0.9952
2.6	0.9953	0.9955	0.9956	0.9957	0.9959	0.9960	0.9961	0.9962	0.9963	0.9964
2.7	0.9965	0.9966	0.9967	0.9968	0.9969	0.9970	0.9971	0.9972	0.9973	0.9974
2.8	0.9974	0.9975	0.9976	0.9977	0.9977	0.9978	0.9979	0.9979	0.9980	0.9981
2.9	0.9981	0.9982	0.9982	0.9983	0.9984	0.9984	0.9985	0.9985	0.9986	0.9986
3.0	0.9987	0.9990	0.9993	0.9995	0.9997	0.9998	0.9998	0.9999	0.9999	1.0000

注：表中末行系函数值 $\Phi(3.0)$，$\Phi(3.1)$，…，$\Phi(3.9)$。

附表B　t分布表

$$P\{t(n)>t_{\alpha}(n)\}=\alpha$$

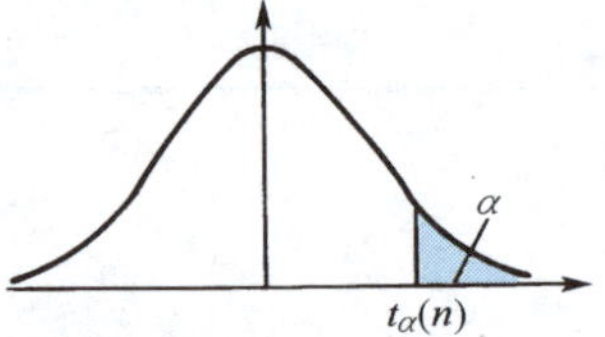

n	α=0. 25	0. 10	0. 05	0. 025	0. 01	0. 005
1	1. 0000	3. 0777	6. 3138	12. 7062	31. 8207	63. 6574
2	0. 8165	1. 8856	2. 9200	4. 3027	6. 9646	9. 9248
3	0. 7649	1. 6377	2. 3534	3. 1824	4. 5407	5. 8409
4	0. 7407	1. 5332	2. 1318	2. 7764	3. 7469	4. 6041
5	0. 7267	1. 4759	2. 0150	2. 5706	3. 3649	4. 0322
6	0. 7176	1. 4398	1. 9432	2. 4469	3. 1427	3. 7074
7	0. 7111	1. 4149	1. 8946	2. 3646	2. 9980	3. 4995
8	0. 7064	1. 3968	1. 8595	2. 3060	2. 8965	3. 3554
9	0. 7027	1. 3830	1. 8331	2. 2622	2. 8214	3. 2498
10	0. 6998	1. 3722	1. 8125	2. 2281	2. 7638	3. 1693
11	0. 6974	1. 3634	1. 7959	2. 2010	2. 7181	3. 1058
12	0. 6955	1. 3562	1. 7823	2. 1788	2. 6810	3. 0545
13	0. 6938	1. 3502	1. 7709	2. 1604	2. 6503	3. 0123
14	0. 6924	1. 3450	1. 7613	2. 1448	2. 6245	2. 9768
15	0. 6912	1. 3406	1. 7531	2. 1315	2. 6025	2. 9467
16	0. 6901	1. 3368	1. 7459	2. 1199	2. 5835	2. 9208
17	0. 6892	1. 3334	1. 7396	2. 1098	2. 5669	2. 8982
18	0. 6884	1. 3304	1. 7341	2. 1009	2. 5524	2. 8784
19	0. 6876	1. 3277	1. 7291	2. 0930	2. 5395	2. 8609
20	0. 6870	1. 3253	1. 7247	2. 0860	2. 5280	2. 8453
21	0. 6864	1. 3232	1. 7207	2. 0796	2. 5177	2. 8314
22	0. 6858	1. 3212	1. 7171	2. 0739	2. 5083	2. 8188
23	0. 6853	1. 3195	1. 7139	2. 0687	2. 4999	2. 8073
24	0. 6848	1. 3178	1. 7109	2. 0639	2. 4922	2. 7969
25	0. 6844	1. 3163	1. 7081	2. 0595	2. 4851	2. 7874
26	0. 6840	1. 3150	1. 7056	2. 0555	2. 4786	2. 7787
27	0. 6837	1. 3137	1. 7033	2. 0518	2. 4727	2. 7707
28	0. 6834	1. 3125	1. 7011	2. 0484	2. 4671	2. 7633

（续）

n	$\alpha=0.25$	0.10	0.05	0.025	0.01	0.005
29	0.6830	1.3114	1.6991	2.0452	2.4620	2.7564
30	0.6828	1.3104	1.6973	2.0423	2.4573	2.7500
31	0.6825	1.3095	1.6955	2.0395	2.4528	2.7440
32	0.6822	1.3086	1.6939	2.0369	2.4487	2.7385
33	0.6820	1.3077	1.6924	2.0345	2.4448	2.7333
34	0.6818	1.3070	1.6909	2.0322	2.4411	2.7284
35	0.6816	1.3062	1.6896	2.0301	2.4377	2.7238
36	0.6814	1.3055	1.6883	2.0281	2.4345	2.7195
37	0.6812	1.3049	1.6871	2.0262	2.4314	2.7154
38	0.6810	1.3042	1.6860	2.0244	2.4286	2.7116
39	0.6808	1.3036	1.6849	2.0227	2.4258	2.7079
40	0.6807	1.3031	1.6839	2.0211	2.4233	2.7045
41	0.6805	1.3025	1.6829	2.0195	2.4208	2.7012
42	0.6804	1.3020	1.6820	2.0181	2.4185	2.6881
43	0.6802	1.3016	1.6811	2.0167	2.4163	2.6951
44	0.6801	1.3011	1.6802	2.0154	2.4141	2.6923
45	0.6800	1.3006	1.6794	2.0141	2.4121	2.6896

附表 C　*F* 分布表

$$P\{F(n_1, n_2) > F_\alpha(n_1, n_2)\} = \alpha$$

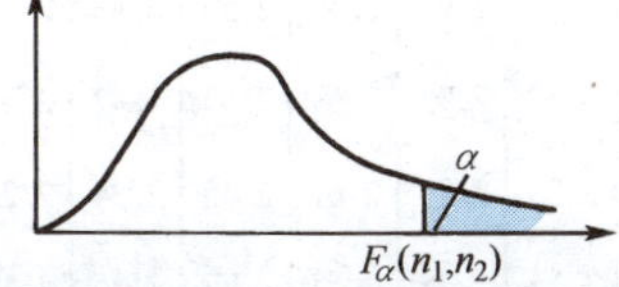

$\alpha=0.05$

n_2 \ n_1	1	2	3	4	5	6	7	8	9	10	12	15	20	24	30	40	60	120	∞
1	161.4	199.5	215.7	224.6	230.2	234.0	236.8	238.9	240.5	241.9	243.9	245.9	248.0	249.1	250.1	251.1	252.2	253.3	254.3
2	18.51	19.00	19.16	19.25	19.30	19.33	19.35	19.37	19.38	19.40	19.41	19.43	19.45	19.45	19.46	19.47	19.48	19.49	19.50
3	10.13	9.55	9.28	9.12	9.01	8.94	8.89	8.85	8.81	8.79	8.74	8.70	8.66	8.64	8.62	8.59	8.57	8.55	8.53
4	7.71	6.94	6.59	6.39	6.26	6.16	6.09	6.04	6.00	5.96	5.91	5.86	5.80	5.77	5.75	5.72	5.69	5.66	5.63
5	6.61	5.79	5.41	5.19	5.05	4.95	4.88	4.82	4.77	4.74	4.68	4.62	4.56	4.53	4.50	4.46	4.43	4.40	4.36
6	5.99	5.14	4.76	4.53	4.39	4.28	4.21	4.15	4.10	4.06	4.00	3.94	3.87	3.84	3.81	3.77	3.74	3.70	3.67
7	5.59	4.74	4.35	4.12	3.97	3.87	3.79	3.73	3.68	3.64	3.57	3.51	3.44	3.41	3.38	3.34	3.30	3.27	3.23
8	5.32	4.46	4.07	3.84	3.69	3.58	3.50	3.44	3.39	3.35	3.28	3.22	3.15	3.12	3.08	3.04	3.01	2.97	2.93
9	5.12	4.26	3.86	3.63	3.48	3.37	3.29	3.23	3.18	3.14	3.07	3.01	2.94	2.90	2.86	2.83	2.79	2.75	2.71
10	4.96	4.10	3.71	3.48	3.33	3.22	3.14	3.07	3.02	2.98	2.91	2.85	2.77	2.74	2.70	2.66	2.62	2.58	2.54

（续）

n_2 \ n_1	1	2	3	4	5	6	7	8	9	10	12	15	20	24	30	40	60	120	∞
11	4.84	3.98	3.59	3.36	3.20	3.09	3.01	2.95	2.90	2.85	2.79	2.72	2.65	2.61	2.57	2.53	2.49	2.45	2.40
12	4.75	3.89	3.49	3.26	3.11	3.00	2.91	2.85	2.80	2.75	2.69	2.62	2.54	2.51	2.47	2.43	2.38	2.34	2.30
13	4.67	3.81	3.41	3.18	3.03	2.92	2.83	2.77	2.71	2.67	2.60	2.53	2.46	2.42	2.38	2.34	2.30	2.25	2.21
14	4.60	3.74	3.34	3.11	2.96	2.85	2.76	2.70	2.65	2.60	2.53	2.46	2.39	2.35	2.31	2.27	2.22	2.18	2.13
15	4.54	3.68	3.29	3.06	2.90	2.79	2.71	2.64	2.59	2.54	2.48	2.40	2.33	2.29	2.25	2.20	2.16	2.11	2.07
16	4.49	3.63	3.24	3.01	2.85	2.74	2.66	2.59	2.54	2.49	2.42	2.35	2.28	2.24	2.19	2.15	2.11	2.06	2.01
17	4.45	3.59	3.20	2.96	2.81	2.70	2.61	2.55	2.49	2.45	2.38	2.31	2.23	2.19	2.15	2.10	2.06	2.01	1.96
18	4.41	3.55	3.16	2.93	2.77	2.66	2.58	2.51	2.46	2.41	2.34	2.27	2.19	2.15	2.11	2.06	2.02	1.97	1.92
19	4.38	3.52	3.13	2.90	2.74	2.63	2.54	2.48	2.42	2.38	2.31	2.23	2.16	2.11	2.07	2.03	1.98	1.93	1.88
20	4.35	3.49	3.10	2.87	2.71	2.60	2.51	2.45	2.39	2.35	2.28	2.20	2.12	2.08	2.04	1.99	1.95	1.90	1.84
21	4.32	3.47	3.07	2.84	2.68	2.57	2.49	2.42	2.37	2.32	2.25	2.18	2.10	2.05	2.01	1.96	1.92	1.87	1.81
22	4.30	3.44	3.05	2.82	2.66	2.55	2.46	2.40	2.34	2.30	2.23	2.15	2.07	2.03	1.98	1.94	1.89	1.84	1.78
23	4.28	3.42	3.03	2.80	2.64	2.53	2.44	2.37	2.32	2.27	2.20	2.13	2.05	2.01	1.96	1.91	1.86	1.81	1.76
24	4.26	3.40	3.01	2.78	2.62	2.51	2.42	2.36	2.30	2.25	2.18	2.11	2.03	1.98	1.94	1.89	1.84	1.79	1.73
25	4.24	3.39	2.99	2.76	2.60	2.49	2.40	2.34	2.28	2.24	2.16	2.09	2.01	1.96	1.92	1.87	1.82	1.77	1.71
26	4.23	3.37	2.98	2.74	2.59	2.47	2.39	2.32	2.27	2.22	2.15	2.07	1.99	1.95	1.90	1.85	1.80	1.75	1.69
27	4.21	3.35	2.96	2.73	2.57	2.46	2.37	2.31	2.25	2.20	2.13	2.06	1.97	1.93	1.88	1.84	1.79	1.73	1.67
28	4.20	3.34	2.95	2.71	2.56	2.45	2.36	2.29	2.24	2.19	2.12	2.04	1.96	1.91	1.87	1.82	1.77	1.71	1.65
29	4.18	3.33	2.93	2.70	2.55	2.43	2.35	2.28	2.22	2.18	2.10	2.03	1.94	1.90	1.85	1.81	1.75	1.70	1.64
30	4.17	3.32	2.92	2.69	2.53	2.42	2.33	2.27	2.21	2.16	2.09	2.01	1.93	1.89	1.84	1.79	1.74	1.68	1.62
40	4.08	3.23	2.84	2.61	2.45	2.34	2.25	2.18	2.12	2.08	2.00	1.92	1.84	1.79	1.74	1.69	1.64	1.58	1.51
60	4.00	3.15	2.76	2.53	2.37	2.25	2.17	2.10	2.04	1.99	1.92	1.84	1.75	1.70	1.65	1.59	1.53	1.47	1.39
120	3.92	3.07	2.68	2.45	2.29	2.17	2.09	2.02	1.96	1.91	1.83	1.75	1.66	1.61	1.55	1.50	1.43	1.35	1.25
∞	3.84	3.00	2.60	2.37	2.21	2.10	2.01	1.94	1.88	1.83	1.75	1.67	1.57	1.52	1.46	1.39	1.32	1.22	1.00

$\alpha=0.025$

n_2 \ n_1	1	2	3	4	5	6	7	8	9	10	12	15	20	24	30	40	60	120	∞
1	647.8	799.5	864.2	899.6	921.8	937.1	948.2	956.7	963.3	968.6	976.7	984.9	993.1	997.2	1001	1006	1010	1014	1018
2	38.51	39.00	39.17	39.25	39.30	39.33	39.36	39.37	39.39	39.40	39.41	39.43	39.45	39.46	39.46	39.47	39.48	39.49	39.50
3	17.44	16.04	15.44	15.10	14.88	14.73	14.62	14.54	14.47	14.42	14.34	14.25	14.17	14.12	14.08	14.04	13.99	13.95	13.90
4	12.22	10.65	9.98	9.60	9.36	9.20	9.07	8.98	8.90	8.84	8.75	8.66	8.56	8.51	8.46	8.41	8.36	8.31	8.26
5	10.01	8.43	7.76	7.39	7.15	6.98	6.85	6.76	6.68	6.62	6.52	6.43	6.33	6.28	6.23	6.18	6.12	6.07	6.02

（续）

n_2 \ n_1	1	2	3	4	5	6	7	8	9	10	12	15	20	24	30	40	60	120	∞
6	8. 81	7. 26	6. 60	6. 23	5. 99	5. 82	5. 70	5. 60	5. 52	5. 46	5. 37	5. 27	5. 17	5. 12	5. 07	5. 01	4. 96	4. 90	4. 85
7	8. 07	6. 54	5. 89	5. 52	5. 29	5. 12	4. 99	4. 90	4. 82	4. 76	4. 67	4. 57	4. 47	4. 42	4. 36	4. 31	4. 25	4. 20	4. 14
8	7. 57	6. 06	5. 42	5. 05	4. 82	4. 65	4. 53	4. 43	4. 36	4. 30	4. 20	4. 10	4. 00	3. 95	3. 89	3. 84	3. 78	3. 73	3. 67
9	7. 21	5. 71	5. 08	4. 72	4. 48	4. 23	4. 20	4. 10	4. 03	3. 96	3. 87	3. 77	3. 67	3. 61	3. 56	3. 51	3. 45	3. 39	3. 33
10	6. 94	5. 46	4. 83	4. 47	4. 24	4. 07	3. 95	3. 85	3. 78	3. 72	3. 62	3. 52	3. 42	3. 37	3. 31	3. 26	3. 20	3. 14	3. 081
11	6. 72	5. 26	4. 63	4. 28	4. 04	3. 88	3. 76	3. 66	3. 59	3. 53	3. 43	3. 33	3. 23	3. 17	3. 12	3. 06	3. 00	2. 94	2. 88
12	6. 55	5. 10	4. 47	4. 12	3. 89	3. 73	3. 61	3. 51	3. 44	3. 37	3. 28	3. 18	3. 07	3. 02	2. 96	2. 91	2. 85	2. 79	2. 72
13	6. 41	4. 97	4. 35	4. 00	3. 77	3. 60	3. 48	3. 39	3. 31	3. 25	3. 15	3. 05	2. 95	2. 89	2. 84	2. 78	2. 72	2. 66	2. 60
14	6. 30	4. 86	4. 24	3. 89	3. 66	3. 50	3. 38	3. 29	3. 21	3. 15	3. 05	2. 95	2. 84	2. 79	2. 73	2. 67	2. 61	2. 55	2. 49
15	6. 20	4. 77	4. 15	3. 80	3. 58	3. 41	3. 29	3. 20	3. 12	3. 06	2. 96	2. 86	2. 76	2. 70	2. 64	2. 59	2. 52	2. 46	2. 40
16	6. 12	4. 69	4. 08	3. 73	3. 50	3. 34	3. 22	3. 12	3. 05	2. 99	2. 89	2. 79	2. 68	2. 63	2. 57	2. 51	2. 45	2. 38	2. 32
17	6. 04	4. 62	4. 01	3. 66	3. 44	3. 28	3. 16	3. 06	2. 98	2. 92	2. 82	2. 72	2. 62	2. 56	2. 50	2. 44	2. 38	2. 32	2. 25
18	5. 98	4. 56	3. 95	3. 61	3. 38	3. 22	3. 10	3. 01	2. 93	2. 87	2. 77	2. 67	2. 56	2. 50	2. 44	2. 38	2. 32	2. 26	2. 19
19	5. 92	4. 51	3. 90	3. 56	3. 33	3. 17	3. 05	2. 96	2. 88	2. 82	2. 72	2. 62	2. 51	2. 45	2. 39	2. 33	2. 27	2. 20	2. 13
20	5. 87	4. 46	3. 86	3. 51	3. 29	3. 13	3. 01	2. 91	2. 84	2. 77	2. 68	2. 57	2. 46	2. 41	2. 35	2. 29	2. 22	2. 16	2. 09
21	5. 83	4. 42	3. 82	3. 48	3. 25	3. 09	2. 97	2. 87	2. 80	2. 73	2. 64	2. 53	2. 42	2. 37	2. 31	2. 25	2. 18	2. 11	2. 04
22	5. 79	4. 38	3. 78	3. 44	3. 22	3. 05	2. 93	2. 84	2. 76	2. 70	2. 60	2. 50	2. 39	2. 33	2. 27	2. 21	2. 14	2. 08	2. 00
23	5. 75	4. 35	3. 75	3. 41	3. 18	3. 02	2. 90	2. 81	2. 73	2. 67	2. 57	2. 47	2. 36	2. 30	2. 24	2. 18	2. 11	2. 04	1. 97
24	5. 72	4. 32	3. 72	3. 38	3. 15	2. 99	2. 87	2. 78	2. 70	2. 64	2. 54	2. 44	2. 33	2. 27	2. 21	2. 15	2. 08	2. 01	1. 94
25	5. 69	4. 29	3. 69	3. 55	3. 13	2. 97	2. 85	2. 75	2. 68	2. 61	2. 51	2. 41	2. 30	2. 24	2. 18	2. 12	2. 05	1. 98	1. 91
26	5. 66	4. 27	3. 67	3. 33	3. 10	2. 94	2. 82	2. 73	2. 65	2. 59	2. 49	2. 39	2. 28	2. 22	2. 16	2. 09	2. 03	1. 95	1. 88
27	5. 63	4. 24	3. 65	3. 31	3. 08	2. 92	2. 80	2. 71	2. 63	2. 57	2. 47	2. 36	2. 25	2. 19	2. 13	2. 07	2. 00	1. 93	1. 85
28	5. 61	4. 22	3. 63	3. 29	3. 06	2. 90	2. 78	2. 69	2. 61	2. 55	2. 45	2. 34	2. 23	2. 17	2. 11	2. 05	1. 98	1. 91	1. 83
29	5. 59	4. 20	3. 91	3. 27	3. 04	2. 88	2. 76	2. 67	2. 59	2. 53	2. 43	2. 32	2. 21	2. 15	2. 09	2. 03	1. 96	1. 89	1. 81
30	5. 57	4. 18	3. 59	3. 25	3. 03	2. 87	2. 75	2. 65	2. 57	2. 51	2. 41	2. 31	2. 20	2. 14	2. 07	2. 01	1. 94	1. 87	1. 79
40	5. 42	4. 05	3. 46	3. 13	2. 90	2. 74	2. 62	2. 53	2. 45	2. 39	2. 29	2. 18	2. 07	2. 01	1. 94	1. 88	1. 80	1. 72	1. 64
60	5. 29	3. 93	3. 34	3. 01	2. 79	2. 63	2. 51	2. 41	2. 33	2. 27	2. 17	2. 06	1. 94	1. 88	1. 82	1. 74	1. 67	1. 58	1. 48
120	5. 15	3. 80	3. 23	2. 89	2. 67	2. 52	2. 39	2. 30	2. 22	2. 16	2. 05	1. 94	1. 82	1. 76	1. 69	1. 61	1. 53	1. 43	1. 31
∞	5. 02	3. 69	3. 12	2. 79	2. 57	2. 41	2. 29	2. 19	2. 11	2. 05	1. 94	1. 83	1. 71	1. 64	1. 57	1. 48	1. 39	1. 27	1. 00

附表 D　DW 检验临界值表

$\alpha=0.05$

n	q=1		q=2		q=3		q=4		q=5	
	d_L	d_U	d_L	d_U	d_L	d_U	d_L	d_U	d_L	d_U
15	1.08	1.36	0.95	1.54	0.82	1.75	0.69	1.97	0.56	2.21
16	1.10	1.37	0.98	1.54	0.86	1.73	0.74	1.93	0.62	2.15
17	1.13	1.38	1.02	1.54	0.90	1.71	0.78	1.90	0.67	2.10
18	1.16	1.39	1.05	1.53	0.93	1.69	0.82	1.87	0.71	2.06
19	1.18	1.40	1.08	1.53	0.97	1.68	0.86	1.85	0.75	2.02
20	1.20	1.41	1.10	1.54	1.00	1.68	0.90	1.83	0.79	1.99
21	1.22	1.42	1.13	1.54	1.03	1.67	0.93	1.81	0.83	1.96
22	1.24	1.43	1.15	1.54	1.05	1.66	0.96	1.80	0.86	1.94
23	1.26	1.44	1.17	1.54	1.08	1.66	0.99	1.79	0.90	1.92
24	1.27	1.45	1.19	1.55	1.10	1.66	1.01	1.78	0.93	1.90
25	1.29	1.45	1.21	1.55	1.12	1.66	1.04	1.77	0.95	1.89
26	1.30	1.46	1.22	1.55	1.14	1.65	1.06	1.76	0.98	1.88
27	1.32	1.47	1.24	1.56	1.16	1.65	1.08	1.76	1.01	1.86
28	1.33	1.48	1.26	1.56	1.18	1.65	1.10	1.75	1.03	1.85
29	1.34	1.48	1.27	1.56	1.20	1.65	1.12	1.74	1.05	1.84
30	1.35	1.49	1.28	1.57	1.21	1.65	1.14	1.74	1.07	1.83
31	1.36	1.50	1.30	1.57	1.23	1.65	1.16	1.74	1.09	1.83
32	1.37	1.50	1.31	1.57	1.24	1.65	1.18	1.73	1.11	1.82
33	1.38	1.51	1.32	1.58	1.26	1.65	1.19	1.73	1.13	1.81
34	1.39	1.51	1.33	1.58	1.27	1.65	1.21	1.73	1.15	1.81
35	1.40	1.52	1.34	1.58	1.28	1.65	1.22	1.73	1.16	1.80
36	1.41	1.52	1.35	1.59	1.29	1.65	1.24	1.73	1.18	1.80
37	1.42	1.53	1.36	1.59	1.31	1.66	1.25	1.72	1.19	1.80
38	1.43	1.54	1.37	1.59	1.32	1.66	1.26	1.72	1.21	1.79
39	1.43	1.54	1.38	1.60	1.33	1.66	1.27	1.72	1.22	1.79
40	1.44	1.54	1.39	1.60	1.34	1.66	1.29	1.72	1.23	1.79
45	1.48	1.57	1.43	1.62	1.38	1.67	1.34	1.72	1.29	1.78

（续）

n	$q=1$		$q=2$		$q=3$		$q=4$		$q=5$	
	d_L	d_U	d_L	d_U	d_L	d_U	d_L	d_U	d_L	d_U
50	1.50	1.59	1.46	1.63	1.42	1.67	1.38	1.72	1.34	1.77
55	1.53	1.60	1.49	1.64	1.45	1.68	1.41	1.72	1.38	1.77
60	1.55	1.62	1.51	1.65	1.48	1.69	1.44	1.73	1.41	1.77
65	1.57	1.63	1.54	1.66	1.50	1.70	1.47	1.73	1.44	1.77
70	1.58	1.64	1.55	1.67	1.52	1.70	1.49	1.74	1.46	1.77
75	1.60	1.65	1.57	1.68	1.54	1.71	1.51	1.74	1.49	1.77
80	1.61	1.66	1.59	1.69	1.56	1.72	1.53	1.74	1.51	1.77
85	1.62	1.67	1.60	1.70	1.57	1.72	1.55	1.75	1.52	1.77
90	1.63	1.68	1.61	1.70	1.59	1.73	1.57	1.75	1.54	1.78
95	1.64	1.69	1.62	1.71	1.60	1.73	1.58	1.75	1.56	1.78
100	1.65	1.69	1.63	1.72	1.60	1.74	1.59	1.76	1.57	1.78

注：n——样本个数；

q——自变量个数；

d_L——DW 检验下限值；

d_U——DW 检验上限值。

参考文献

[1] Bertsimas D，Freund R M，数据、模型与决策［M］. 李新中，译. 北京：中信出版社，2004.

[2] George E P Box，Gwilym M Jenkins，Gregory C Reinsel. 时间序列分析——预测与控制［M］. 顾岚主，译. 北京：中国统计出版社，1997.

[3] Kahneman D，Tversky A. Prospect theory：an analysis of decision under risk［J］. Econometrica，1979，47（2）：263-291.

[4] Keeney R L. A group preference axiomization with cardinal utility［R］. Working paper，1974，（9）.

[5] Keeney R L. Multiplicative utility functions［J］. Operations research，1974（22）：22-34.

[6] Keen P G W. Decision support systems：an organizational perspective［M］. Reading，Mass.：Addison-Wesley，1978.

[7] Scott Morton M S. Management decision support systems：Computer-based support for decision making［M］. Cambridge，MA：Division of Research，Harvard University，1971.

[8] 暴奉贤. 经济预测与决策方法［M］. 广州：暨南大学出版社，2008.

[9] 毕然，魏津瑜，刘曰波. 基于网络分析法的信息化人才评价研究［J］. 情报杂志，2008（1）：32-34.

[10] 陈华友. 组合预测方法有效性理论及其应用［M］. 北京：科学出版社，2010.

[11] 陈茜. 两类网上多物品拍卖中顾客投标策略研究［D］. 西安：西安电子科技大学，2011.

[12] 陈湛均. 现代决策分析概论［M］. 上海：上海科技文献出版社，1991.

[13] 董逢谷. 市场预测方法与案例［M］. 上海：立信会计出版社，1996.

[14] 杜强，等. SPSS统计分析——从入门到精通［M］. 北京：人民邮电出版社，2009.

[15] 杜志渊. 常用统计分析方法——SPSS应用［M］. 济南：山东人民出版社，2006.

[16] 杜栋，庞庆华，吴炎. 现代综合评价方法与案例精选［M］. 北京：清华大学出版社，2008.

[17] 冯文权. 经济预测与决策技术［M］. 5版. 武汉：武汉大学出版社，2008.

[18] 方志耕，等. 决策理论与方法［M］. 北京：科学出版社，2009.

[19] 宫俊涛，刘波，孙林岩，赵鹏. 网络分析法（ANP）及其在供应商选择中的应用［J］. 工业工程，2007，10（2）：77-80.

[20] 郭秀英. 预测决策的理论与方法［M］. 北京：化学工业出版社，2010.

[21] 简明，胡玉立. 市场预测与管理决策［M］. 4版. 北京：中国人民大学出版社，2009.

[22] 姜青舫. 实用决策分析［M］. 贵阳：贵州人民出版社，1988.

[23] 刘思峰，等. 应用统计学［M］. 北京：高等教育出版社，2007.

[24] 刘思峰，党耀国. 预测方法与技术［M］. 北京：高等教育出版社，2005.

[25] 刘睿，余建星，孙宏才，田平. 基于ANP的超级决策软件介绍及其应用［J］. 系统工程理论与实践，2003（8）：141-143.

[26] 刘新宪，朱道立. 选择与判断——AHP（层次分析法）决策［M］. 上海：上海科学普及出版社，1990.

[27] 刘心报. 决策分析与决策支持系统［M］. 北京：清华大学出版社，2009.

[28] 李金昌，等. 统计学［M］. 北京：机械工业出版社，2009.

[29] 李心愉，等. 应用经济统计学［M］. 北京：北京大学出版社，2008.
[30] 李连友. 国民经济核算学［M］. 北京：经济管理出版社，2001.
[31] 李业. 预测学［M］. 增订本. 广州：华南理工大学出版社，1988.
[32] 李怀祖. 决策理论导引［M］. 北京：机械工业出版社，1992.
[33] 毛用才，胡奇英. 随机过程［M］. 西安：西安电子科技大学出版社，1998.
[34] 宁宣熙，等. 管理预测与决策方法［M］. 2 版. 北京：科学出版社，2009.
[35] 潘红宇. 时间序列分析［M］. 北京：对外经济贸易大学出版社，2007.
[36] 唐小丽，冯俊文. ANP 原理及其运用展望［J］. 统计与决策：2006（12）：下 138-140.
[37] 吴凤山，等. 实用预测技术［M］. 北京：社会科学文献出版社，1986.
[38] 魏武雄. 时间序列分析——单变量和多变量方法［M］. 2 版. 北京：中国人民大学出版社，2005.
[39] 王振龙，胡永宏. 应用时间序列分析［M］. 北京：科学出版社，2007.
[40] 王毅成，林根祥. 市场预测与决策［M］. 武汉：武汉工业大学出版社，1999.
[41] 王莲芬. 网络分析法（ANP）的理论与算法［J］. 系统工程理论与实践，2001（3）：44-50.
[42] 王娟，李华. 网络层次分析法应用形式的多样性［J］. 预测. 2007（6）：64-68.
[43] 王征，李华. 基于网络分析法的产品设计决策［J］. 工业工程与管理，2005（2）：92-96.
[44] 徐玖平，陈建中. 群决策理论与方法及实现［M］. 北京：清华大学出版社，2009.
[45] 徐国祥. 统计预测和决策［M］. 3 版. 上海：上海财经大学出版社，2008.
[46] 奚恺元. 别作正常的傻瓜［M］. 北京：机械工业出版社，2009.
[47] 薛薇. SPSS 统计分析方法及应用［M］. 北京：电子工业出版社，2009.
[48] 喻国华，陈端计. 经济调查预测与决策［M］. 北京：中国科学技术出版社，1995.
[49] 运筹学编写组. 运筹学［M］. 3 版. 北京：清华大学出版社，2005.
[50] 朱建平. 经济预测与决策［M］. 厦门：厦门大学出版社，2007.
[51] 张桂喜，马立平. 预测与决策概论［M］. 北京：首都经济贸易大学出版社，2006.
[52] 张世勇，张文泉，王京芹. 技术经济预测与决策［M］. 天津：天津大学出版社，1994.
[53] 张卓奎，陈慧婵. 随机过程［M］. 西安：西安电子科技大学出版社. 2003.
[54] 赵玮，温晓霓. 应用统计学教程［M］. 西安：西安电子科技大学出版社，2003.